Java Web应用开发——从入门到精通（微课视频版）

唐明伟 朱 翼 姚兴山 谭祥贵 编著

清華大学出版社
北 京

内 容 简 介

本书讲述的是应用 Java Web 的标准技术，开发一个具有 MVC 架构的 Java Web 系统所需的核心知识和步骤。本书面向 Web 开发初学者，只需有最基础的 Java 和数据库知识，就可以通过本书内容进行 Java Web 开发。书中涉及的技术和知识较为丰富，有 HTML、CSS、JavaScript、JavaBean、Servlet 和 JSP，同时，还涉及数据库表设计、Tomcat 服务器安装与配置、协同开发和 AI 代码助手等内容。这些技术每一项都可以用很厚的一本书去描述。但要开发一个常规功能的 Web 系统，并不要求开发者精通以上所有技术，只需掌握这些技术的主流用法就可以。所以本书不是 Java Web 开发的百科全书，每一项技术不会讲太多，但是一定会把最核心、最关键的内容描述清楚。这些内容足以完成日常的系统开发。

全书共 16 章，分为上、中、下三篇。第 1 章简要介绍 Web 系统开发的概念。第 2～5 章为上篇（静态网页开发篇），讲述以 HTML、CSS、JavaScript 为技术、以 Dreamweaver 为工具的静态网页开发方法；第 6～11 章为中篇（动态网页开发篇），讲述 MVC 框架下，以 JavaBean、Servlet、JSP 为技术、MySQL 为数据库、IntelliJ IDEA 为开发工具的动态网页开发调试和发布方法；第 12～15 章为下篇（Web 开发高级应用篇），这部分内容是面向实际开发时对前两篇内容的补充，讲述了 Ajax、主流的 Web 开发框架、团队协同开发和 AI 助手应用等提升项目开发实战性的内容。第 16 章为全书总结。

本书适合作为高等院校信息管理与信息系统、软件工程、计算机科学与技术等专业高年级本科生、研究生的教材，同时也适用于想学习 Java Web 开发的任何人员使用。本书所有内容都已经过多轮的教学验证，稍有基础的本科生按照本书操作，均能成功制作出相应的 Web 应用。需要说明的是，书中所使用到的部分图片是多年前从网上下载的，由于比较美观经典，因此保留使用至今，但很难查证到资源归属，如果读者有发现侵权行为，请联系作者。

图书在版编目(CIP)数据

Java Web 应用开发：从入门到精通：微课视频版/唐明伟等编著.
北京：清华大学出版社，2025.5. --(清华开发者学堂). -- ISBN 978-7-302-68882-2

Ⅰ. TP312.8

中国国家版本馆 CIP 数据核字第 2025KB3443 号

责任编辑：张 玥 薛 阳
封面设计：吴 刚
责任校对：胡伟民
责任印制：刘 菲

出版发行：清华大学出版社
　　网　　址：https://www.tup.com.cn，https://www.wqxuetang.com
　　地　　址：北京清华大学学研大厦 A 座　　**邮　　编**：100084
　　社 总 机：010-83470000　　**邮　　购**：010-62786544
　　投稿与读者服务：010-62776969，c-service@tup.tsinghua.edu.cn
　　质量反馈：010-62772015，zhiliang@tup.tsinghua.edu.cn
　　课件下载：https://www.tup.com.cn，010-83470236
印 装 者：三河市龙大印装有限公司
经　　销：全国新华书店
开　　本：185mm×260mm　　**印　　张**：22　　**字　　数**：550 千字
版　　次：2025 年 5 月第 1 版　　**印　　次**：2025 年 5 月第1 次印刷
定　　价：69.50 元

产品编号：106998-01

前言

在移动互联时代，企业级应用的形式已从传统的 Web 应用转成了 Web + App 或小程序的形式。其中，Web 端负责复杂业务逻辑的实现和操作，而 App 或小程序端则提供这些复杂逻辑的简化访问接口。可见，Web 在企业级应用生态中依然占据着非常重要的位置。在众多 Web 开发技术中，Java Web 技术以其稳定性、安全性、灵活性和强大的生态系统，成为构建高效、可靠和安全的企业级应用的首选，在大型企业级应用开发中更是有着不可替代的重要地位，而企业应用才是商业市场中价值最大的部分。虽然近几年声名鹊起的 Python 也能进行 Web 开发，但它的语言特点决定了它更适合做诸如数据分析和挖掘类的小精尖的工作，而并不适用于以复杂业务流程控制为主且要求稳定可靠的企业级应用工作。因此，Java Web 技术依然是最值得学习的 Web 开发技术。本书从 Java Web 系统开发概述入手，以一个包含增加、修改、删除、查询和登录功能的具有 MVC 架构的新闻系统开发为主线，详细讲解了包含 HTML、CSS、JavaScript、JavaBean、Servlet 和 JSP 等在内的 Java Web 开发技术主要知识点的基本用法。

本书以新闻系统开发为主线，梳理了开发一个典型的 MVC 架构的信息系统所需要具备的基础知识，按知识点形成了写作框架。其中每一章的知识点均包含基本语法、基础应用以及综合案例三个部分。主要章的综合案例循序渐进地展示了新闻系统的页面设计、数据模型、请求响应及数据显示实现的全部过程。通过学习本书，读者可以掌握具有 MVC 架构的 Java Web 系统的开发过程。此外，本书还提供了 Ajax、主流的 Web 开发框架、团队协同开发和 AI 助手应用等提升项目开发实战性的内容。本书既可以作为计算机相关专业各层次学生的教材，也可以作为 Java Web 应用开发者的参考教程。

全书共分为 16 章。第 1 章介绍了 Java Web 系统的起源、运行原理、开发流程和工具。第 2～5 章为静态网页开发篇，主要讲解了静态网页技术的知识及应用方法。其中，第 2 章讲解了应用 Dreamweaver 搭建静态 Web 页面开发环境的方法。第 3 章讲解了 HTML 的基本要素、常用标签、布局和表单。第 4 章讲述了 CSS 的基本语法、常见属性、应用形式以及

Dreamweaver 对 CSS 的支持。第 5 章讲解了 JavaScript 的基本语法、内置对象、文档对象模型和事件处理机制,并通过 4 个综合例子展示了 JavaScript 的开发过程。第 6～11 章为动态网页开发篇,主要讲解了以 JavaBean、Servlet 和 JSP 为代表的 Java MVC 框架的搭建及应用过程。其中,第 6 章讲解了在 IntelliJ IDEA 中应用 JDK、Tomcat 搭建 Java Web 系统开发环境的主要过程。第 7 章讲解了 Java Web 系统数据库编程环境的搭建过程,内容包含 MySQL 的下载、安装、基本使用,以及 MySQL JDBC 数据库驱动的安装和连接池的配置,同时也详细讲解了数据库编程的增加(Create)、查询(Retrieval)、更新(Update)和删除(Delete)4 个核心操作的基本原理和实现过程。第 8 章讲解了使用 JavaBean 实现 MVC 框架中模型层的具体方法,包含数据访问类和操作类的创建和应用方法。第 9 章讲解了应用 Servlet 实现用户请求与响应的主要过程,内容涵盖如何使用 Servlet 进行数据的接收、传输和转发的过程,同时还讲解了 Servlet 过滤器的应用方法。第 10 章讲解了应用 JSP 显示数据的主要方法,内容涵盖如何在 JSP 中分别通过代码脚本和 JSTL 标签,接收从 Servlet 传输过来的数据并将其显示在页面中的方法。第 11 章讲解了在 IDEA 中对 Web 系统进行调试和部署的主要方法。第 12～15 章为 Web 开发高级应用篇,主要介绍一些主流或者先进的系统开发技术或者方法。其中,第 12 章讲解了利用 Ajax 实现页面数据局部刷新的功能,并通过两个综合实例详细展示了 Ajax 的应用方法。第 13 章讲解了如何使用 Vue + Spring Boot + MyBatis 的第三方框架组合来重构新闻发布系统。第 14 章讲解了如何使用 Git 来实现项目的团队协同开发。第 15 章则以通义灵码为例,讲解了 AI 代码助手在进行 Java Web 开发中的作用。第 16 章为全书总结。

本书具有以下特色。

(1) 遵照教育指导委员会最新信息管理与信息系统及相关专业的培养目标和培养方案,合理安排 Java Web 开发技术的知识体系,结合 Java 开发技术方向的先行课程和后续课程,组织相关知识点与内容。

(2) 与一般的 Java Web 开发教材相比较,本书知识点详细地涵盖了静态和动态开发的全过程,融会贯通了原生 MVC 框架下 Java Web 开发的主流技术,其中 Web 开发高级应用篇专门为提升开发实战性而设。理解并掌握本书的所有内容,并勤加练习,读者完全可以胜任 Java Web 系统的开发工作。

(3) 本书所有实例的代码均提供了详细的实现步骤,即使读者基础很弱,只要认真仔细地阅读,并按部就班地进行操作,也一定能成功运行所有代码。

(4) 本书是目前市面上少有的、系统性地使用新版本 IntelliJ IDEA(版本号：2023.03)作为 Java Web 开发工具的教材。2023.03 版本 IDEA 与之前版本在操作上有较大的区别。目前网上的教程多为老版本的。因此,通过书中实例,可为 IDEA 爱好者提供一份新版本的使用教程。

(5) 本书内容融合了作者的部分科研成果,在内容中插入了作者对系统和信息技术应用的自我理解,不仅是简单的技术教程。

(6) 本书提供配套的教学大纲、教学课件、程序源码,并配套教材综合实例的500分钟的微课视频。读者可在清华大学出版社官方网站下载，或通过扫描封底刮刮卡注册后扫描书中二维码学习。

本书由唐明伟、朱翼、姚兴山和谭祥贵共同编写。其中，唐明伟编写了第1～12章和第16章，并对全文进行了校稿，朱翼编写了第13和15章的理论部分，姚兴山编写了第14章的理论部分，谭祥贵编写了第13～15章的所有源码。在编写过程中，参阅了万维网联盟、CSDN、甲骨文（Oracle）公司、阿里巴巴淘天集团、南京国睿信维软件有限公司等的教学科研成果，也吸取了国内外教材的精髓，对这些作者的贡献表示由衷的感谢。本书在出版过程中，得到了南京大学信息管理学院邓三鸿教授，蒋勋教授，阿里巴巴淘天集团高级专家骨来，南京国睿信维软件有限公司研发中心副总经理张东等专家的支持和帮助；还得到了清华大学出版社的大力支持，在此表示诚挚的感谢。

由于作者水平有限，书中难免有不妥和疏漏之处，恳请各位专家、同仁和读者不吝赐教和批评指正，并通过邮箱 kyo622@gmail.com 与作者讨论。

唐明伟

2024年8月于南京仙林

目录

第 3 章 超文本标记语言 HTML /16

第 4 章 级联样式表 CSS /79

中篇 动态网页开发篇

第1章 Java Web应用开发概述

本章学习目标

- 了解 Java Web 应用的起源。
- 了解 Java Web 应用的定义。
- 了解 Java Web 系统的开发方法。

本章主要介绍 Java Web 应用的起源、定义及系统开发方法，以及 Java Web 系统的开发流程和开发工具。本章主要目的在于使读者明白学习 Java Web 应用开发的价值和必要性。

1.1 Java Web 应用的起源与发展

1.1.1 Web 的起源

1989 年 3 月，在离中国很遥远的瑞士，一位名叫 Tim Berners-Lee 的青年科学家向欧洲核子研究组织(CBRN)提交了一份项目计划书，旨在构建一个统一标准并互相连接的网络。这种超乎寻常但又简洁的设计，并没有引起 CERN 上级的重视。但是略受打击的 Tim 并没有放弃自己的精妙构思。1990 年 11 月，他单枪匹马地制作了世界上第一个网页。同年圣诞，他又开发出了世界上第一个网页浏览器，并将其取名为 World Wide Web。在随后的 1991 年，Tim 在因特网新闻组上向全世界公布了他的成果。可能 Tim 也没有预料到，这一成果的公布如平地炸雷，为混沌初开的因特网世界开辟了一片崭新的天地，从此奠定了因特网未来的发展方向，并最终改变了世界。这就是万维网的前生。而 Tim 命名的“World Wide Web”，成为万维网的专有名词，其缩写为 WWW，简称 Web。时至今日，万维网主导了几乎全世界人民生活、学习、工作等社会活动的方式，对人类文明的发展起到了不可估量的作用。我们已经无法想象，如果万维网瞬间瘫痪，这个世界将遭受何种巨大的损失。因此，万维网是任何一个人都有必要知道的人类的伟大发明。Tim Berners-Lee 也因他的伟大发明在 2016 年实至名归地获得了计算机科学的最高奖“图灵奖”。

1.1.2 Java Web 应用的诞生和发展

1995 年，Web 诞生后的第 4 年，风光无限的 Sun 公司以开源的方式发布了世界上第一个真正面向对象的程序设计语言 Java。那一年，人们还在津津乐道微软 Visual 系列工具开发 Windows 桌面程序的强大和易用，而 Java 已经开启了 Web 开发的大门。在随后的 1998 年，至今仍如雷贯耳的 J2EE 平台发布，当时其所包含的 JavaBean、Servlet 和 JSP 等组件技术已经能够高效地处理几乎所有的 Web 应用场合，至此 Java Web 技术正式登场，MVC 的编程模式也已见雏形。之后，由于 Java 的开源特性，使其能够在 Sun 公司的领导下不断地接纳全世界技术天才的智慧而得到快速发展。在今后的 20 多年时间里，Java 几乎常年雄踞各类开发语言排行榜榜首。也因为开源，计算机世界衍生出了一批又一批优秀的 Java 相关技术；还是因为开源，使得在 Sun 陨落之后，Java 依然保持着顽强的生命力。在经过近 30 年的市场考验后，Java 的 Web 技术在业界得到了安全、稳定、高效等称赞，深得各大企业的信任，牢牢地占据了通信、金融、电商等重要领域的市场。中国移动网上营业厅、四大银行的网上银行、亚马逊、PayPal、淘宝、支付宝等相关应用均直接或间接地使用了 Java Web 技术。这些应用产品对所采用技术的稳定性、安全性和可靠性均有着极高的要求，由此可见 Java Web 技术的魅力所在。即使在移动应用大行其道的今天，Java Web 技术依然是 App 后台的最佳支持之一。

1.2 Java Web 应用概述

1.2.1 Java Web 应用概念界定

Web 一词来源于 Tim Berners-Lee 开发的世界上第一个浏览器 World Wide Web，它是万维网的一部分。Tim 的万维网原型由三部分组成：网页、浏览器和服务器。这三者之间的关系如图 1.1 所示。

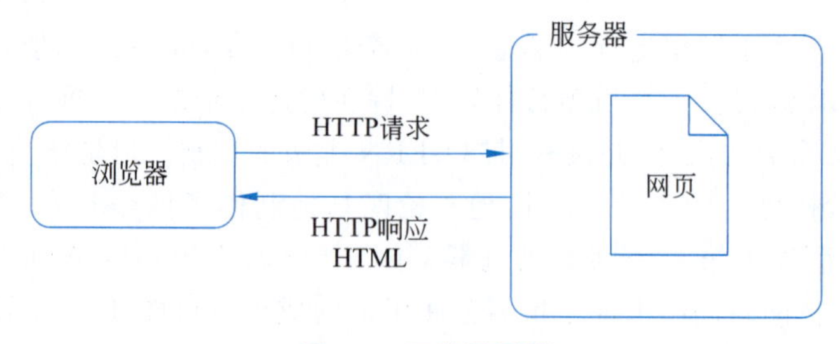

图 1.1 万维网原型

网页存储于服务器上，浏览器以向服务器发送 HTTP 请求的方式访问网页。服务器接收到正确的 HTTP 请求后，再以 HTTP 将网页返回给用户，其中，网页使用 HTML 编写，返回给浏览器的也是 HTML 代码。这一套模式可视为当今 Web 的原型。事实上，目前的 Web 还是使用这种模式，只是在服务器和网页上进行了更为细致的扩展和划分。其中，网页即 Web 页面，在业务逻辑的组织下，由多个不同的 Web 页面组成的网页集合，即 Web 应用。而 Web 应用成为 Web 系统，则须满足以下 4 个特点。

(1) 依赖服务器存在。

(2) 使用浏览器进行访问。

(3) 浏览器和服务器之间使用 HTTP 进行通信。

(4) 具有复杂的业务逻辑。

按照定义，所有能够使用浏览器进行访问，并且具有一定业务的 Web 应用都是 Web 系统，如各种形式的门户网站、各类电商、网上银行以及机关、企事业单位的在线管理系统等，均属于 Web 系统的范畴。这些 Web 系统的运行原理大致相同，区别在于业务不同。表 1.1 列出了常见的 Web 系统及分类。

表 1.1　常见 Web 系统及分类

类　别	业　务	实　例
门户网站	信息展示	搜狐、新浪、网易等
电商网站	电子商务交易	淘宝、京东、亚马逊等
社交网站	社交	人人网、Facebook 等
网站形式的管理系统	各类管理业务	公务员考试报名系统、中国工商银行网上银行等

上述所列并不全面，读者可按 Web 系统的特点自行进行判断。本书要讲述的即是这类系统的开发过程。

1.2.2　Web 系统运行原理

Tim 发布了最初的 Web 原型后，又在 1994 年成立了万维网联盟(World Wide Web Consortium)，即著名的 W3C，致力于规范 Web 的发展并确保其通用性。在 W3C 的领导下，世界上主流的 IT 公司不断地对 Web 进行了完善和扩展，逐渐形成了目前主流的在各类应用程序服务器支持下，以数据库为中心的、静态动态数据相结合的新型 Web 模式，其运行原理如图 1.2 所示。

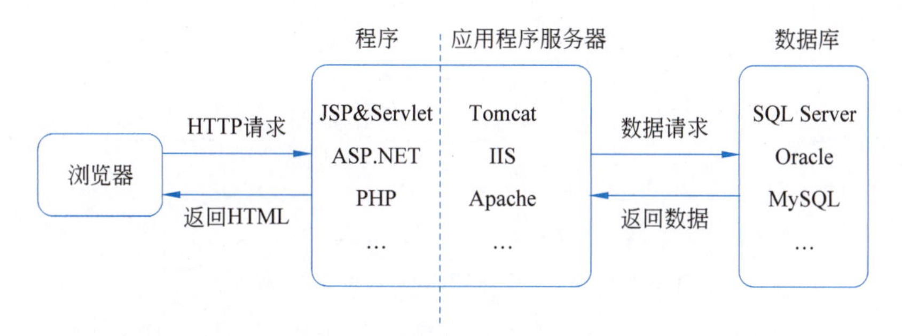

图 1.2　主流 Web 系统运行原理

与原型相比，目前的 Web 系统，其服务器端已经有了更为明确和细致的划分。原本单一的服务器端，分成应用程序服务器和数据库两部分。应用程序服务器不仅能够支持 HTML 页面，还支持对应的高级程序语言；数据库部分则支持各种主流的数据库产品。在这种模式下，Web 系统的数据不再是一成不变的，而是根据不同的请求，从数据库中动态获取，可以根据不同的需要实时展示不同的数据。这种模式采取的应用程序服务器决定了开发者需使用何种开发语言和技术，主流的应用程序服务器与技术如表1.2所示。

表1.2 主流应用程序服务器与技术

应用程序服务器	语言	技术
Tomcat、JBoss、WebSphere等	Java	JSP、Servlet、JavaBean、JSF、EJB、SSH等
IIS	C#	ASP.NET
Apache	PHP	ThinkPHP、Zend、Yii等

高级程序语言的加入主要是为了能够操作数据库，将数据库里的数据再封装成HTML返回给发起请求的浏览器。从这一过程可知，不管开发者采取的是哪种服务器、哪种技术，最终返回浏览器的依然是HTML。这使得不管技术如何进步，现代Web运行模式依然兼容Tim最初提出的Web原型，这也从另一个角度证明了Web的开放性和可扩展性。从表1.2也可知道，Web系统的开发即应用上述语言和技术，在应用程序服务器的支持下，以业务为逻辑指导，进行各类Web程序的开发。

1.2.3 Java Web系统定义

根据前两节的论证，Java Web系统即使用Java作为开发语言的Web系统，见表1.2的第一行。但由于Java的灵活性和开源性，Java Web系统的开发模式和开发技术多种多样，这些技术各有千秋，但目前普遍接受的是以MVC框架为主的开发模式。而本书的写作也以MVC为基本路线，因此本书定义的Java Web系统是使用Java相关技术开发的、具有MVC框架的Web系统，其架构如图1.3所示。

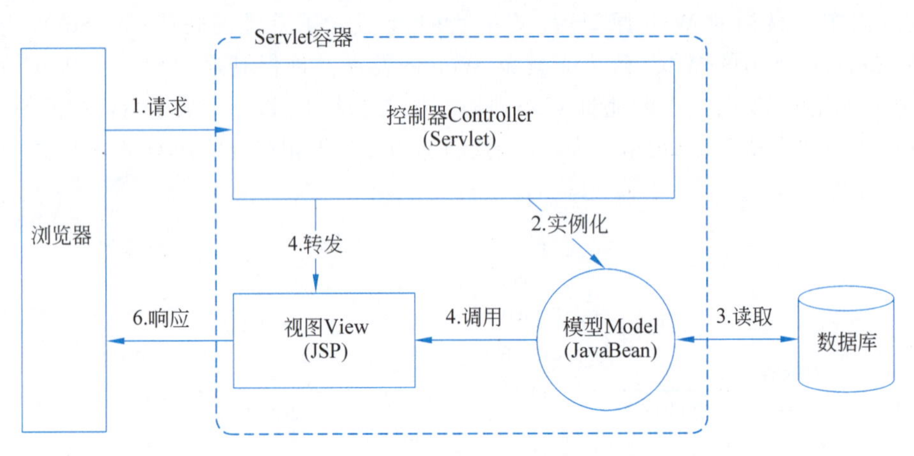

图1.3 MVC框架的Java Web系统架构

MVC即Model-View-Controller的首字母缩写。Model即模型，代表系统的业务逻辑；View为视图，用于数据的显示；Controller是控制器，用于接收用户请求并根据业务协调模型调用和数据显示。这三个Web组件较为清晰地划分了Web系统的组成部分，并且分工明确，各司其职。按照该框架进行Java Web系统的开发，也便于任务分工，以及后期代码维护。因此，MVC框架一提出，就受到广泛重视，各大软件公司或组织提出了各种实现方案。

Sun公司在1998年发布的J2EE平台中，包含JavaBean、JSP和Servlet三大组件。这三大组件分别对应Model、View和Controller，是最早的MVC实现技术之一。这三个技术是较为原生的Java EE技术，后期陆续出现的Structs、Spring、Hibernate等著名的第三方MVC框架，都是应用这三个技术进行的功能封装，以简化原生MVC的开发。包括Sun公司在后期Java EE中发布的EJB[①]和JSF，也都是在这三个技术上做的功能改进。掌握这三个技术对于MVC的理解，以及后续其他框架技术的学习具有较为重要的意义。此外，由于Java的开源性，市场上第三方框架不计其数，各种框架的开发方法也各不相同，而且更新速度极快，一味追求新框架的学习，而忽略最基础的技术，无疑是缘木求鱼之举。只有掌握了基础知识，在学习其他开发框架时才能较快适应，以不变应万变，在Web开发的道路上越走越远。因此，本书动态部分的内容仅关注最基础的JavaBean、JSP和Servlet。

需要说明的是，Java EE规范中JSP是页面显示技术，规定了JSP的专属标签和用法。但在实际使用中，JSP通常还结合静态网页技术，来提升界面友好性以及用户交互性。主流的静态网页技术为HTML、CSS和JavaScript。其中，JavaScript又称为客户端动态网页技术，简称JS。JavaScript和MVC框架类似，也存在很多第三方的框架。第三方JS框架使用方便，功能也很强大，但与第三方MVC框架类似，有其特殊性，且更新换代快。因此，本书JS部分也主要关注最基本的用法。

综上，从技术角度而言，本书的Java Web系统总体以MVC为框架，并由静态网页技术、动态网页技术和数据库三部分组成。HTML、CSS和JavaScript组成静态网页技术；JavaBean、JSP和Servlet组成动态网页技术。本书的写作也正是以此作为基本轮廓。

1.3 Java Web系统开发方法

1.3.1 Java Web系统开发流程

本书中Java Web系统的开发，是一个围绕数据库，以业务为流程，应用以HTML、CSS、JavaScript为代表的静态网页技术和以JavaBean、JSP、Servlet为代表的动态网页技术，来实现MVC框架的过程，其主要开发流程如图1.4所示。

整个开发流程分为静态和动态两部分。静态开发部分分为HTML页面制作、CSS页面美化和JavaScript完成页面的交互设计，此处的交互是客户端动态交互，即弹出对话框、表格选择、拖动层等。动态部分则先是搭建动态环境，再完成模型和控制器的开发。而视图JSP的开发则建立在静态开发部分完成的、经过CSS美化、具备客户端动态交互功能的HTML页面基础之上。将该页面转换为JSP，并在其中添加请求地址，根据Servlet的响应代码，编写数据显示代码，即完成视图的开发。理论上来说，静态和动态开发不分先后，可以同时进行。但是本书建议先从静态部分开始系统的开发，因为这样可以使读者能够先看到系统的样子，使得开发不至于太过抽象。

1.3.2 Java Web系统开发工具

根据上述开发过程，Java Web系统的开发工具也分为静态和动态两类。在静态网页开

---

① EJB技术使用的是自定义的协议，既可以用于Java Web开发，也可以用于Java桌面程序的开发。

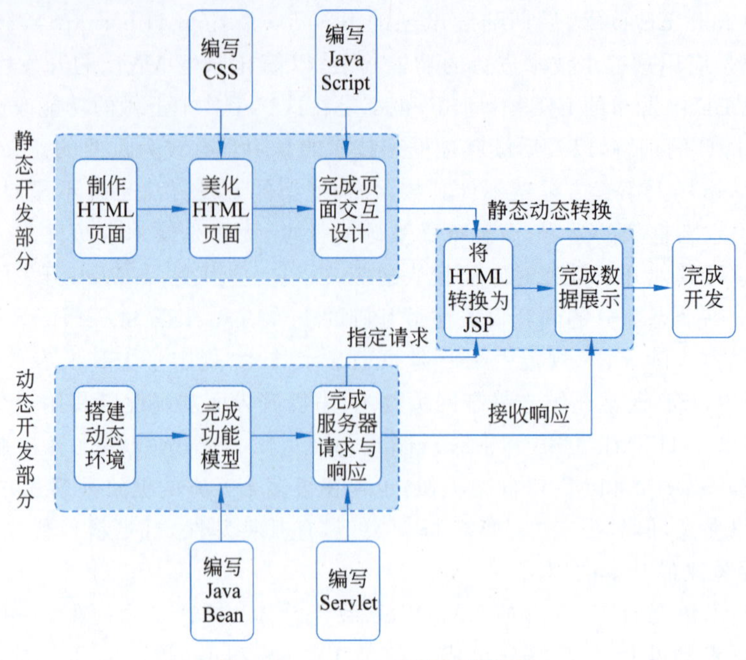

图 1.4 Java Web 系统开发流程

发工具中，Dreamweaver 是毫无争议的最佳开发工具，它能够以可视化的方式制作静态网页。但该软件是 Adobe 公司的商业软件，需要购买才能长期使用，否则只能试用 7 天。而动态部分的开发工具，目前 IntelliJ IDEA 最受欢迎。IntelliJ IDEA 是由 JetBrains 公司发布的 Java 集成开发工作，在业界被公认为最好的 Java 开发工具，尤其在智能代码助手、代码自动提示、Java EE 支持等方面，其功能和效率一骑绝尘，优于 Eclipse、NetBeans 等 Java 开发工具。它的免费版只支持 Java 和 Kotlin 等少数语言，但旗舰版则支持 HTML、CSS、PHP 和 Python 等多种语言。幸运的是，JetBrains 对教育领域比较友好，高校师生可以免费申请到旗舰版。基于此，本书先使用 Dreamweaver 讲解如何制作静态网页制作，再使用 IntelliJ IDEA 讲解如何实现动态网页。

小结

本章对 Web 及 Web 系统的相关概念、原理进行了描述，主要目的是让读者对 Web 系统有一个清晰的认识和理解。同时，又介绍了 Java Web 系统的开发流程，以及主流的开发工具。本章内容虽然不涉及直接开发，但是有助于读者加深对 Web 系统的理解，这也是进行 Web 开发学习的重要前提。

练习与思考

(1) 什么是 Java Web 应用?

(2) 什么是 MVC 架构?

上篇

静态网页开发篇

本篇主要讲述以HTML、CSS、JavaScript为技术，以Dreamweaver为工具的静态网页开发方法，包括第2～5章。

第2章　静态Web页面开发环境搭建
第3章　超文本标记语言HTML
第4章　级联样式表CSS
第5章　客户端动态技术JavaScript

第2章 静态Web页面开发环境搭建

本章学习目标

- 掌握 Dreamweaver 的下载与安装。
- 掌握 Dreamweaver 的 Web 站点创建方法。
- 熟悉 Dreamweaver 的布局及面板。

本章主要介绍了 Dreamweaver 的下载、安装，以及在 Dreamweaver 中建立站点的方法和步骤。在所创建的 Web 站点基础上，又介绍了 Dreamweaver 的布局及常用面板。

2.1 Dreamweaver 的下载与安装

Dreamweaver 最早是 Macromedia 公司发布的网页制作工具，后随着 Macromedia 被 Adobe 公司收购，该软件成为 Adobe 旗下的商业软件。截至本书撰写之时，Adobe 官网提供的最新版本为 Dreamweaver CC 2021，其试用版的下载地址为 https://creativecloud.adobe.com/apps/download/dreamweaver，文件名为 Dreamweaver_Set-Up.exe，文件大小仅为 2MB，该文件并不是真正的安装文件，而是下载器。双击该文件，会要求注册并登录 Adobe ID。注册完成后，到登录界面，输入账号。验证成功后，出现安装确认界面，单击其中的“开始安装”按钮，将进入自动下载界面。下载完成后会自动安装，整个过程需 10～15 分钟，具体视硬件配置而定。安装完成后出现欢迎界面，如图 2.1 所示。

本书针对初学者，此处选择“不，我是新手”，进入工作区选择界面，如图 2.2 所示。

此处选择“标准工作区”，进入主题选择界面，如图 2.3 所示。

主题主要是指开发工具的色彩搭配，这个因人而异，自行选择即可。而后进入开始选择界面，如图 2.4 所示。

此处可选择“从示例文件开始”，进入页面编辑界面，如图 2.5 所示。

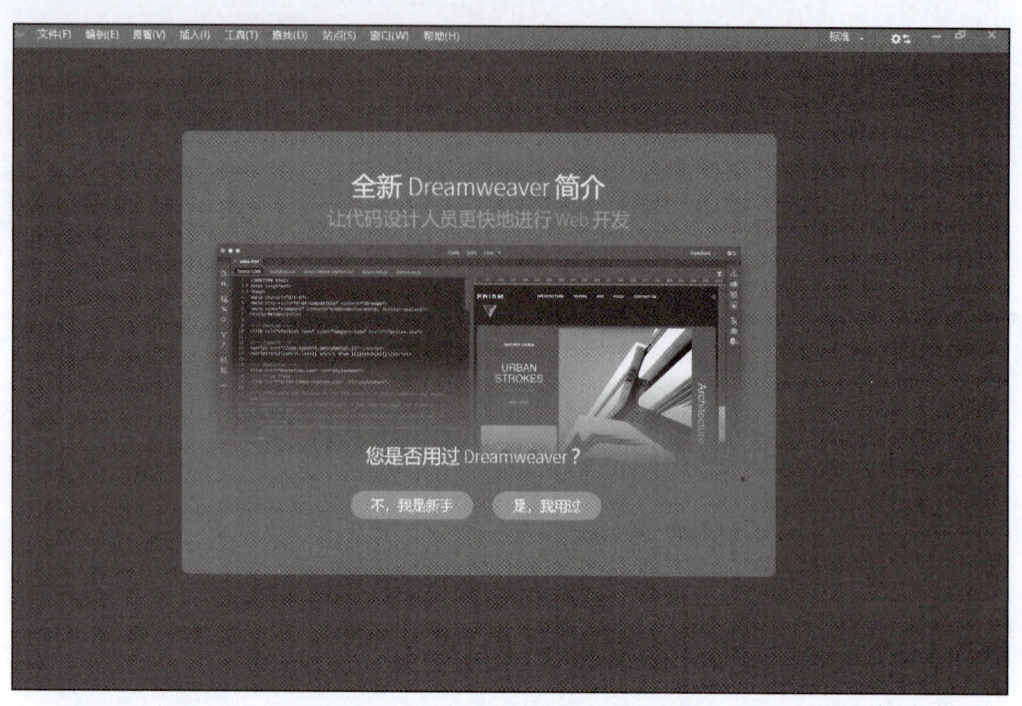

图 2.1　Dreamweaver CC 2021 欢迎界面

图 2.2　工作区选择

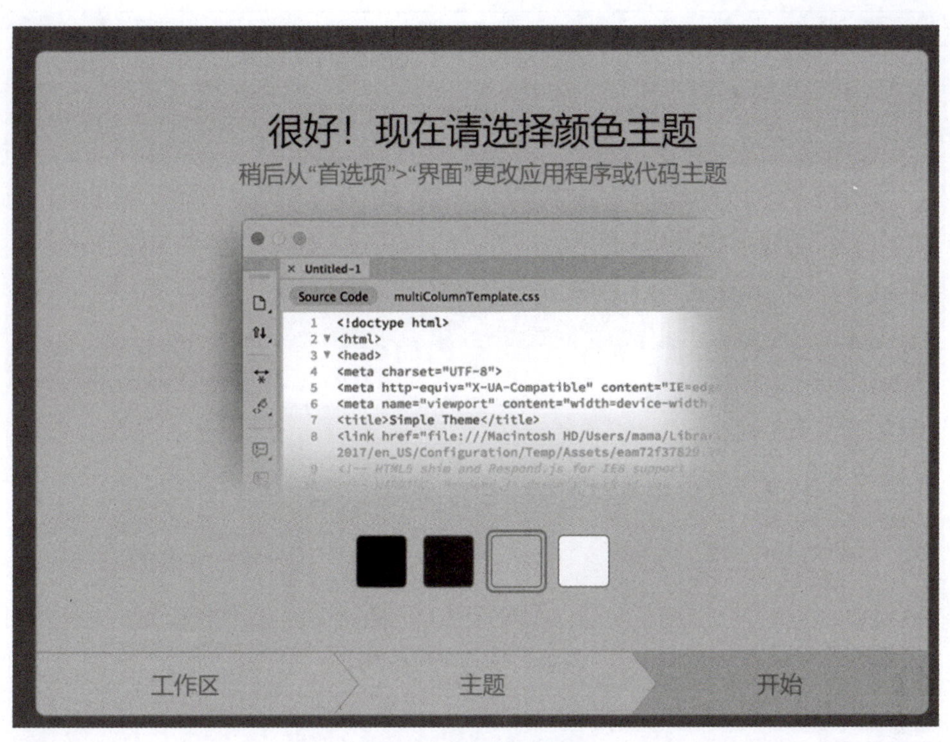

图 2.3　主题选择界面

图 2.4　开始选择界面

进入该界面，就意味着 Dreamweaver 安装成功了。但试用版会弹出购买对话框，可以先单击“试用”按钮，后期还是建议读者购买正式版。

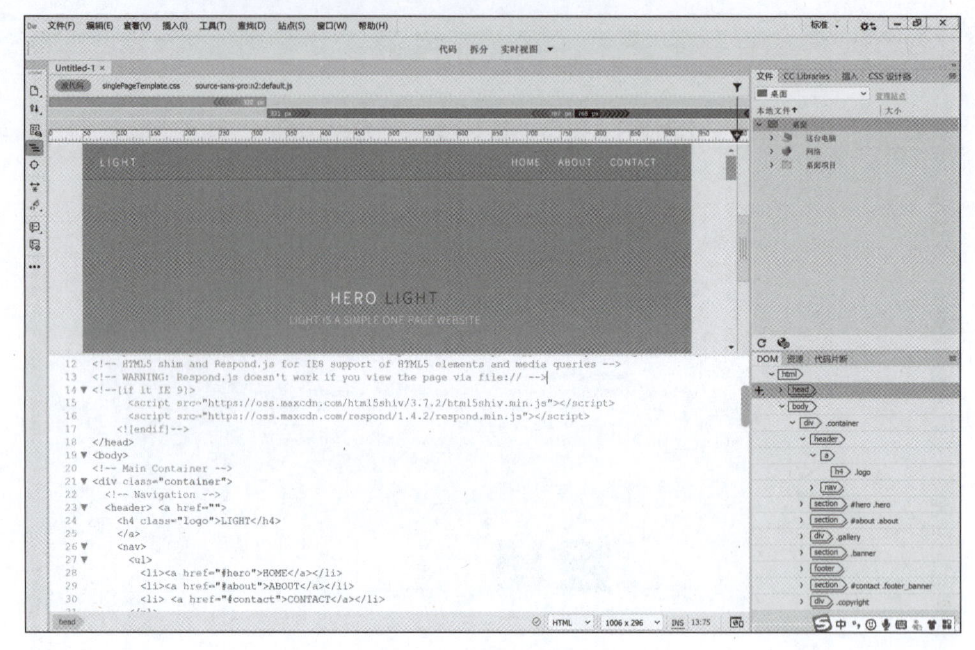

图 2.5　页面编辑界面

2.2 创建 Web 站点

在 Dreamweaver 中，Web 站点存放了一系列 Web 页面的源文件。通过 Web 站点，可以方便地建立 Web 页面之间的相互连接关系，极大地提高了 Web 页面管理的正确性和效率。新建站点的方法为：单击 Dreamweaver 的“站点”菜单，选择其中的“新建站点”子菜单，弹出站点设置界面，如图 2.6 所示。

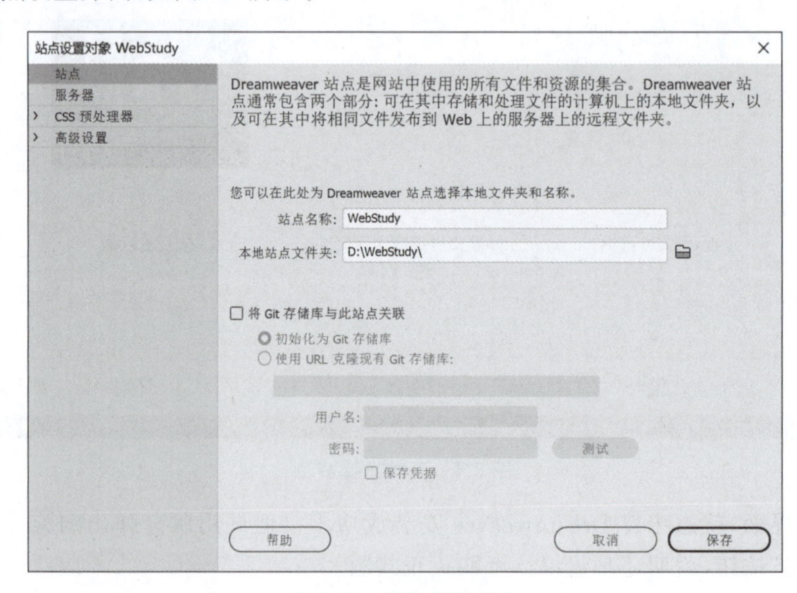

图 2.6　站点设置界面

将站点命名为 WebStudy，存放在本地 D 盘 WebStudy 文件夹下。其中，站点文件夹需要事先创建好，然后通过单击“本地站点文件夹”输入框右侧的文件夹图标进行选择。方便起见，一般文件夹名称应与站点名称保持一致，以免在后期引起不必要的误解。上述工作完成后，单击“保存”按钮，Dreamweaver 右上侧的文件面板中会显示创建的 WebStudy 站点，如图 2.7 所示。

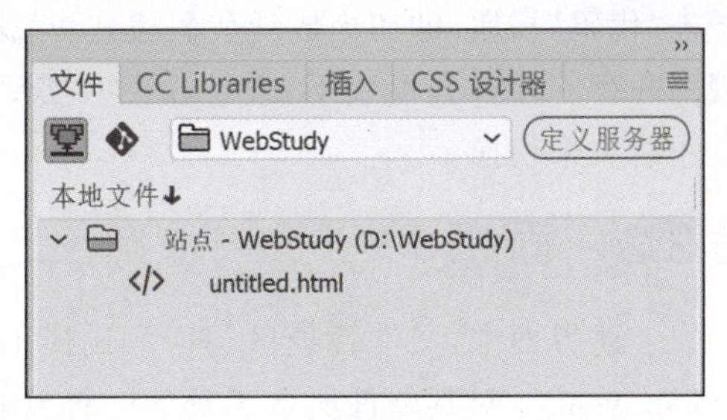

图 2.7　WebStudy 站点结构

WebStudy 站点创建完成后，会默认生成一个 untitled.html 网页文件，至此说明站点创建成功。这个步骤较为简单，唯一可能出错的地方在于没有选择正确的文件夹而导致站点中出现很多其他文件，这一点在创建时需要额外注意。本书后续教学均在 WebStudy 站点中进行，因此这一步请读者务必要完成。

2.3 Dreamwever 的布局及面板

2.3.1 布局

创建完站点后，双击 WebStudy 站点下的 untitled.html 页面，则出现如图 2.8 所示的布局界面。

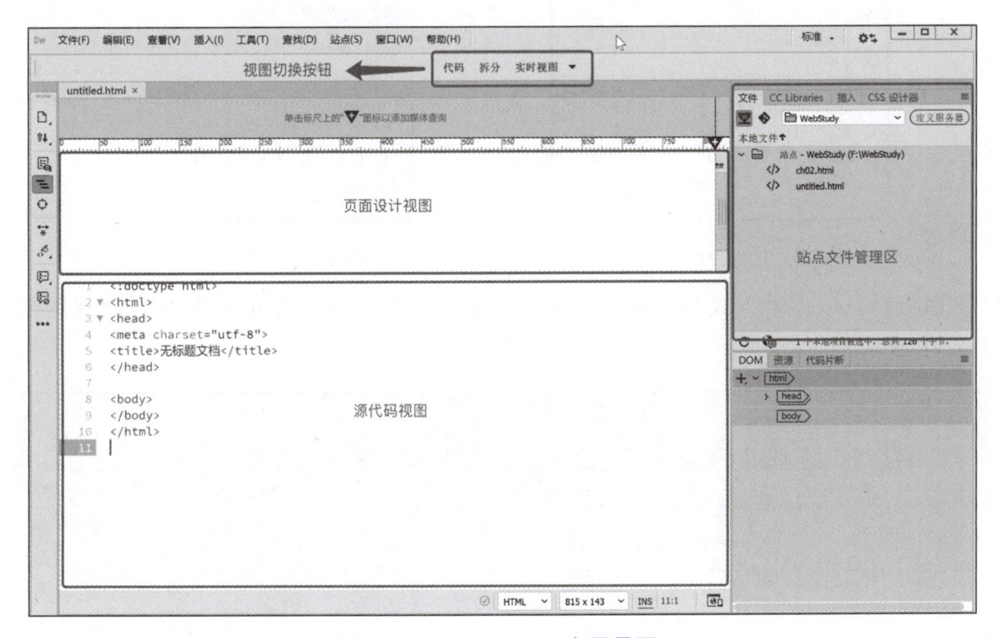

图 2.8　Dreamweaver 布局界面

右侧为站点文件管理区，站点所有文件均在此管理。左侧为 HTML 视图区域，共分为页面设计视图、实时视图和源代码视图三部分。页面设计视图以可视化的方式进行页面设计；实时视图则展示页面实际运行效果；而源代码视图则显示页面的 HTML 源码，开发者可以在该视图里直接输入源码进行网页制作。在页面设计区的顶部，有“代码”“拆分”和“实时视图”三个按钮。其中，“实时视图”按钮有两个选项，分别为“实时视图”和“设计视图”。单击“代码”按钮，即切换成纯代码模式；单击“拆分”按钮，则设计视图或实时视图和源代码视图并存。在拆分模式下，设计视图和实时视图可通过单击图 2.8 中“实时视图”按钮右侧的小箭头来切换。

2.3.2 面板

上述界面中，文件管理区、HTML 视图区域，均可视为 Dreamweaver 的面板。面板是 Dreamweaver 对其软件所含工具的一种管理容器。整个 Dreamweaver 是一系列面板的集成工具。常见的面板有文件面板、插入面板和属性面板等。单击 Dreamweaver 的“窗口”菜单，可查看用户可调用的各类面板，如图 2.9 所示。

其中，“插入”面板提供了各种 HTML 元素对应的按钮，如图 2.10 所示，单击相应的按钮，可以以可视化的方式插入 HTML 控件。

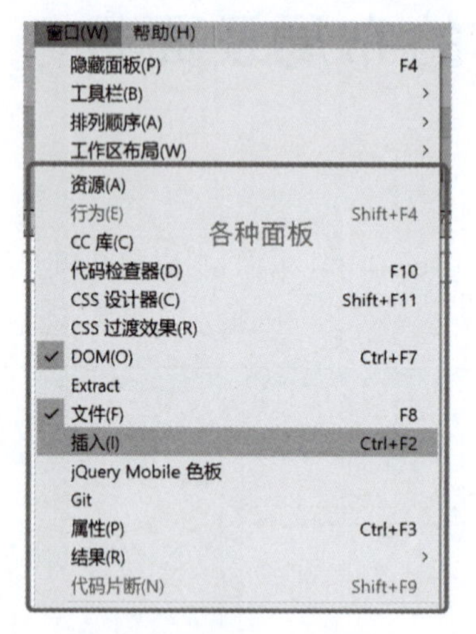

图 2.9 Dreamweaver 面板

图 2.10 “插入”面板

该面板默认以浮动方式显示在 Dreamweaver 中，为方便操作可拖曳至页面视图上方，如图 2.11 所示。

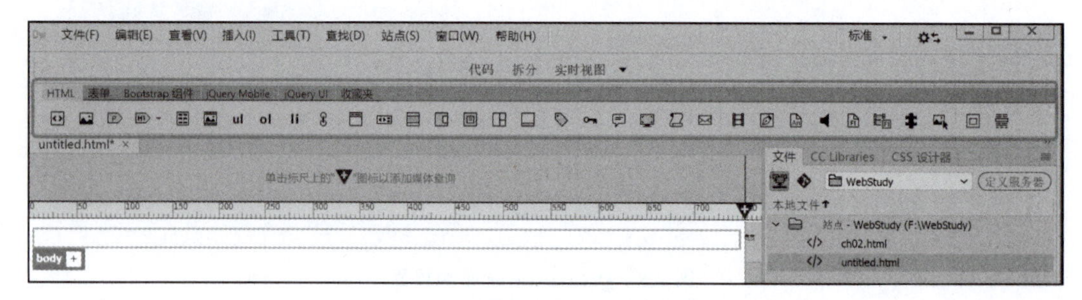

图 2.11 调整后的“插入”面板

此外，“属性”面板提供了对各种 HTML 元素属性设置的接口，也是最常用的面板之一，按照同样的方法，打开“属性”面板，并拖曳至页面视图下方，如图 2.12 所示。

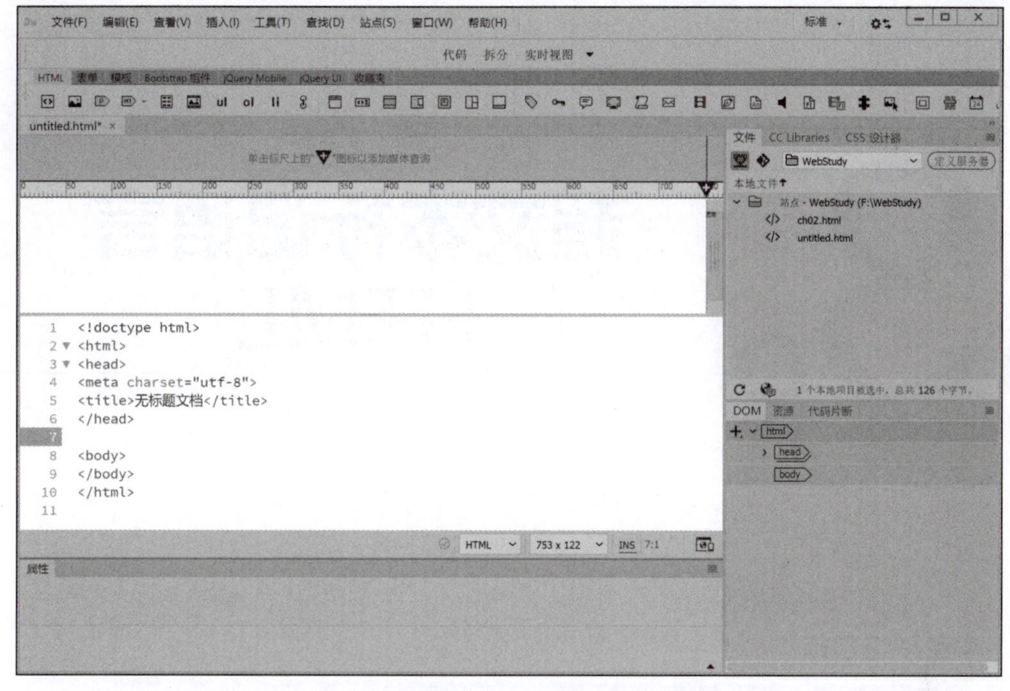

图 2.12 经过调整后的 Dreamweaver 界面

上述是本书推荐的设置，这一设置便于初学者以较为直观和便捷的方式来进行网页的制作。

小结

本章主要介绍了 Dreamweaver 的下载、安装以及基本配置，本书所有的静态页面都将在 Dreamweaver 中设计和制作，因此熟悉 Dreamweaver 的布局及面板，掌握在 Dreamweaver 中建立站点的方法和步骤，是本章的重点。

练习与思考

(1) Dreamweaver 是什么？其主要功能是什么？

(2) Dreamweaver 的面板是什么？

第3章 超文本标记语言 HTML

本章学习目标

- 理解 HTML 的基本原理。
- 掌握 HTML 常用标签的用法。
- 掌握 HTML 的常用布局方法。
- 掌握 HTML 表单及常用控件的用法。
- 掌握使用 Dreamweaver 制作 HTML 网页的方法。

本章结合 Dreamweaver 介绍了 HTML 基本语法、常用标签、布局和表单的基本用法，并通过新闻列表页面和用户注册页面两个综合实例，讲解了使用 Dreamweaver 进行网页设计和制作的基本方法与步骤。

3.1 HTML 概述

HTML 是 Hyper Text Markup Language 的缩写，中文名为超文本标记语言。这一语言起源于标准通用标记语言(Standard Generalized Markup Language, SGML)。SGML 是定义电子文件结构和内容描述的国际标准，但由于其结构极其复杂，并没有直接应用于 Web 页面中。Tim Berners-Lee 发明了 WWW 架构后，选择性地应用 SGML 开发了世界上第一个 Web 页面。而在 1993 年 6 月，互联网工程工作小组发布了 HTML1.0 的草案，但由于 Tim 才是世界上最早制作 Web 页面的人，因此 HTML1.0 并没有被广泛接受。直至 1996 年，互联网工程小组发布的 HTML2.0 才成为公认的标准。而随后，HTML 标准又转由万维网联盟 W3C 负责维护和发展，而后又经历了 HTML3 和 HTML4。较为奇葩的是，2007 年，W3C 立项 HTML5，这一年 iPhone 发布，由此掀起了移动应用革命的浪潮。因此，W3C 在随后的 8 年里，为 HTML5 扩展了摄像头、GPS 等手机特有的 API，而这些变化，也使得 HTML5 的标准始终争论不休。这也就导致了 HTML5 经历了 8 年，直至 2014 年 10 月才正式定稿。

而在这期间，HTML4 在 Web 应用领域独领风骚近 10 年。即使到今天，依然有很多程序员沿袭了 HTML4 的写法。那么 HTML4 和 HTML5 到底有多大区别？如果从定性角度描述，HTML4 是为了适应 PC 时代的 Web 应用产生的，简单地讲，是针对宽大的桌面浏览器。而 HTML5 是为了适应移动互联网时代产生的，是针对空间相对有限的手机浏览器。当然，除了布局不同外，HTML5 在手机上能做的事情更多，如调用摄像头、GPS 和话筒等。此外，HTML5 相比 HTML4 代码更加简洁，HTML4 时代的部分功能必须依靠 JavaScript 来实现，但在 HTML5 中，仅通过元素的标签属性就可以做到。同时，HTML5 对多媒体的支持，也远比 HTML4 更为强调，这一点也导致了乔布斯在 iOS 中直接放弃了 Flash，而采用 HTML5 来实现视频的播放。著名的 YouTube 就是使用 HTML5 来播放大量的多媒体内容。

那么到底什么是 HTML？HTML 并不是一种编程语言，而是一种标记语言。该语言由诸多标记组合而成。不同的标记代表不同的页面元素，其运行并不需要编译，仅需使用浏览器，就可直接解释执行。在打开网页时，浏览器会逐行加载 HTML 代码，根据不同的标记，在浏览器页面中显示出不同的页面元素。如<img>标记，则解释执行成图片；<textarea>则显示成多行文本框等。这些标记通过一定的业务目的，按照规范的布局，就形成了一个正式的 HTML 网页文件。理论上来说，只要有浏览器，就可以运行显示 HTML 网页。HTML 的这一特点，也使其能够在移动互联网时代，继续保持着巨大的优势。因为，不管手机是何种平台，都有浏览器，这就意味着使用 HTML 编写的网页，可以几乎毫无成本地跨手机平台运行，真正做到"一次编写，到处运行"。著名的智能手机鼻祖公司 Palm，其 2009 年发布的 Palm WebOS，彻头彻尾地使用了 Web 架构来搭建，HTML、CSS、JavaScript 的黄金组合，也一度使得 Palm WebOS 在 2010 年前后出尽风头。由此可见，HTML 在移动应用时代在构建成本、跨平台和手机支持等方面有着巨大的优势。

鉴于本书面向的是桌面浏览器系统，并且 HTML5 只是增加了对移动应用的支持，它的大部分元素和语法结构依然和 HTML4 保持一致，向下兼容 HTML4。同时，移动领域目前以 App 或者小程序开发为主流，因此本书并不特别强调 HTML5 或者 HTML4，本书所讲内容在主流浏览器上均能正常运行。

3.2 HTML 页面基本要素

3.2.1 HTML 基本结构

一个典型的 HTML 页面是由文件类型声明及众多成对及少数不成对的标签组成的文本文档，其基本结构如图 3.1 所示。

HTML 主要由文件头和正文区域两部分组成。它们均包含在一对<html></html>标签中。其中，文件头区域是指被一对<head></head>标签包围的区域，一般用于定义页面

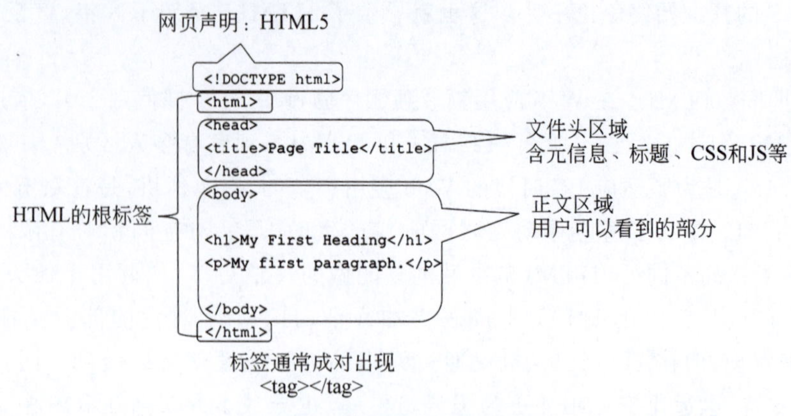

图 3.1 HTML 基本结构

的元信息，如页面标题、导入 JS 等。而正文区域则是指被一对<body></body>标签包围的区域，该区域即用户能看到的页面的正文区域。一般在 HTML 文档的第一行。此处还可以添加文档类型的声明。浏览器在解释该页面时，会根据不同的文档类型，来展示具有不同特点的 HTML 元素及布局。<!DOCTYPE html>即声明该文档为 HTML5。如此，浏览器将根据 HTML5 的规范来展示 HTML 元素。该行也可以省略不写，浏览器在打开缺失类型声明的 HTML 文档时，则会按照浏览器自身的解释规则来显示该页面。这就可能会出现兼容性问题。但总体来说，这种兼容性问题并不严重，因为大部分 HTML 元素及常见属性，在主流浏览器里有着较为一致的表现。

3.2.2 标签及属性

HTML 是标记性语言，一个 HTML 页面由众多 HTML 标签组成。一般的 HTML 标签，通常都是以<标签名></标签名>的方式成对出现。不同的标签，则由浏览器解释成具有不同功能的页面元素或者控件，这些元素或控件就共同组成了丰富多彩和功能强大的网页。图 3.1 源码对应的网页效果如图 3.2 所示。

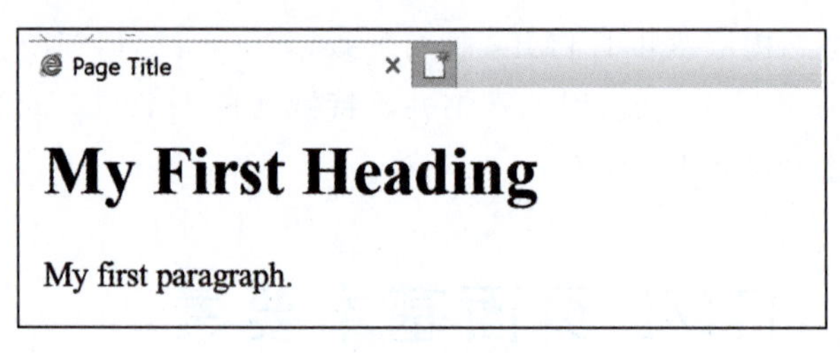

图 3.2 HTML 页面效果

“My First Heading”是包含在<h1></h1>标签中的，该标签即显示为一种标题样式。

HTML 标签还拥有各种不同属性，属性可视为对 HTML 标签所对应元素特点的定义。属性一般置于标签内部，以“属性名称/属性值”对的形式出现。属性又分为全局属性和特有属性两类。全局属性即所有 HTML 标签都有的属性，用于规定 HTML 元素的标识、引用样式名、Tab 键次序等。表 3.1 为常用的全局属性。

表 3.1 HTML 全局属性

属性名	描　述	属性名	描　述
class	设置元素的一个或多个 CSS 类名	tabindex	按 Tab 键时的切换顺序
id	设置元素在当前页面中的唯一标识	title	属性移动到该元素上时显示的内容
style	设置元素的 CSS 样式		

例如，<h1 id="p1">My First Heading</h1>，则表示 h1 标签的唯一标识名为 p1。

特有属性则是 HTML 标签专有的属性，用于改变该 HTML 元素的默认特点。例如，<h1 align="center">My First Heading</h1>中，"align"属性能够设置文字的对齐方式，其值为"center"则表示居中对齐，应用该属性后，<h1>标签内的文字则会居中对齐，如图 3.3 所示。

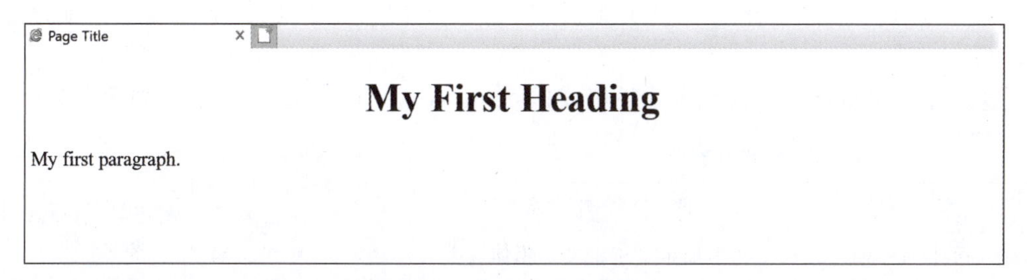

图 3.3 HTML 属性应用效果

网页设计和制作的核心工作，即通过将不同功能的标签及其属性，经过设计搭配组合在一起，置于正文区域的合适位置，从而得到一个具有一定功能的 HTML 页面。

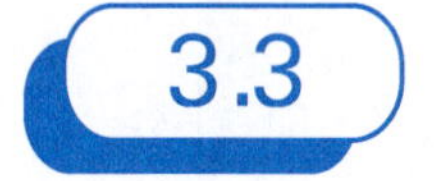

3.3 常用标签

3.3.1 文字

文字的 HTML 标签为<font></font>，通过这一标签及对应的属性，能够对文字的字体、字号、颜色等进行设置，其常用属性如表 3.2 所示。

表 3.2 <font>的常用属性

属　性	值	说　明
color	十六进制 RGB 颜色代码 ＃000000～＃FFFFFF	规定文本的颜色
size	一般为正整数	规定文本的大小
face	系统中字体的名称，如"微软雅黑"	规定文本的字体

其中，RGB 颜色代码可分成三段，前两位代表红色(Red)，中间两位代表绿色(Green)，最后两位代表蓝色(Blue)，取值分别为 00～FF，00 代表该颜色浓度最低，FF 则代表该颜色浓度最高。例如，＃FF0000，代表红色；＃00FF00，代表绿色；＃0000FF，代表蓝色。这三种同程度的颜色组合即组成了各种缤纷的颜色。以下为<font>标签的简单例子。

```
<font size="1" color="#FF0000">文字 1</font><!--设置字号为 1,颜色为红色-->
<font size="2" color="#00FF00">文字 2</font><!--设置字号为 2,颜色为绿色-->
<font size="3" color="#0000FF ">文字 3</font><!--设置字号为 3,颜色为蓝色-->
<font face="微软雅黑">文字 4</font><!--设置字体为微软雅黑-->
```

这段代码分别演示了 4 个文字属性设置效果，在浏览器中的效果如图 3.4 所示。

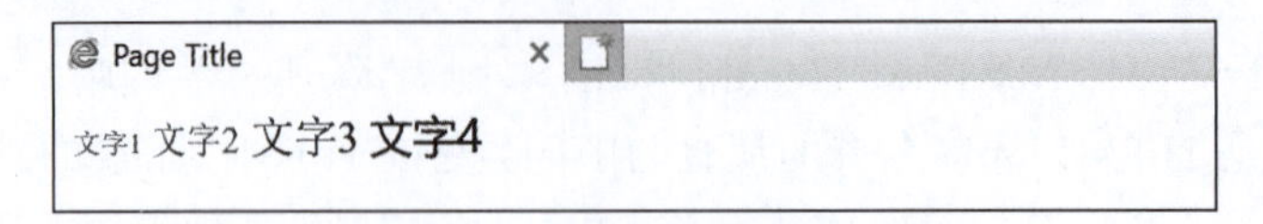

图 3.4　字体标签应用实例

当然，color 属性的值也可以直接用英文单词来表示，如 color="red"，即代表红色。

此外，还有一些文字样式，并不是通过<font>标签的属性实现的，而是通过其他标签实现，如表 3.3 所示。

这两个效果也能以可视化方式设置，将 Dreamweaver 设置为实时视图，如图 3.5 所示。

表 3.3　粗体和斜体

标　签	说　明	效　果
<strong>粗体</strong>	文本加粗	正常文本**粗体**
<em>斜体</em>	文本斜体	正常文本*斜体*

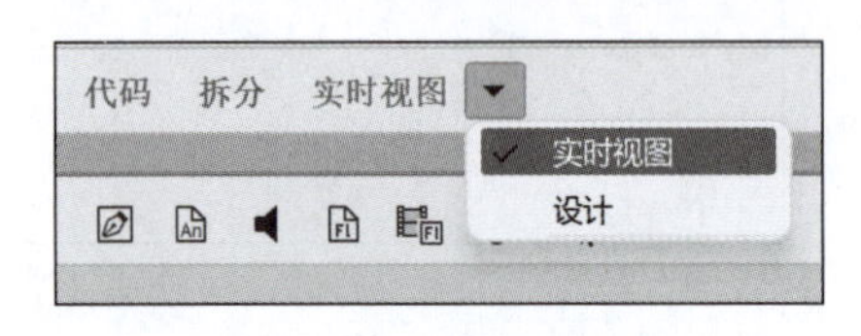

图 3.5　实时视图

此时，选中文字会弹出一个如图 3.6 所示的跟随菜单。

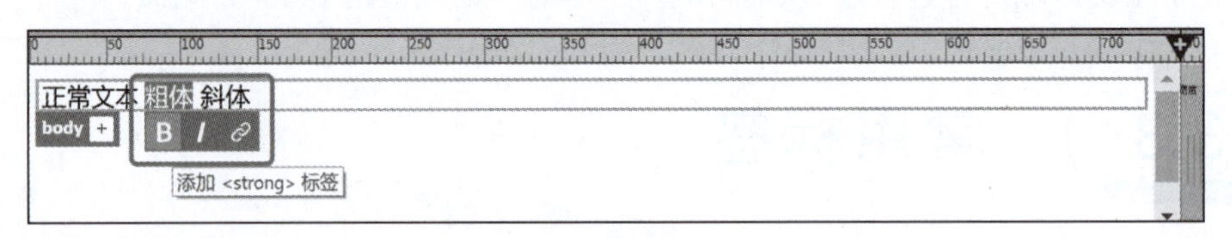

图 3.6　粗体和斜体设置

选择 **B** 或 *I*，即可对选中文字进行相关设置。

3.3.2　图片

图片是网页的重要元素之一，除可作为网页内容以外，还可用于修饰网页。图片标签是<img>，其常用属性如表 3.4 所示。

表 3.4　<img>标签常用属性

属　性	值	说　明
src	图片路径 URL	指定图像所在位置
height	像素或者百分比(%)	指定图像的高度
width	像素或者百分比(%)	指定图像的宽度
alt	文本	图像不能正常加载时显示的备用文字

其中，src 属性中涉及的图片路径，分为绝对路径和相对路径。绝对路径是图像所在的

绝对位置，分为远程和本地两类。远程地址即完整的 URL 地址，如下所示。

```
https://www.baidu.com/img/PC_7ac6a6d319ba4ae29b38e5e4280e9122.png
```

本地是指在本地计算机上的完整位置，如 file:///F|/Picture1.jpg。相对路径则是指相对于该页面图片所在位置，如图 3.7 所示结构。

img.html 和 img 文件夹在同一个目录中，而 img1.JPG 在 img 文件夹中，img.html 可通过"img→img1.JPG"的路径找到该图片，该图片相对于网页的路径为"img/img1.JPG"。因此在 img.html 中，采取相对路径来引用该图片的正确做法为

```
<img src="img/img1.JPG" width="336" height="361" alt=""/>
```

由此可知，相对路径的文件一般位于项目中，不论项目被复制至何处，都能正常访问。而绝对路径的文件通常不在项目中，项目更换计算机后就会出现找不到该路径的问题。绝对路径一般只在需调用网络资源时才用，但即便如此，也会出现因网络资源下线而无法访问的情况。因此在实际开发中，相对路径是首选。

在 Dreamweaver 中，插入图片可通过"插入"面板中的"图片"按钮来实现，如图 3.8 所示。

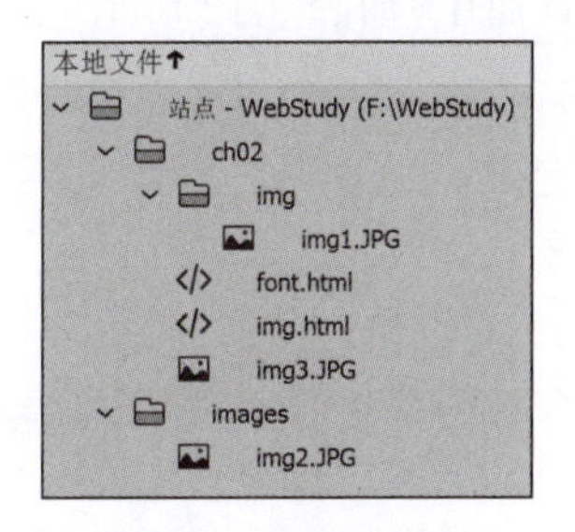

图 3.7 文件结构

图 3.8 插入图片

单击该按钮，则出现图片选择对话框，如图 3.9 所示。

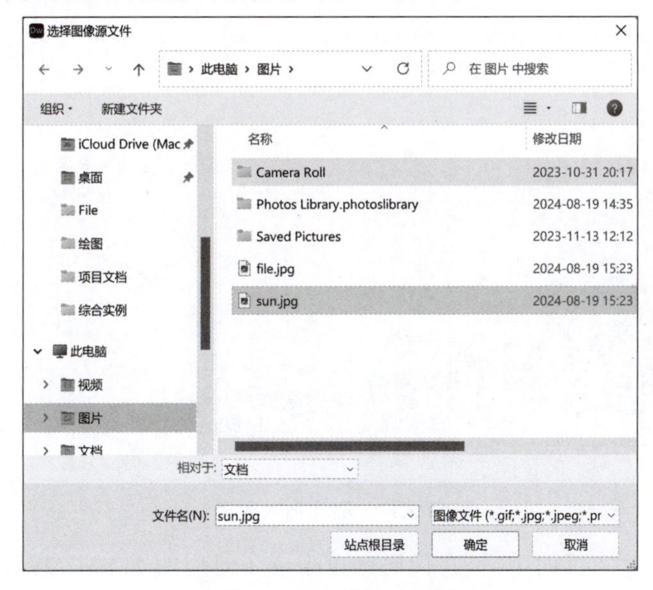

图 3.9 图片选择对话框

在该对话框中，选择需要插入的图片后单击“确定”按钮。如果新建了 Web 站点，而该图片又位于站点之外，则单击“确定”按钮，会弹出文件复制对话框，如图 3.10 所示。

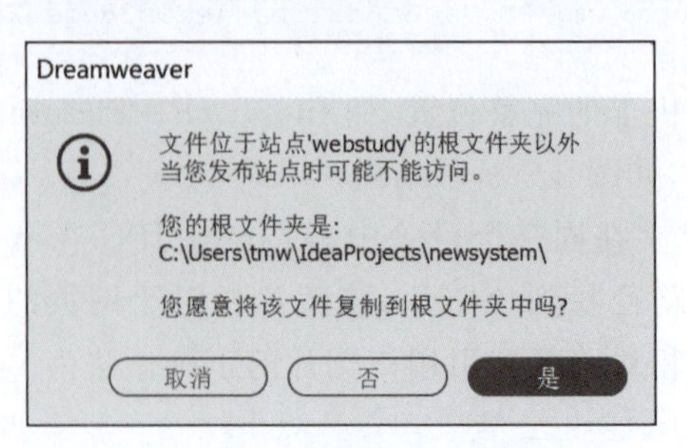

图 3.10　文件复制对话框

此处若单击“是”按钮，Dreamweaver 会弹出复制文件对话框，提示用户将图片复制至所需的目录中。这种方式生成的路径是相对路径，如图 3.11 所示。

```
<img src="../images/sun.jpg" width="1920" height="1080" alt=""/>
```

图 3.11　相对路径

若单击“否”按钮，该图片则会以绝对路径的方式插入页面中，如图 3.12 所示。

```
<img src="file://///Mac/Home/Pictures/sun.jpg" width="1920" height="1080" alt=""/>
```

图 3.12　绝对路径

此处推荐使用相对路径，插入后效果如图 3.13 所示。

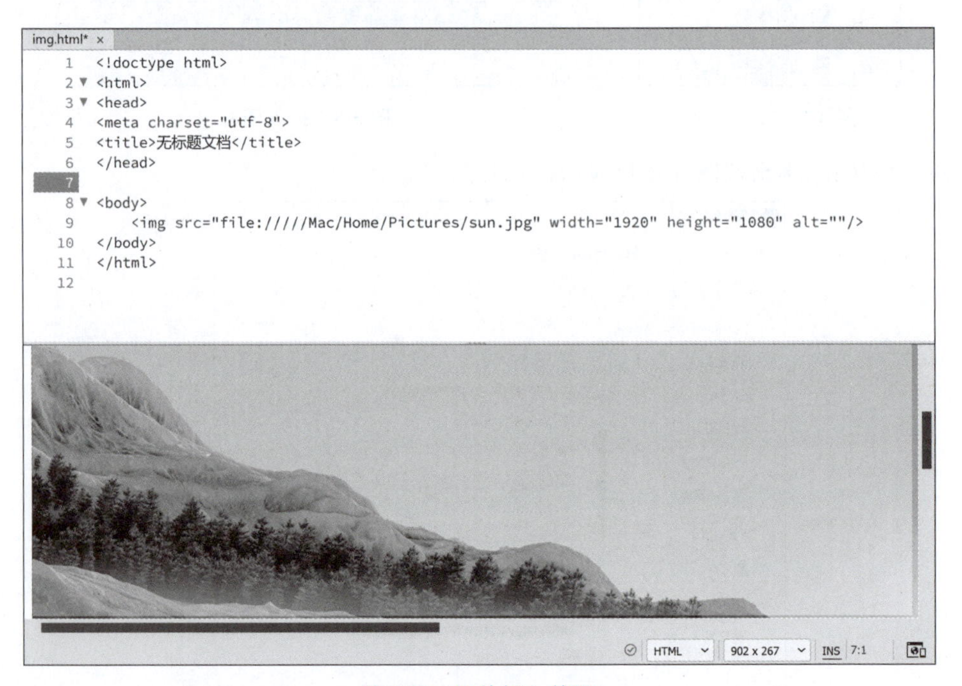

图 3.13　图片插入效果

所选图片成功插入页面中后，在代码区也生成了对应的 HTML 标签。对于已插入的图片，则可以选中该图片，通过图片的三个句柄进行高度和宽度的调整，如图 3.14 所示。

图 3.14　图片宽度和高度的可视化调整

需要注意的是，单独进行左右或者上下拖动时，图片不会同比例调整。同比例调整需要通过右下角的句柄斜向拖动来实现。斜向拖动时，也需要控制好角度，否则缩放比例也不会完全相同。如果要精准同比例调整，则需要通过图片的“属性”面板来实现，如图 3.15 所示。

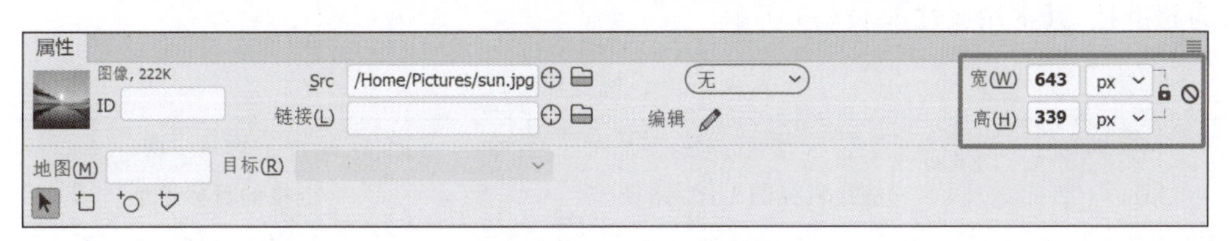

图 3.15　图片的“属性”面板

在“属性”面板中可以手动输入所需的高度和宽度。需要注意的是，高度和宽度右边有一个锁的图标，该图标表示是否锁定比例，共有两种状态，当为关闭状态时，输入宽度时，高度会按图片的原始比例自动调整，输入高度时亦然。当为打开状态时，高度和宽度可单独进行设置，这样往往会造成图片比例失真。

在 Dreamweaver 中，一旦调整了比例，该属性右边会出现图标。单击图标，可恢复图片的原始高度和宽度。在如图 3.15 所示图片“属性”面板中，有一个 Src 属性，其值即图片所在的路径。若想更改图片，则单击该属性右侧的图标，会弹出图 3.9 所示的图片选择对话框。比较有趣的是，Dreamweaver 提供了瞄准器，按住该图标可以指向所需要的图片，如图 3.16 所示。

通过这种方式选择图片后，Dreamweaver 会自动将图片路径设置给 Src 属性。

3.3.3　超链接

超链接是超级链接的简称，是网页上单击后会跳转至其他页面的对象。超链接是 HTML 的精髓所在，正是它的跳转特性，建立起了各种页面及网络资源之间的关系，从而形成了丰富多彩的互联网。一个完整的超链接分为链接载体和目标两部分。链接载体即用户能够看到的链接文字或图片，链接目标则是单击该链接后显示的内容。该内容可以是另一个页面，也可以是图片或电子邮箱等。根据链接载体的不同，超链接分为文本链接、图像链接、多媒体链接、E-mail 链接、空链接和锚点链接。

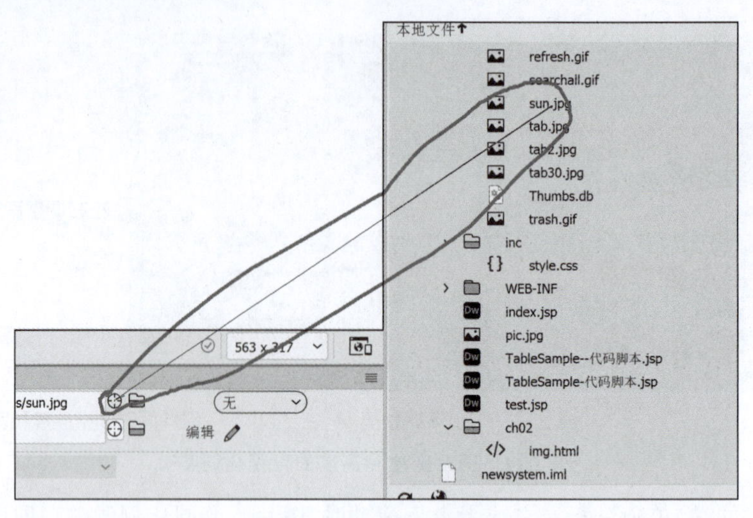

图 3.16　瞄准器选择图片

链接的 HTML 标签为<a></a>，将文本、图像等 HTML 对象置于该标签内，该对象就成为超链接，其常用属性如表 3.5 所示。

表 3.5　<a>标签常用属性

属　性	值	说　明
href	链接目标的 URL 路径	链接的目标地址
target	_self，_blank，new，parent，top	指定链接打开的位置

href 是链接跳转的地址，该路径也同样存在绝对路径和相对路径，如下例所示。

```
<a href="http://www.baidu.com">绝对路径</a>
<a href="page.html">相对路径</a>
```

链接相对路径和绝对路径的规则和图片类似，此处不再赘述。文本链接是超链接最常用的方式。在 Dreamweaver 中，文本链接的制作也比较简单，选中需要加链接的文本后，在“属性”面板中输入地址或者也可以通过瞄准器选择相应的文件来实现，如图 3.17 所示。

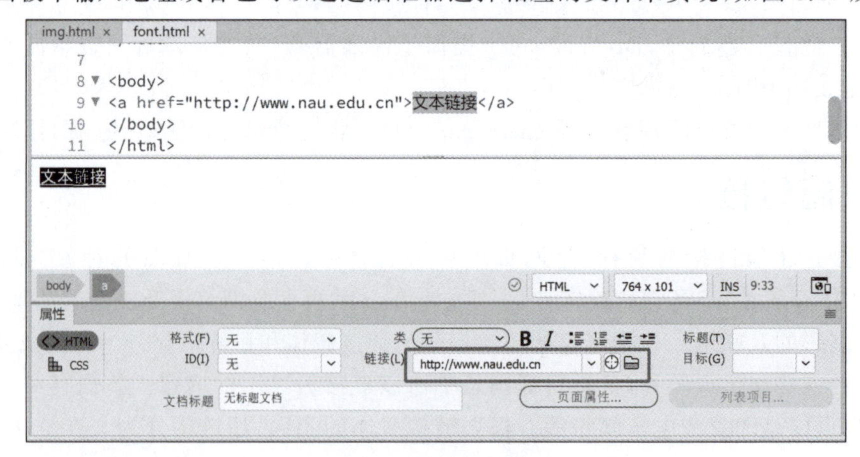

图 3.17　超链接的设置

需要说明的是，若这个链接是指向其他网站的，那么它的地址一定要加上对应的网络协议，如上例中的“http://www.baidu.com”，不能写成“www.baidu.com”，否则浏览器会认为是站内的文件，将其当成相对路径。

链接的第二个重要属性 target 则通过图 3.17 中“链接”右侧的“目标”来实现，如图 3.18 所示。

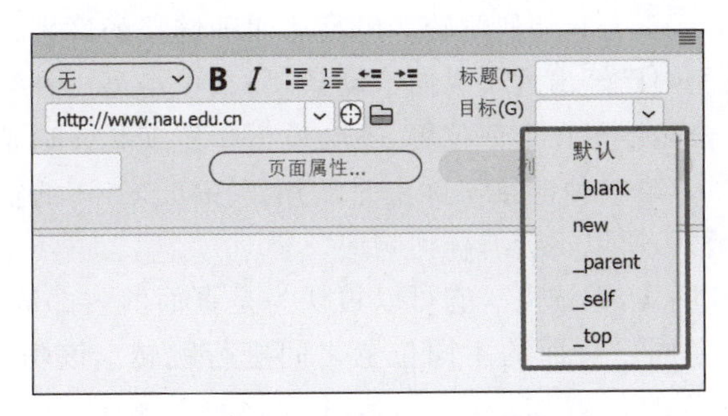

图 3.18 链接的 target 属性

该属性的作用是决定链接对象是在新窗口还是原窗口中显示。其中，_self 即在原窗口打开，该值也是默认值；_parent 则是在上级窗口打开，这一属性通常是该页面在框架集或者浮动框架中时，打开该链接会显示包含这个框架集或者浮动框架的页面中显示，若仅是单个页面，那么效果和_self 是一样的；_blank 和 new 则是打开一个新窗口；_top 也是打开一个新窗口，但打开的同时会关闭原窗口。

除文字链接外，图像也可加链接，方法和文字基本一致，在<img>标签外包围<a>标签即可，如下。

```
<a href="http://www.baidu.com"><img src="img3.JPG" width="230" height="288"
alt=""/></a>
```

同样，图片链接也可以选中设计界面中的图片，通过“属性”面板来设置。多媒体链接一般是指可以单击的视频或音频链接，其设置方法和图片链接一致，此处不再赘述。

E-mail 链接则略有不同，其链接需要在地址中加上“mailto:”前缀，如下例所示。

```
<a href="mailto:tmw@nau.edu.cn">学校邮箱</a>
```

E-mail 链接也可以通过单击“插入”面板 HTML 中的邮箱图标来实现，如图 3.19 所示。

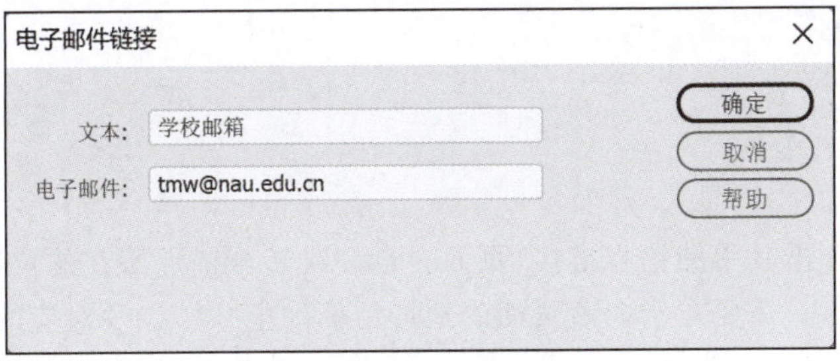

图 3.19 插入电子邮箱

单击“确定”按钮后会自动生成对应的 HTML 代码。

空链接是指单击以后不做任何跳转的链接，空链接有两种实现方式，见下例。

```
<a href="#">空链接 1 </a>
<a href="javascript:;">空链接 2</a>
```

这两种链接在单击后不会有任何跳转。但是这两种链接的区别在于，如果这个空链接位于页面底部，或者页面中已经出现了纵向滚动条，那么单击第一种空链接，页面会跳转至页面的顶部，而第二种依然停留在当前位置，不会发生位置变化。通常来说，第二种空链接更符合用户的使用习惯。第二种链接实际上是调用了 JavaScript 的空函数，单击该链接相当于就地执行一个空函数，所以不会有任何响应。

链接还存在另一种形式，即锚点。它可以被认为是页面的内部链接。当页面长度过长时，通过锚点可以实现在同一页面的不同位置之间进行跳转。该功能的实现需要使用到 name 属性。在需要跳转的位置加一个链接，并为该链接设置一个 name 属性，假设值为“p1”，然后在需要定位的地方加上锚点链接，其标签依然是<a>，但“href”属性的值应为“＃p1”，具体实例如下。

```
<!doctype html>
<html>
<head>
<meta charset="utf-8">
<title>锚点示例</title>
</head>
<body>
    <a href="#jiangsu">江苏省</a>  <!--锚点链接 1-->
    <a href="#zhejiang">浙江省</a>  <!--锚点链接 2-->
<a name="jiangsu"></a><!--锚点 1-->
<p>江苏省</p>
<p>南京市</p>
<p>无锡市</p>
<p>苏州市</p>
<p>常州市</p>
<p>镇江市</p>
<a name="zhejiang"></a><!--锚点 2-->
<p>浙江省</p>
<p>杭州市</p>
<p>温州市</p>
<p>宁波市</p>
</body>
</html>
```

如上例所示，单击其中的锚点链接，页面会自动跳转至锚点所在的位置。锚点还支持不同页面之间的定位，只需要在指向该页面的地址后面加上“＃”以及对应的锚点名即可，如下例所示。

```
<!doctype html>
<html>
<head>
<meta charset="utf-8">
<title>不同页面的锚点</title>
</head>
<body>
    <a href="link.html#jiangsu">江苏省</a>     <!--锚点链接 1-->
    <a href="link.html#zhejiang">浙江省</a>    <!--锚点链接 2-->
</body>
</html>
```

从这些内容可知，超链接是网页之所以能够互连互通的重要功能，诸多网页在业务的牵引下，通过超链接即组成了各种各样的网站和管理信息系统。

3.3.4 字符

通常情况下，HTML 可以正常显示 26 个大小写英文字母和数字，但有些符号是无法正常显示的，如空格、>、<等。对于这类无法直接显示的代码，HTML 提供了一套以“&”开头和以“;”结尾的特殊字符集合来表示这些符号。由于篇幅有限，本书仅列出最常见的几类，如表 3.6 所示。

表 3.6 常见字符的 HTML 代码

HTML 代码	页面显示	说　明	HTML 代码	页面显示	说　明
 	换行符	换行符	®	®	注册商标
		空格	©	©	版权
&	&	和号			

这些代码并不需要背，大部分字符可通过键盘输入，Dreamweaver 会自动将其转换成对应的 HTML 代码。若用户实在不知道如何输入，也可以通过“插入”面板中的“字符”按钮来实现，如图 3.20 所示。

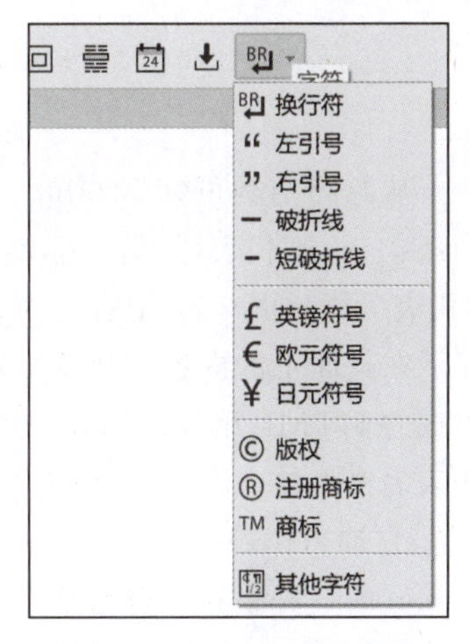

图 3.20 插入 HTML 字符

其中，换行和空格比较特殊。在 Dreamweaver 中如果按 Enter 键，会生成<p></p>段落标记，表现在页面上，虽然也换行了，但行间距过大。正常换行是通过输入
标签或通过“插入”面板来实现的。空格也类似，在 Dreamweaver 中直接输入空格，虽然设计界面上会显示一个空格，但是不会生成任何 HTML 代码。且不管输入几个空格，始终只能显示一个空格。因此，空格需通过输入 或“插入”面板来实现。

3.4 布局

布局是指页面上 HTML 元素的摆放方式。合理的布局，既可以体现业务流程是否清晰合理，也决定了使用该系统的用户体验是否良好。HTML 中提供了表格、浮动式框架、层和框架集 4 种主要布局方式。

3.4.1 表格

表格是由包含单元格的行和列组成的布局方式，是网页设计最常见的布局工具，也是最简单直接的布局方法。在 Web 发展之初，表格也是最流行的布局方法。即使时至今日，表格依然被大量应用至网页的布局设计中，因为它足够简单，适合初学者使用。在 HTML 中，表格主要由<table></table>，<tr></tr>，<td></td>三类标签组成。图 3.21 为表格的简单示例。

姓名	性别	年龄
张三	男	20
李四	女	20

图 3.21　表格示例

该表格对应的 HTML 如图 3.22 所示。

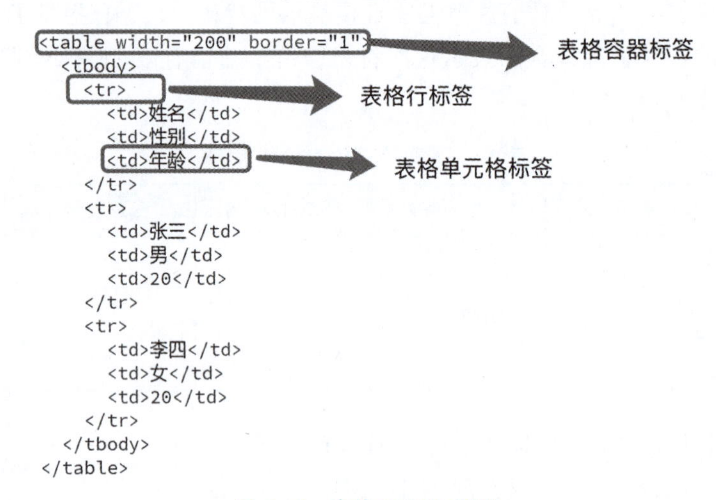


```
<table width="200" border="1">
  <tbody>
    <tr>
      <td>姓名</td>
      <td>性别</td>
      <td>年龄</td>
    </tr>
    <tr>
      <td>张三</td>
      <td>男</td>
      <td>20</td>
    </tr>
    <tr>
      <td>李四</td>
      <td>女</td>
      <td>20</td>
    </tr>
  </tbody>
</table>
```

图 3.22　表格 HTML 源码

从源码结构可知，<table></table>标签是表格总容器，用于容纳表格的行和单元格。<tr></tr>则代表行，但行标签依然属于容器类标签，用于容纳表格单元格，一对<tr></tr>即代表一行。图 3.22 中有三对行标签，则表示有三行。单元格<td></td>之间的才是真正显示在页面上的内容。从这个角度来看，HTML 表格并没有列的概念，它是由行和单元格组成的 HTML 组件。图 3.22 中还出现了<tbody></tbody>这个标签，从字面意思可知，这代表表格主体。事实上，没有这个标签也不会影响表格的显示。此外，表格还有<th></th>标签，它被当作表头来使用。在内容显示上，该标签中间的内容会自动加粗和居中，这等于是预置的一种格式。但通常页面都会使用 CSS 来美化表格，很少单纯地仅使用<th>来修饰表头，因此也就不再过多举例。

上例是 Dreamweaver 生成的默认属性的表格，表格也依然可以通过相应标签的

HTML属性来改变其形态。如上例中<table>标签的width属性定义了表格的宽度，border属性则定义了表格的边框样式。表格的属性有很多，本书仅列举最常用且最实用的属性来说明其用途。<table>标签的常用属性如表3.7所示。

表3.7 <table>标签常用属性

属性	值	说明
border	0或自然数	表格边框宽度
width	自然数	表格宽度
height	自然数	表格高度
background	图片文件的路径	表格背景图片
align	left，center，right	表格的对齐方式分别为左对齐、居中对齐和右对齐
bgcolor	＃加上6位长度的十六进制数值	表格背景色
cellspacing	0或自然数	表格格间线宽度
cellpadding	0或自然数	表格内容与格线之间的宽度

<tr>的常用属性如表3.8所示。

表3.8 <tr>标签常用属性

属性	值	说明
border	0或自然数	表格边框宽度
align	left，center，right	整行内容的水平对齐方式分别为左对齐、居中对齐和右对齐
valign	top，middle，bottom	整行内容的垂直对齐方式分别为上对齐、居中对齐和下对齐
bgcolor	＃加上6位长度的十六进制数值	行的背景色
background	图片文件的路径	行的背景图片

<td>的常用属性如表3.9所示。

表3.9 <td>标签常用属性

属性	值	说明
width	自然数	单元格宽度
height	自然数	单元格高度
bgcolor	＃加上6位长度的十六进制数值	行的背景色
background	图片文件的路径	行的背景图片
align	left，center，right	单元格内容的水平对齐方式，对应前值为左对齐、居中对齐和右对齐
colspan	自然数	单元格横向跨越所占的格数
rowspan	自然数	单元格纵向跨越所占的格数

上述标签及属性的直观示例如图3.23所示。

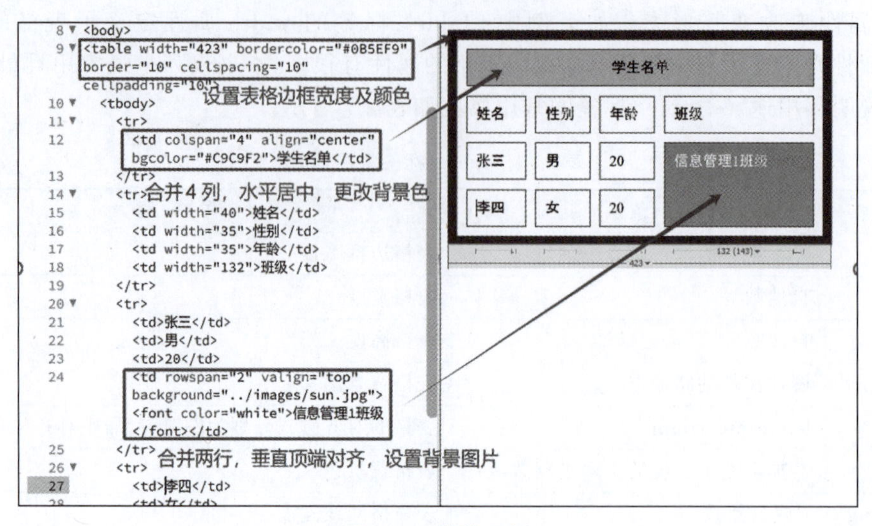

图 3.23　表格示例

上述应用中，大部分属性均容易理解。需重点注意的是 colspan 和 rowspan，这两个属性用于合并列和合并行，此处的数值需要和相邻列和行的个数相同。例如，学生名单所在行表面上看只有一个单元格，实际上这是合并了 4 列得到的，它的下一行一共有 4 列，因此 colspan="4"，rowspan 同理。

而 cellpadding 对应的是单元格中内容与所在单元格边框的距离，cellspacing 则是两个单元格的间隔，如图 3.24 所示。

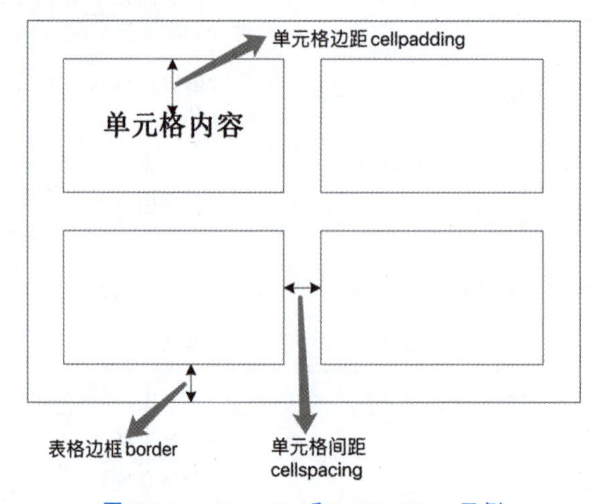

图 3.24　cellspacing 和 cellpadding 示例

从上述实例可知，单纯地应用 HTML 编写表格，其过程比较烦琐，需要编写诸多<tr>、<td>标签及相关属性，特别是在处理表格合并时，还需要有一定的空间想象力。幸运的是，Dreamweaver 同样提供了可视化的表格制作方法。以下为如图 3.23 所示表格在 Dreamweaver 中的制作过程。

首先需要确定的是，如图 3.23 所示表格是从一个 4 行 4 列的表格合并而来的，因此需要先插入一个 4 行 4 列的表格。在 HTML“插入”面板中单击“表格”图标，弹出如图 3.25 所示插入表格对话框。

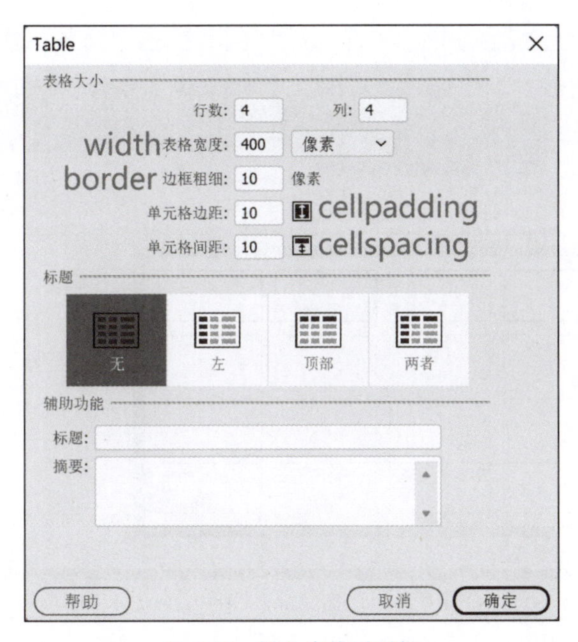

图 3.25　插入表格对话框

按如图 3.25 所示设置该表格的属性，单击“确定”按钮后，Dreamweaver 会自动生成该表格的代码，并在设计界面中显示该表格，如图 3.26 所示。

```
tables.html ×
 6    </head>
 7
 8 ▼ <body>
 9 ▼ <table width="400" border="10" cellspacing="10"
      cellpadding="10">
10 ▼   <tbody>
11 ▼     <tr>
```

body　table　tbody　tr　td　HTML　562 x 257　INS　30:22

图 3.26　Dreamweaver 自动生成的表格

接下来，选中第一行进行合并。选中该行有两种方法，第一种是直接用鼠标拖曳，即单击第一个单元格后按住鼠标往右边拖动，如图 3.27 所示。

选中该行后，可视化界面中边框颜色变深，并且对应的代码也同样被选中。

第二种方式则是通过选中标签的方式来选择该行。将鼠标定位到所需选中行所在的单元格，单击状态栏上的<tr>标签图标，如图 3.28 所示。

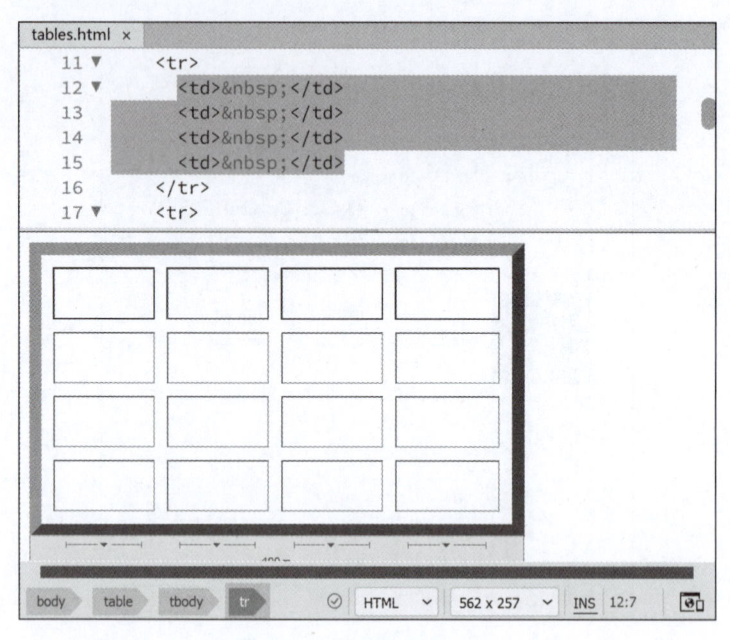

图 3.27 鼠标拖曳选中行

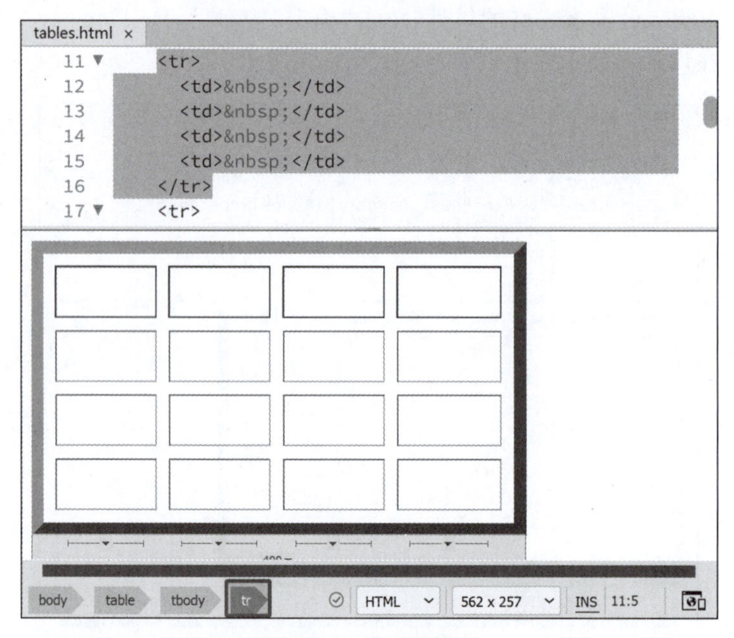

图 3.28 选中标签

很明显，第二种选择方式更为准确，尤其是在需要选择数量较多的单元格，或者表格不规范的情况下，这种方式更为方便。选中该行后，单击图 3.29 中的“合并单元格”按钮，即可合并该行。

合并后，从源码区可以看出，该单元格多了一个 colspan 属性，值为 4。按同样的方法选中右下角两个单元格再合并，结果如图 3.30 所示。

此处是按列合并，因此加入了 rowspan 属性，值为 2。值得说明的是，“合并单元格”按

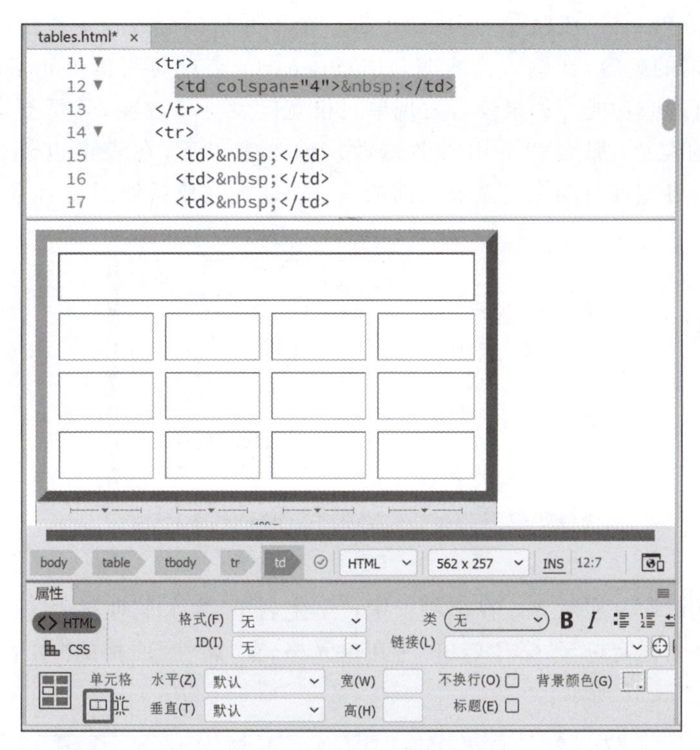

图 3.29 合并行单元格

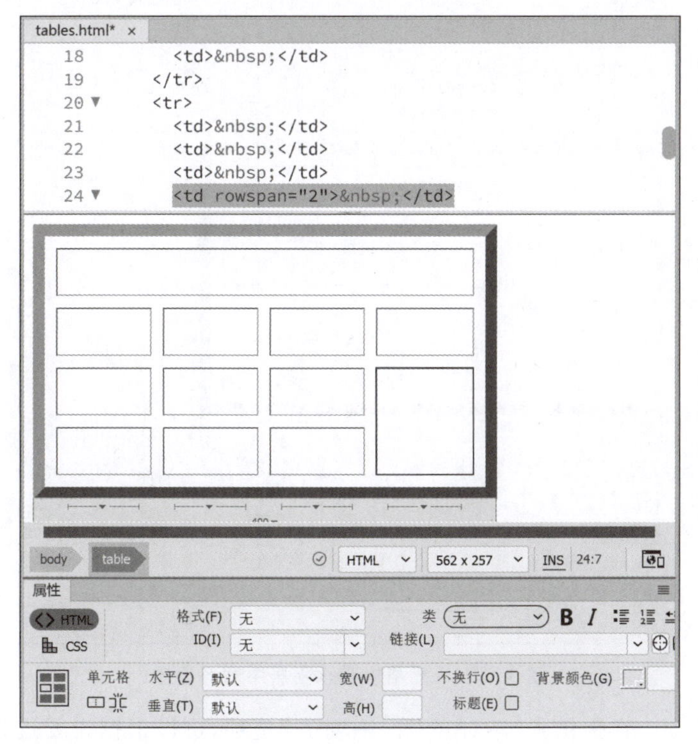

图 3.30 合并列单元格

钮的左侧为“拆分单元格”按钮，该按钮可将一个单元格拆分成指定数量的单元格。合并完成后，输入所需的内容，在输入内容时，Dreamweaver 会自动调整单元格的宽度，这是软件工具的一种自适应功能。如果读者发现单元格宽度发生了改变，只要不是输入的内容过长超过单元格的宽度，那么就不用着急修改。输入完成后，在表格以外的空白处单击，Dreamweaver 会将宽度自动恢复至输入前的状态。输入完成后如图 3.31 所示。

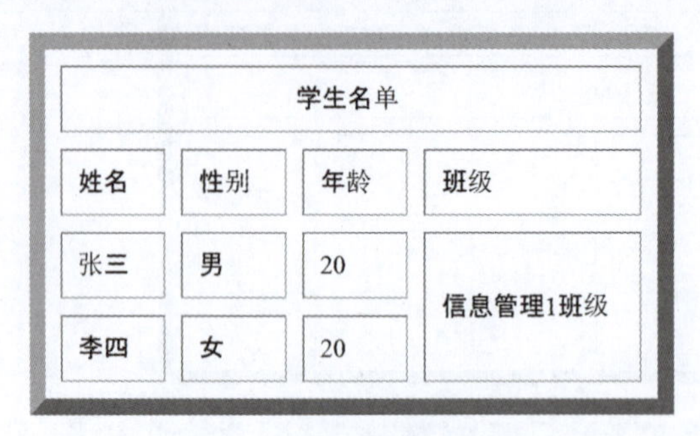

图 3.31　在表格中输入文字

输入内容默认均是左对齐。在该例子中，“学生名单”为水平对齐，“信息管理 1 班”为垂直顶端对齐。将光标定位至“学生名单”所在单元格，在“属性”面板的“水平”下拉框中选择“居中对齐”，如图 3.32 所示。

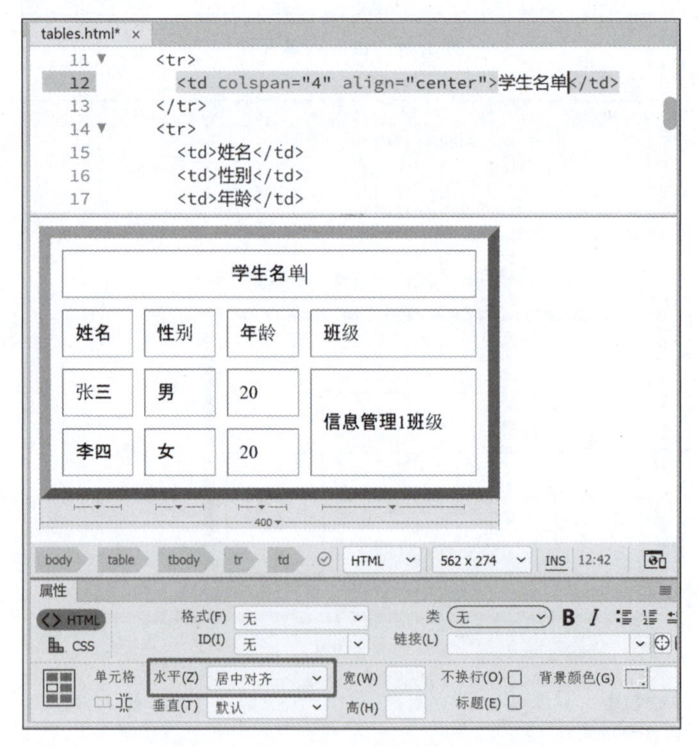

图 3.32　单元格内容水平居中对齐设置

“水平”选择框中还提供了“左对齐”和“右对齐”选项，可以根据需要进行设置。再将光标定位至“信息管理 1 班”所在单元格，在“属性”面板的“垂直”下拉框中选择“顶端”，如图 3.33 所示。

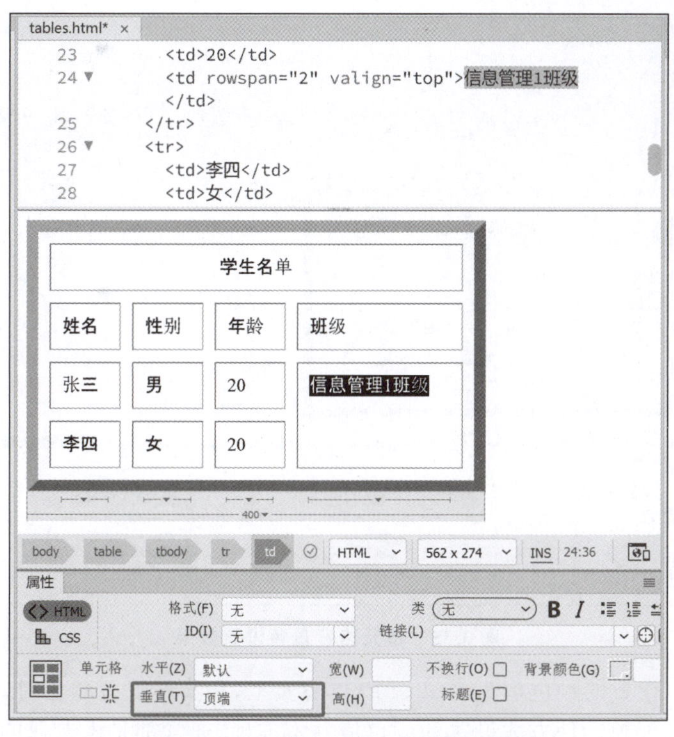

图 3.33　单元格内容垂直顶端对齐设置

“垂直”选择框中还提供了“居中”“底部”和“基线”选项，其中，“基线”选项比较特殊，基线通常是指英文字母的下端沿，垂直对齐设置为“基线”是使元素的基线同基准元素(取行高最高的作为基准)的基线对齐，在表格里从外观上看和顶端对齐类似。这个选项并不常见，读者无须纠结其难以理解，通常情况下，其他两个垂直对齐方式已足够使用。

接下来进行单元格背景色的设置，将光标定位至“学生名单”所在单元格，单击背景颜色右边的小按钮，进行颜色的选择，如图 3.34 所示。

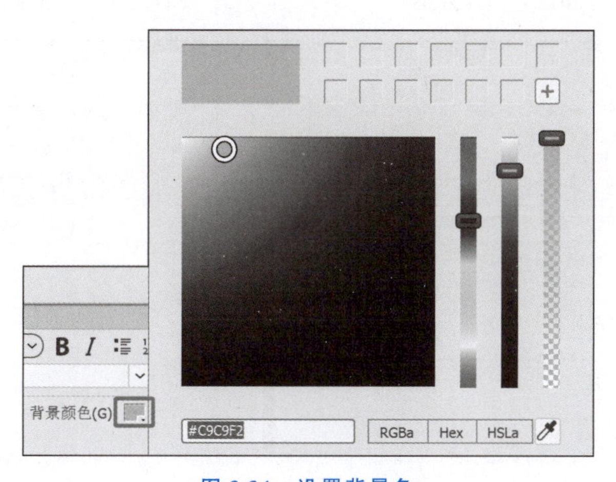

图 3.34　设置背景色

通过该颜色选择器，用户可选择所需颜色。选择完成后，按 Enter 键，其颜色数值将出现在颜色选择框的右边，并同时改变设计界面中单元格的背景色，如图 3.35 所示。

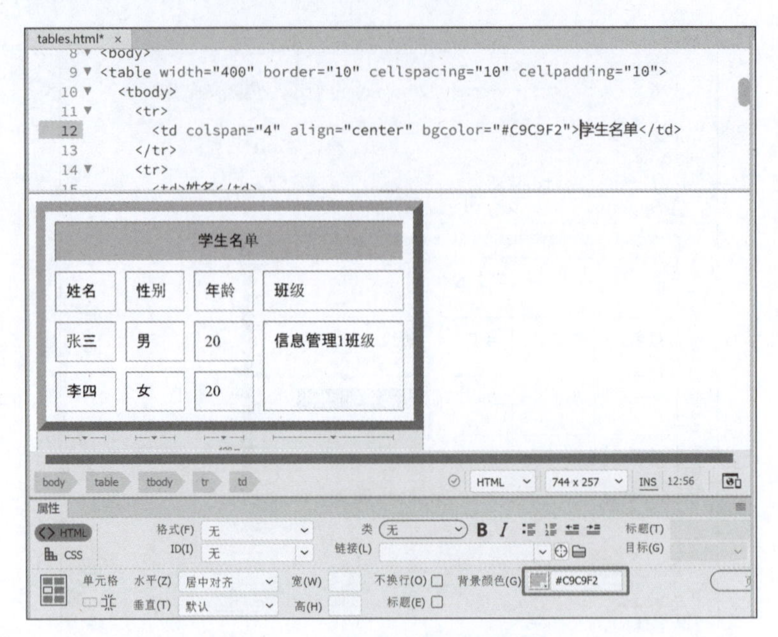

图 3.35　单元格背景色设置效果

从图中可知，设置的颜色值为#C9C9F2。事实上，在实际设置颜色时，一般不会通过颜色选择器来实现，因为这种方式设置的颜色值并不准确，通常都是由专业的美工调配好色彩值，供网页设计师使用。“班级”单元格的背景设置方法与之相同，只是色彩值不同，此处不再赘述。

在该例子中，还剩下两个属性尚未设置，一个是表格边框颜色，另一个是“信息管理1班级”的背景图。遗憾的是，Dreamweaver并未提供对这两个属性的图形化设置，只能通过定位到相应代码，再手动添加属性的方式来实现。此处，也正可以领略到Dreamweaver方便的代码查找及提示功能。先通过单击表格边框或状态栏的<table>标签选中整个表格，此时对应的代码也被选中，如图3.36所示。

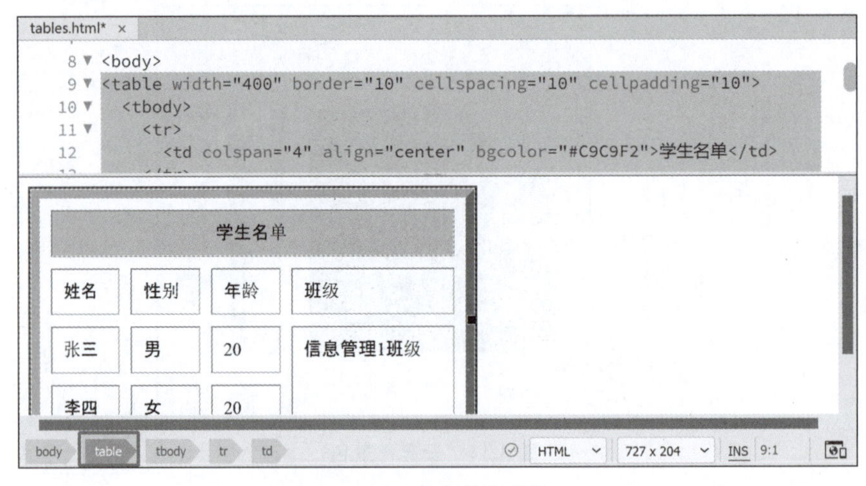

图 3.36　选中整个表格

在源码界面中，将光标定位至<table>标签中的空白位置，输入一个空格，Dreamweaver

将自动弹出代码提示菜单，如图 3.37 所示。

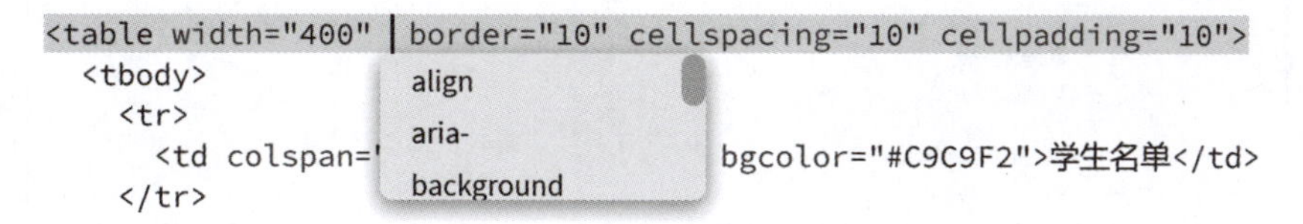

图 3.37　代码提示菜单

在标签中此处弹出的是针对这个标签的所有属性，在该例中选择 bordercolor，会弹出 color picker 菜单，选中该菜单后同样会弹出颜色选择器，此处颜色设置为＃0B5EF9，设置完成后边框颜色就变为蓝色，如图 3.38 所示。

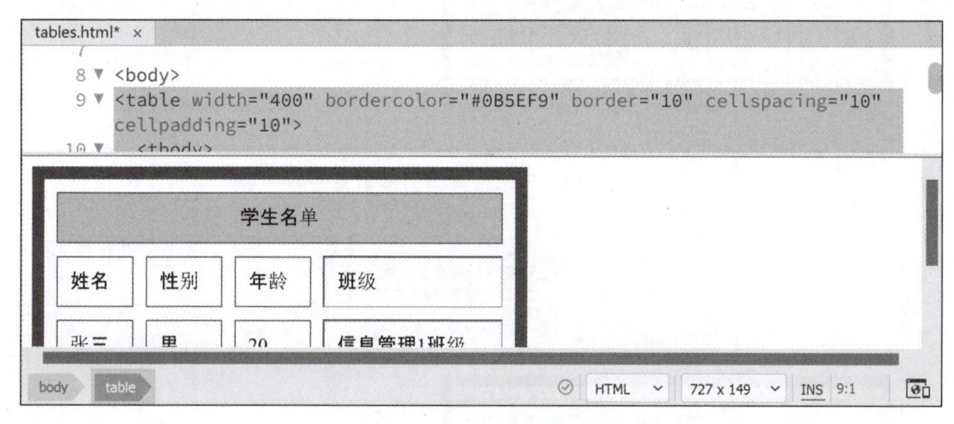

图 3.38　设置表格边框颜色

“信息管理 1 班级”所在单元格的背景图片设置与之类似，先定位到所在<td>标签，再输入一个空格，在弹出菜单中选择 background 属性，如图 3.39 所示。

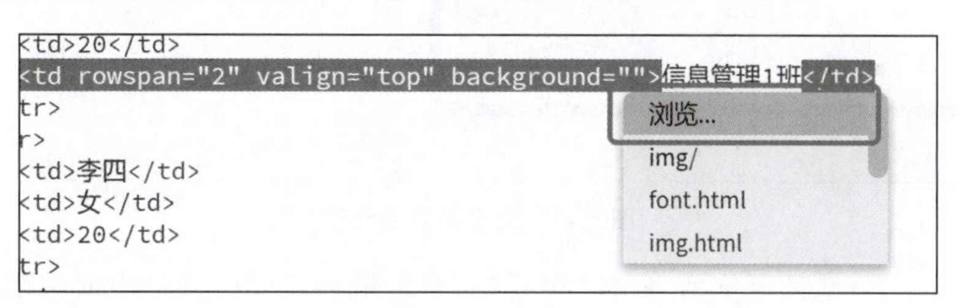

图 3.39　设置背景图片

单击“浏览”菜单项，选择图片，本例图片位于站点的 images 目录下，其结果如图 3.40 所示。

单元格中文字颜色的手动修改也可以通过编辑代码来实现。选中该文字，切换至源码界面。在文字左侧输入一个英文状态的小于号“<”，此时 Dreamweaver 也会弹出代码提示菜单，不过此处菜单里为可使用的标签。选择其中的<font>标签，再输入空格选择 color 属性，值设置为白色（＃FFFFFF），再参考如图 3.41 所示完善代码完成该例的制作。

至此，如图 3.23 所示案例全部制作完成。从上述过程可知，使用 Dreamweaver 可以在几乎不用写 HTML 代码的情况下完成表格的制作。

Dreamweaver 还提供了增加行或列的操作。接下来在“班级列”右侧增加一个“专业”

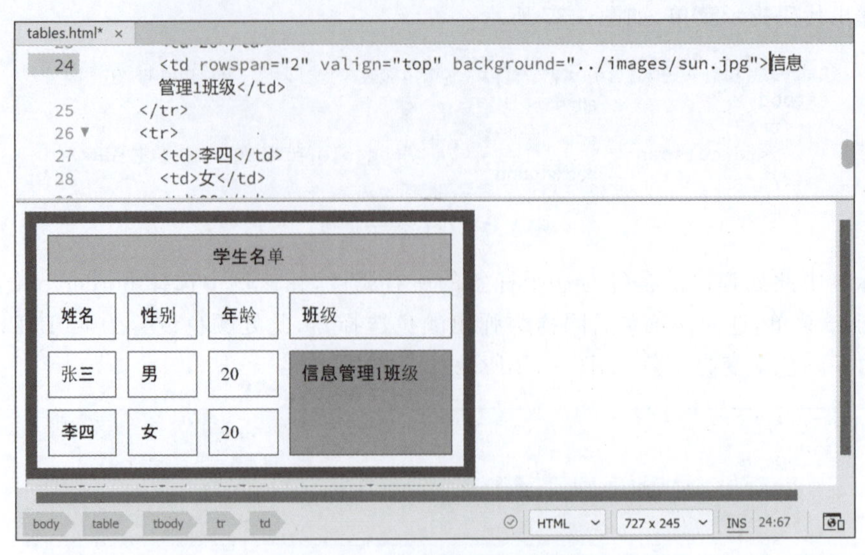

图 3.40　单元格背景图片设置

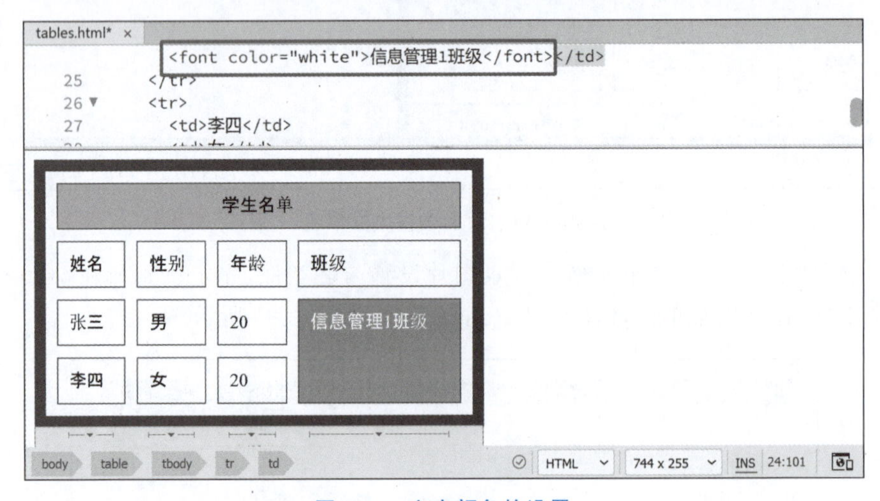

图 3.41　文字颜色的设置

列，并增加一行。将鼠标定位到“班级”单元格，右击鼠标在弹出菜单中依次选择“表格”→“插入列”，如图 3.42 所示。

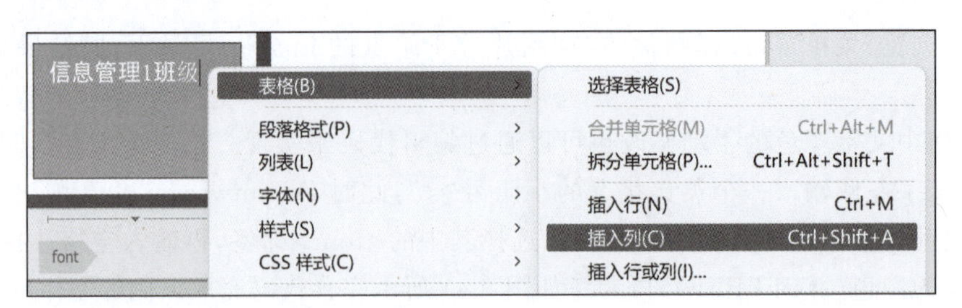

图 3.42　插入列

需要注意的是，此处如果直接“插入列”，Dreamweaver 会把列插到当前列的左侧，如图 3.43 所示。

如想让该列增加到右侧，则可选择“插入行或列”，弹出“插入行或列”对话框，如图 3.44 所示。

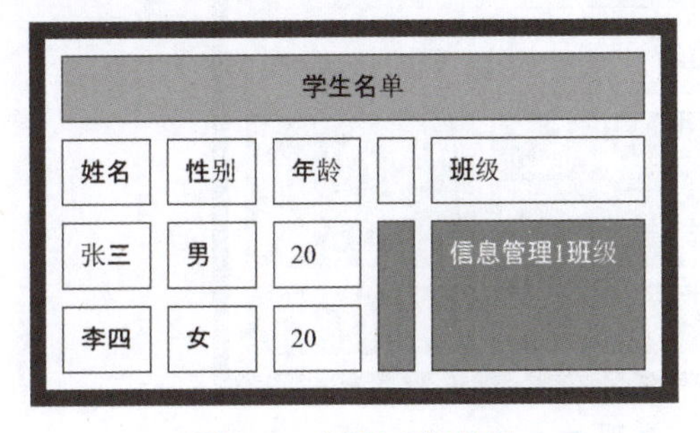

图 3.43 “插入列”效果

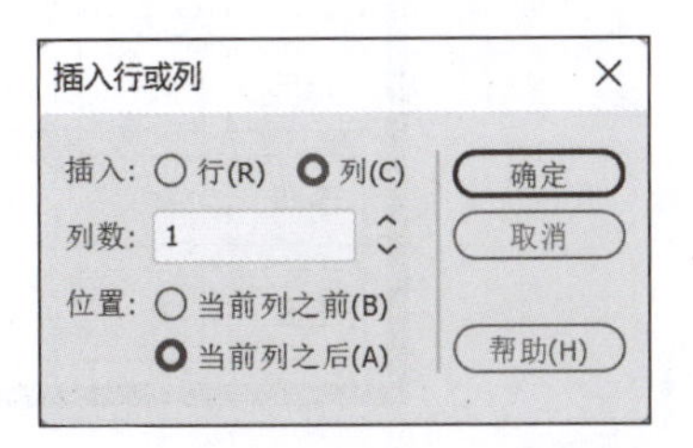

图 3.44 “插入行或列”对话框

按如图 3.44 所示进行选择，单击“确定”按钮后就会在当前列右侧增加一列，如图 3.45 所示。

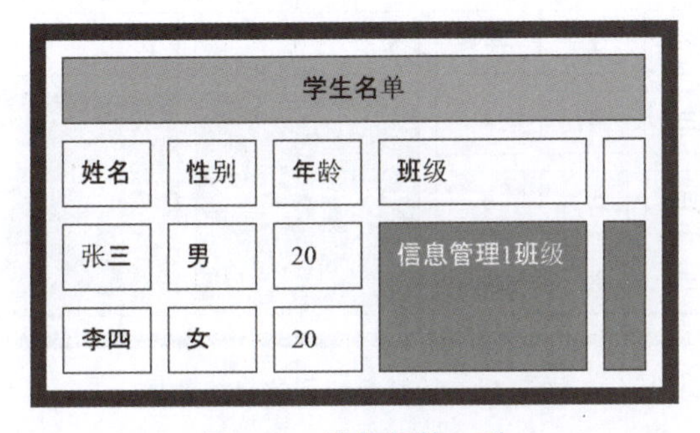

图 3.45 增加新的一列

可以看到，成功插入后，会将之前列的属性也一起复制到新列中。在“班级”右侧列中输入“专业”，在“信息管理 1 班级”右侧列中输入“信管专业”，再通过拖曳表格边框以及“班级”列和“专业”列中间的间隔边框来调整其宽度即可，完成后如图 3.46 所示。

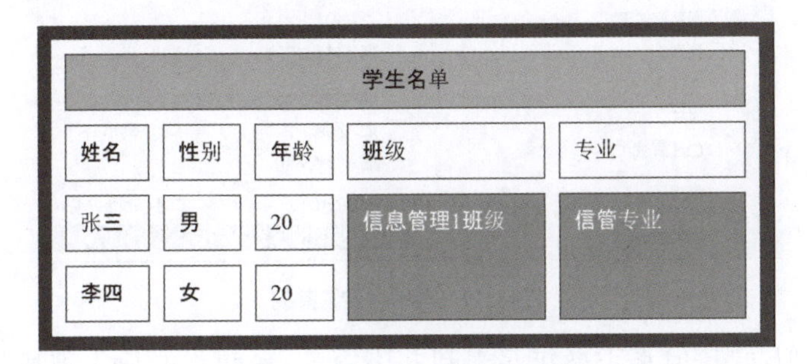

图 3.46 增加“专业”列后的表格

增加行也类似，右击“李四”所在单元格，在弹出菜单中选择“表格”→“插入行或列”，此处选择插入“行”，行数为 1，位置选择“所选之下”，并输入第三个学生的信息，如图 3.47 所示。

增加的新行其“班级”和“专业”列应该与上一行数据合并，此处参考如图 3.29 所示选中“信息管理 1 班级”与新增列，单击“属性”面板的“合并单元格”按钮即可，“专业”列的操作也与之类似，如图 3.48 所示。

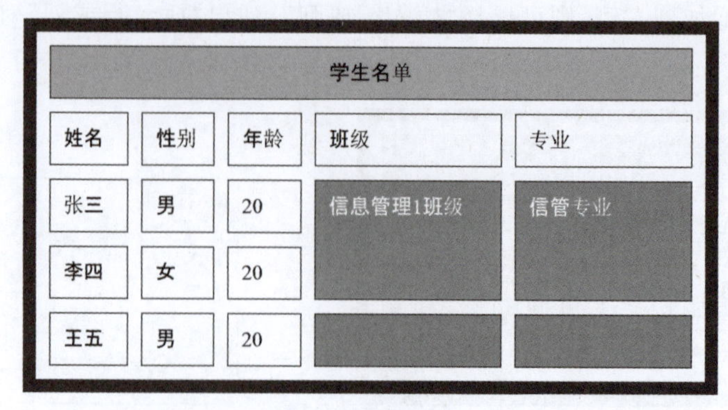

图 3.47　增加一行

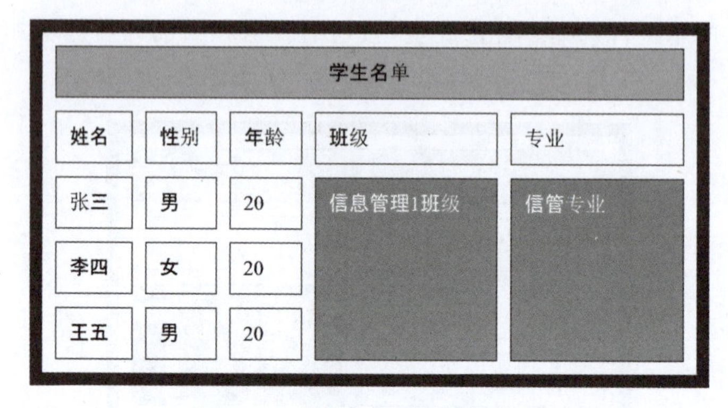

图 3.48　新增行和列的最终效果

如果在制作过程中有误操作，需要删除某列或者行，只要将鼠标定位到所需要删除的行或者列，如图 3.49 所示，在右击菜单中选择“表格”→“删除行”或者“删除列”即可。

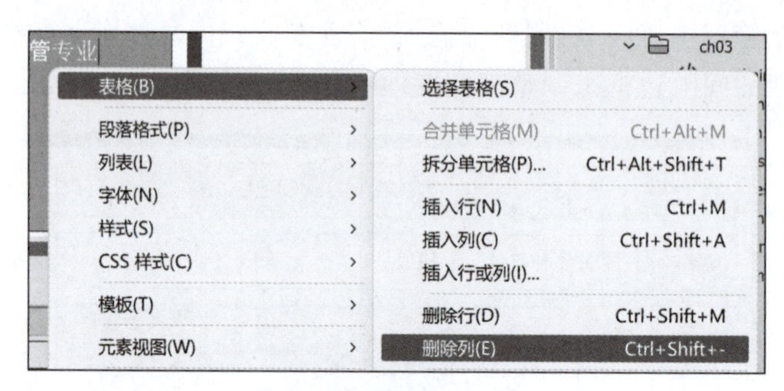

图 3.49　删除行或者列

上例过程看似简单，但真正操作起来却并不容易，要想得心应手地应用 Dreamweaver 制作表格，需要进行大量练习，在非常熟悉 Dreamweaver 的操作特点后，才能逐渐掌握这项技能。

3.4.2　浮动式框架

浮动式框架是一种容器类组件，它能够将一个 HTML 页面完整地嵌入另一个 HTML 页面中。浮动式框架的标签为<iframe>，其常用属性如表 3.10 所示。

表 3.10　<iframe>常用属性

属　性	值	说　　明
width	自然数	浮动框架宽度
height	自然数	浮动框架高度
src	URL 路径	需要嵌入网页的地址
frameborder	0,1	是否显示框架边框 0-不显示,1-显示(默认值)
scrolling	yes,no,auto	yes-始终显示滚动条,no-不显示滚动条,auto-当所嵌套网页内容超过框架大小时显示滚动条(默认值)

浮动框架的使用相对简单,在需要嵌入其他页面的位置上,编写 iframe 代码或单击 Dreamweaver“插入”面板中的按钮插入,但此处也只是插入一对<iframe></iframe>标签,其内容还需要自己编写,如图 3.50 所示。

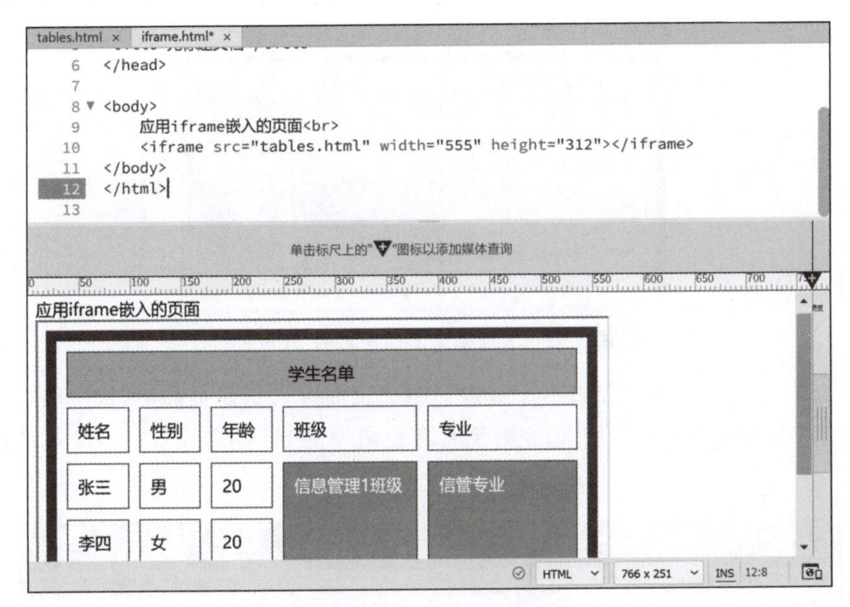

图 3.50　浮动框架示例

该例将之前制作的 table.html 页面嵌入当前页面中,当然当前页面需要自己新建,新建后将上述代码写入需要的位置。该例仅根据表格的高度和宽度调整了浮动框架的高度和宽度,其他属性均为默认,因此可以看到表格四周有边框。对于浮动式边框来说,通常边框需要设置为 0,纵向滚动条可以出现,横向滚动条一般不出现,这是因为纵向内容可以通过鼠标中间的滚动轮来操作,但横向滚动一般难以用鼠标来实现。接下来将 iframe 的宽度和高度均缩小,且加入 frameborder="0"的属性,效果则如图 3.51 所示。

可以看到 iframe 的边框已消失,但是纵向和横向均出现了滚动条。如仅想保留纵向滚动条,则需要在被嵌入页面 table.html 的<body>标签中加入 style="overflow-x: hidden ",最终效果如图 3.52 所示。

可以看到页面效果已经达到了目的。但刚才加入的那段代码实际上是 CSS 代码,表示横向滚动条隐藏。CSS 的具体细节将在第 4 章进行详述,此处仅记住该用法即可。通过该

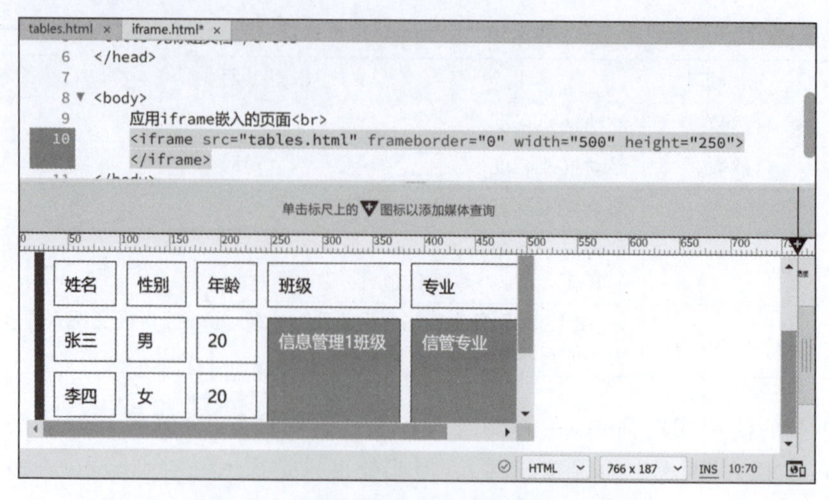

图 3.51 调整边框和高度、宽度后的 iframe

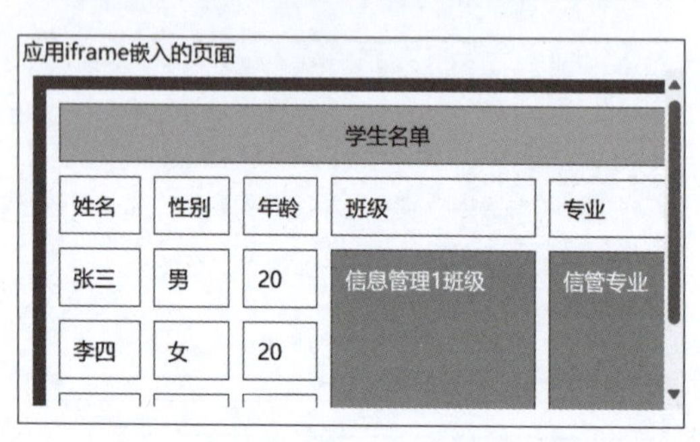

图 3.52 去除横向滚动条后的 iframe

例可知，iframe 可以几乎神不知鬼不觉地将另一个页面嵌入当前页面中，这一切只要属性调整得到就可以很方便地实现。图 3.53 为笔者自主研发的签到系统，图中标注区域即一个大的 iframe。

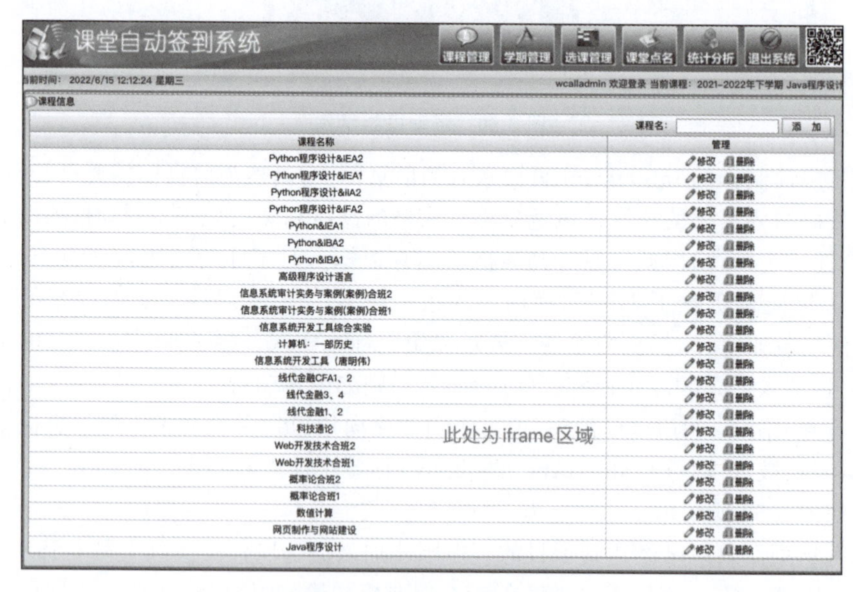

图 3.53 iframe 的高级应用

单击该区域上方的"课程管理""学期管理"和"选课管理"等菜单，iframe 区域则会跳转至对应功能的页面。这种方式较好地组织了功能菜单和主要工作区的布局关系。从图中也可以看出，只要 iframe 的属性设置得当，内嵌网页和当前网页浑然一体。如此布局的好处在于，对于像导航条、功能菜单这种在整个系统中不会变化的组件，可以将其固定在页面某一个位置，而对于经常变化的部分，则放入浮动框架中。这样在开发阶段，菜单的链接就不需要反复修改。当然单击菜单，使内容在 iframe 中显示，这需要结合 JavaScript 技术来实现，这将在第 5 章中做详细描述。

3.4.3　层

层在网页中是一种抽象的概念，也是一种容器组件。任何内容都可以置于层内，再通过层的属性和位置来控制这些内容的展示。通常情况下，网页是二维的，但层的加入使网页成为三维，如图 3.54 所示。

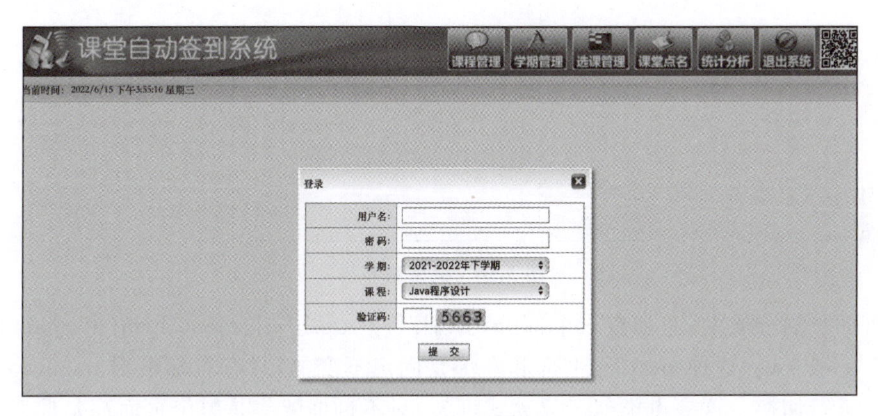

图 3.54　层的示例

在该页面中存在两个层，灰色背景是一个层，"登录"小窗体是另一个层。其中，灰色背景层位于底部页面的上方，而"登录"小窗体则位于灰色背景上方。它们之间的关系如图 3.55 所示。

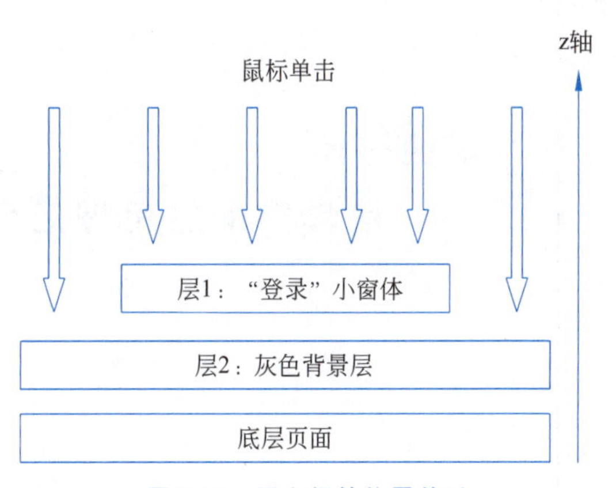

图 3.55　层之间的位置关系

从这一层次关系可知，网页上除了以宽度和高度为代表的 x 轴和 y 轴之外，还有以鼠标单击方向为代表的 z 轴。图 3.55 中，按 z 值大小排序，层 1>层 2>底层页面。在本例中，层 2

和底层大小完全相同，层 2 完全遮住了底层页面，因此无论用户如何单击都不会单击到底层页面中的对象。而层 1 则控制了大小，只遮住了层 2 的部分区域。在这种关系下，用户的单击操作不是单击“登录”小窗体，就是单击灰色背景层。这样设置的目的是让用户只关注当前窗体，不会发生误操作，同时也提升了用户体验。目前各类前端开发框架中出现的各种精美小窗体基本都是基于这个原理。该例将在第 5 章中做详解。

3.4.4 框架集

框架集是一种特殊的布局工具，它能将浏览器窗口划分成若干个小窗口，每个小窗口中都显示一个完整的网页，如图 3.56 所示。

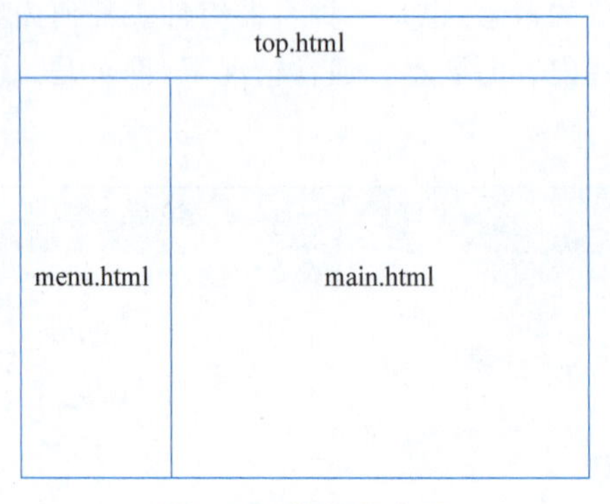

图 3.56 框架集布局

该页面被划分成上、左和右三个部分，分别对应 top.html、menu.html 和 main.html 三个网页。一般来说，这种布局下，上部和左部是固定不变的，只有右部根据 menu.html 里的链接内容进行切换。这一点类似于浮动式框架，只不过框架集是整个页面都是框架，而浮动式框架则只有页面中的一部分是框架。图 3.57 是根据该框架制作的一个实例。

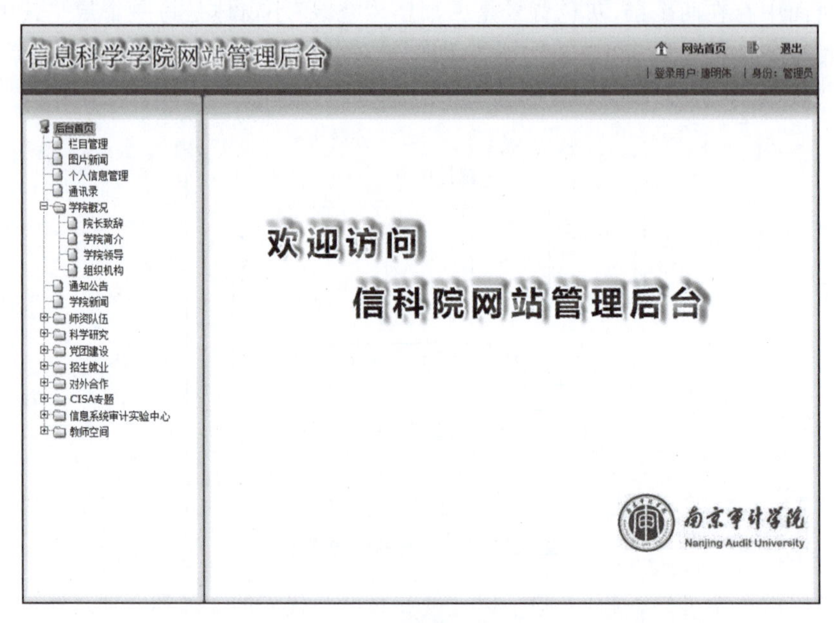

图 3.57 框架集应用实例

该布局适用于制作信息系统的总体框架。框架集是由<frameset>和<frame>组成的，上例源码如下。

```
<html>
<head>
<meta http-equiv="Content-Type" content="text/html; charset=gb2312">
<title>欢迎使用信息科学学院后台管理系统</title>
</head>
<frameset rows="24, * " cols=" * " framespacing="0" frameborder="no" border="0"
bordercolor="#EBE9ED">
  <frame src="top.htm" name="topFrame" scrolling="NO" noresize>
  <frameset rows=" * " cols="185, * " framespacing="0" frameborder="NO"
   border="0">
     < frame  src =" left. htm" name =" leftFrame"  scrolling =" yes"  noresize
marginwidth="0" marginheight="0">
    <frame src="main.html" name="mainFrame" scrolling="yes" marginwidth="0"
marginheight="0">
  </frameset>
</frameset>
<noframes><body>
</body></noframes>
</html>
```

如上例所示，框架集所在页面的<body>区域为空，前后还有<noframes>标签包围，可见其特殊性。从该例可知，框架集是用来制作系统框架的最简单的工具，遗憾的是自 Dreamweaver CC 2017 开始，这一功能不再提供。如果没有可视化的工具，对于初学者来说框架集的制作就比较复杂，加上目前主流做法很少使用框架集，因此本书将不再过多介绍。如图 3.57 所示的组合应该说是管理信息系统最经典、最实用的框架集，掌握该例就足以应对大部分场合。如果读者对框架集感兴趣，可以下载早期的 Dreamweaver 版本进行尝试。

3.5 表单

表单是网页中用于接收用户输入的一系列 HTML 的统称，是用户提交数据至后端服务器的重要手段。表单由表单域和表单控件两部分组成。如图 3.58 所示。

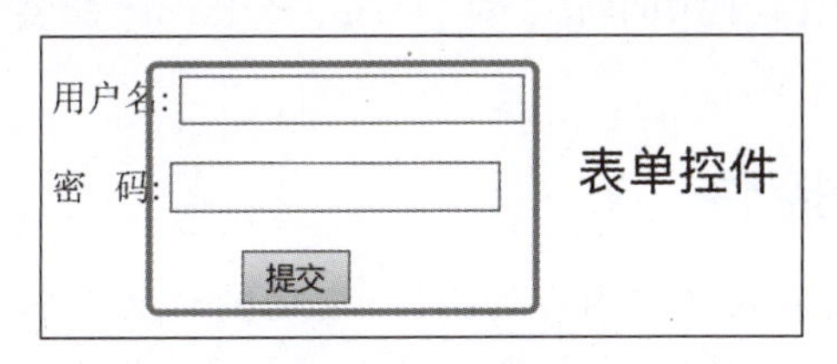

图 3.58　表单示例

图 3.58 中有两个输入框和一个按钮，即表单控件，而表单域则可理解为表单的有效范围，该部分不可见。表单控件大致有文本输入、内容选择和提交三类，它们共同组成了用户向服务器提交数据的接口。

3.5.1 表单域

表单域是表单控件的有效范围。如图 3.58 所示例子中,两个输入框和按钮在同一个表单域中,单击“提交”按钮时,提交的数据就只会来源于和按钮在同一个表单域中的其他表单控件上。如果该页面上还有其他表单控件,但只要不是和该按钮在同一表单域中,该控件中的数据就不会随着该按钮提交,如图 3.59 所示。

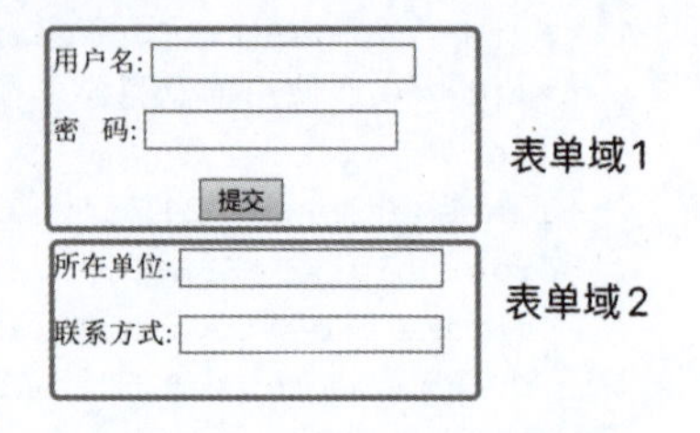

图 3.59 表单域的有效范围

“用户名”“密码”和“提交”按钮在表单域 1 中,而“所在单位”和“联系方式”在表单域 2 中。此处单击“提交”按钮,只会提交用户名和密码,而不会提交所在单位和联系方式。如果想一起提交所在单位和联系方式,则需要将这两个控件放入表单域 1 中。表单域的 HTML 标签为一对<form></form>,这一对标签所包含的范围即表单域的有效范围。如图 3.59 所示实例的 HTML 代码如下。

```
<form id="form1" name="form1" method="post">
  <p>
    <label for="textfield">用户名:</label>
    <input type="text" name="textfield" id="textfield">
  </p>
  <p>
    <label for="password">密   码:</label>
    <input type="password" name="password" id="password">
  </p>
  <p>
    <input type="button" name="button" id="button" value="提交">
  </p>
</form>
```

其中,三个 input 按钮均在同一个<form>内,这意味着它们在同一个表单域中。由此可见,表单域虽然不可见,但非常重要,它决定了表单控件数据能否正确提交。除了划分范围外,表单域还有 method 和 action 两个属性,分别决定了表单的提交方式和目的地,它们需要与“提交”按钮结合使用,将在 3.5.4 节中详述。

在 Dreamweaver 中插入表单域非常简单,单击“插入”面板表单中的“表单”图标 ,Dreamweaver 会在 HTML 代码中生成一对<form></form>标签,在该范围内再插入其他控件即可。

3.5.2 文本输入控件

文本输入控件是可以输入文本内容的控件,常见的有文本框、密码框、E-mail 输入框、URL 输入框、电话输入框、搜索框、数字输入框和文本域。除文本域外,其标签均是 input,区别在于 type 属性值不同。

1. 文本框

文本框是最常见的文本输入控件,它相当于通用输入框,可以接受任何类型的文本输入，且输入内容对用户可见。而其他诸如密码、E-mail 等输入框则相当于有规则限制的特殊输入框。因此，掌握文本框的特点，就基本掌握了所有表单输入类控件的特点。

文本框的主标签为 input，type 属性为 text，其 HTML 代码如下。

```
<input type="text" name="textfield" id="textfield" value="文本输入">
```

其常用属性如表 3.11 所示。

表 3.11　文本框常用属性

属　性	值	说　　明
id	字符串文本	文本框在当前页面中的唯一标识
name	字符串文本	文本框在当前页面中的名字
value	字符串文本	文本框的值
size	自然数	文本框本身的长度
maxlength	自然数	文本框中输入内容的最大长度
title	字符串文本	当光标悬停在该文本框时出现的提示
placeholder	字符串文本	当文本框为空时默认显示的内容
disabled	disabled	设置该文本框只读（背景变灰，不能获得光标）
required	required	设置该文本框不能为空
autofocus	autofocus	打开控件所在页面时光标自动定位到该控件
readonly	readonly	设置文本框只读（无法获得光标）

上述属性的应用效果如图 3.60 所示。

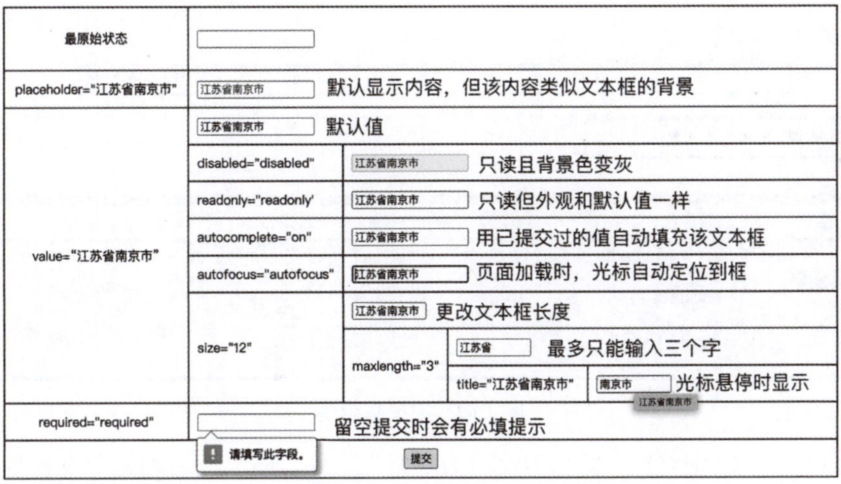

最原始状态
placeholder="江苏省南京市"　江苏省南京市　默认显示内容，但该内容类似文本框的背景
value="江苏省南京市"
江苏省南京市　默认值
disabled="disabled"　江苏省南京市　只读且背景色变灰
readonly="readonly"　江苏省南京市　只读但外观和默认值一样
autocomplete="on"　江苏省南京市　用已提交过的值自动填充该文本框
autofocus="autofocus"　江苏省南京市　页面加载时，光标自动定位到框
size="12"　江苏省南京市　更改文本框长度
maxlength="3"　江苏省　最多只能输入三个字
title="江苏省南京市"　南京市　光标悬停时显示　江苏省南京市
required="required"　留空提交时会有必填提示
请填写此字段。　提交

图 3.60　输入框属性效果

如图 3.60 所示的 maxlength 属性中，虽然设置为 3，但如果事先通过 value 属性设置了文本框的默认值，该文本框依然可以显示完整的内容，只是内容不能超过 3 个字。在这些属性中，placehoder、required 和 autofocus 是 HTML5 特有的属性。在 HTML4 中必须要结合 CSS 和 JavaScript 才能实现同等效果。

在 Dreamweaver 中可通过单击“插入”面板中表单的“文本框”图标 ，以可视化方式插入文本框，如图 3.61 所示。

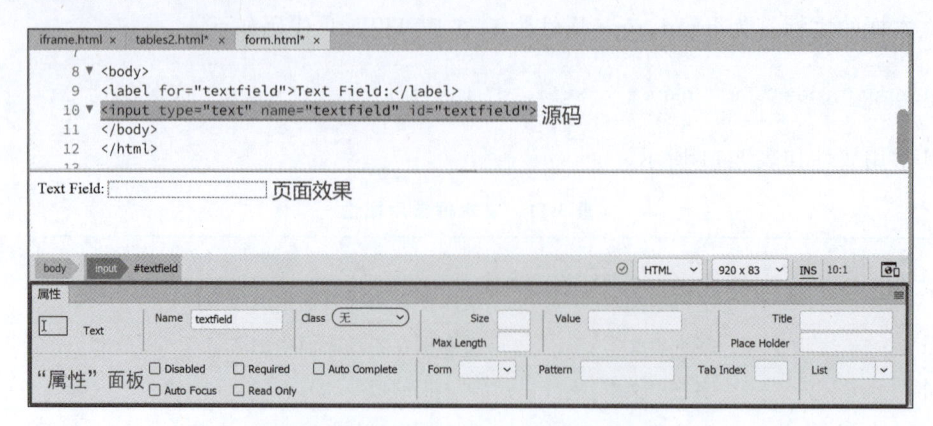

图 3.61 在 Dreamweaver 中插入文本框

在 Dreamweaver 中插入文本框后，会生成一个带文字的文本框，文字的源码是 label，相当于文本框的文字说明。如不需要也可手动删除，并不会影响文本框的功能。插入后，在设计界面中选中该文本框，“属性”面板区域就会显示与该文本框对应的属性设置选项。

2. 密码框

密码框的 type 值为 password，从外观上看和文本框没有明显区别，但输入内容默认显示成小圆点。密码框可通过表单“插入”面板中的“密码框”图标 插入，接着将 value 属性改为“江苏省南京市”，其效果如图 3.62 所示。

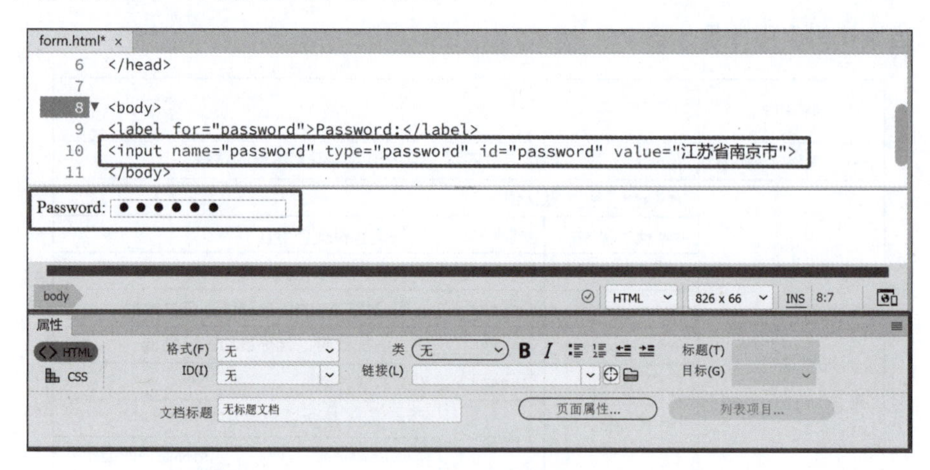

图 3.62 密码框示例

从图 3.62 可知，密码框中除内容显示为小圆点之外，外观、源码和属性设置与文本框基本一致。

3. E-mail 输入框

E-mail 输入框是只接受 E-mail 格式内容的文本框，其源码 type 属性值为 email，其余特点与文本框一致。E-mail 输入框可通过“插入”面板中表单的“E-mail 框”图标 插入，插入后的设置与文本框一致。但需要说明的是，要触发 E-mail 输入框的格式检查功能，需将 E-mail 输入框和“提交”按钮一起放入同一个表单域中，在单击“提交”按钮时，会自动检查其格式，如图 3.63 所示。

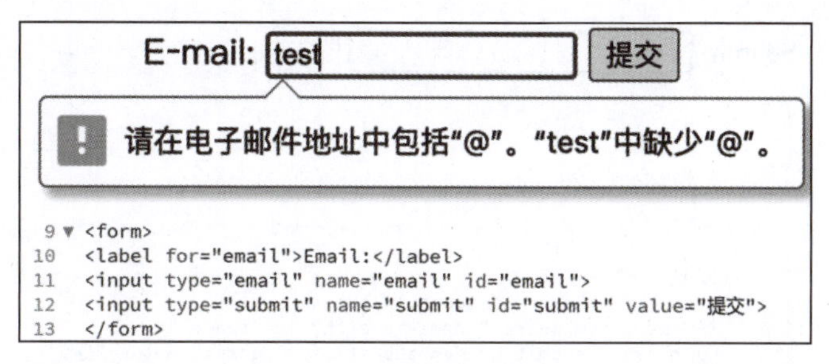

图 3.63　E-mail 输入框示例

4. URL 输入框

URL 输入框是只接收 URL 格式内容的文本框，其源码 type 属性值为 url。URL 由协议、网址和资源名组成，其值即网址，如 http://www.nau.edu.cn。URL 输入框可通过“插入”面板中表单的“URL 框”图标插入。在 HTML 中，该输入框只是检测输入内容是否以 URL 规定协议开头。常见的协议有 HTTP、HTTPS 和 FTP，如果不是以这些协议开头，则会提示“请输入网址。”，如图 3.64 所示。

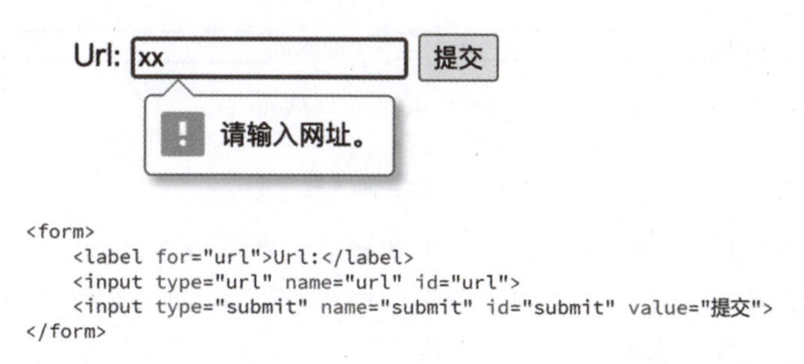

图 3.64　URL 输入框示例

URL 输入框除了在功能检查上与 E-mail 输入框不同外，其余均相同。

5. 电话输入框

电话输入框是专为手机浏览器优化的，其源码 type 属性值为 tel，可通过“插入”面板中表单的“电话框”图标插入。如果在手机浏览器上打开，会自动调用只包含数字和符号的虚拟键盘，如图 3.65 所示。

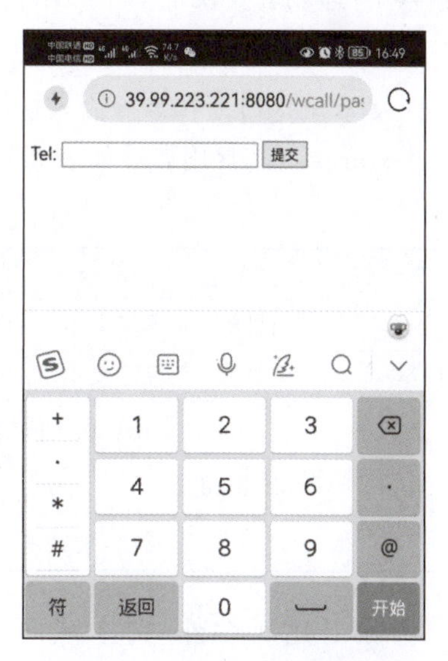

图 3.65　电话输入框示例

但在桌面浏览器上，该输入框则等同于普通文本框，没有任何特殊功能。此外，不管是在桌面还是手机浏览器打开，均不会自动检查内容是否符合电话号码的格式，这一功能需要编写 JavaScript 代码来实现。

6. 搜索框

搜索框即能显示历史输入记录的文本框，其源码

type 属性值为 search，可通过“插入”面板中表单的“搜索框”图标插入。搜索框的运行效果如图 3.66 所示。

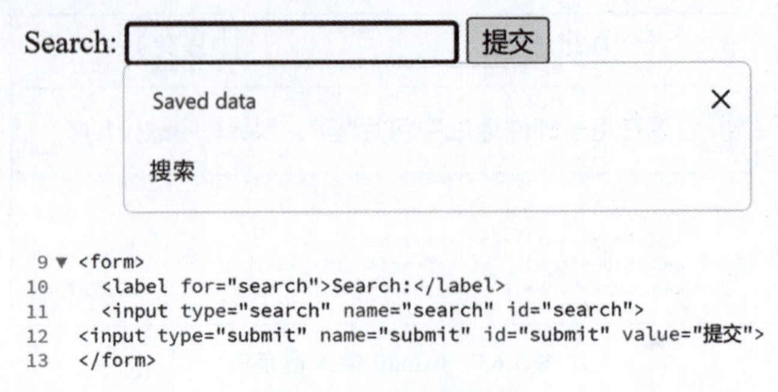

图 3.66 搜索框示例

单击该搜索框，会在下方显示之前已经提交过的内容，单击该内容会将其自动填入搜索框中。

7. 数字输入框

数字输入框是只能输入数字的文本框，其 type 属性值为 number，可通过“插入”面板中表单的“数字输入框”图标插入，其运行效果如图 3.67 所示。

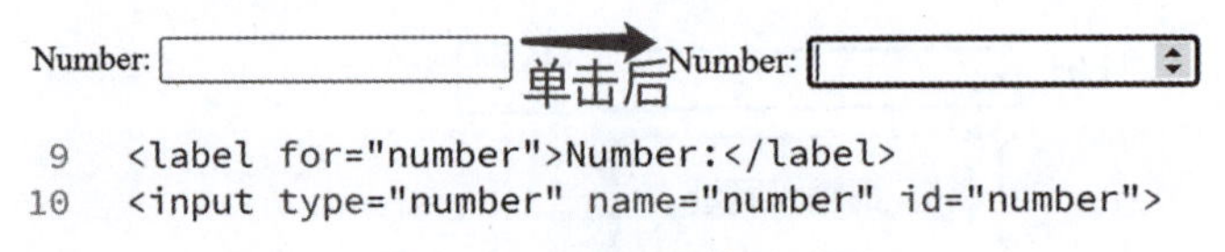

图 3.67 数字输入框示例

如上图，在未单击数字输入框前，其外观和普通文本框没有区别。但单击后，该框的右侧则会出现一套组合的上下选择按钮。单击该按钮，则会自动填充数字，默认从 0 开始，上键为 1，下键为−1。并且该输入框中只能输入数字，这个数字可以是正负数、小数等，如果输入字母，则会发现框中不显示任何内容。

8. 文本域

文本域是指具有多行输入功能的文本框，文本域的标签不再是<input>，而是<textarea></textarea>，其常用属性如表 3.12 所示。

表 3.12 文本域常用属性

属　性	值	说　　明
cols	自然数	规定文本域的列数
rows	自然数	规定文本域的行数
wrap	soft，hard	soft：默认值，在输入内容超过文本框最大宽度时，换行显示，但不会自动插入换行符，也就是提交到后台的内容中不包含换行符。 hard：相比较 soft，超过最大宽度时，会在提交的内容中包括换行符，如果使用该属性，则必须指定 cols 属性

除上述属性外，文本域同样包含 maxlength、title、placeholder、disalbed、required、autofocus 和 readonly 等属性。文本域可通过“插入”面板中表单的“文本域”图标插入，

其运行效果如图 3.68 所示。

Text Area: 南京审计大学是唯一以“审计”命名的全日制普通本科院校，为我国审计高等教育发源地之一，因审而立、为审而存、依审而兴、靠审而强。

```
10    <textarea name="textarea" cols="50" rows="10" wrap="hard"
      id="textarea">南京审计大学是唯一以“审计”命名的全日制普通本科院校，为我国审计高等教育发源地之一，因审而立、为审而存、依审而兴、靠审而强。</textarea>
```

图 3.68 文本域示例

此例的 wrap 属性设置为 hard，其效果需提交至服务器端或通过 JavaScript 才能展示。与其他输入框控件类似，文本域的属性均可在“属性”面板中进行设置，具体操作方法可参考文本框属性设置，此处不再赘述。

9. 隐藏域

在所有输入控件中，还有一种比较特殊的控件，即隐藏域。顾名思义，隐藏域在页面中并不可见，但它真实存在，会随着“提交”按钮一起提交至服务器端。隐藏域的标签也是 <input>，但 type 值为 hidden，可通过“插入”面板中表单的“隐藏域”图标 以可视化方式插入，其效果如图 3.69 所示。

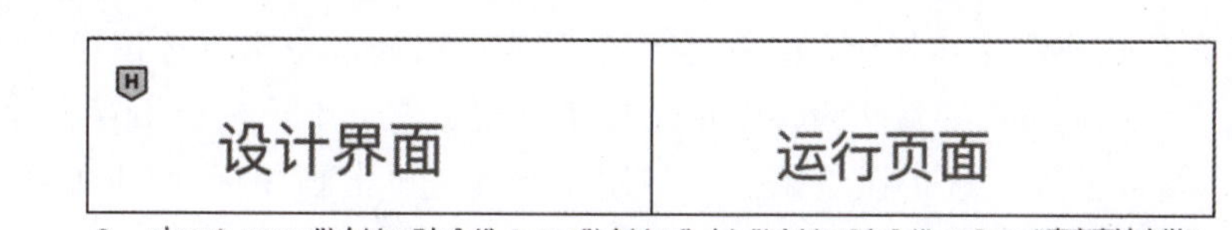


```
9    <input name="hiddenField" type="hidden" id="hiddenField" value="南京审计大学">
```

图 3.69 隐藏域示例

左侧为 Dreamweaver 中隐藏域所在网页的设计界面，其中有一个小图标。右侧则是运行页面，可以看到右侧没有任何内容。但从源码可知，在该页面中存在一个表单控件，其值为“南京审计大学”。隐藏域通常应用于某个值不希望被用户看到，但又不可缺少的场合。例如，在数据库表中一条记录的 ID 是一个数字，没有显示的意义，但在修改和删除时，可用于唯一区分该记录，这将在动态篇中再做详述。

3.5.3 内容选择控件

内容选择控件是指其内容一般由用户选择，不需要手动录入的控件。这种设置主要是为了严格控制内容范围，或者内容的格式，如性别选择、日期选择等。这些控件有单选框、复选框、下拉选择框、多选框、颜色选择框、时间选择框(包含月、周、日期、时间、日期时间)和数值范围选择器。

1. 单选框和单选按钮组

单选框是指供用户选择的选项，并且该选项在这一组选择值中具有排他性，即选中了其中一项，就不能选其他项。因此，单选框通常是成组出现的，这个组即单选按钮组，如图 3.70 所示。

请选择性别

◉ 男
○ 女

图 3.70 单选按钮示例

单选按钮的 HTML 标签依然是<input>，但 type 属性值为 radio。单选按钮的常用属性如表 3.13 所示。

表 3.13　单选按钮常用属性

属　性	值	说　　明
id	字符串文本	单选按钮在当前页面中的唯一标识
name	字符串文本	单选按钮在当前页面中的名称
value	字符串文本	单选按钮对应的值
title	字符串文本	当光标悬停在该单选按钮上时出现的提示
disabled	disabled	设置该单选按钮只读（背景变灰，不能获得光标）
autofocus	autofocus	打开控件所在页面时光标自动定位到该控件
required	required	设置该单选按钮必选
checked	checked	默认自动选中该单选按钮

其中，checked 属性的作用是设置默认选项值。此外，单选框的 name 属性具有特殊作用，它能用来对单选框进行分组，形成单选按钮组。单选按钮组并不是独立的 HTML 控件，而是由若干个具有相同 name 属性值的单选按钮组成的复合控件。具有相同 name 属性值的单选按钮，用户选择时就自动具备排他性。

在 Dreamweaver 中，可通过“插入”面板中表单的“单选按钮”图标或者“单选按钮组”图标插入单选按钮或单选按钮组。通过图标只能一次插入一个单选按钮，而通过图标可一次插入具有相同 name 属性的多个单选按钮。由于单个单选按钮不存在业务上的选择意义，因此本节以插入单选按钮组来阐述其制作过程。单击图标，弹出如图 3.71 所示对话框。

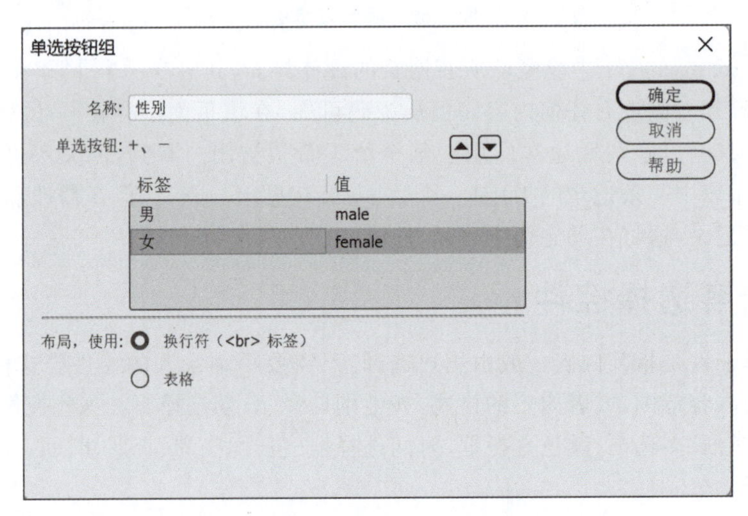

图 3.71　“单选按钮组”对话框

如图 3.71 所示为制作性别选择的单选按钮组，其中，名称对应单选按钮的 name 属性，同时也会作为单选按钮 id 属性的一部分。而单击“单选按钮”右侧的“+、−”符号，则可以添加或删除多个单选按钮。布局是指选择使用
还是表格来分行。按如图 3.71 所示设置后单击“确定”按钮，则生成如图 3.72 所示的单选按钮组。

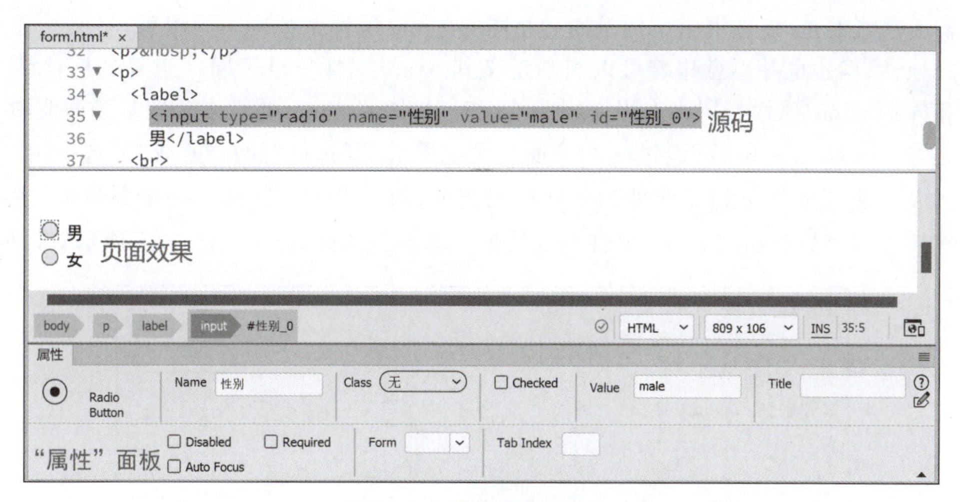

图 3.72 单选按钮组示例

需要说明的是，在如图 3.70 所示的单选按钮中，标签设置为(男、女)，值设置为(male、female)。而在如图 3.72 所示的设计视图中可以看出，标签是显示在页面上的可见的内容，而值则对应的是单选按钮的 value 属性值。提交至后台的也是 value 属性值，而不是页面上显示的这个标签文本。如果在同一个页面上有两组不同的选择，则这两组中的单选按钮需要有两个各自不同的 name 属性值，如图 3.73 所示。

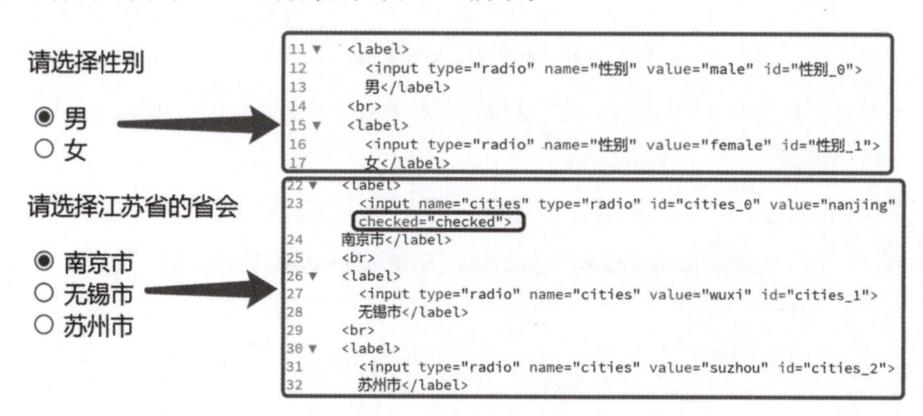

图 3.73 两组不同的单选框

这两组单选按钮组的 name 属性分别为“性别”和“cities”，这是按钮分组和排他性的重要依据，如果这两个组共享一个 name 属性，那么选择了“南京市”选项，就不能选择“男”或者“女”，反之亦然。上例中，“南京市”选项还多了一个 checked 属性，具有该属性的单选按钮，在打开页面时，会处于选中状态，这在业务系统中，可用于设置某个选择项的默认值。

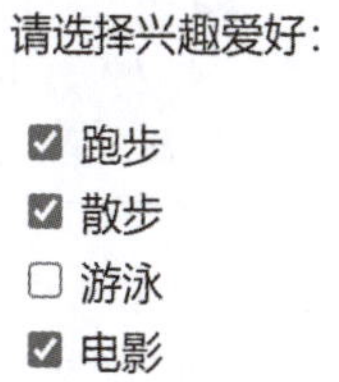

请选择兴趣爱好:

☑ 跑步
☑ 散步
☐ 游泳
☑ 电影

图 3.74 复选框示例

2. 复选框和复选框组

复选框也是供用户选择的对象，通常也是以复选框组的形式出现，如图 3.74 所示。

复选框与单选按钮最大的区别是可以多选。复选框的 HTML

标签依然是<input>，但是 type 属性值为 checkbox。复选框的常用属性和单选框完全一致。需要注意的是，复选框组依然是通过相同的 name 属性来区别不同组别，虽然复选框不存在排他性，但这也并不意味着可以胡乱定义其 name 属性。对于同一组复选框依然需要使用相同的 name 属性。因为在提交服务器端时，是按照 name 属性来获取复选框值的。

在 Dreamweaver 中，可通过“插入”面板中表单的“复选框”图标或“复选框组”图标插入复选框或复选框组。此处和单选按钮类似，前者只能一次插入一个复选框，后者可以一次插入多个具有相同 name 属性的复选框。单击图标，弹出如图 3.75 所示对话框。

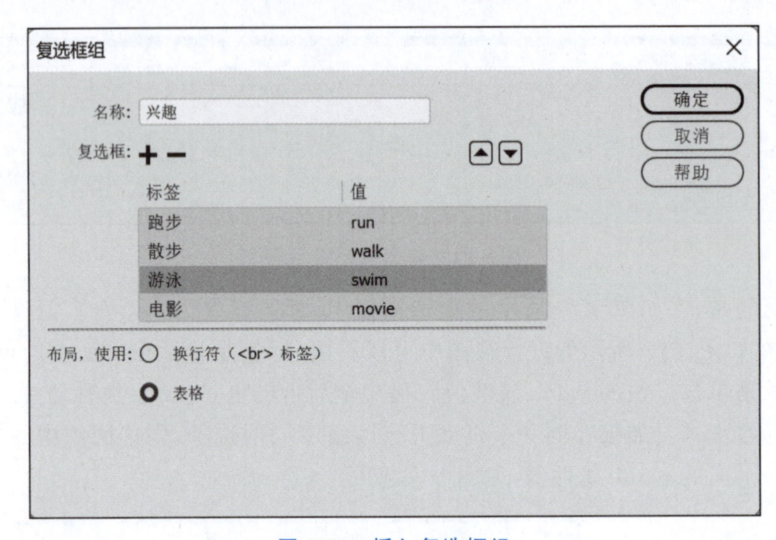

图 3.75 插入复选框组

此处设置基本与图 3.71 保持一致，仅“布局”处选择了“表格”，以体现不同的效果，单击“确定”按钮，结果如图 3.76 所示。

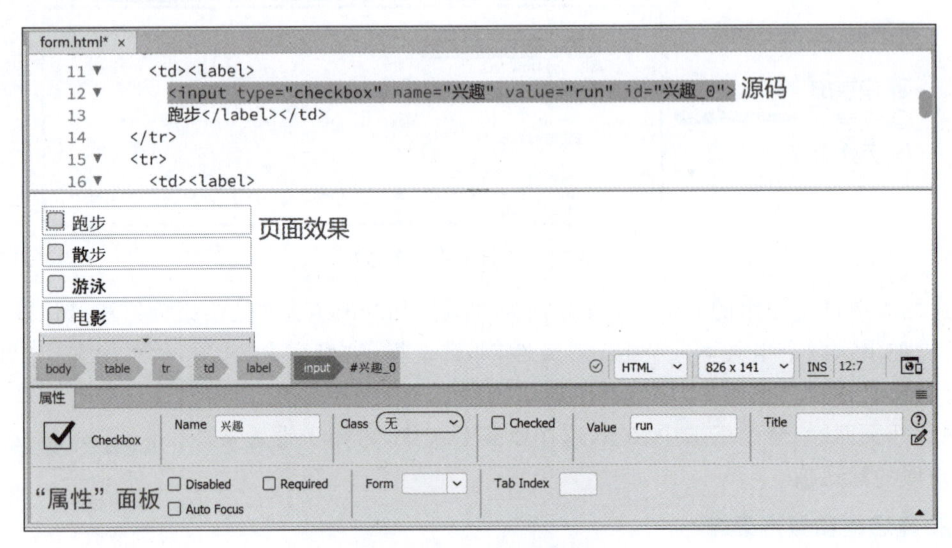

图 3.76 插入复选框组

这一步效果与生成单选按钮组的操作效果如出一辙，只是在选择“表格”后，Dreamweaver 会用表格来划分不同的选项，属性设置部分也基本保持一致。

在同一个页面中，两组不同的复选框组共存的效果如图 3.77 所示。

这两组复选框分别有各自的 name 属性，理论上来说，即使它们的 name 都一样，在页面上选择效果和具有不同 name 属性的效果是没有区别的。区别在于提交至后端服务器，后端会根据不同的 name 属性来确定是哪一组，从而再做下一步的工作。这将在动态篇中详细阐述。

3. 选择框

选择框也称为下拉选择框，一般有多个值供用户选择，这些值需要在单击后，才会以下拉菜单的方式展示供用户选择，选中后会显示在第一条，如图 3.78 所示。

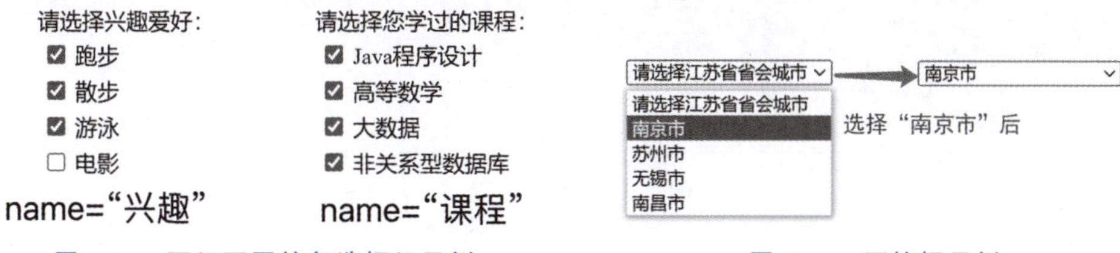

图 3.77　两组不同的复选框组示例　　　图 3.78　下拉框示例

选择框的标签不再是<input>，而是<select></select>，而其中选项的标签则是<option>，该例代码如下。

```
<select name="cities" id="cities">
  <option value="select" selected="selected">请选择江苏省省会城市</option>
  <option value="nanjing">南京市</option>
  <option value="suzhou">苏州市</option>
  <option value="wuxi">无锡市</option>
  <option value="nanchang">南昌市</option>
</select>
```

从源码可知，<option>是<select>的子元素即选择框的选项，若干个选项组成了选择框。选择框选项也是由显示文本和 value 值组成，其中，显示文本是指用户可以直接看到的文字。而 value 值则无法直接看到，但会随着"提交"按钮的单击而提交至服务器端，这一点与单选按钮和复选框一样。选择框的常用属性基本和单选按钮的保持一致(详见表 3.13)，但选择框没有 checked 属性，与之类似的是 selected 属性。这一属性只有<option>能用，标记该属性的选项将处于选中状态，即尚未单击该选择框就默认选中的那个选项。

在 Dreamweaver 中，可以通过"插入"面板表单的"选择框"图标▤将选择框插入页面中。单击该图标后，并不会弹出任何对话框，但会在页面中插入一个默认的空选择框，如图 3.79 所示。

插入的选择框是一个没有任何内容的选择框。若想增加内容，则在<select></select>之间添加<option>。这在 Dreamweaver 中，可以通过单击"属性"面板的列表值，以可视化的方式添加，如图 3.80 所示。

单击"确定"按钮，在源码中加入城市的选项，如图 3.81 所示。

此处，只要单击"属性"面板 selected 属性中的任何一个选项，就可以使其成为默认选中的选项，本例选择"请选择江苏省省会城市"。默认情况下，选择框中只显示一个选项，如果

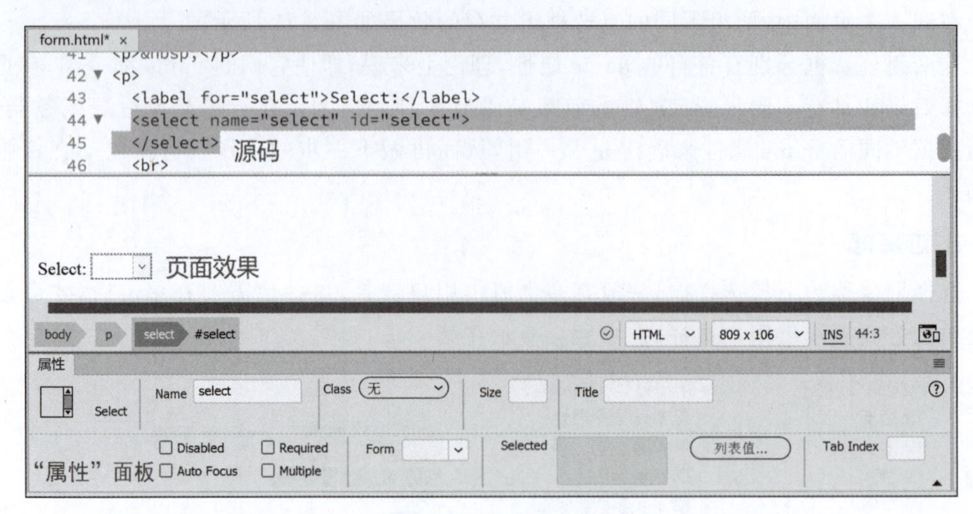

图 3.79 插入选择框

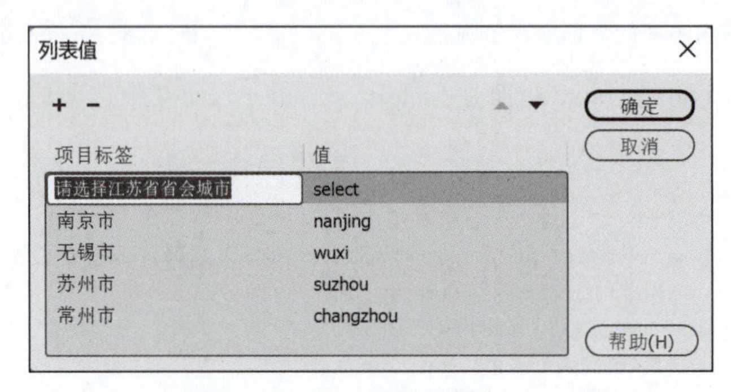

图 3.80 添加选择框列表值

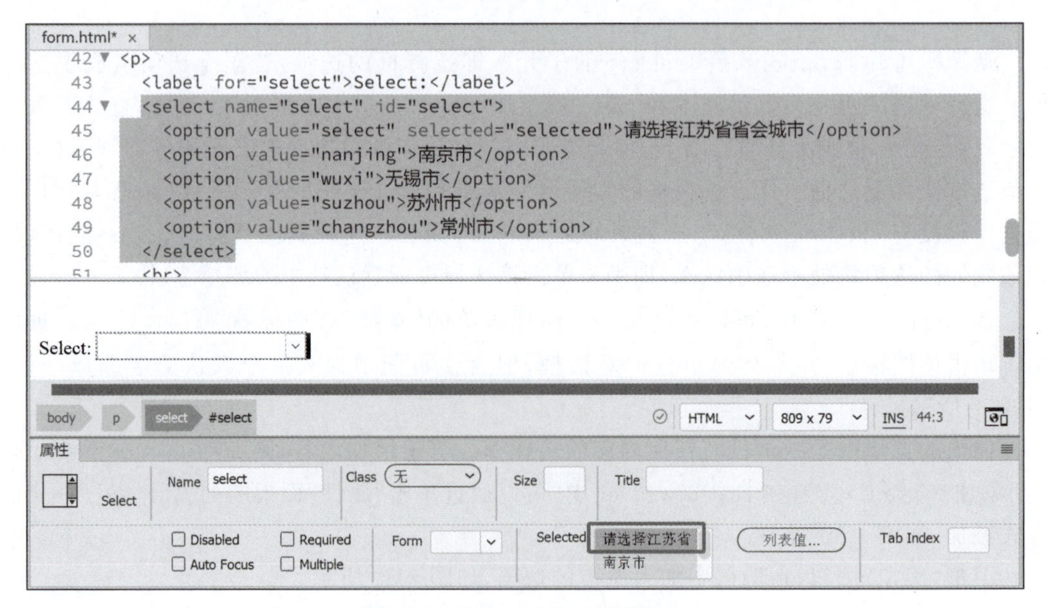

图 3.81 添加了城市后的选择框

想让其显示多个选项，则可以勾选“属性”面板上的 size 属性，该属性针对<select>标签，用于设置初始状态下选择框中能显示的选项个数。默认值为 1，即只显示一个选项。当该值为 2 时，则显示两个选项，以此类推，如图 3.82 所示。

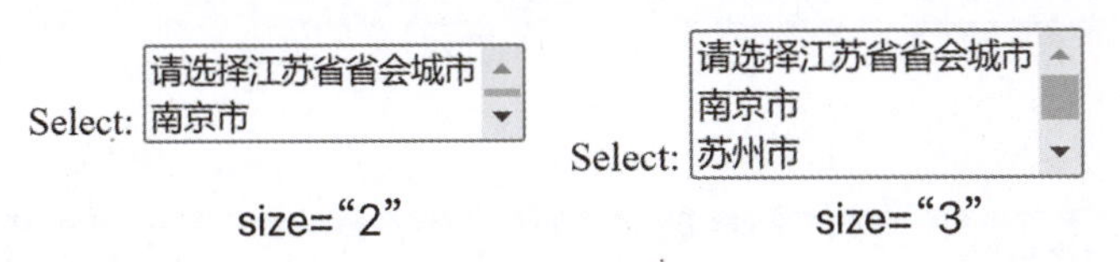

图 3.82　size 属性的应用示例

这种状态下的选择框，虽然能显示多个选项，但选择上还是单选，如果要让其支持多选，则可以勾选“属性”面板上的 Multiple 属性。这一属性也是针对<select>标签，勾选后的效果如图 3.83 所示。

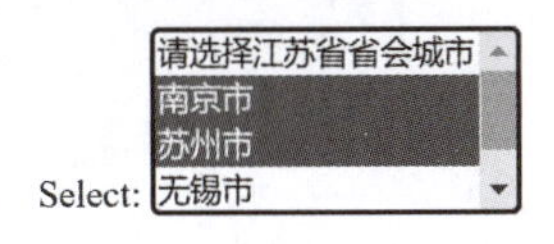

图 3.83　选择框的多选状态

事实上，如果没有设置 size 属性，那么设置 Multiple 属性，就默认会把选择框的 size 设置成 4，并且支持多选。从选择框的特点来看，选择框类似于单选框和复选框的集成控件，它可以把多个选项合并到一个控件中，通过下拉菜单选择的方式来选取其中的值，这样可以使得页面更为简洁。在实际应用中，多个选择框的组合，经常被用于实现级联菜单。

4. 颜色选择框

颜色选择框即可以选择颜色的控件，这是 HTML5 新增的控件，其效果如图 3.84 所示。

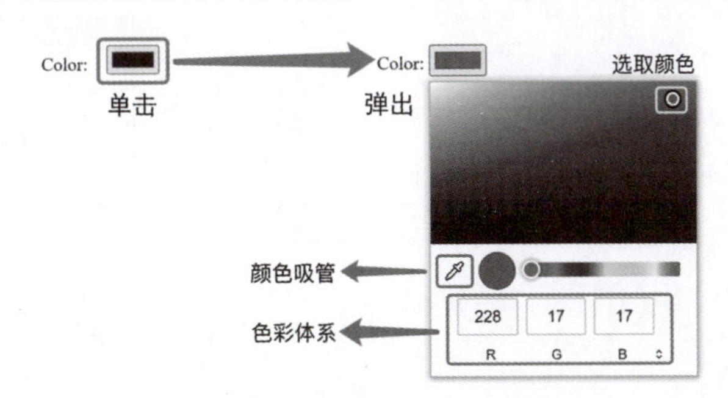

图 3.84　颜色选择框示例

这是一个非常方便的颜色选取控件，在颜色区域可以直接选取需要的颜色。如果颜色区域显示的颜色不能满足要求，可以通过颜色吸管吸取系统中的颜色，或使用吸管右侧的颜色条，选取不同的色彩。颜色选择框下方是对应颜色的色彩体系，此处可以对颜色进行微调，共支持 RGB、HSL 和 HEX 三种体系。其中，HEX 即十六进制 RGB 色彩体系。无论选择哪种体系，用户选择的颜色最终都会转换成十六进制的 RGB 值，并赋值给颜色选择框的 value 属性。

在 Dreamweaver 中，可以通过“插入”面板表单的“颜色”图标插入颜色选择框。单击该图标后，在设计界面会插入一个空的文本框，如图 3.85 所示。

在设计界面中，颜色选取控件表现为一个普通文本框样式，但在浏览器中能够正常显示颜色选择功能。从“属性”面板可以看出，大部分属性和文本框类似。但此处 value 属性的右侧有颜色选择器，通过颜色选择器可以设置颜色选择框的默认颜色。颜色选择器的设置

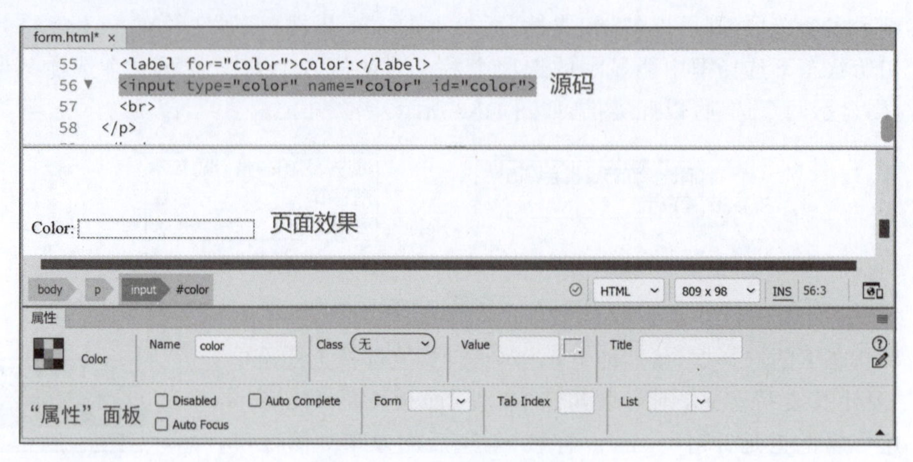

图 3.85 插入颜色选择框

可参考图 3.34。

5. 时间选择框

时间选择框是供用户选择时间的控件，这是 HTML5 新增的控件，一共有月、周、日期、小时分钟和本地日期时间 5 种控件，其效果及代码如表 3.14 所示。

表 3.14 时间选择框

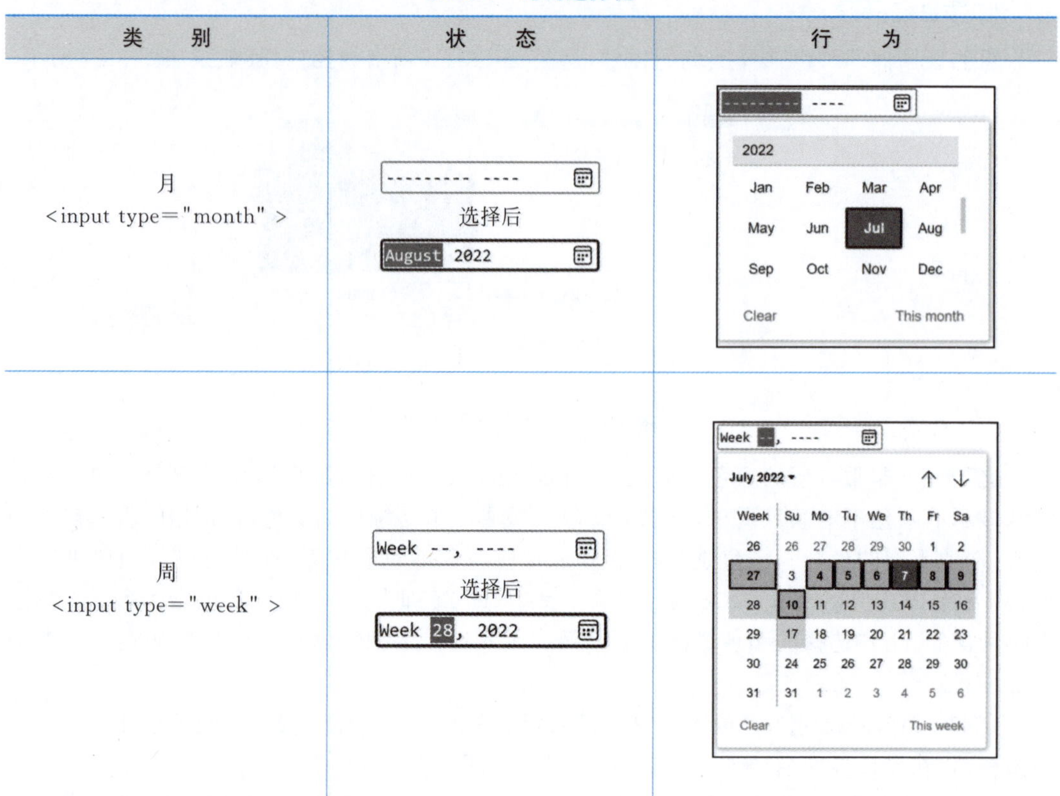

类　　别	状　　态	行　　为
月 <input type="month" >	--------- ---- 选择后 August 2022	2022 Jan Feb Mar Apr May Jun Jul Aug Sep Oct Nov Dec Clear This month
周 <input type="week" >	Week --, ---- 选择后 Week 28, 2022	Week --, ---- July 2022 Week Su Mo Tu We Th Fr Sa 26 26 27 28 29 30 1 2 27 3 4 5 6 7 8 9 28 10 11 12 13 14 15 16 29 17 18 19 20 21 22 23 30 24 25 26 27 28 29 30 31 31 1 2 3 4 5 6 Clear This week

续表

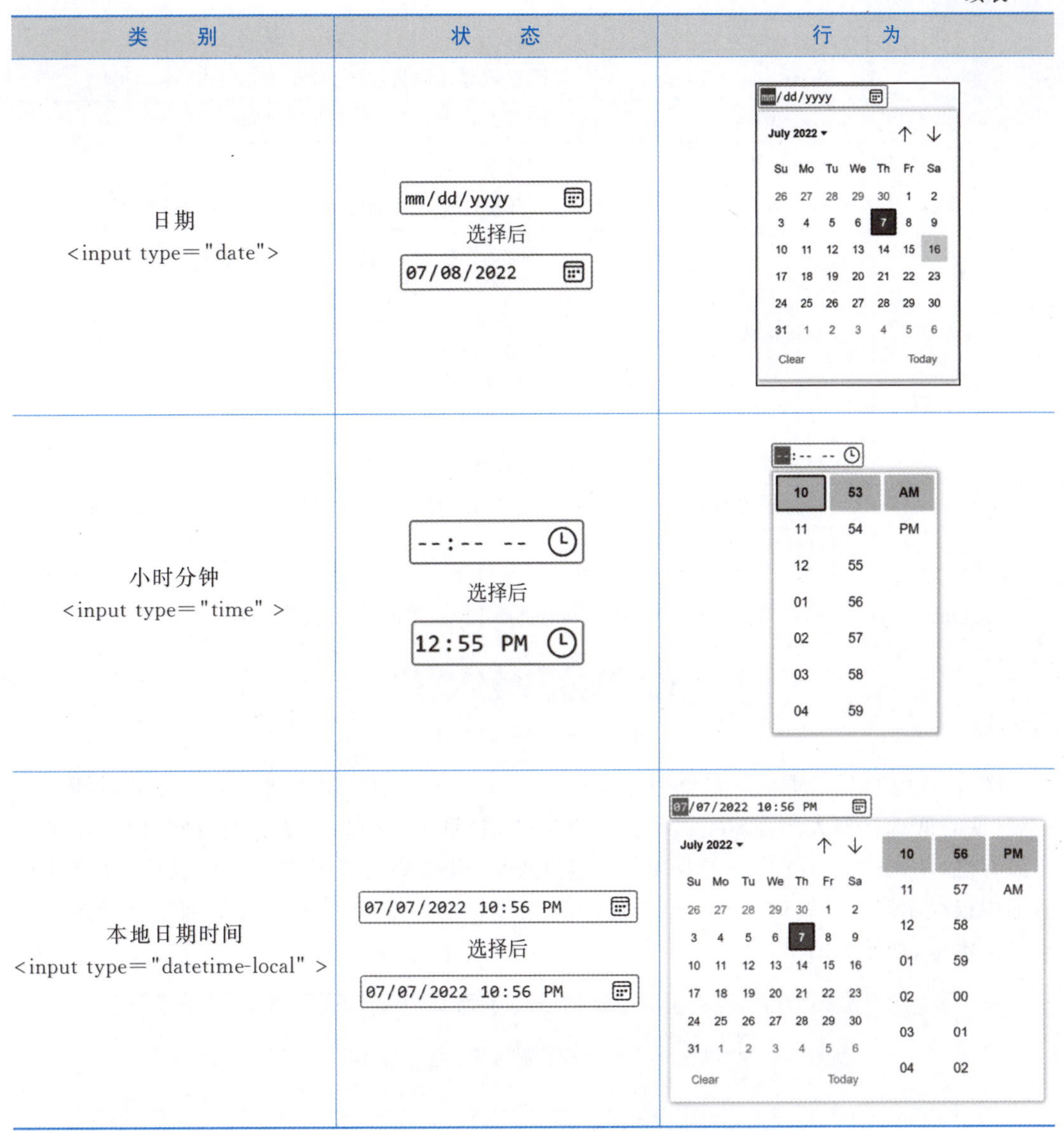

类　　别	状　　态	行　　为
日期 <input type="date">	mm/dd/yyyy 选择后 07/08/2022	
小时分钟 <input type="time" >	--:-- -- 选择后 12:55 PM	
本地日期时间 <input type="datetime-local" >	07/07/2022 10:56 PM 选择后 07/07/2022 10:56 PM	

从表中示例可知，这是一组非常实用的控件，通过简单的选择可实现固定格式的时间输入，这样可以使用户避免在必须输入日期或时间的场合中输错格式。用户选择的任何值均将作为对应控件的 value 值，最终提交至服务器端。这一组控件的属性值基本相同，如表 3.15 所示。

表 3.15　时间选择框常用属性

属　性	值	说　　明
id	字符串文本	时间选择框在当前页面中的唯一标识
name	字符串文本	时间选择框在当前页面中的名字
title	字符串文本	当光标悬停在该时间选择框时出现的提示

续表

属　性	值	说　　明
disabled	disabled	设置该选择框只读(背景变灰,无法选择时间)
readonly	readonly	设置选择框只读(无法选择时间)
required	required	设置该选择框必选
autofocus	autofocus	打开控件所在页面时光标自动定位到该控件
value	时间格式的文本	时间选择框对应的值,具体格式如下。 月:YYYY-MM 周:YYYY-WW 日期:YYYY-MM-DD 小时分钟:hh-mm-ss 日期时间:YYYY-MM-DD hh-mm-ss
min	时间格式的文本	能够选择的最早时间,设置格式同 value 值的格式
max	时间格式的文本	能够选择的最近时间,设置格式同 value 值的格式
step	自然数	选择的最短间隔

在 Dreamweaver 中,时间选择框有 6 个图标,位于“插入”面板表单中,如图 3.86 所示。

图 3.86　时间选择框

图 3.86 中的图标从左至右分别对应月、周、日期、时间、日期时间和本地日期时间。其中,日期时间选择框大部分浏览器已经不再支持,取而代之的是本地日期时间,但可能是为了兼容性,Dreamweaver 中还是保留了日期时间。但在浏览器不支持的情况下,该控件在页面中仅显示为一个普通的文本框。单击图 3.86 中的一个图标,在设计界面中会插入一个空的文本框,如图 3.87 所示。

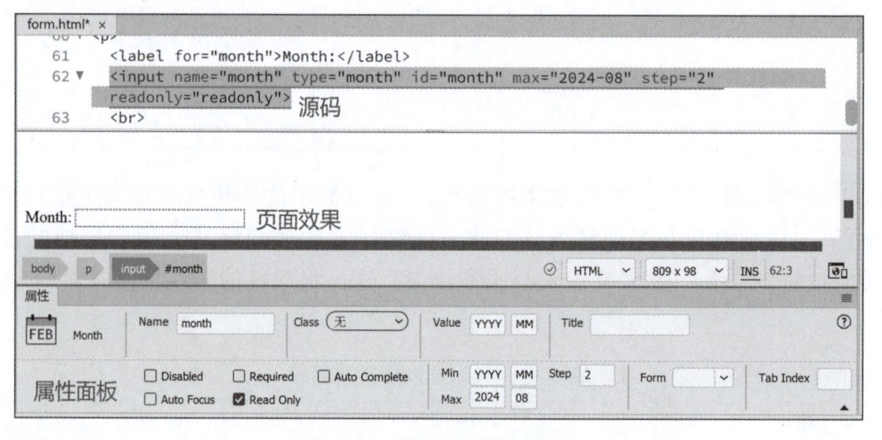

图 3.87　插入时间选择框

可以看到,在设计界面中,和颜色选择器类似,时间选择框也表现为一个普通文本框,在“属性”面板中可以看到其特有的属性。同样,在页面中运行时会显示成时间选择框。图中所示是以月为例,其他 4 个时间选择框的插入方法和属性设置与之基本一致。

6. 数值范围选择器

数值范围选择器是一种拖动选择数值的滑动条，其效果如图 3.88 所示。

数值范围选择器的 HTML 标签依然<input>，其 type 为 range。它的默认范围为 0～100，默认步长为 1，其值根据滑动条滑动位置而定，但不支持小数。数值范围选择器的常用属性如表 3.16 所示。

图 3.88　数值范围选择器示例

表 3.16　数值范围选择器常用属性

属　性	值	说　　明
id	字符串文本	数值范围选择器在当前页面中的唯一标识
name	字符串文本	数值范围选择器在当前页面中的名称
title	字符串文本	当光标悬停在数值范围选择器时出现的提示
disabled	disabled	设置该选择框只读(背景变灰，无法选择数值)
autofocus	autofocus	打开控件所在页面时光标自动定位到该控件
value	正负整数	滑动选定的值
min	正负整数	能够选择的最小值
max	正负整数	能够选择的最大值
step	自然数	滑动的间隔

在 Dreamweaver 中，可以通过插入面板表单的范围图标 [1...2] 插入数据范围选择器，如图 3.89 所示。

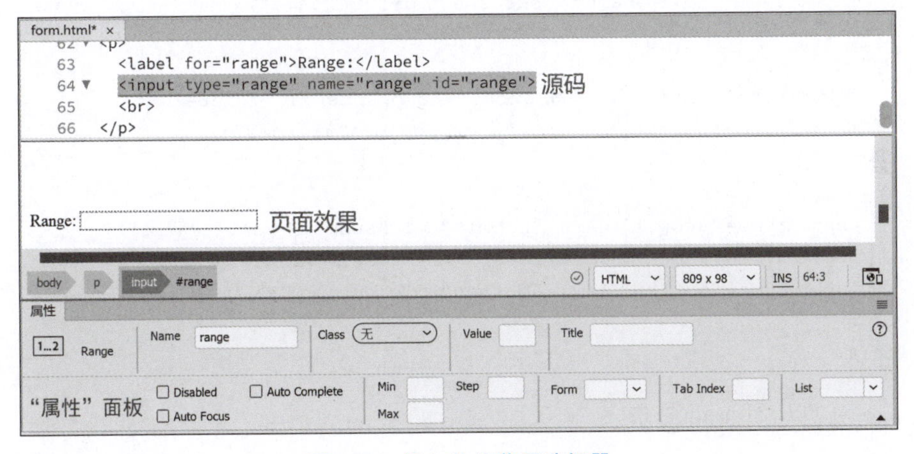

图 3.89　插入数值范围选择器

在设计界面中，数值范围选择器也是表现为一个普通文本框，在“属性”设置面板中可以看到其特殊的属性。拖曳该控件的滑动条时，会将对应的值赋值给该控件，通过 JavaScript 可以查看到选择的值，这个值也可以随着表单一起提交至服务器端。

3.5.4　表单按钮及表单提交

表单域划定了表单作用范围，表单的诸多控件则用于接收用户的数据，那么如何提交表

单的数据至服务器端？这就需要使用到表单按钮。表单按钮一共分为提交、重置和普通按钮三类，按钮的 HTML 标签也是<input>，它们的 type 值则分别为 submit、reset 和 button，具体定义如表 3.17 所示。

表 3.17　表单按钮定义

类　型	源　　码	示例	作　　用
提交按钮	<input type="submit" value="提交">	提交	提交表单数据
重置按钮	<input type="reset" value="重置">	重置	恢复数据至初始状态
普通按钮	<input type="button" value="按钮">	按钮	没有特殊作用

按钮的属性较为简单，若要更改按钮上的文本，直接更改 value 属性即可。在上述定义中，按钮需要置于表单域中，且表单域的属性设置正确才能发挥作用。在本节初，已提到了表单域的 action 和 method 属性，它们分别决定了表单提交的目的地和方法。表单提交的目的地为服务器端程序，服务器端程序为动态网页范畴，因此本章就用一个空 HTML 页面来代替服务器端程序。而 method 属性共有 POST 和 GET 两个值，当为 POST 时，提交表单会对表单数据进行封装，属于安全传输。而 GET 则会将提交的数据显示在地址栏里。以如图 3.59 所示页面为例，假设提交表单的目的地为 server.html，method 为 POST，其代码如下。

```
<form method="POST" action="server.html">
  <p>
    <label for="username">用户名:</label>
    <input type="text" name="username" id="username">
  </p>
  <p>
    <label for="textfield2">密    码:</label>
    <input type="password" name="userpwd" id="userpwd">
  </p>
  <p>
    <input type="submit" name="submit" id="submit" value="提交">
    <input type="reset" name="reset" id="reset" value="重置">
    <input type="button" name="button" id="button" value="关闭">
  </p>
</form>
```

其运行效果如图 3.90 所示。

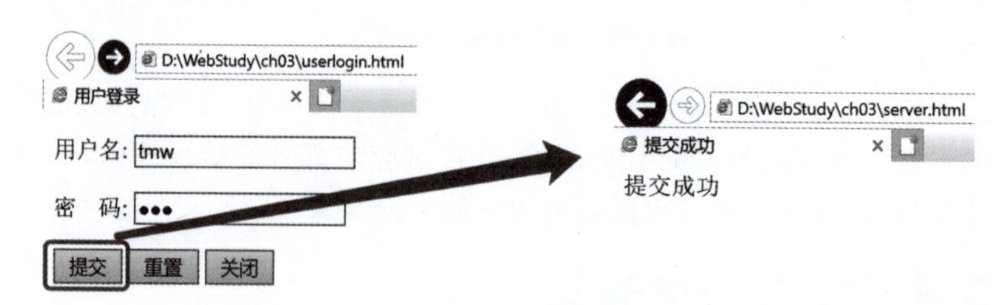

图 3.90　POST 方式提交表单

输入用户名和密码后单击“提交”按钮，能正常跳转至 server.html 页面中，且用户不能看到任何提交的数据。需要说明的是，此处的 server.html 只是静态页面，不具备数据处理功能，仅用于模拟表单提交过程。

如果将上述代码中的 method 属性改为 GET，输入用户名和密码后单击“提交”按钮，效果如图 3.91 所示。

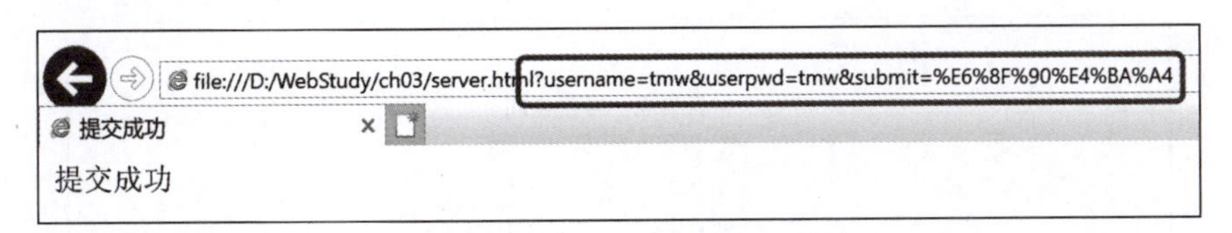

图 3.91　GET 方式提交表单

在页面的地址栏中可清楚地看到输入的用户名和密码，因此使用 GET 方式提交表单存在安全隐患。

重置按钮是将数据恢复至刚加载完该表单时的状态，如表单所有控件内容为空，单击“重置”按钮后，不管用户输入了多少内容，均会自动恢复至空。但如果刚进入页面时，表单有默认数据，那么不管用户是否修改了默认数据，单击“重置”按钮后，均会自动恢复至开始的默认数据状态，如图 3.92 所示。

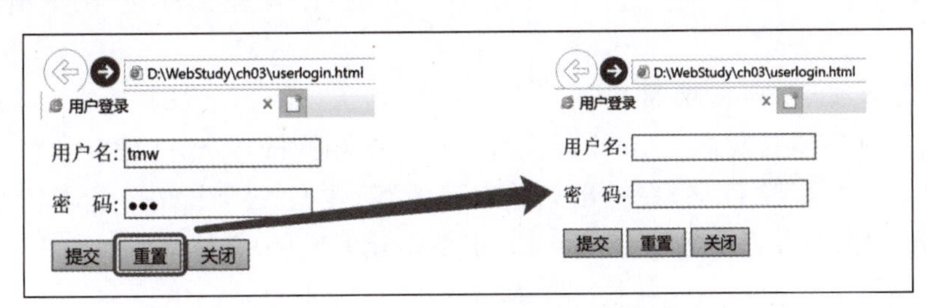

图 3.92　“重置”按钮的作用示例

普通按钮在表单中没有特殊作用，其功能需要开发人员编写相应的 JavaScript 代码来实现。

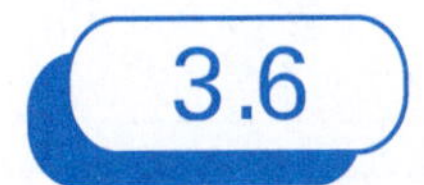

3.6　HTML 综合实例

3.6.1　新闻列表页面

新闻列表通常是指以列表的方式自上而下按顺序展示新闻的标题、日期等基本信息，是任意一个网站或者 Web 系统均会使用的数据表现形式。本例的最终效果如图 3.93 所示。

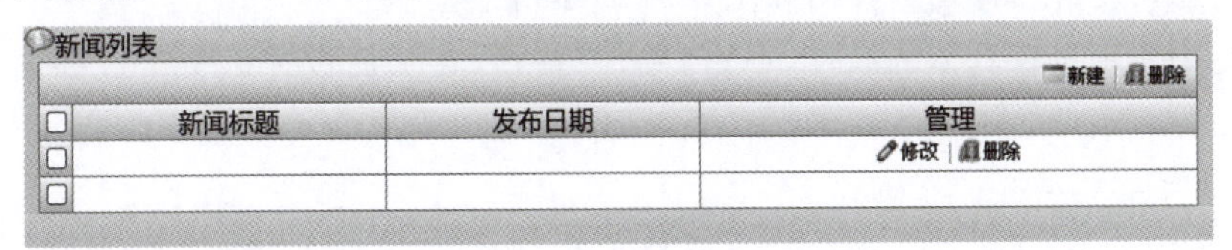

图 3.93　新闻列表页面效果

1. 布局设计

要实现如图 3.93 所示的效果，图片①和网页布局是关键。在本例中，该布局使用了表格嵌套的方式来实现，其设计如图 3.94 所示。

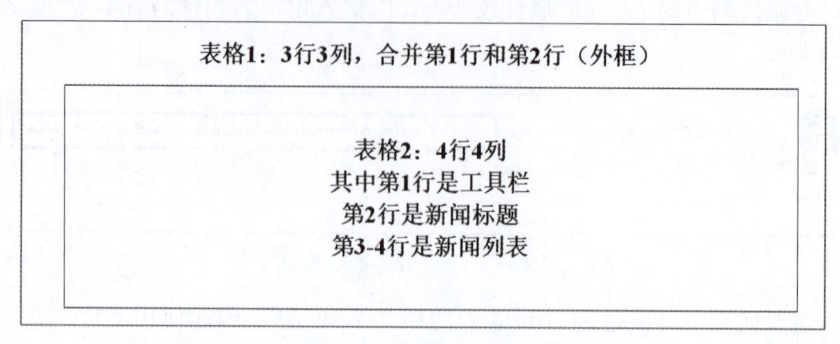

图 3.94　表格布局设计

完成该设计后，即可开始正式的制作工作。

本书所有的例子均在第 2 章创建的 webstudy 项目下完成，在开始前需要先新建 images 和 ch03 两个文件夹。前者存放本例的图片素材，后者则存放本例的 HTML 文件。在“文件”面板中右击 webstudy 项目，在弹出菜单中选择“新建文件夹”菜单项，如图 3.95 所示。

单击该菜单项后，会在项目根据下生成一个名为“untitled”的文件夹，将其命名为“images”，并将所需素材复制至 images 文件夹中。按相同的方法，新建“ch03”文件夹。新建完成后，右击“ch03”文件夹，在弹出菜单中选择“新建文件”，生成一个命名为“untitled.html”的网页文件，将其命名为“newslist.html”。新建完成后，文件结构如图 3.96 所示。

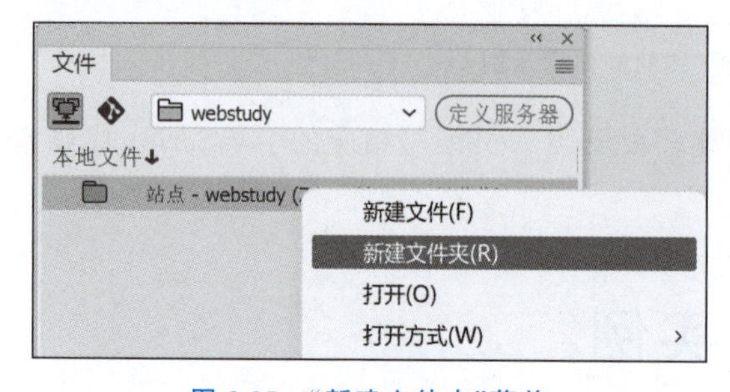

图 3.95　“新建文件夹”菜单

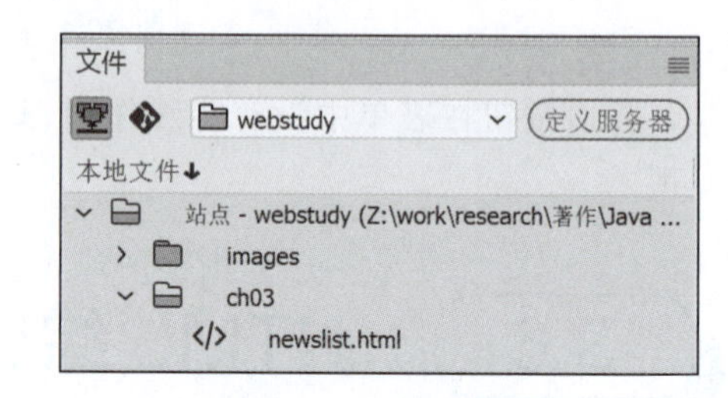

图 3.96　本例文件结构

双击 newslist.html 文件，则 Dreamweaver 左侧切换至页面制作视图，如图 3.97 所示。

默认情况下，打开该页面，会出现实时视图，可通过菜单栏下视图切换区的小三角按钮，切换至设计视图②。接着将鼠标定位至界面可视化设计区，单击源码编辑区上方工具栏中 HTML 子栏的“表格”图标，弹出如图 3.98 所示对话框。

根据图中所示设置具体的属性，单击“确定”按钮，在页面设计区会生成如图 3.99 所示的虚线表格。

---

① 网页的图片一般使用 Photoshop 或 Fireworks 事先制作好的图片，或者从网上下载合适的图片。

② 实时视图会出现较多的提示，对于初学者来说会是一种干扰，因此建议切换至设计视图。

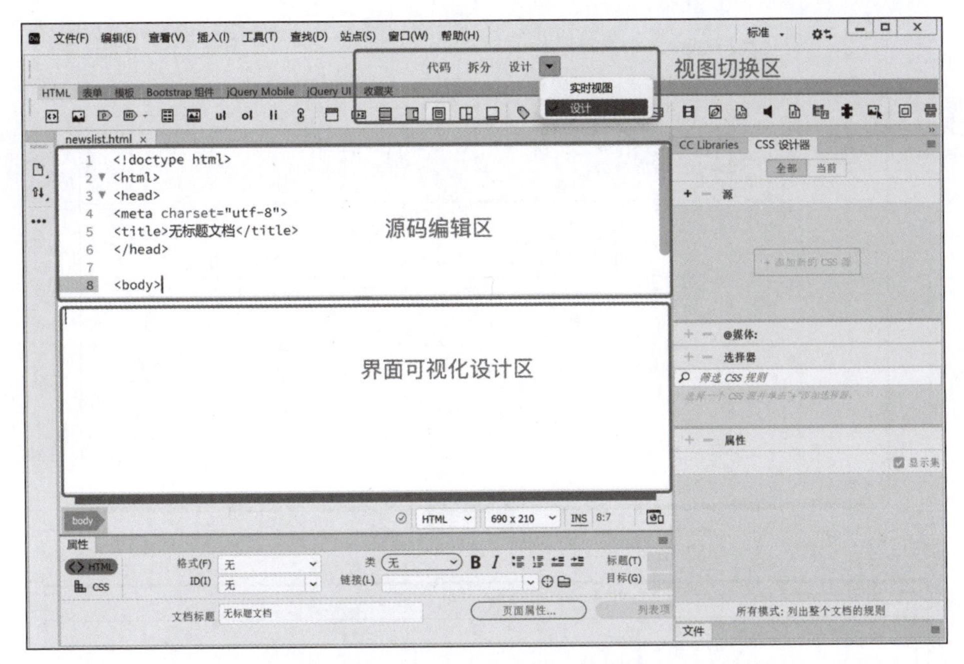

图 3.97　newslist.html 制作视图

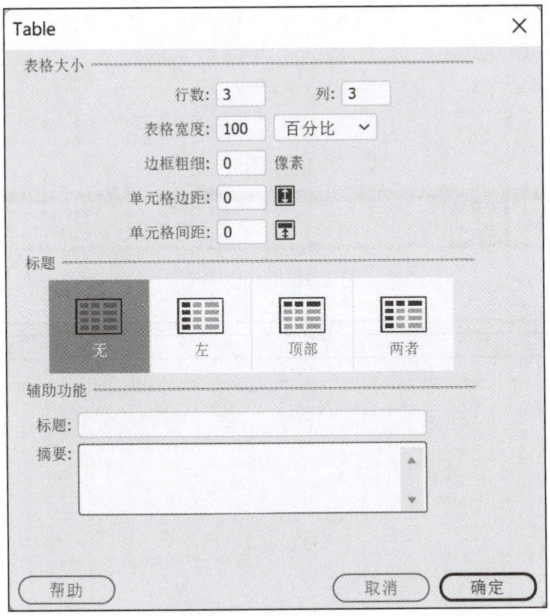

图 3.98　插入表格

根据设计，将第一行和最后一行合并成一行。将光标定位至第一行，单击设计区下方的<tr>标签，选中该行，如图 3.100 所示。

选中该行后，单击“属性”面板中的“合并”按钮，合并该行，如图 3.101 所示。

按照上述步骤，合并第三行。再将鼠标定位到表格的第二行第二列的单元格中，插入一个 4 行 4 列的表格，除行列数不同外，其余属性设置与图 3.98 保持一致。再合并该表格的第一行，至此初步布局设计完成，效果如图 3.102 所示。

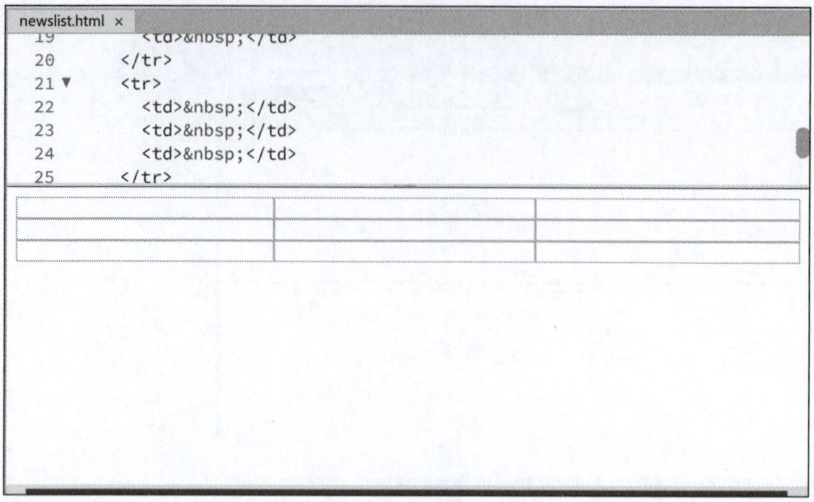

```
newslist.html ×
19        <td> </td>
20      </tr>
21 ▼    <tr>
22        <td> </td>
23        <td> </td>
24        <td> </td>
25      </tr>
```

图 3.99　生成表格

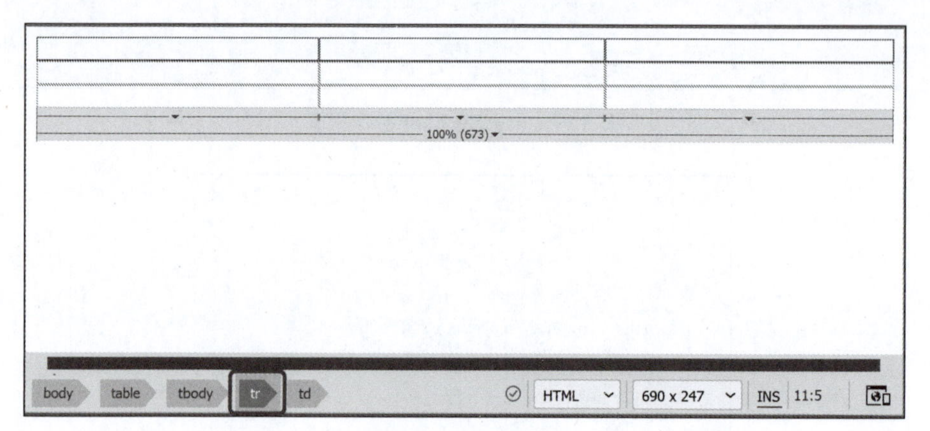

图 3.100　选中行

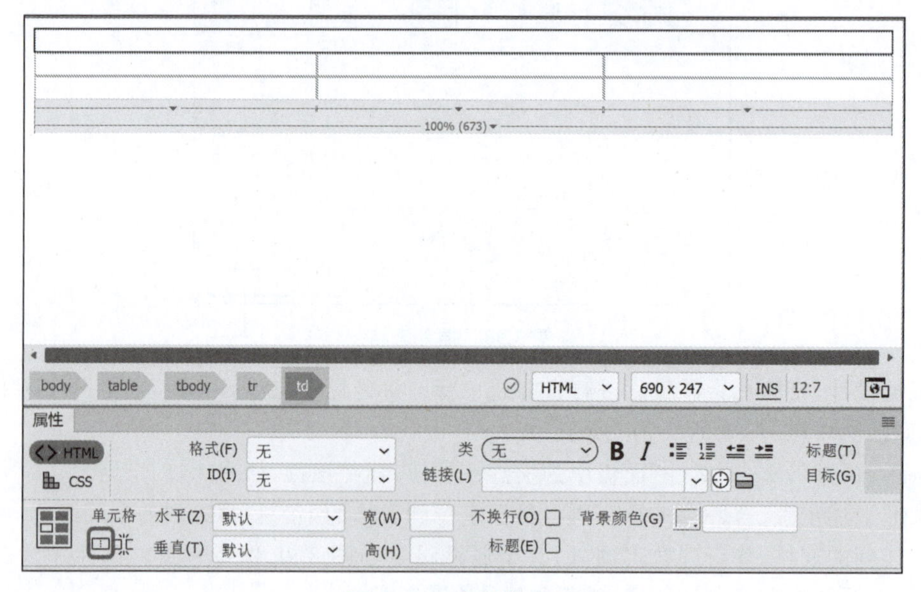

图 3.101　合并第一行

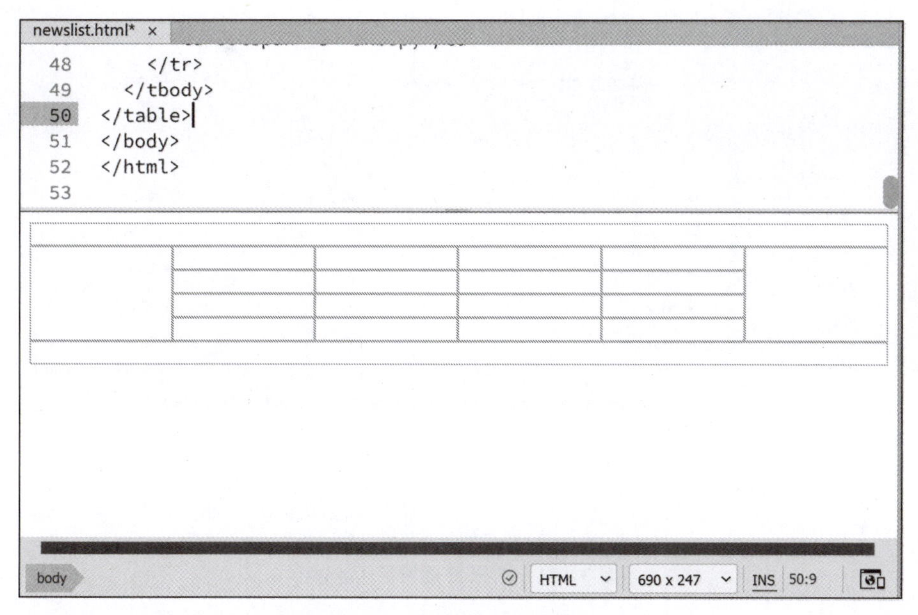

图 3.102 表格布局初步设计

2. 背景图片应用

上述设计与效果相差甚远，进一步美化的关键在于图片的应用。效果图中所示表格的外边框、工具栏和标题栏均使用图片进行了背景的修饰，使其显得较为美观。外围表格的背景图片主要应用了 images 文件夹下的 tab.jpg 和 col.jpg 两张图片。将鼠标定位至外围表格的第一行，与此同时，代码区的光标也会自动定位至当前行所在的<td>标签之间内。将光标移动至<td>标签内，输入空格，并输入“background”。在输入过程中，Dreamweaver 会有代码提示，输入开头几个字母后，可直接选择该属性，如图 3.103 所示。

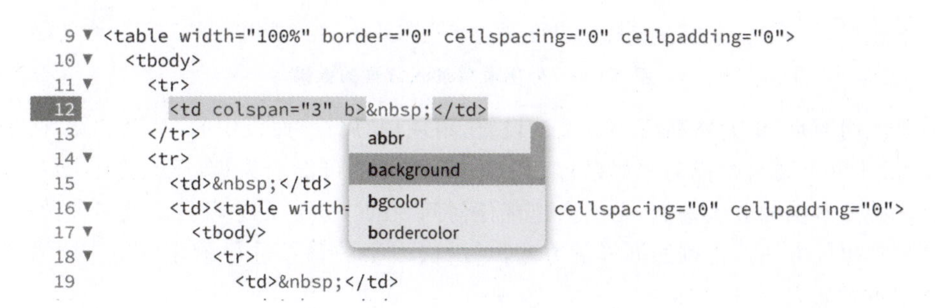

图 3.103 输入 background 属性

选中 background 属性后，单击浏览提示，从 images 文件夹中选择 tab.jpg 图片，如图 3.104 所示。

单击“确定”按钮，效果如图 3.105 所示。

而为使背景呈最佳显示状态，将第一行单元格的高度改为 20，即背景图片的高度。按同样方法，为表格第三行、第一列和第三列设置背景，其中，第三行的背景依然为 tab.jpg，高度还是 20，第一列和第三列的背景则为 col.jpg，此处将其宽度设置为 9，也即 col.jpg 的宽度，最终效果如图 3.106 所示。

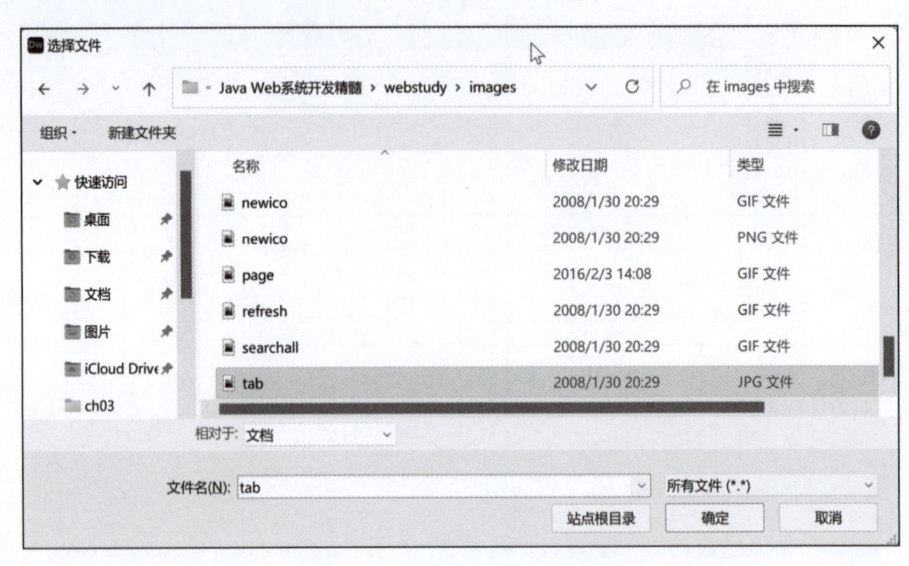

图 3.104　选择背景图片 tab.jpg

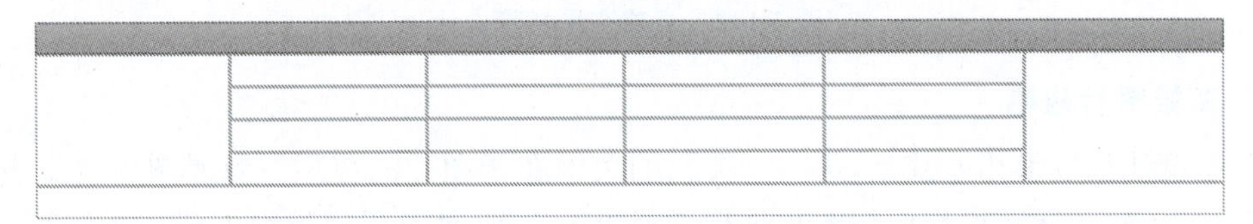

图 3.105　在第一行加入图片背景

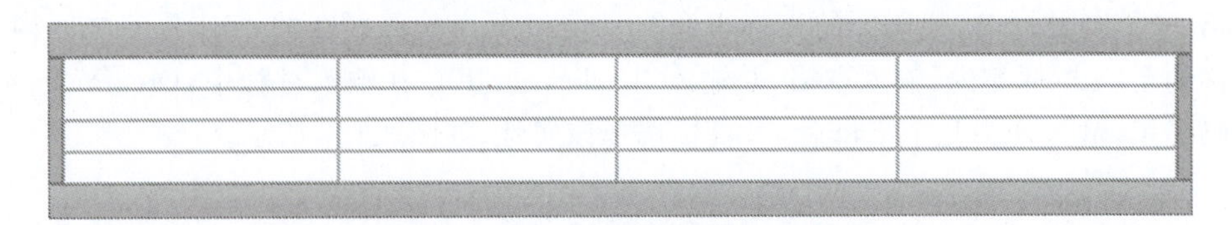

图 3.106　外围表格加入背景的效果

需要说明的是，单元格高度和宽度的设置，请使用“属性”面板中的“高”和“宽”两个输入框来设置，千万不要自行拖动。如果自动拖动后，宽度上可能会失控，感兴趣的读者可以自行尝试。按照本例的方法来做，是不会出现任何问题的。这也是笔者尝试过多种做法后，得到的较为理想的方法。再按照同样的方法，对内嵌表格的背景进行图片应用。所需图片及表格宽度设置如表 3.18 所示。

表 3.18　内嵌表格背景及属性设置

单元格位置	背景图	单元格高度	单元格宽度
第一行	backt.jpg	25	
第二行	grid-blue-hd.gif	21	
第三行第一列	grid-blue-hd.gif	21	
第四行第一列	grid-blue-hd.gif	21	10

其中，第一行和第二行的背景图，没有必要在每个<td>标签内输入 background 属性，

这个工作可以直接在行标签<tr>内去完成，代码如下。

```
<tr background="../images/backt.jpg">
    <td height="25" > </td>
    <td > </td>
    <td > </td>
    <td > </td>
</tr>
```

但是在 Dreamweaver 的<tr>标签内输入“b”，并不会列出这个属性，可见这个做法可能并不是通用的，但编者接触过的几个主流的浏览器都能正常显示。此外，在设置单元格高度时，同一行只需要设置其中一个单元格即可，因为在同一行具有关联性。同理，设置宽度时，同一列也只需要设置一个单元格即可。完成上述工作后，页面效果如图 3.107 所示。

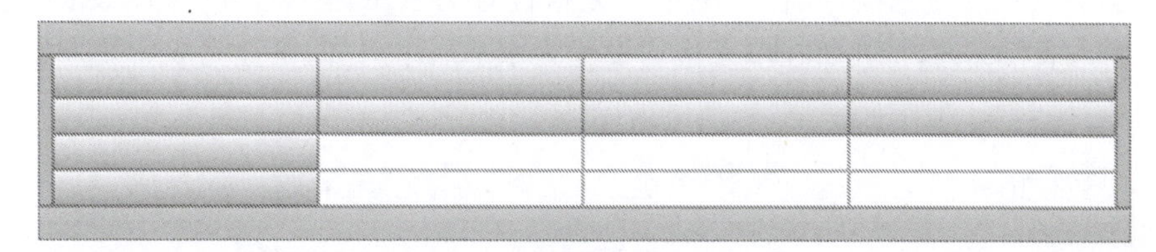

图 3.107　内嵌表格背景设置

3. 表格内容的图片修改

接着，将所需图片插到对应位置中。外围表格仅插入一个图片，将光标定位至第一行，单击 HTML 工具栏中的“插入图片”图标，在 images 文件夹中找到 newico.gif 图片插入表格中，并在图片后输入“新闻列表”4 个字。其他图片均按此方法插入，具体设置如表 3.19 所示。

表 3.19　内嵌表格图片插入设置

单元格位置	操　　作	属　　性	插入图片
第一行 4 个单元格	合并成一行	水平右对齐	增加图片 add.gif
			分隔符图片 grid-blue-split.gif
			删除图片 delete.gif

选中和合并单元格可以参考本节布局设计。水平右对齐则将光标定位至该行，在“属性”面板的“水平”下拉框中选择“右对齐”即可，如图 3.108 所示。

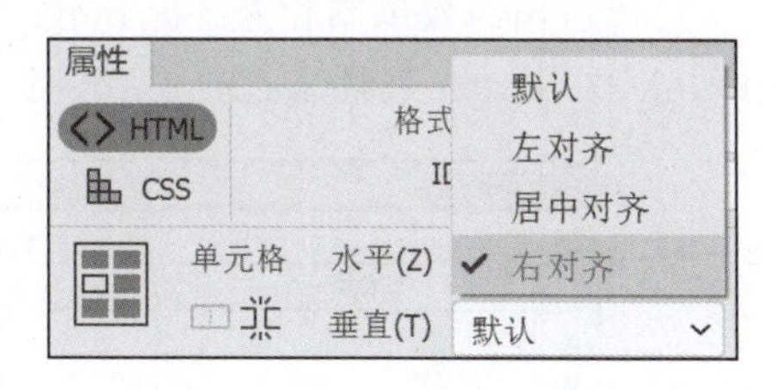

图 3.108　设置水平右对齐

需要注意的是，由于这几个图片紧挨在一起，所以操作上可能会有困难。解决方法有两种：第一种是先设置为左对齐，这样光标可以方便地定位到图片右边，再插入分隔符图片；第二种是在右对齐的情况下选中 add 图片，按右方向键，也可以定位到右边，再依次插入所需图片。按照上述方法，将光标定位至内嵌表格第三行的第四列，依次插入修改图片 modify.gif、分隔符图片 grid-blue-split.gif 和删除图片 delete.gif，并设置为水平居中对齐，同时在内嵌表格的第二行第二列开始，依次加入“新闻标题”“发布日期”和“管理”的文字，完成后效果如图 3.109 所示。

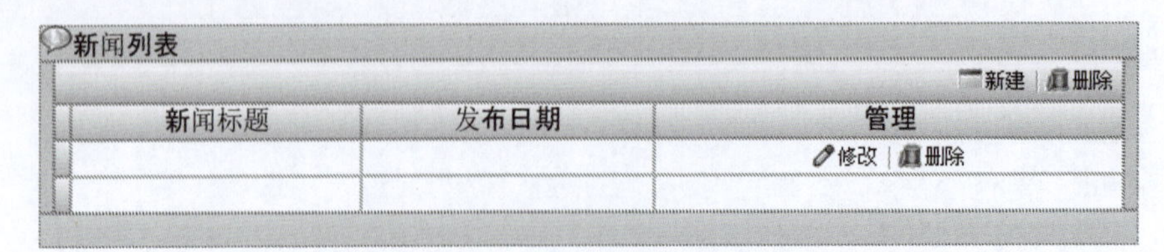

图 3.109　内嵌表格的图片设置

4. 多选框控件的插入

在上述基础上，将光标定位至内嵌表格的第二行第一列，单击表单面板中的“复选框”按钮☑，插入一个复选框，并将复选框后的文字删除。按同样的操作，在第三行第一列和第四行第一列也分别插入复选框，并将这三个单元格设置为水平居中对齐，宽度设置为 10。在对应位置加入表格标题，将其所在单元格均设置为水平居中对齐，设置完成后效果如图 3.110 所示。

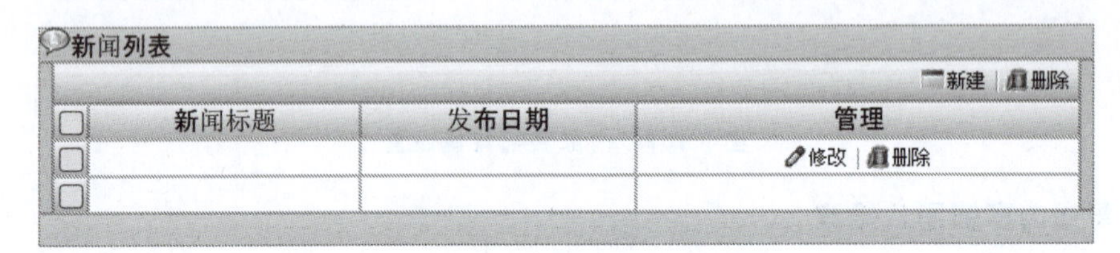

图 3.110　复选框的插入

5. 表格边框的设置

目前为止，上述截图展示的是设计模式下的页面效果，但在浏览器中查看效果如图 3.111 所示。

图 3.111　在浏览器中显示效果

可以看出与效果图相差还是比较大，区别在于缺少表格的边框。表格边框自然可以使用 table 的 border 属性来进行设置，但其效果差强人意，如图 3.112 所示。

图 3.112　表格 border 属性为 1 的效果

可以看出，边框太过粗糙，不够美观。为了解决这一问题，可以利用表格的间隔属性 cellspacing。cellspacing 是指两个单元格的间隔，这个间隔是透明的。如果将这个表格置于

一个有颜色的背景中，那么这个间隔就会显示出背景的颜色。本例就利用该特点，将该表格所在的单元格背景色设置为灰色，那么灰色也会自动成为单元格间隔的颜色，从而使表格看上去像有边框一样。将光标定位至内嵌表格的任意单元格内，然后选择“属性”面板上方标签栏的<table>标签，如图3.113所示。

图 3.113　选中内嵌表格

将属性面板中的CellSpace输入框设置为1，如图3.114所示。

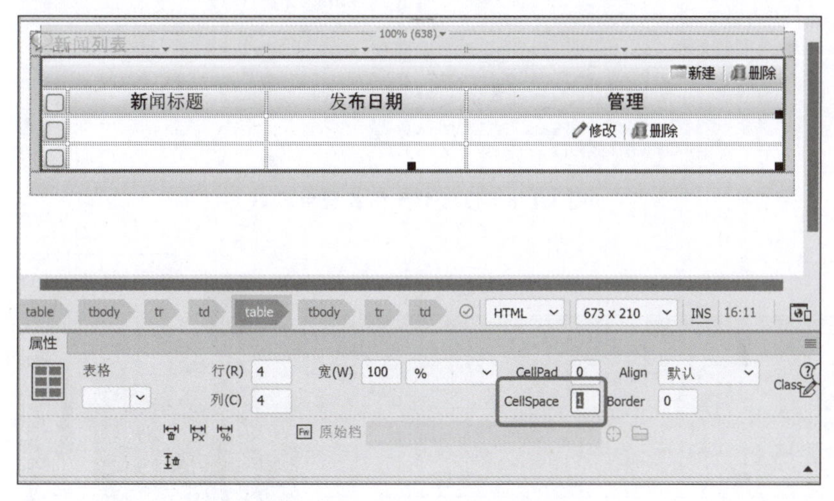

图 3.114　设置 CellSpace 值

接下来将内嵌表格所在单元格的背景色设置为灰色，色彩值为#999999。此时表格依然处于选中状态，按右方向键，进入内嵌表格的背景单元格，然后单击“属性”面板中的背景颜色选择器，在弹出的颜色选择器的下方输入框中输入“#999999”，如图3.115所示。

如果操作上有困难，可以自行查找所需要设置单元格的源码，通过td的bgcolor属性进行背景色的设置，但是不要找错位置，如图3.116所示。

需要说明的是，“新闻标题”“发布日期”和“管理”对应的三列背景均需改为白色，否则也会显示灰色背景，通过鼠标拖曳的方式选择标题下方的两行三列，单击“属性”面板的背景颜色，选择白色背景。此处如果不知道如何设置颜色，可以使用其吸管功能，如图3.117所示。

单击右侧的小吸管图标，鼠标会变成吸管，在目标颜色处单击，其颜色值会自动填充到输入框中。Dreamweaver的吸管功能很强大，它不仅可以吸取Dreamweaver软件范围内的颜色，还可以吸取Windows系统中用户能够看到的任何颜色。只是在Dreamweaver软件

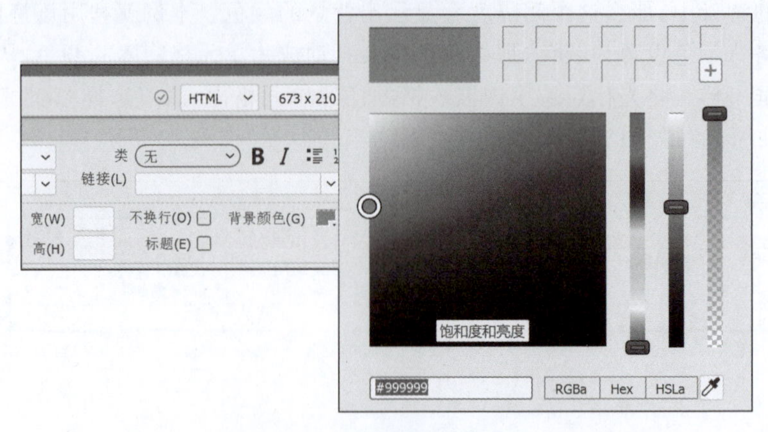

图 3.115　设置单元格背景色

```
15        <td width="9" background="../images/col.jpg"> </td>
16 ▼      <td bgcolor="#999999"><table width="100%" border="0"
          cellspacing="1" cellpadding="0">
17 ▼        <tbody>
18 ▼          <tr background="../images/backt.jpg">
19              <td height="25" colspan="4" align="right" ><img
                src="../images/add.gif" width="50" height="16"
                alt=""/><img src="../images/grid-blue-split.gif"
                width="2" height="13" alt=""/><img
                src="../images/delete.gif" width="50" height="16"
                alt=""/></td>
```

图 3.116　设置单元格背景色源码

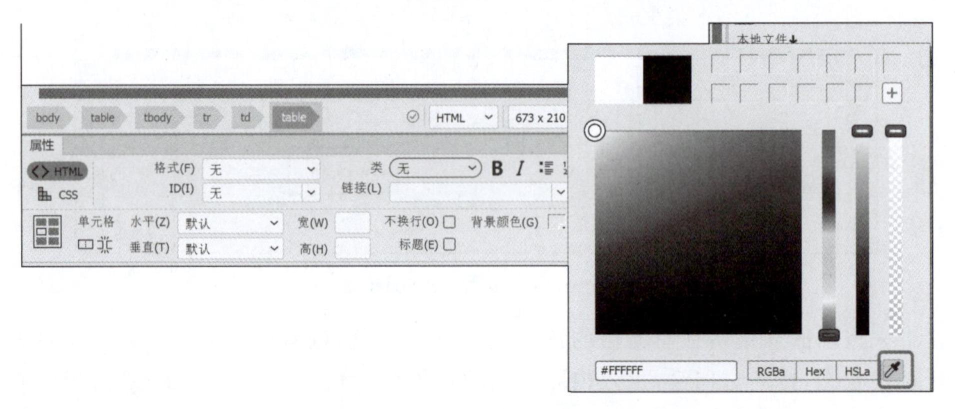

图 3.117　吸管吸取颜色

范围内会显示吸管图标，在该软件范围外不显示。完成后最终效果如图 3.118 所示。

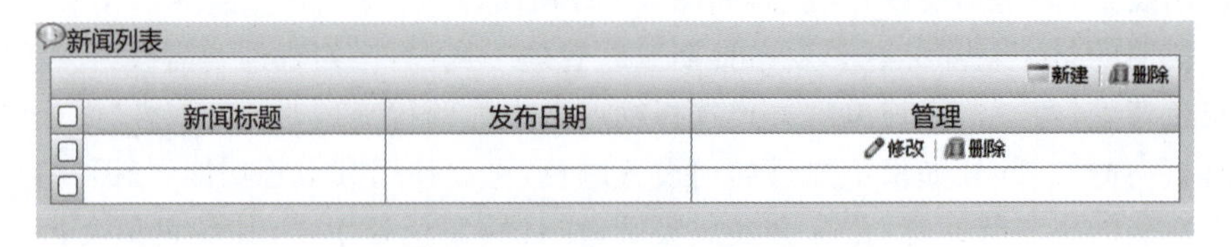

图 3.118　新闻列表页面

至此，该页面全部制作完成。从这个过程可知，图片是修饰网页的重要素材，这些图片部分是编者在多年开发过程中收集的，也有部分是自己设计的。通常来说，这些图片由设计师事先设计好后，再交由网页制作人员使用。但是读者也不必灰心，即使不会设计和制作图片，现在互联网上有大量免费图片可以使用，平时留意和保存合适的图片，在制作网页时将会起到一定的作用。

总体来说，这个页面还是比较简单的，但是本例的制作方法也融合了编者多年的设计经验，尤其是其中 cellspacing 的应用，以及图片两侧光标的定位等细节，这些操作都是编者失败多次以后总结出来的较为便捷的方法。该页面在后续章节的实例中会多次出现，通过不同知识点的应用逐渐完善其功能。

3.6.2 用户注册页面

用户注册页面也是信息系统的常见页面，主要由各类表单控件组件组成，本例效果如图 3.119 所示。

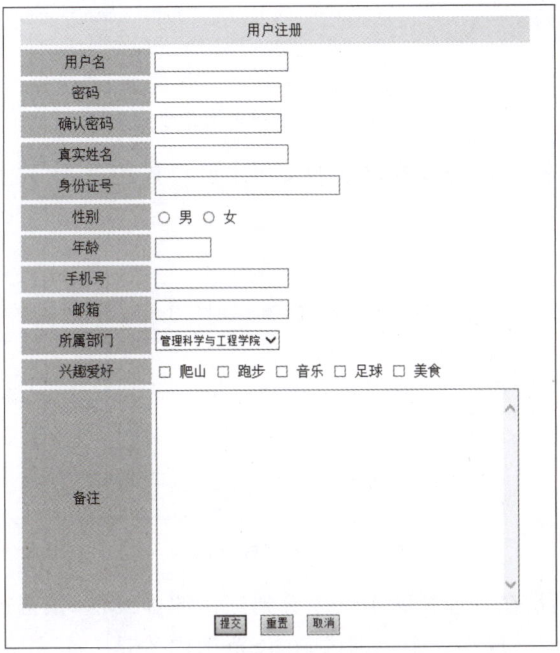

图 3.119 用户注册页面

1. 布局设计

本例虽然主要是表单的应用，但制作任何网页之前，都需要考虑使用何种布局。本例依然使用表格进行布局，表格布局在内容对齐上有着天然的优势，对初学者较为友好。

首先在 ch03 文件夹下新建本例网页文件，可命名为 userreg.html，在 Dreamweaver 中双击该页面，进入设计视图。在设计视图中，插入一个 14 行 2 列的表格，其中，表格宽度设置为 600px，单元格间距设置为 5。该属性用于实现单元格之间的空白大小。插入表格后，针对该表格做如下设置：①选中整个表格，设置为“居中对齐”；②选中第一列，水平设置为“居中对齐”，高度设置为“30”；③选中第一行，合并该行，并设置为水平“居中对齐”，背景色设置为“#e0edfd”；④将光标定位到第2行第1列，将其宽度改为“150”；⑤从第2行开始选中第1列至第12行，将其背景色设置为“#CCCCCC”；⑥选中最后一行，合并该行，并设置为水平“居中对齐”；⑦按照上述步骤设置好之后，设计界面效果如图3.120所示。

图3.120　用户注册页面初步布局

为了提高阅读效率，上述操作在之前的实例中已经描述过，不再赘述，如有不明可翻看之前的实例。

2. 表单内容

接着，在<table>标签外围加入<form>标签，如图3.121所示。

```
9  ▼ <form>
10 ▼ <table width="600%" border="0"
11 ▼   <tbody>
12 ▼     <tr>
13          <td> </td>
14          <td> </td>
15        </tr>

65            <td> </td>
66            <td> </td>
67          </tr>
68        </tbody>
69     </table>
70     </form>
```

图3.121　表单标签的加入

这一步设置完成后，在设计视图中可以看到红色的虚线框，该框就是表单的有效范围。通常控件包括按钮都应该放在这个范围内，在该范围内才是一个完整的表单。超出这个范围，除非又有其他form，否则单纯的控件严格来说不能称为表单。接下来，按照截图将文字输入，完成后效果如图3.122所示。

将光标定位至用户名右侧的单元格内，通过表单面板插入文本框，如图3.123所示。

该文本框自带了Text Field的文本说明，本例不需要该说明，直接删除该文本即可。再选中该文本框，在“属性”面板的Name属性上，为其命名为“username”，如图3.124所示。

虽然此处设置的是Name属性，但该控件的id属性也会一起设置为“username”。按相同方法，将“真实姓名”“身份证号”“年龄”“手机号”“邮箱”和“密码”框依次插入，虽然邮箱和密码框不是普通的文本框，但它们的插入方法相同，只是插入面板图标不同。插入后，对控件分别做如表3.20所示的属性设置。

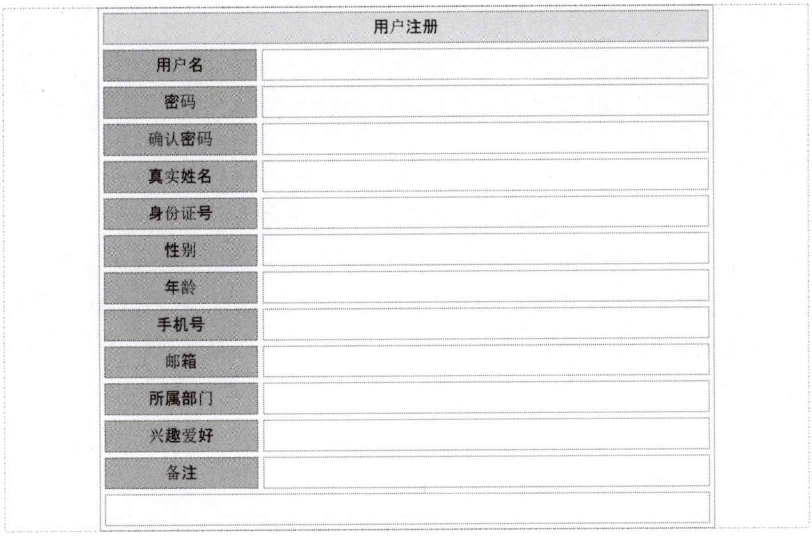

用户注册
用户名
密码
确认密码
真实姓名
身份证号
性别
年龄
手机号
邮箱
所属部门
兴趣爱好
备注

图 3.122 插入表单后的页面

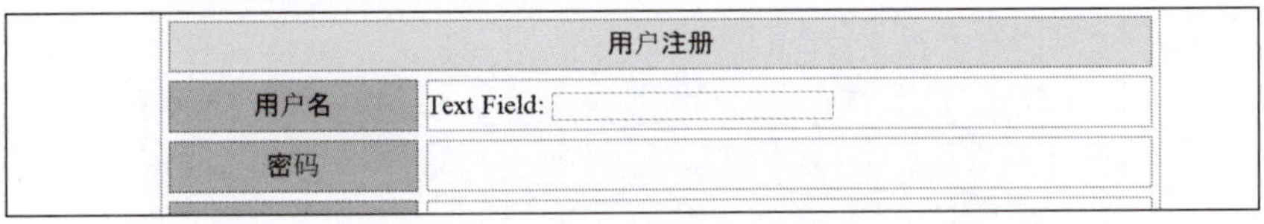

用户注册
用户名
Text Field:
密码

图 3.123 插入文本框

属性
Text
Name
username

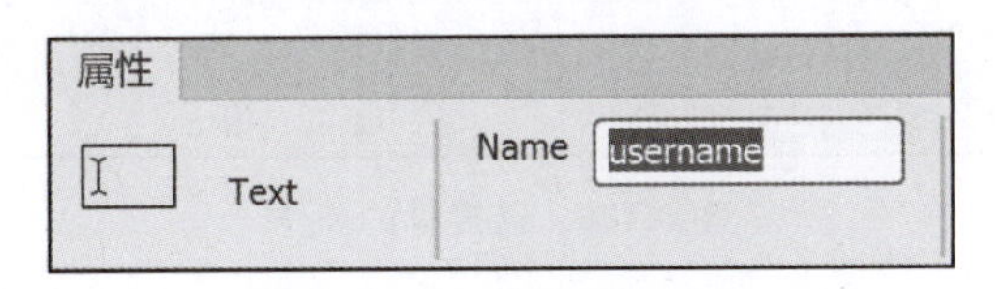

图 3.124 设置 name 属性

表 3.20 控件属性设置

控件名	name 属性	字符宽度	最多字符数	只读
密码	userpwd	默认	默认	
确认密码	conpwd	默认	默认	
真实姓名	truename	默认	默认	
身份证号	idcard	30	18	
年龄	age	5	3	勾选
手机号	mobilephone	默认	13	
邮箱	email	默认	默认	

其中,字符宽度、最多字符数和只读属性的设置如图 3.125 所示。

图中 Size 即字符宽度,Max Length 为最大字符数,Read Only 为只读选项。此处年龄之所以设置为只读,是因为后续会演示根据身份证自动获取年龄的功能。

性别这一项的值是固定的,且只有两个,因此适合使用单选按钮组来实现,将光标定位

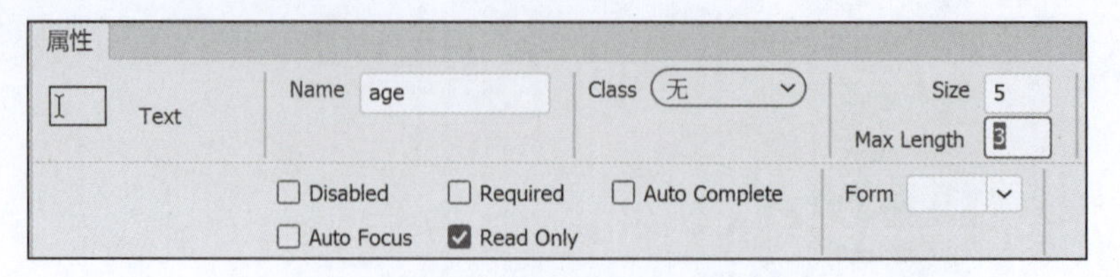

图 3.125　输入框的属性设置

至“性别”右侧的单元格，通过表单面板插入两个单选按钮，把生成的文本分别改成“男”和“女”。此处，务必要将这两个按钮的 Name 属性都设置为“sex”，这样才有排他性。

所属部门的值是固定的，但有多个，因此使用选择框控件来实现。通过表单面板插入选择框，会生成一个自带“select:”文本的选择框，将“select:”文本删除，再将其 name 属性改为“department”。然后选中该选择框，单击属性面板上的“列表值”按钮，在弹出的对话框中依次输入所需要的值，如图 3.126 所示。

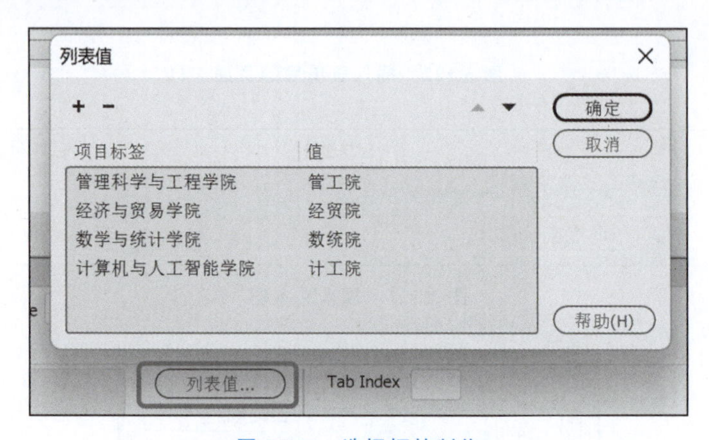

图 3.126　选择框的制作

需要注意的是，此处项目标签是显示在页面上的，而值对应的是每个 option 的 value 属性，最终提交至服务器端的是值，而并不是页面上显示的各个 option，其代码如下。

```
<select name="select" id="select">
        <option value="管工院">管理科学与工程学院</option>
        <option value="经贸院">经济与贸易学院</option>
        <option value="数统院">数学与统计学院</option>
        <option value="计工院">计算机与人工智能学院</option>
</select>
```

输完后确定，在“属性”面板中的 selected 列表框中，会出现所输入的值，鼠标单击其中一个，选中的那个选项即默认值，在页面打开时，会将选中的选项显示在第一行，如图 3.127 所示。

图 3.127　设置选择框的默认值

兴趣爱好一般也是列出若干个选项，但兴趣爱好支持多项，因此适合使用复选框来实现。使用表单面板插入复选框，同样会生成 Checkbox 的文本，将其改成“爬山”。按照这个方法，把其他兴趣复选框插入。需要说明的是，复选框是都可以选择的，不存在唯一性，其 Name 属性的设置不一般不需要特别注意。但是为了方便值的获取，还是建议将这 5 个复选框的变量名分别设置为“mountain”“running”“music”“soccer”和“food”，其值右侧的文本则对应设置为“爬山”“跑步”“音乐”“足球”和“美食”，如图 3.128 所示。

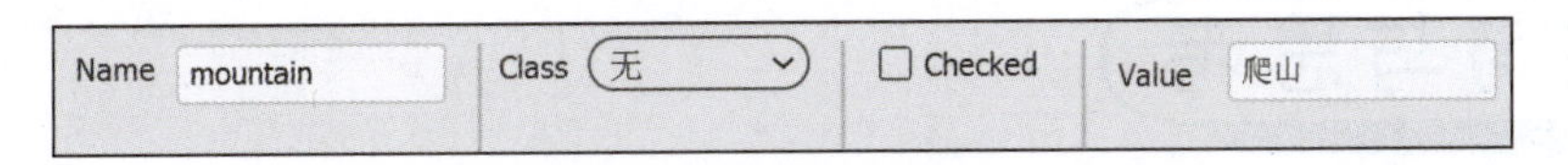

图 3.128　复选框的设置

备注一般是有多行文本的输入框，因此使用文本区域来实现，单击表单面板中的“文本区域”按钮，则插入一个文本，同样将其自带生成的“Text Area:”文字删除，并将其 Name 属性改为“memos”，Rows 和 Cols 属性分别设置为 15 和 30，这也决定了其宽和高，如图 3.129 所示。

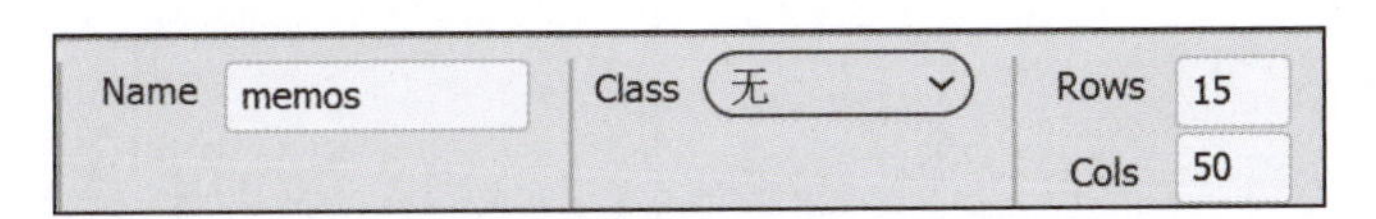

图 3.129　文本区域属性设置

最后将鼠标定位到最后一行，插入按钮。此处的按钮共有“提交”“重置”和“取消”三个。“提交”按钮承担了提交表单的作用，对应 type 为 submit，在表单面板中，图标为。“重置”按钮则可以将数据恢复至页面刚加载进来时的状态，对应 type 为 reset，图标为。而“取消”则是普通按钮，对应 type 为 button，图标为。按上述图标插入按钮即可。为了使页面工整，在两个按钮之间输入两个空格。网页中的空格与 Word 里的不同，直接输入空格是无效的。切换至 HTML 面板，找到“不换号空格”图标，在两个按钮之间插入两个空格即可。

至此，该页面制作完成。该例中包含常用的表单控件，掌握本例中控件的用法，就可以应付绝大部分需要使用到表单控件的场合了。

小结

本章重点讲述了超文本标记语言 HTML 的基本特点、常用标签的用法、布局和表单。虽然这些内容并不是 HTML 的全部，但对于初学者来说，已经足以应用至大部分场合中。从所讲述内容也可以知道，HTML 入门并不复杂，无非就是了解有哪些常用的标签，以及它们的特点是什么、怎么用、用了有什么效果。这是制作网页的基本功，掌握了这些知识，就基本入门了。但很多初学者在学习过程中也发现，自己虽然已经知道了大部分标签的用法，但制作出来的页面依然差强人意。这其实就涉及第二个问题：网页设计。网页设计和网页制作完全是两码事，这个区别类似于架构师和程序员的区别。架构师需要根据业务要求设计系统的架构、需要有多少组件、组件之间的关系是什么、怎么布局等。这些东西就不是标签应用这么简单了，设计永远是一个玄之又玄的问题，除了掌握一些基本的设计原则和技巧外，更多的还是需要经验的积累。所以初学者一开始作不出像样的页面来，是再正常不过的事情，这是需要建立在大量的练习、经验和考验的基础上才能有所小成的事情，甚至有时候还需要有天赋。但只要不放弃，并且能为之努力、思考，就一定能学有所成，制作出美观且实用的页面。

练习与思考

(1) HTML 的全称是什么？其主要用途是什么？
(2) 什么是 HTML 标签？请举例说明。
(3) 什么是 HTML 元素的属性？请举例说明。
(4) 什么是 HTML 中的表单？它的主要用途是什么？
(5) HTML 中的<iframe>标签的作用是什么？

第4章 级联样式表CSS

本章学习目标

- 理解CSS的基本原理。
- 理解CSS的应用形式。
- 掌握CSS选择器的创建及应用方法。
- 掌握常用CSS属性的特点。
- 掌握使用Dreamweaver创建并应用CSS样式的方法。

本章介绍了CSS的基本语法、常用属性、应用形式、CSS选择器的创建以及Dreamweaver对CSS的支持，并通过对第3章中的新闻列表和用户注册两个页面的CSS美化，完整地展示了在Dreamweaver中制作和应用CSS选择器的过程。

4.1 CSS概述

CSS是Cascading Style Sheets的首字母缩写，中文名为级联样式表或层叠样式表，是一种用于统一控制HTML和XML页面样式的技术。虽然HTML元素也可以通过其自身属性的设置，来达到不同的显示样式，但属性设置只针对单一的HTML元素，如通过<font>标签的size属性，可以更改<font>标签所含内容的字号大小，但仅针对当前<font>标签的内容，无法统一改变所有<font>标签内容的大小。另外，标签的属性能够改变的样式较为有限。而CSS则可以较好地解决上述两个问题，通过CSS既可以创建一些基本属性不能实现的特殊样式，起到美化页面的目的，同时还可以将创建的样式单独提炼出来，分别应用于所需要应用的页面元素中，起到批量控制页面元素的目的。如图4.1所示为CSS的简单示例。

一个单纯的HTML页面在应用CSS之后，面貌将焕然一新。它改变了按钮、输入框和文字的默认样式，使得这些组件更加美观。在这个例子中，除文字以外，按钮和输入框表现出来的特殊外观，并不能通过更改HTML的属性来实现，这就是CSS最大的价值体现。此

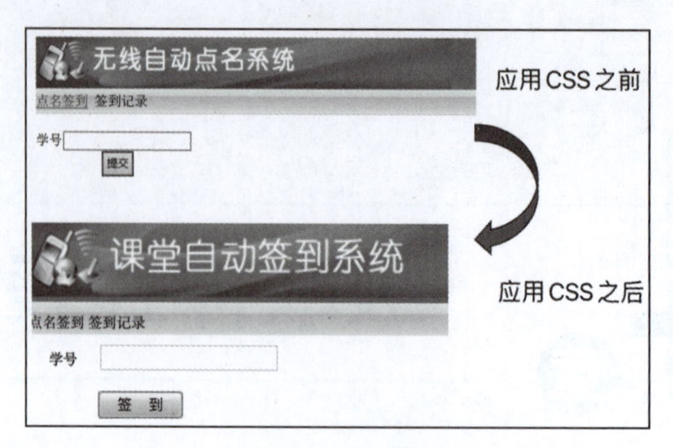

图 4.1　CSS 示例

外，CSS 可以单独定义在一个独立的文件中，在需要应用的地方引用该文件，就可以重复应用事先定义好的样式，以此可以实现样式的重用。

4.2　CSS 的应用形式

4.2.1　属性定义式

属性定义式，即使用 style 属性来对一个 HTML 元素进行 CSS 的应用，如图 4.2 所示。

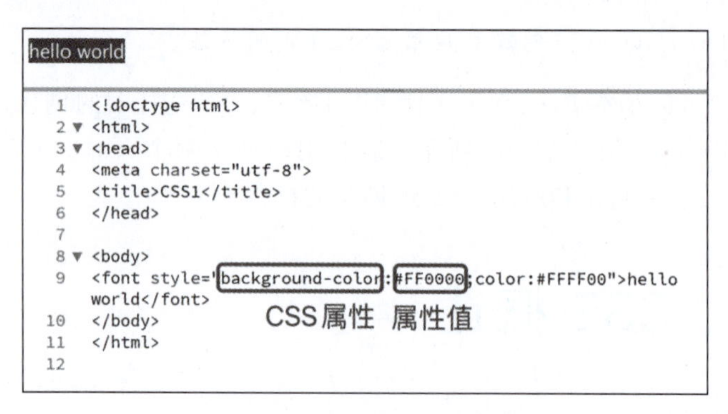

图 4.2　CSS 属性定义式示例

应用该属性后，在<font>标签的作用范围内，其字体颜色变为黄色，而背景色变为红色。style 属性是 HTML 元素的通用属性，该属性的值又由多个{CSS 属性：属性值}的键值对组成，每个键值对之间用分号分隔。此处 CSS 属性是具体样式的名称，而值则是表现出来的具体样式。本例即设置了<font>标签内的内容，其背景色（background-color 属性）为红色，字体颜色（color 属性）为黄色。CSS 的属性名和值均由 CSS 规范已经定义好了，在制作 CSS 样式时，只能遵守其规范使用。CSS 的属性名是固定的，一个属性名对应设置一个值。但具体的值则根据需要可以改变。如上例中的 color，既可以设置为黄色，也可以设置为白色。但总体来说，CSS 属性名和值是有固定范围的，并不能随意编写。CSS 样式也比较多，逐个解释并没有太大意义，那样反而会令人眼花缭乱。因此，本书将陆陆续续地以实例的方式来介绍常用 CSS 属性的应用方法。比较幸运的是，Dreamweaver 也同样提供了对 CSS 的支持。在 style 属性中，输入包含 CSS 属性名的字母后，Dreamweaver 会自动弹出 CSS 提示菜单，如图 4.3 所示。

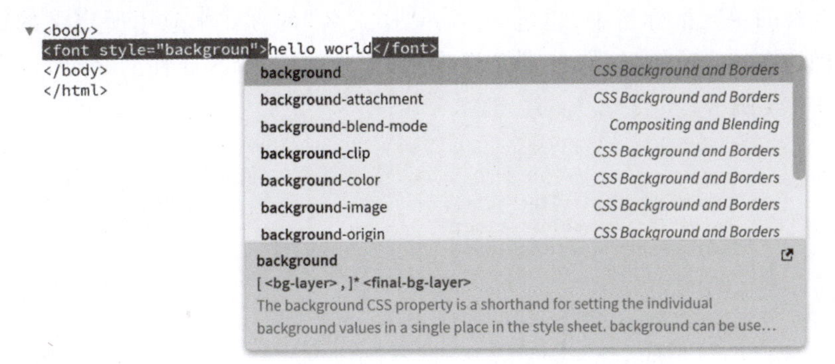

图 4.3　Dreamweaver 对属性定义式 CSS 的支持

选择某属性后，对于部分具有固定值的属性，也会有相应的提示。具体操作也将在本章后续做详细描述。这种 CSS 应用方式，仅针对当前被应用的标签有效，而且所定义的 CSS 并不能被其他元素利用，其作用范围有限。

4.2.2　文档头定义式

文档头定义式是指在一个 HTML 的 head 区域，事先定义好各种 CSS 样式，然后在页面中需要应用该 CSS 的元素标签中，通过 class 属性指定样式名的方式来使用，具体方法如图 4.4 所示。

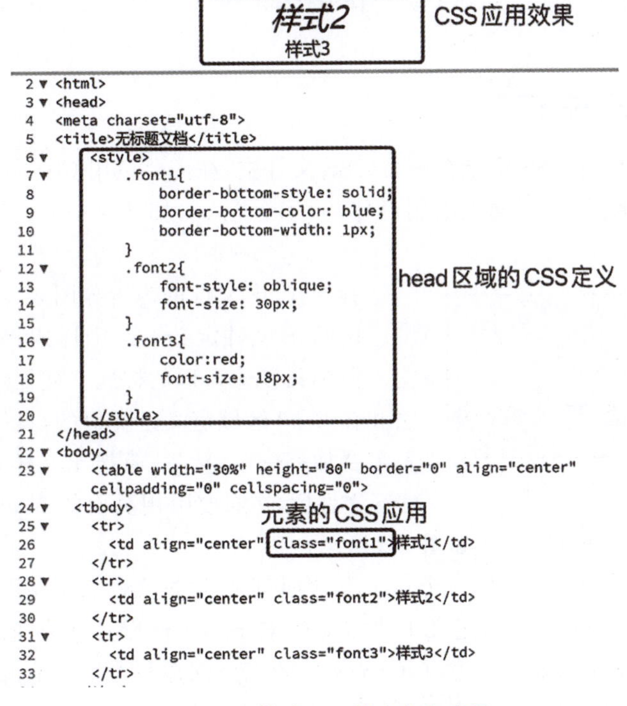

图 4.4　文档头 CSS 的定义和应用

在文档 head 区域定义 CSS，使用的是<style>标签。在本例中定义了三个 CSS 样式名，每个自定义样式名以英文的点开头，具体样式定义依然是属性名和值的键值对方式。定义完成后，在表格的单元格标签中，通过 class="样式名"的方式来应用所定义的样式。与属性定义式类似，在<style>标签的自定义样式中，输入包含 CSS 属性的字母，也会弹出对应的提示，如图 4.5 所示。

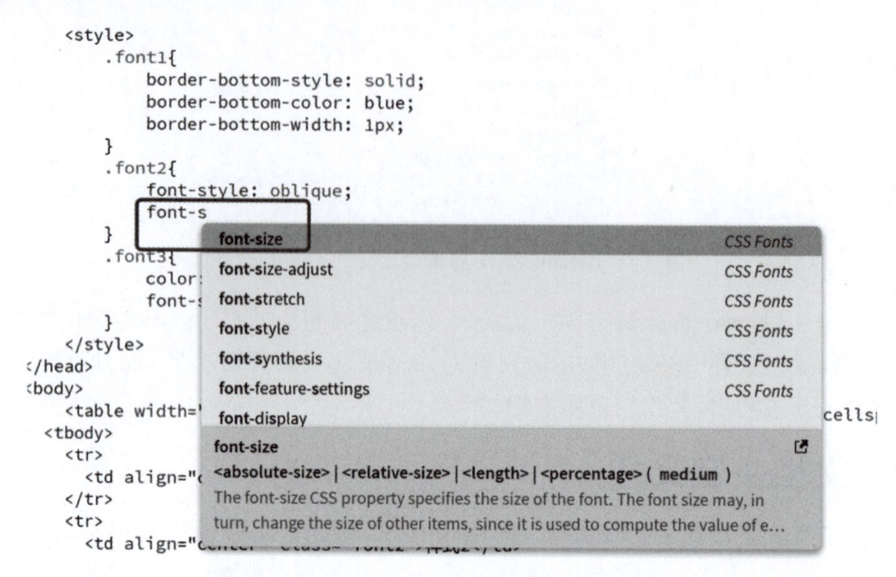

图 4.5　Dreamweaver 对文档头 CSS 定义的支持

在本例中，在 head 区域定义的三个样式，可以在当前 HTML 适当的元素中多次重复使用。从该例可知，这种方式已起到了统一管理样式的目的。但该方式仅在当前页面有效，不能被其他页面利用。

4.2.3　外部文件式

外部文件式是指将 CSS 定义在一个 CSS 文件中，在需要应用 CSS 的 HTML 页面中引入该 CSS 文件，再通过 class 属性引用具体的 CSS 样式。如图 4.6 所示为外部文件式的应用结构。

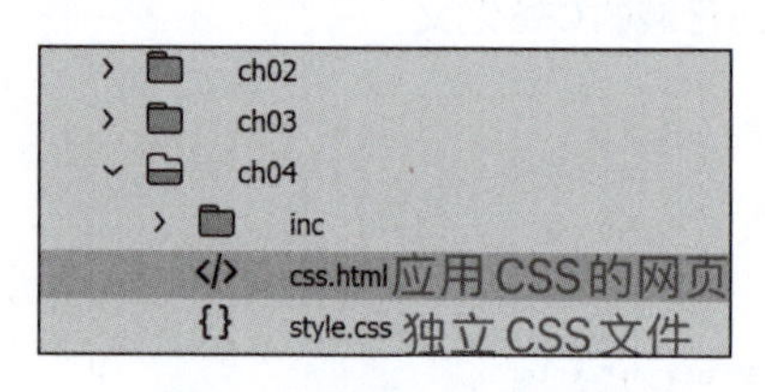

图 4.6　外部文件式结构

其中，CSS 文件的内容如图 4.7 所示。

该 CSS 文件定义了两个样式，分别用于改变默认输入框和只读输入框的样式。此处定义 CSS 样式的方法和在 head 区域定义是类似的，只是单纯的 CSS 文件不需要加<style>标签，直接定义样式即可。编写完该 CSS 文件后，在需要引用页面的 head 区域，通过<link>标签导入该 CSS 文件即可，具体如图 4.8 所示。

该 HTML 和 CSS 文件在同一个目录下，因此直接通过文件名引用即可。导入该文件，就类似于在该文件的 head 区域定义了诸多 CSS 样式，在 HTML 页面依然通过 class 属性引用即可。Dreamweaver 同样提供了 CSS 文件的直接创建和引用。单击菜单“文件”→“新建”，弹出“新建文档”对话框，如图 4.9 所示。

```
style.css ×
1
2  /*修改输入框的默认边框样式*/
3 ▼ .inputbox {
4      border-right: #999999 1px solid;/*右边框为实线，像素为1，颜色为淡灰色*/
5      border-top: #999999 1px solid;/*上边框为实线，像素为1，颜色为淡灰色*/
6      border-left: #999999 1px solid;/*左边框为实线，像素为1，颜色为淡灰色*/
7      border-bottom: #999999 1px solid;/*底边框为实线，像素为1，颜色为淡灰色*/
8      font-size: 9px;/*输入框字号为9像素*/
9  }
10 /*修改只读输入框的默认边框样式*/
11 ▼ .readonlybox {
12     border-right: #999999 1px solid;/*右边框为实线，像素为1，颜色为淡灰色*/
13     border-top: #999999 1px solid;/*上边框为实线，像素为1，颜色为淡灰色*/
14     border-left: #999999 1px solid;/*左边框为实线，像素为1，颜色为淡灰色*/
15     border-bottom: #999999 1px solid;/*底边框为实线，像素为1，颜色为淡灰色*/
16     font-size: 9px;/*输入框字号为9像素*/
17     background-color:#CCCCCC;/*背景色为暗灰色*/
18 }
```

图 4.7　CSS 文件的内容

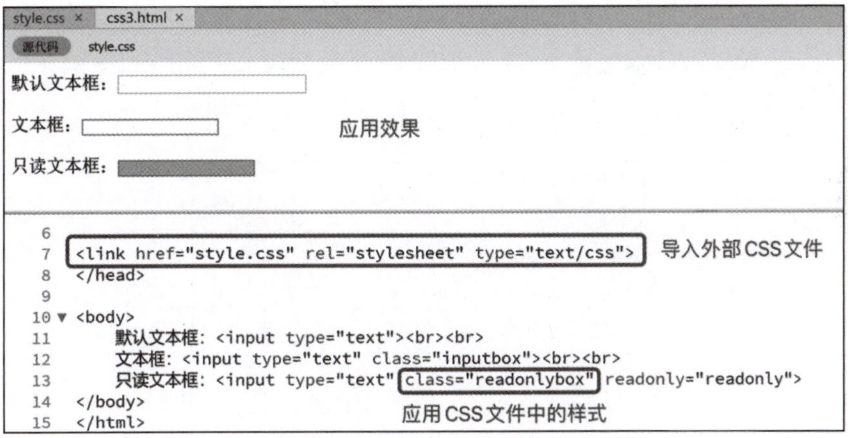

style.css ×　css3.html ×

源代码　style.css

默认文本框：

文本框：　　应用效果

只读文本框：

```
6
7  <link href="style.css" rel="stylesheet" type="text/css">   导入外部CSS文件
8  </head>
9
10 ▼ <body>
11     默认文本框：<input type="text"><br><br>
12     文本框：<input type="text" class="inputbox"><br><br>
13     只读文本框：<input type="text" class="readonlybox" readonly="readonly">
14  </body>                                   应用CSS文件中的样式
15  </html>
```

图 4.8　应用外部 CSS 的 HTML 源码

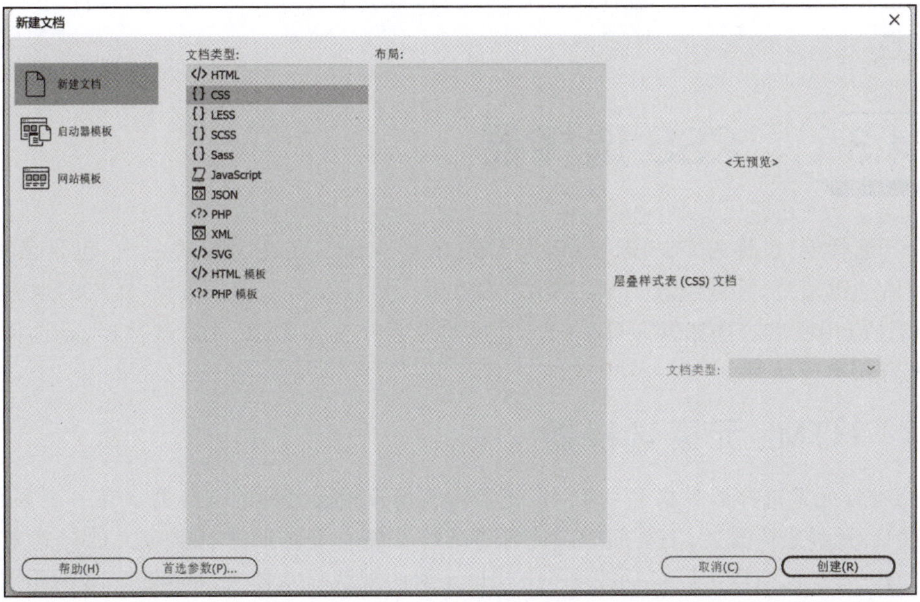

新建文档

新建文档　启动器模板　网站模板

文档类型：HTML　CSS　LESS　SCSS　Sass　JavaScript　JSON　PHP　XML　SVG　HTML 模板　PHP 模板

布局：

<无预览>

层叠样式表 (CSS) 文档

文档类型：

帮助(H)　首选参数(P)...　取消(C)　创建(R)

图 4.9　“新建文档”对话框

单击“创建”按钮，在 Dreamweaver 中会出现一个空的 CSS 文件，单击菜单“文件”→“保存”或者直接按 Ctrl+S 快捷键，输入 CSS 文件名，将其保存在当前站点的合适位置即可。接着，在空白的 CSS 文件中，输入如图 4.7 所示的 CSS 代码。创建该文件后，可以通过 Dreamweaver 的 CSS 面板，以可视化方式链接至页面中。该面板可通过菜单“窗口”→“CSS 设计器”打开，默认位于 Dreamweaver 的右上位置，如图 4.10 所示。

打开一 HTML 页面，再单击该面板中“源”左侧的“+”，选择“附加现有的 CSS 文件”，如图 4.11 所示。

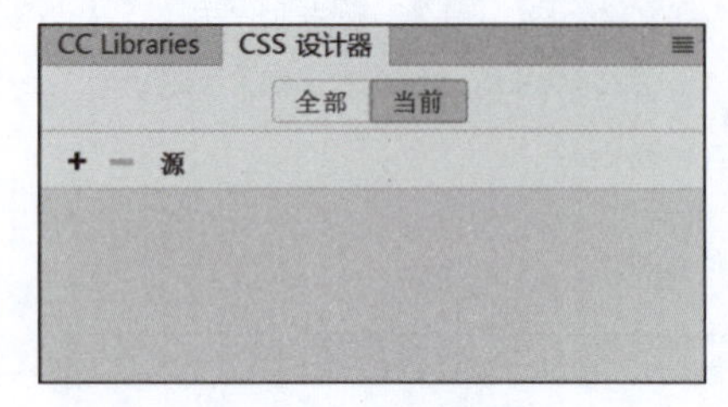

图 4.10　CSS 面板

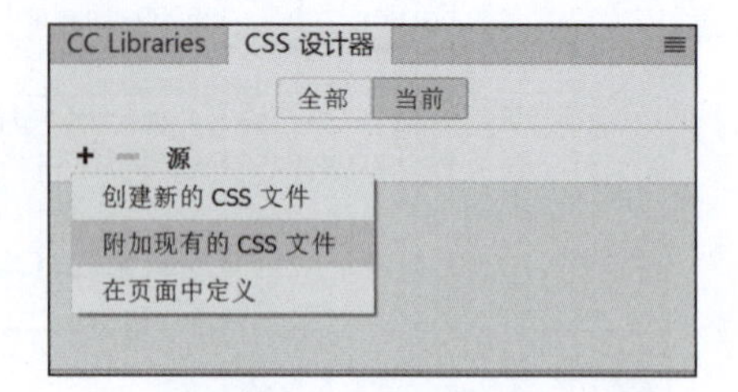

图 4.11　链接 CSS 文件

单击该菜单项后，弹出选择文件的对话框，如图 4.12 所示。

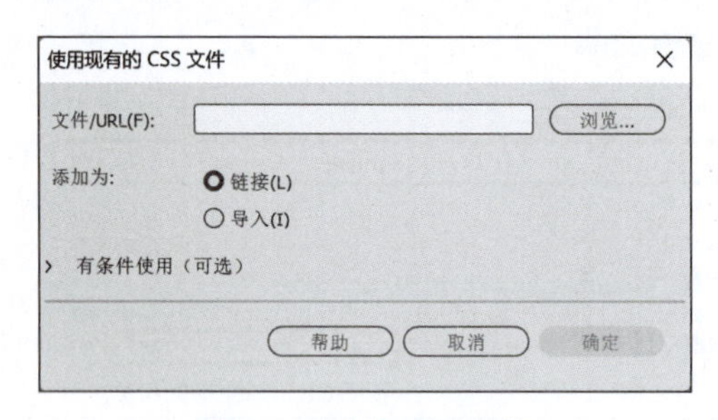

图 4.12　选择 CSS 文件

单击右侧的“浏览”按钮，选择所需 CSS 文件，就会生成对应的 link 代码，自动导入所选 CSS 文件。

4.3 CSS 选择器

CSS 选择器，也称为 CSS 选择符，即 CSS 的样式名。在这个样式名中，包含诸多 CSS 属性和值的键值对，共同组成一个 CSS 样式效果。然后在需要应用 CSS 样式的地方，使用 class 属性应用所需的选择器即可。CSS 选择器通常分为 HTML 元素选择器、id 选择器、复合选择器和类选择器。

4.3.1 HTML 元素选择器

HTML 元素选择器是指和 HTML 元素标签具有相同名称的选择器。在一个页面中定义 HTML 元素选择器后，该页面中对应标签的样式将自动按照选择器定义的样式来显示，即 HTML 元素选择器可以自动改变 HTML 元素的默认显示样式。如图 4.13 所示为 body 元素选择器的创建和应用。

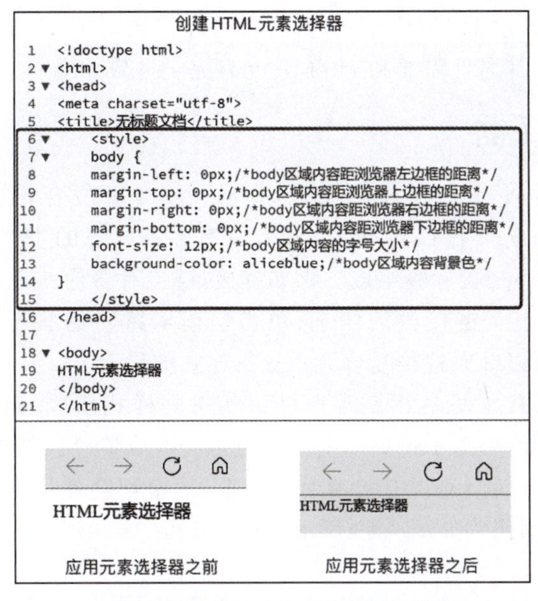

图 4.13　HTML 元素选择器示例

本例创建的是 body 选择器，在页面中定义了 body 选择器后，该页面主体部分的样式就会发生变化。本例子中定义的 CSS 效果为：body 区域内容至浏览器上、下、左、右边框的间距均设置为 0，body 区域文字大小为 12px，背景色改为爱丽丝蓝。从图 4.13 可知，在 HTML 页面中定义 body 元素选择器后，其背景色、文本大小以及文本距浏览器上边框和右边框的距离，均根据定义发生了变化。

再看第二个例子，该例子是统一修改表格单元格内所有文字的字号大小，如图 4.14 所示。

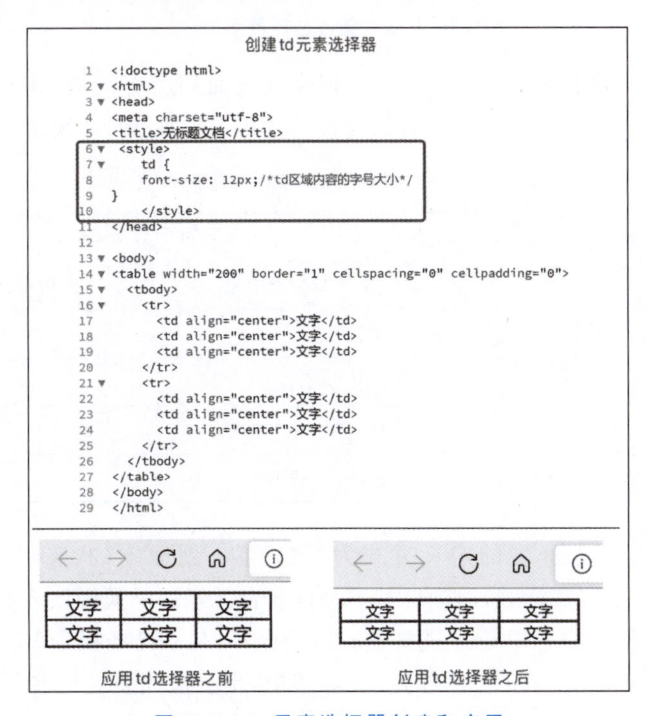

图 4.14　td 元素选择器创建和应用

从上述例子可知，通过 HTML 元素选择器，可以修改对应 HTML 元素默认样式。需要注意的是，在定义时，其名称需要和 HTML 元素完全一致才会有效。

4.3.2 复合选择器

复合选择器是针对 HTML 复合元素的选择器。HTML 复合元素是指由一个以上具有从属关系的标签组合而成的 HTML 元素，或者具有多种状态的 HTML 元素。如表格，通常由<table><tr>和<td>三类标签组成。再如链接，链接有普通状态（初始状态）、悬停状态（光标移到链接上的状态）、链接激活状态（单击但尚未跳转的状态）和单击后 4 种状态。CSS 的复合选择器即可以针对这类复合元素进行样式的设定。

CSS 复合选择器的最常见应用在于对链接状态的样式修改，默认链接的样式为下画线，单击过程中会变成紫色，单击过后的链接颜色也会变成紫色。如果一个页面有很多默认样式的链接，那么这个页面会显得有点凌乱。因此，通常都会使用 CSS 复合选择器来修改链接的默认样式，其示例代码如图 4.15 所示。

```
<style>
    /*普通状态：字号大小为12，颜色为#333，链接不加任何修饰，即去掉下画线*/
    a:link {font-size: 12px;color:#333;text-decoration:none;}

    /*光标移到链接上的状态：字号大小为12，颜色为#123EA2，链接加上下画线*/
    a:hover{font-size: 12px;color:#123EA2;text-decoration:underline;}

    /*链接激活状态：字号大小为12，颜色为#123EA2，链接加上下画线*/
    a:active{font-size: 12px;color:#123EA2;text-decoration:underline;}

    /*单击后的状态：字号大小为12，颜色为#333，链接不加任何修饰，即去掉下画线*/
    a:visited {font-size: 12px;color:#333;text-decoration:none;}
</style>
```

图 4.15 复合选择器示例

将该代码置于页面的<head>区域，则出现在该页面的所有链接，其 4 个状态的样式均会按照上述代码定义的样式显示。与普通链接的效果对比如表 4.1 所示。

表 4.1 链接复合选择器样式应用对比

链接状态	页面效果	
	未应用链接复合选择器	应用链接复合选择器
普通状态	链接	链接
悬停状态	链接	链接
激活状态	链接（紫色）	链接
单击后的状态	链接（紫色）	链接

从该例可知，复合选择器的定义方式为“主标签：副标签（状态）”。其中，主标签是 HTML 复合元素的主容器标签，而副标签则是该复合元素的下属标签或状态。链接复合选择器基本上是每个网站的必用 CSS 选择器。时至今日，几乎已经很难看到用原始链接的页面。除此之外，在<ol><li><ul>这样的组合标签中，也会应用复合选择器来实现一些菜单类的特效，但这种应用方式略显过时。掌握链接复合选择器已可以了。

4.3.3 id 选择器

id 选择器是对具有指定 id 的 HTML 元素的样式选择器。假设一个 HTML 页面中有两个元素，其 id 为 p1 和 p2，其代码如下。

```
<p id="p1">这是段落 1</p>
<p id="p2">这是段落 2</p>
```

在 head 区域，针对上述两个 id 的选择器定义如下。

```
<style>
    #p1{color:red;}
    #p2{color:blue;}
</style>
```

完成上述 id 选择器定义后，id 为 p1 和 p2 的两个段落，其样式将自动发生变化，如图 4.16 所示。

这是段落1

这是段落2

```
6 ▼     <style>
7           #p1{color:red;}
8           #p2{color:blue;}
9       </style>
10  </head>
11
12 ▼ <body>
13      <p id="p1">这是段落1</p>
14      <p id="p2">这是段落2</p>
```

图 4.16　id 选择器的应用

从这一过程可知，id 选择器的应用需要记元素的 id，因此一般仅限于本页面元素，其通用性并不强。

4.3.4 类选择器

前述三种选择器是对页面现有元素样式的直接或者间接修改，而类选择器则是指自定义样式名的 CSS 选择器，它不会自动改变任何元素的样式，只有应用才会生效。图 4.17 显示的是类选择器的定义及应用。

类选择器通常定义在 head 区域，类选择器名是英文的“.”开头，名称定义要避开现有的 HTML 元素名。定义后，在需要应用该样式的元素标签里，使用 class 属性来引用该样式，需要注意的是，虽然在定义时有“.”，但是在引用的时候不需要加这个符号，直接写上“.”之后的变量名即可。在 Dreamweaver 中，一旦在 head 区域定义了类选择器，就能在“属性”面板的类选择框中为元素设置该属性，如图 4.18 所示。

选中按钮后，单击“属性”面板 Class 属性下拉箭头，可以看到在 head 区域定义的 btn 样式。如果在 head 区域定义了其他的样式，在此处都会列出，供用户选择。

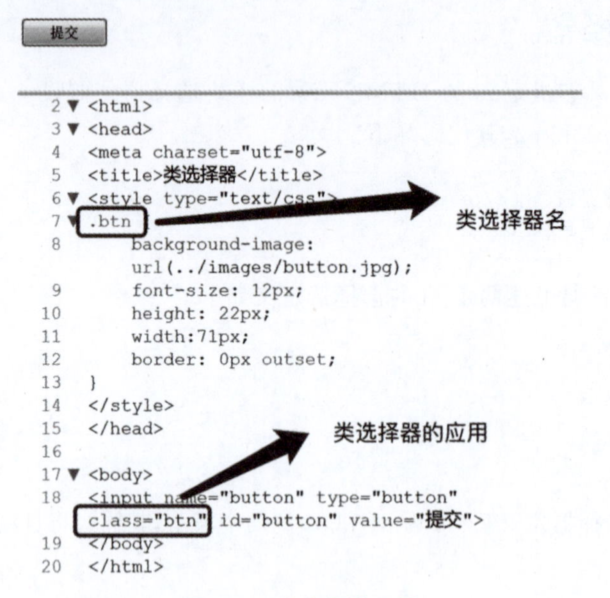

图 4.17　类选择器示例

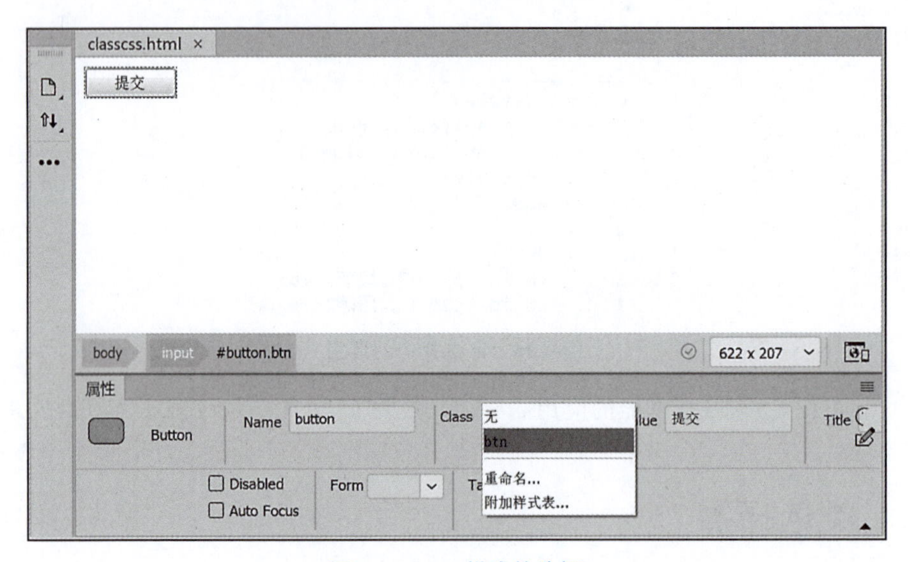

图 4.18　CSS 样式的选择

4.4　CSS 属性

从示例可知，CSS 属性即真正的样式，若干个{CSS 属性：对应值}的键值对就组成了一个 CSS 综合样式。CSS 属性有很多种，不同的属性对应了不同的样式效果。如图 4.17 中的 font-size：12px，是将元素中的文字字号设置为 12px。12px 即这个属性对应的值。CSS 属性和 HTML 元素名一样，虽然种类较多，但也是固定的。同样地，每个属性可以设置的值也是有范围的。表 4.2 列举了部分 CSS 属性。

表 4.2 部分 CSS 属性及作用

类别	属　性	值和作用
文字	font-size	设置文字的大小,用正整数作为值,数字越大,字号越大
	font-weight	设置文字粗细,取值如下。 bold—加粗,bolder—比 bold 粗一级,lighter—缩细
	font-style	设置文字样式,取值如下。 normal—正常(默认),italic—斜体
文体	text-decoration	装饰文本,取值如下。 underline—给文字加下画线,line-through—给文字加删除线,overline—给文字加上画线,none—去除任何装饰,常用于去除链接下画线
	text-align	设置文本水平对齐方式。left—左对齐,right—右对齐,center—居中对齐
颜色	color	设置文本颜色,取值如下。 颜色的英文单词,如 red、green、blue 等;#rgb 十六进制,如#FF0000 表示红色,具体规则请参考 3.3 节
背景图片	background-image	设置背景图片,取值如下。 url(),图片地址必须放在括号中,可以是相对路径,也可以是绝对路径
	background-repeat	设置背景图片的平铺方式,取值如下。 repeat—默认,水平和垂直都平铺;no-repeat—不平铺;repeat-x—水平方向平铺;repeat-y—垂直方向平铺

表中所列仅是部分常见的 CSS 属性,因 CSS 属性众多,加之篇幅有限,本书不可能列出所有的属性,有需要的读者可以访问 W3C 网站自行查阅,地址为 https://www.w3school.com.cn/css/index.asp。

4.5 Dreamweaver 对 CSS 的支持

CSS 属性虽然有很多,但也并不用犯怵,因为常用属性数量有限,并且一次写完后,保存至外部 CSS 文件后,就可以在任何需要的地方复用。值得庆幸的是,Dreamweaver 提供了强大的 CSS 支持功能。Dreamweaver 中对 CSS 的支持是通过 CSS 属性面板来实现的。CSS 属性面板通过单击菜单"窗口"→"CSS 设计器"打开。打开后,CSS 面板位于 Dreamweaver 的右上区域,如图 4.19 所示。

该面板从上至下分为"源""媒体""选择器"和"属性"4 个子面板,这个顺序也基本是通过 CSS 面板新建 CSS 样式的基本顺序。单击"源"子面板上的"+"号,弹出如图 4.20 所示菜单。

Dreamweaver 共提供了三种对 CSS 的定义方式。

4.5.1 创建新的 CSS 文件

创建新的 CSS 样式,即新建一个 CSS 文件并将其自动应用至当前页面中。单击"创建新的 CSS 文件",弹出如图 4.21 所示"创建新的 CSS 文件"对话框。

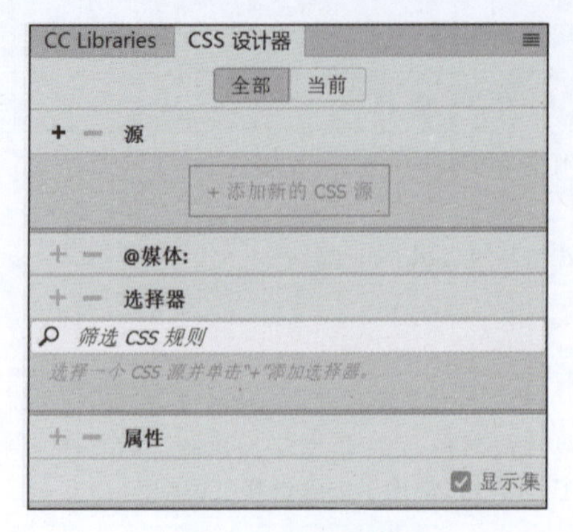

图 4.19 CSS 面板

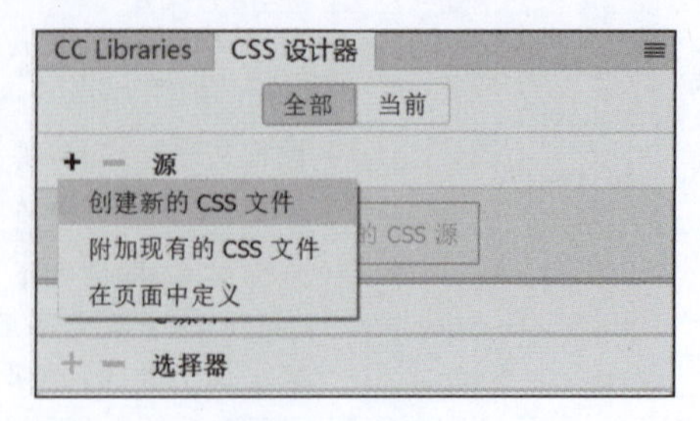

图 4.20 新建 CSS

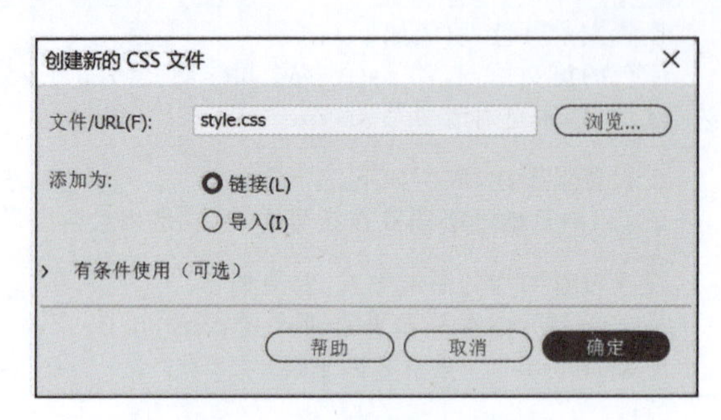

图 4.21 创建新的 CSS 文件

单击"浏览"按钮，在指定位置新建一个 CSS 文件。如果此处选择了"链接"单选按钮，则将新建的 CSS 文件通过 link 标签导入当前页面中。如果选择"导入"单选按钮，则通过 import 方式导入。导入方式不常见，本例使用链接方式，单击"确定"按钮后，生成代码如下。

```
<link href="style.css" rel="stylesheet" type="text/css">
```

完成新建后，在 CSS 面板的"源子"面板中就多了一个 style.css 文件，如图 4.22 所示。

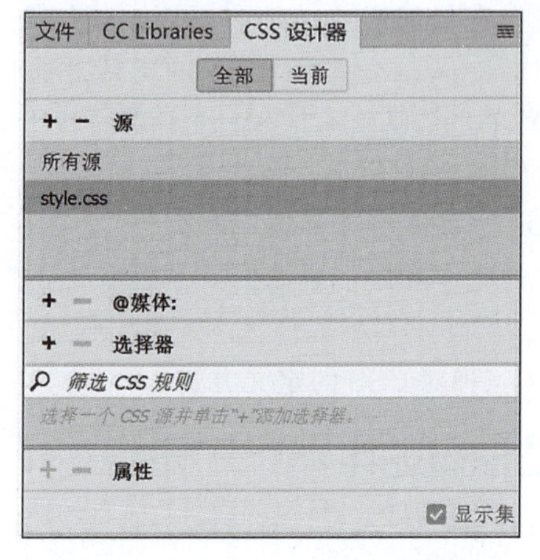

图 4.22 包含 CSS 文件的 CSS 面板

在该面板中还存在“选择器”和“属性”两个面板[①]，它们分别用于创建 CSS 选择器及其对应的属性。单击“选择器”面板上的“+”号，则会在下方出现输入框，在框中输入选择器名称自动创建选择器，如图 4.23 所示。

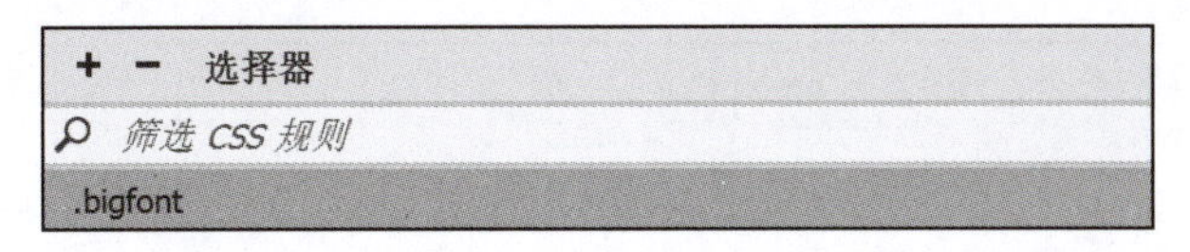

图 4.23　新建选择器

在此处新建选择器后，会在对应的 style.css 文件中生成对应的.bigfont 选择器代码。完成该操作后，单击.bigfont 选择器，在下方“属性”面板中可输入需要设置的 CSS 属性，如图 4.24 所示。

图 4.24　输入 CSS 属性

虽然此处需要自己输入 CSS 属性，但是输入任何字母，会自动弹出以该字母开头的 CSS 属性供用户选择，此处选择 font-size。选中该属性后，光标自动跳转至添加值输入框，如图 4.25 所示。

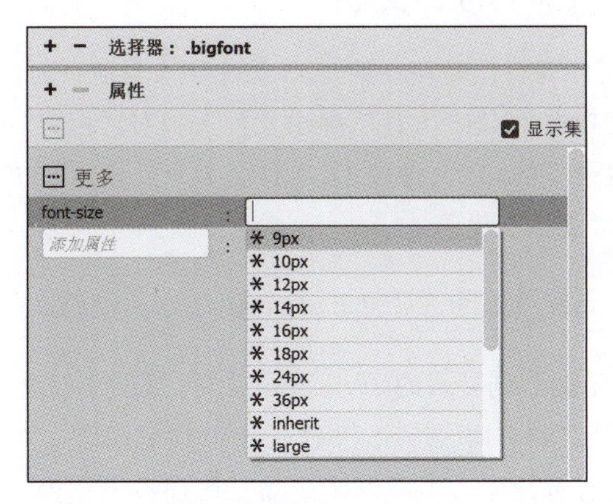

图 4.25　设置 CSS 属性值

① “@媒体”面板与手机端适配有关，不在本书讨论范围内。

该面板会自动弹出对应属性的候选值，自行选择合适值或者输入符合规范的值即可。以此类推，在该现有属性下方，还可以再输入其他属性，以完善该选择器的功能，如图 4.26 所示。

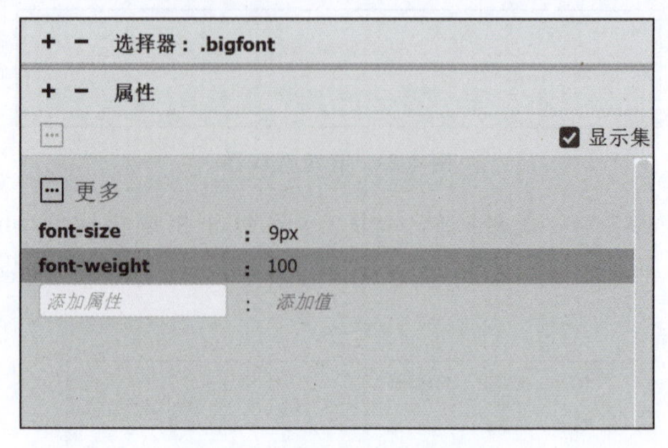

图 4.26　输入多个 CSS 属性

完成上述工作后，在对应的 CSS 文件中自动生成如下代码。

```
@charset "utf-8";
.bigfont {
    font-size: 18px;
    font-weight: 800;
}
```

按该方法，在选择器面板中还能新建其他选择器，编写更多的 CSS 样式。由此可知，虽然 CSS 有众多属性，但 Dreamweaver 提供了丰富的提示功能，这就极大地提高了 CSS 的编写效率。完成定义后，就能按如图 4.18 所示方法，以可视化的方式对 HTML 元素应用创建的选择器。

4.5.2　附加现有的 CSS 文件

附加现有的 CSS 文件即将已经存在的 CSS 文件导入当前页面中。在如图 4.20 所示的 CSS 面板中，单击“附加现有的 CSS 文件”，弹出文件选择对话框，选择已经创建好的 CSS 文件。该文件位于同一目录下的 inc 文件夹中，文件名为 style2.css。单击“确定”按钮后，将在当前页面的 head 区域生成如下代码。

```
<link href="inc/style2.css" rel="stylesheet" type="text/css">
```

同时，在 CSS 面板中能看到导入的 style2.css 文件，如图 4.27 所示。

在“源”子面板中，可看到有两个 CSS 文件。选中其中任意一个，则会在“选择器”子面板中显示对应文件的所有选择器。用户也能在此对选择器进行编辑。同样，选中任意一个选择器，会在“属性”子面板中显示对应的所有属性，用户同样能在此进行属性的编辑，这些操作均会更新至对应的 CSS 文件中。

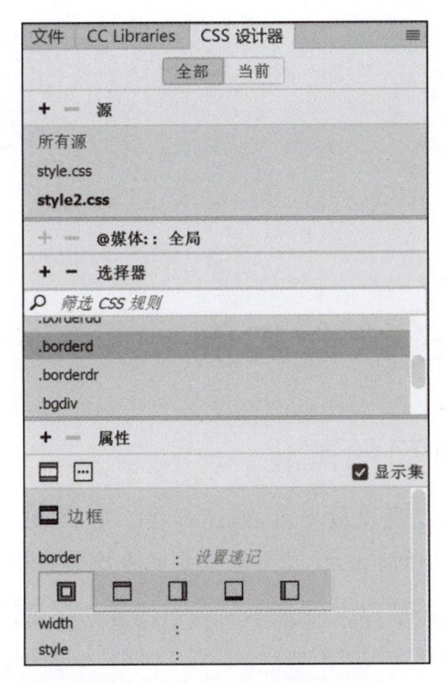

图 4.27　附加后的 CSS 面板

4.5.3　在页面中定义

在页面中定义，即直接在页面中定义 CSS 选择器，但仅对当前页面有效。选择该菜单后，在“源”子面板中会生成<style>字样。选中该字样，在“选择器”子面板中，按如图 4.23～图 4.26 所示新建新的选择器。以设置一个大小为 36px 的新选择器.largefont 为例，新建完成后，CSS 面板如图 4.28 所示。

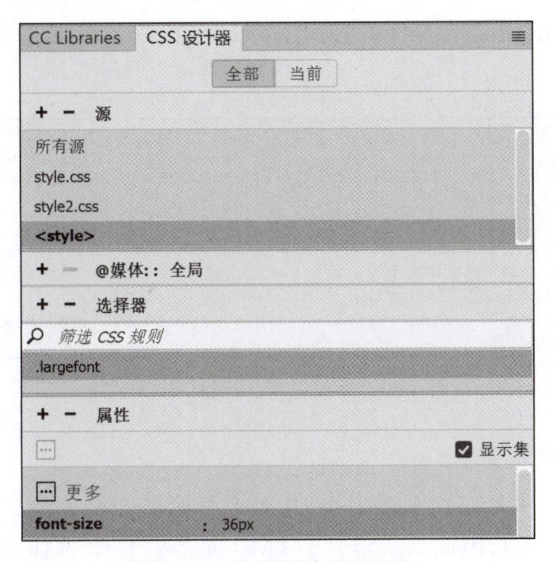

图 4.28　在页面中定义 CSS

同时，在当前页面的 head 区域，生成如下代码。

```
<style type="text/css">
.largefont {
    font-size: 36px;
}
</style>
</head>
```

4.6 CSS 综合实例

4.6.1 新闻列表页面的美化

3.6 节制作的页面虽然已经比较规范，但还存在一定的缺陷，如字体大小未统一、表格未加边框等，本节将解决这些问题。经过美化后的页面效果如图 4.29 所示。

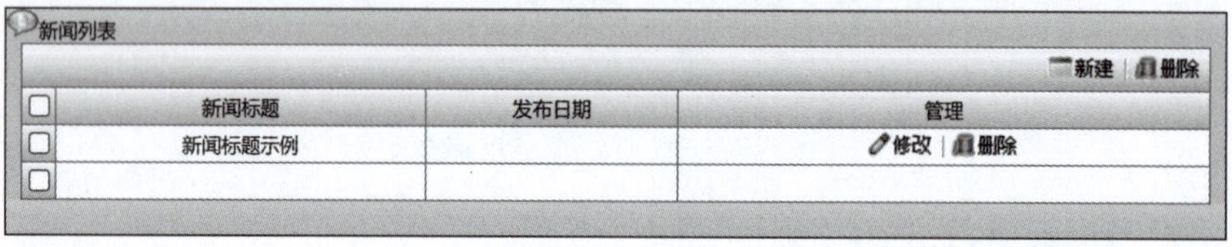

图 4.29　美化后的新闻列表页面

要实现该效果，需要制作三个 CSS 样式，分别对表格内字体大小、表格边框和链接样式进行修改。本例将这三个样式制作在 CSS 文件中，这样便于在其他页面中重用，这也是系统开发常用的方法。新建方法可以参考 4.5 节中的新建 CSS 样式文件。本例将该文件置于站点根目录的“inc”文件夹中，并命名为“style.css”，如此方便后续章节中引用该文件。完成上述操作后，newslist.html 编辑界面的“源代码”标签右侧会出现 style.css 标签，如图 4.30 所示。

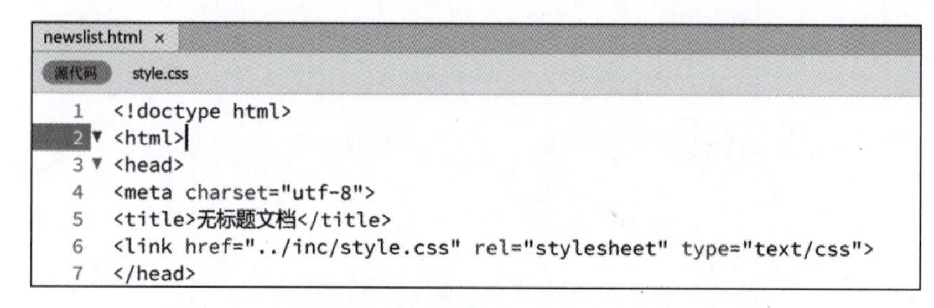

图 4.30　新建并引入 style.css 文件

1. 更改表格内字体大小

更改表格内字体大小是一项常规工作，几乎所有网站和系统都会做这一操作。表格内容一般是在单元格 td 之间，因此只需定义 HTML 元素中的 td 选择器即可。在 CSS 设计器面板中，做如图 4.31 所示设置。

在“源”面板中选择 style.css，在“选择器”面板中单击“+”号，在输入框中输入“td”，选

中 td,随后在“属性”面板中输入 font-size 属性,值输入 12px 即可。完成后,可以看到页面中表格内的字体大小都统一改为 12px。同时也可以看到,在 style.css 文件中生成了对应的代码,如图 4.32 所示。

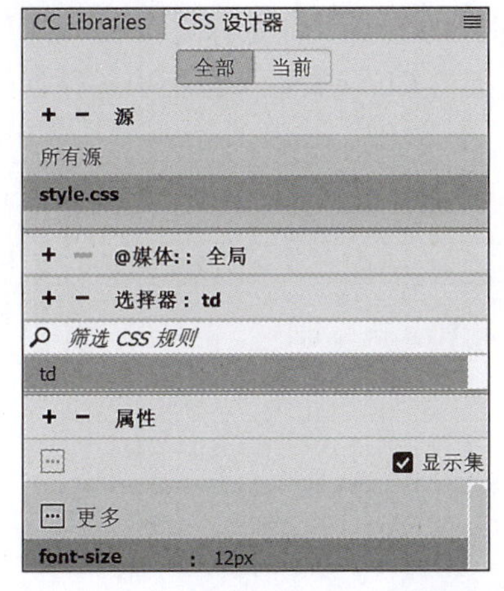

图 4.31 表格内字体大小样式设置

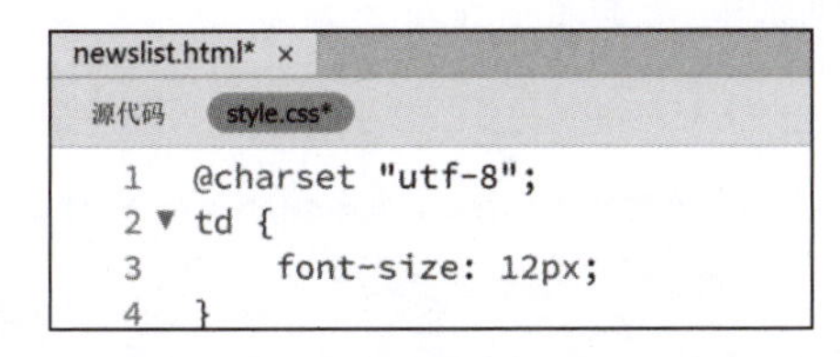

图 4.32 新建 td 后的 CSS 文件

style.css 文件中已经有了创建的 CSS 样式代码。但同时也可以看到,style.css 和 newslist.html 文件名右上角有一个“ * ”号。该符号表示,这两个页面都有改动,但是尚未保存,按 Ctrl+S 快捷键保存即可。

2. 设置表格边框

表格边框的设置主要使用 CSS 的 border 属性来实现,边框属性一般又分为 border-style、border-width 和 border-color 三大类,分别对应设置表格边框的样式、宽度和颜色。其中,样式又可分为实线(solid)、点线(dotted)等多种样式,此处选择 solid 实线。同样在“源”面板中选中 style.css 文件,在“选择器”面板中新建样式,命名为.borderall,随后在“属性”面板中,依次输入上述三个属性,如图 4.33 所示。

图 4.33 表格边框属性的设置

比较特别的是,虽然输入了三个不同的属性及值,但是 Dreamweaver 自动将其合并成了一个 border 属性,对应 1px、solid 和#999 三个值,在 style.css 中的代码为

```
.borderall {
    border: 1px solid #999;
}
```

随后，在 newslist.html 的编辑界面中，选中最外围的表格。将光标定位在“新闻列表”所在行，在底部的标签页中选择 table，并在“属性”面板的 Class 属性下拉框中选择创建好的 borderall 样式，如图 4.34 所示。

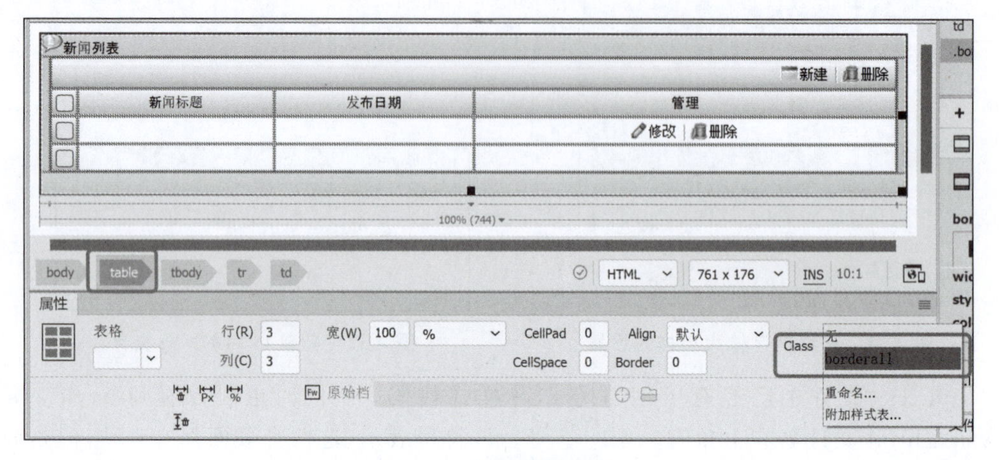

图 4.34　设置表格边框

需要说明的是，本例设置的是某个元素的上、下、左、右所有边框。但 CSS 也提供了分别对上、下、左、右 4 个边框的单独属性设置，对应的基本属性分别为 border-top、border-bottom、border-left 和 border-right。这 4 个属性同样下设了 style、color 和 width 三个子属性。

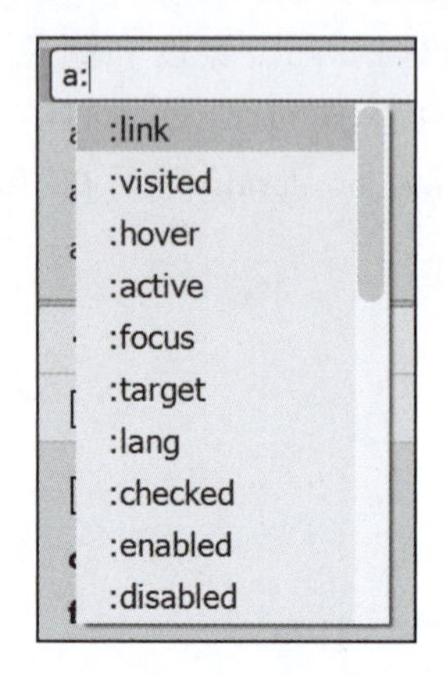

图 4.35　复合选择提示

3. 修改链接默认样式

默认链接为蓝色带有下画线的文本，且具有单击前、单击中、单击后及光标悬停 4 种状态，因此这是具有复合样式的元素。因此要重新定义其样式，一般需要定义 4 种样式，分别对应 a:link（单击前）、a:active（单击中）、a:visited（单击后）和 a:hover（光标悬停）。参考上述方法，完成选择器和属性的设置。需要说明的是，在“选择器”面板中输入“a:link”，可以看到输入“a:”后，会出现可供选择的属性，如图 4.35 所示。

此处定义参考 4.3 节中链接复合选择器的设置，完成该步骤后，style.css 中会生成相应的代码，具体可查看本书配套资料。

4.6.2　用户注册页面的美化

本例的美化主要是针对字号、输入框控件和按钮控件，如图 4.36 所示。

4.6.1 节的例子已制作了一个 style.css 文件，将该文件直接引入本例的页面中，页面中的字号美化将自动完成。这也就是为什么通常做 Web 系统开发，会将样式集中定义在一个文件中。将已有的 style.css 文件引入本例初始页面中，可以参考 4.5 节中的“附加现有的

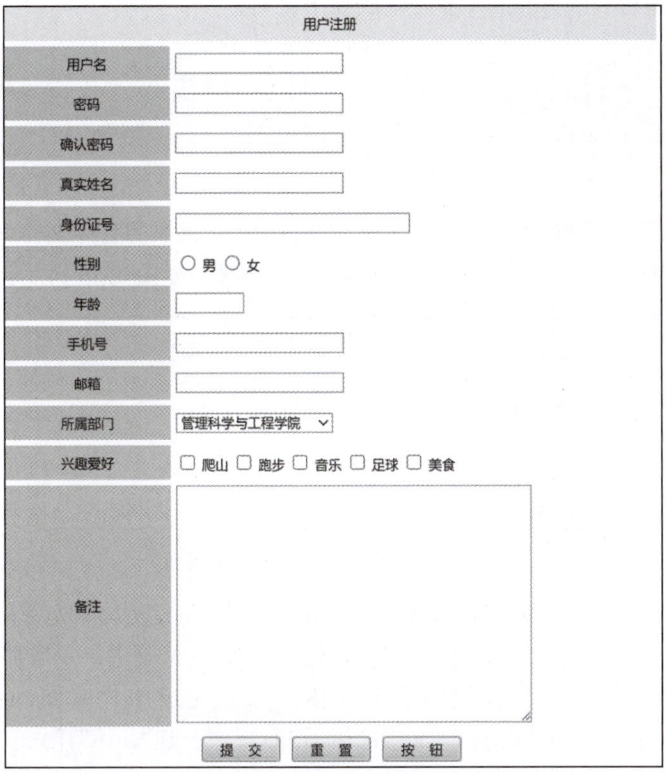

图 4.36　用户注册页面美化效果

CSS 文件”，依次单击 CSS“源”面板中的“＋”→“附加现有的 CSS 文件”，在站点根目录的 inc 文件夹中选择 style.css 文件即可。导入完成后，注册页面的字号大小就自动调整为 12px。

接着对文本框的边框进行美化，此处类似前例，也新建一个边框样式，对边框的样式、线条和颜色进行修改。同时，也对其输入内容的字号大小及默认长度进行修改。在选择器中新建样式名“.inputbox”，在“属性”面板中，依次输入如表 4.3 所示属性及值。

创建完成后，Dreamweaver 中的设置如图 4.37 所示。

表 4.3　“.inputbox”样式定义

属　性	值	备　注
border-style	solid	实线
border-width	1px	实线宽度设置为 1px
border-color	#999	实线颜色设置为浅灰色
font-size	12px	输入框内文字大小改为 12px
width	100px	输入框长度改为 100px

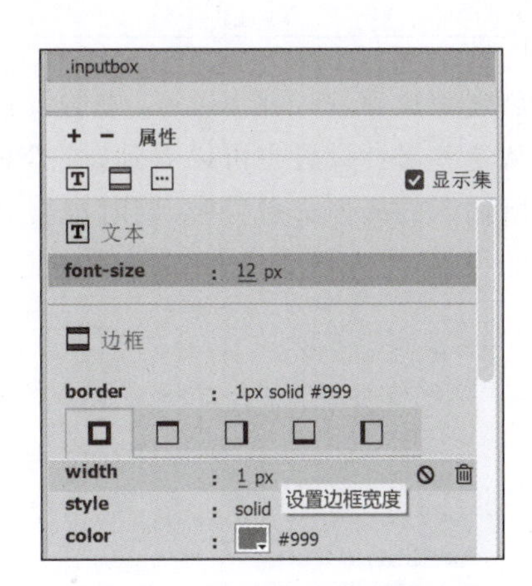

图 4.37　“.inputbox”的样式设置

完成上述操作后，在 style.css 中会生成如下代码。

```
.inputbox {
    border: 1px solid #999;
    font-size: 12px;
}
```

创建完成后，除复选框和单选按钮以外，依次选中页面中的各个输入框，在“属性”面板的 Class 选择框中选择 inputbox，即可完成输入框的美化，如图 4.38 所示。

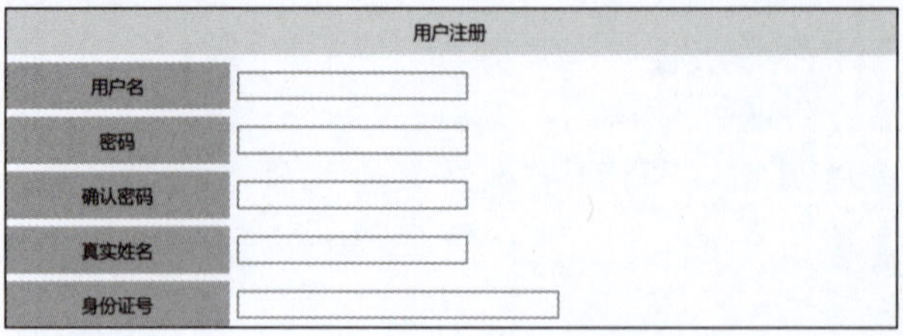

图 4.38　用户注册输入框效果

与图 3.119 的页面相比，美化后的文本框边界更为清晰。其中，原先密码框的长度要比普通文本框长度短一些，经过 CSS 美化后，长度就保持一致了，这就进一步增加了页面的工整性。

最后是修改按钮的样式，按钮的蓝色立体效果是通过图片来实现的。该图片位于 images 文件夹下，名为“button.jpg”。在“选择器”面板中新建“.btn”样式。在“属性”面板中依次输入如表 4.4 所示属性及值。

表 4.4　“.btn”样式定义

属　　性	值	备　　注
background-image	url(../images/button.jpg)	设置背景图片
border-style	outset	使边框内陷，突出背景
border-width	0px	实线宽度设置为 1px
width	71px	设置按钮宽度（与背景图片保持一致）
height	22px	设置按钮高度（与背景图片保持一致）
font-size	12px	设置按钮中字号大小

创建完成后，Dreamweaver 中的设置如图 4.39 所示。

从这些属性设置也可以看到，虽然 CSS 属性要求用户输入，但是输入后，Dreamweaver 会对所输入的属性进行分类，同时也会对所输入属性的相关属性进行关联提示，出现供用户选择的控件，以方便完成 CSS 样式的定义。完成上述操作后，在 style.css 中生成如下代码。

```
.btn {
    background-image: url(../images/button.jpg);
    font-size: 12px;
    height: 22px;
    border: 0px outset;
    width: 71px;
}
```

为保证最佳显示效果，在每个按钮的文本中加入 4 个空格，并在任意两个按钮之间加一个不换行空格，效果如图 4.40 所示。

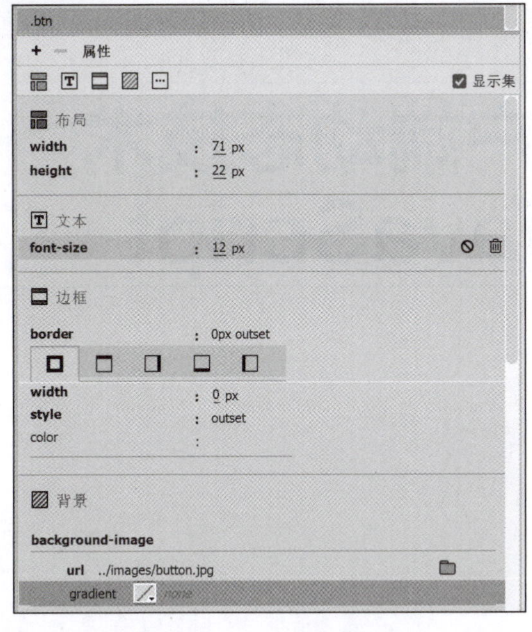

图 4.39 “.btn”的样式设置

图 4.40 按钮效果

小结

本章讲述了 CSS 的基本语法、常见属性、应用形式以及 Dreamweaver 对 CSS 的支持，并通过实例，完整地展示了在 Dreamweaver 中制作和应用 CSS 样式的过程。这些实例基本覆盖了使用 CSS 对 HTML 网页进行美化的基本方法。然而，其中所涉及的 CSS 属性仅是沧海一粟，如果要将 CSS 属性全部列出，一来会占据本书的大部分篇幅，二来脱离了实际应用单纯地罗列知识，也是没有太大的教学意义的。事实上，从实例也可知，CSS 样式的制作也类似于 HTML 页面设计，是通过将不同属性组合在一起，来达到创建不同样式，改变 HTML 元素默认样式的目的。一涉及设计，这个问题就永远不是单纯地制作那么简单了。如何使得制作的 CSS 样式美观、实用，这永远是一个难题。

练习与思考

(1) CSS 是什么？主要用途是什么？

(2) 什么是 CSS 选择器？请举例说明。

(3) 什么是 CSS 属性？

第5章 客户端动态技术 JavaScript

本章学习目标

- 理解客户端动态的基本原理。
- 掌握 JavaScript 的基本语法。
- 了解 JavaScript 的内置对象。
- 理解 JavaScript 文档对象模型的原理。
- 理解 JavaScript 的事件处理机制。
- 掌握在 Dreamweaver 中编写 JavaScript 常见事件处理程序并绑定 HTML 元素的方法。

本章主要讲述了 JavaScript 的基本语法、内置对象、文档对象模型和事件处理机制，并以身份信息自动填充、表格行背景随鼠标切换、表格行全选以及自定义 URL 浮动小窗体 4 个综合实例，展示了在 Dreamweaver 中编写 JavaScript 的方法。

5.1 客户端动态技术概述

客户端动态技术是指可以在客户端执行的技术。在 Web 开发中，客户端一般指用户浏览器端。此处的动态，并不仅指网页上的各种动画，更重要的是指用户与浏览器的交互，如弹出对话框、弹出菜单、拖动层等。在诸多客户端动态技术中，JavaScript 是应用最广泛的客户端技术，也是被万维网联盟(World Wide Web Consortium，W3C)接受为前端开发的标准技术之一。

JavaScript，简称 JS，是一种大小写敏感的高级解释型脚本编程语言。解释型脚本语言意味着，用 JS 写的程序并不需要编译，可以由浏览器直接执行。JavaScript 起源于网景公司(Netscape)于 1995 年发布的 LiveScript，后借助 Java 语言的名声，将其改名为

"JavaScript",并一直沿用至今。因此,JavaScript 虽然有一些语法与 Java 类似,但事实上,这是两种完全不同的程序设计语言。后经过多年的发展,被欧洲计算机制造商协会(European Computer Manufacturers Association,ECMA)确立为浏览器脚本语言的标准,并基于此发布了 ECMAScript 标准。该标准定义了 JavaScript 的核心语言和特性,自此 JavaScript 成为客户端浏览器的标准。进入 21 世纪之后,Google 在其搜索引擎和 Gmail 邮箱中,应用了大量 JavaScript 技术,开发出了诸如 Google Suggestion、Gmail 无刷新收邮件等效果,使得 JavaScript 技术名声大噪。这也标志着 Web 2.0 的兴起,从此 JavaScript 进入了快速发展时期。

时至今日,JavaScript 已经形成了覆盖桌面、游戏和移动应用开发等领域,在著名的开发语言排行榜 TIBOE 中,近几年 JavaScript 也稳居在前 6 名左右。同时还出现了一种新的数据结构——JSON 格式,这是一种比 XML 还要简洁的数据表示方式。由此可见,JavaScript 是一门发展势头良好的程序设计语言。虽然本书重点是关注其 Web 开发,但掌握 JavaScript 的意义远不止于此,它的程序设计风格、技巧和特性,都有助于程序员理解现代程序设计的语言思想,提升程序设计实力。

需要说明的是,JavaScript 本身是一个非常庞大的体系,如果要把它的全部内容都展示出来,可能一本平均厚度的书都是不够的,因此本章仅关注其能够撑起页面交互的核心知识。

5.2 JavaScript 基本语法

5.2.1 数据类型

JavaScript 有基本数据类型和引用数据类型两种数据类型。

1. 基本数据类型

基本数据类型也称为简单数据类型,常见的一共有 5 种,具体见表 5.1。

表 5.1 JavaScript 基本数据类型

类 型	说 明	示 例
number	数值型,包括正负小数、正负整数和 0 的所有数值	i=1,j=12.3
string	字符串型,用一对英文的双引号或者单引号括起来的任意内容	s="hello",s='hello'
boolean	布尔型,值为固定的 true 或者 false,用于条件判断	c=true,c=false
undefined	未定义类型,该类型只有一个值,即 undefined。当声明一个变量但不给这个变量赋值时,它的值就是 Undefined	obj=undefined
null	空值,该类型也只有一个值,即 null,该值专门用来表示一个为空的对象	obj=null

从表 5.1 可知,简单数据类型的内容就是单一的一个值本身。

2. 引用数据类型

引用数据类型即 Object 类型,是一种复合类型,内部由数据和方法组成。其中,数据一般以“键:值”对作为其基本数据结构,每个“键:值”对以逗号分隔,整个键值对集合存放在花括号中,代码如下。

```
<script language="javascript">
person={
    id:1001,
    name:"张三"
};
</script>
```

上述代码即创建了一个名为 person 的 Object 类变量。完成定义后,则可以通过 person.id 的方式来调用 id 的值。这种键值对的方式,还可以采取嵌套对象的方式进行数据的定义,代码如下。

```
<script language="javascript">
person={
    id:1001,
    name:"张三",
    courses: {
        english:100,
        JavaScript:100
    }
};
</script>
```

其中,courses 依然可以视为一个键,但是它的值却是另一个对象。对于其中的值依然可以通过“对象.键”的方式来引用,只不过嵌套几层,就多几个“.”,如获取 english 的值,即 person.courses.english。

除了数据之外,在 Object 中,还可以加入函数,代码如下。

```
<script language="javascript">
person={
    id:1001,
    name:"张三",
    courses:{
        english:100,
        JavaScript:100
    },
    study(){alert('study');},
    work(){}
};
</script>
```

其中,study()和 work()两个函数即成为这个对象的方法,其访问依然可以通过 person.study()的方式来访问。这种结构与 Java 中类的定义极为相似。由此可知,也可认为 JavaScript 是一种面向对象的程序设计语言。上述方式还可以通过创建空的 Object,再通过添加属性和方法的方式来实现,代码如下。

```
<script language="javascript">
person=new Object();
person.id=1001;
person.name="张三";
person.courses={english:100,JavaScript:100};
person.study=function(){alert('study')};
person.work=function(){};
person.study();
</script>
```

其中，study 和 work 方法的创建则采取了类似匿名函数的定义方法。这个例子虽然简单，但展示了 Object 对象创建及数据和方法调用的过程。本节之所以花了大量篇幅来讲述该过程，是因为了解这一过程，将有助于加强对后续章节中对象创建和引用的理解。

3. 弱类型

弱类型并不是指一种特定的类型，而是指定义变量时不必指定类型，其类型会根据值的类型自动判断，如图 5.1 所示。

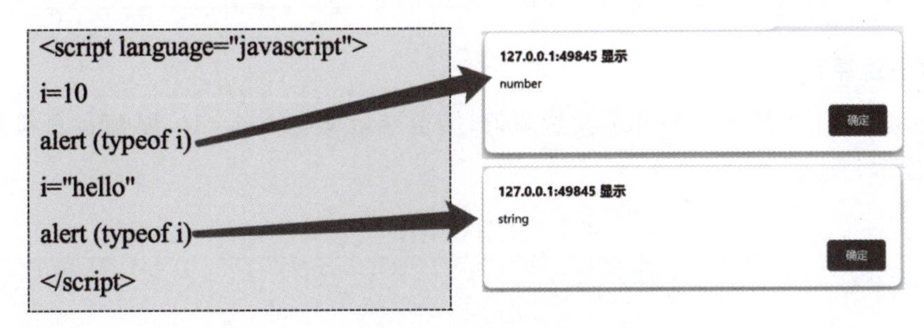

图 5.1　弱类型示例

该代码使用了 typeof 方法来判断变量的类型，从截图可以看到，第一次判断时，i 的类型是 number，第二次则变成了 string。

虽然 JavaScript 并不需要声明类型，但在 ECMA5 的标准中，使用 var 来声明变量，而在 ECMA6 的标准中，则新增了 let 来声明变量。这三种方式的区别主要在于作用范围不同，一般没有任何修饰的是全局变量，var 修饰的变量作用域为函数范围，而 let 修饰的则为程序块。作用域的概念会在函数中再做详细解释。在此只需知道这三种变量的大致区别即可。事实上，JavaScript 是面向浏览器元素的程序设计语言，一般不会涉及复杂的作用域的应用。因此，使用没有任何类型修饰的变量，也已经能满足绝大多数的应用场合。

5.2.2　运算符与表达式

运算符是指针对变量执行各种操作的符号或关键字，由变量和运算符组成的等式即表达式。JavaScript 中主要有算术运算符、赋值运算符、比较运算符、逻辑运算符、字符串连接运算符。

1. 算术运算符

算术运算符用于执行变量之间的算术运算，给定变量 x＝20，y＝10，具体计算规则如表 5.2 所示。

表 5.2　算术运算符示例

运算符	作　用	表　达　式	z 的值
＋	加法	z=x＋y	30
－	减法	z=x－y	10
*	乘法	z=x * y	200
/	除法	z=x/y	2
		z=y/x	0.5
%	取模(余数求)	z=x%y	0
		z=y%x	20
＋＋	自增	z=＋＋x,将 x 的值加 1,并赋值给 z	z=21,x=21
		z=x＋＋,将 x 的值赋值给 z,再将 x 加 1	z=20,x=21
－－	自减	z=－－x,将 x 的值减 1,并赋值给 z	z=19,x=19
		z=x－－,将 x 的值赋值给 z,再将 x 减 1	z=20,x=19

2. 赋值运算符

赋值运算符用于给 JavaScript 变量赋值,给定变量 x=20,y=10,赋值运算符具体规则如表 5.3 所示。

表 5.3　赋值运算符示例

运算符	表达式	作用	结果
=	x=y		x=10
＋=	x＋=y	x=x＋y	x=30
－=	x－=y	x=x－y	x=10
*=	x *=y	x=x * y	x=200
/=	x/=y	x=x/y	x=2
%=	x%=y	x=x%y	x=0

3. 比较运算符

比较运算符用于变量之间的比较,其结果返回 boolean 值：true 和 false。给定变量 x=20,比较运算符的具体规则如表 5.4 所示。

表 5.4　比较运算符示例

运　算　符	作　　用	表　达　式	返回值
==(双等号)	判断值是否相等	x==8	false
		x==20	true
===(三等号)	判断值和类型是否相等	x==="20"	false
		x===20	true

续表

运算符	作用	表达式	返回值
!=	判断是否不等	x!=8	true
!==	不绝对等于(值和类型有一个不相等,或两个都不相等)	x!=="20"	true
		x!==20	false
>	大于	x>30	false
<	小于	x<30	true
>=	大于或等于	x>=30	false
<=	小于或等于	x<=20	true

4. 逻辑运算符

逻辑运算符用于测定变量或值之间的逻辑,结果也是返回 boolean 值: true 和 false。给定变量 x=20,y=10,逻辑运算符的具体规则如表 5.5 所示。

表 5.5 逻辑运算符示例

<table>
<tr><th>运算符</th><th>作用</th><th>表达式</th><th>返回值</th></tr>
<tr><td>&&(逻辑与)</td><td>运算符左右两个值均为 true,则返回 true</td><td>x<30 && y>1</td><td>true</td></tr>
<tr><td>||(逻辑或)</td><td>运算符左右两个值只要有一个为 true,则返回 true</td><td>x<20 || y==10</td><td>true</td></tr>
<tr><td>!(逻辑非)</td><td>逻辑反转,右侧为 true,则返回 false,否则返回 true</td><td>!x<20</td><td>true</td></tr>
</table>

5. 字符串连接运算符

字符串连接运算符即普通的加号"+",只是当参与计算的其中一项为字符串时,相加的功能就变成了连接功能。具体规则如表 5.6 所示。

表 5.6 字符串连接运算符示例

表达式	结果
x="5"+5	x="55"
x="hello"+5	x="hello5"

5.2.3 控制语句

控制语句即控制代码执行流程的语句,JavaScript 中控制语句主要有条件语句和循环语句。

1. 条件语句

条件语句是根据指定的条件,选择性地执行特定代码的控制语句。在 JavaScript 中常见的条件语句有 if 和 switch 语句。

if 有 4 种形式: 单分支、双分支、多分支和嵌套。单分支,即只有一个条件,满足条件则执行对应代码,具体规则如图 5.2 所示。

双分支结构,则有两个分支,根据 true 或者 false 来执行其中一个,具体规则如图 5.3 所示。

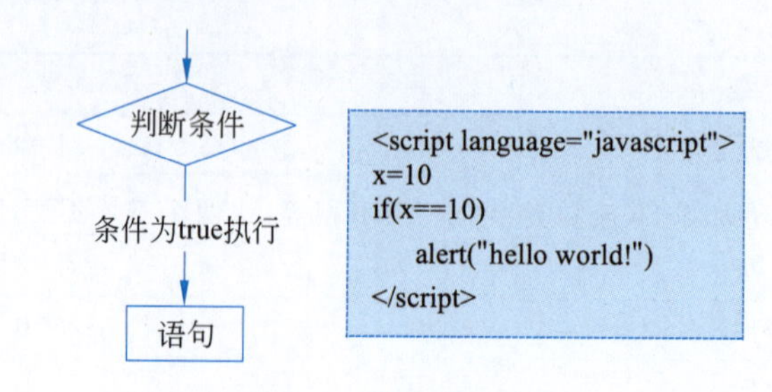

图 5.2　单分支 if 语句

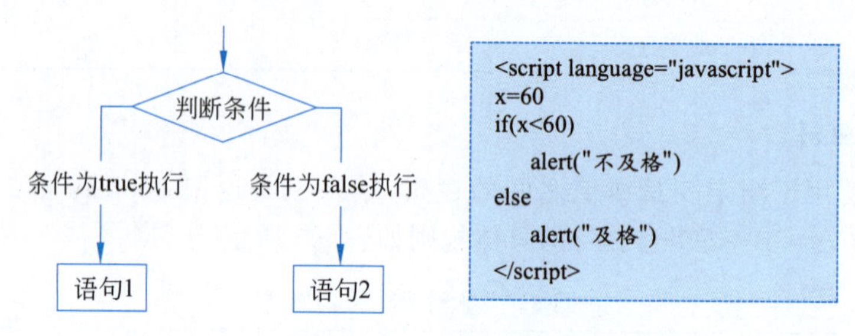

图 5.3　双分支 if 语句

双分支结构还有一种三元表达式的写法，语法结构为：判断条件？表达式 1:表达式 2。如果判断条件为真，则执行表达式 1，否则执行表达式 2。示例代码如图 5.4 所示。

```
<script language="javascript">
x=60
result=x>=60?"及格":"不及格"
alert(result)
</script>
```

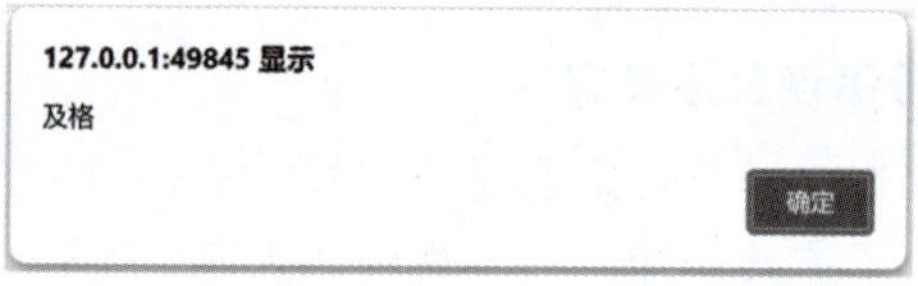

127.0.0.1:49845 显示

及格

确定

图 5.4　三元表达式

多分支结构，则是有多个分支，这些不同的分支是通过不同的具有互斥性的条件来执行的。互斥性是指在同一个条件语句中，这些条件只会执行一次，具体规则如图 5.5 所示。

嵌套分支，则是在满足某一分支条件的情形下，又出现了其他的分支语句，代码如下。

```
<script language="javascript">
x=100
if(x>=90){
   if(x==100)
       alert("满分")
}
</script>
```

从这些代码可知，嵌套分支结构并没有固定写法，根据不同的需求，可以在分支中嵌套更多的 if 语句。

除了 if 语句外，还有一种条件语句 switch。switch 语句和多分支 if 语句类似，但是 switch 是根据具体的值来判断执行语句。

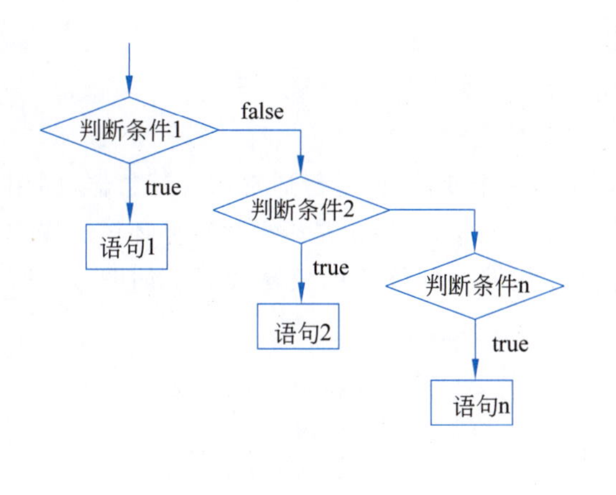


```
<script language="javascript">
x=70
if(x<60)
    alert("不及格")
else if(x>=60 && x<70)
    alert("及格")
else if(x>=70 && x<80)
    alert("中等")
else if(x>=80 && x<90)
    alert("良好")
else if(x>=90)
    alert("优秀")
</script>
```

图 5.5　多分支 if 语句

```
<script language="javascript">
x=70
switch (x) {
  case 60:
      alert("及格")
      break
  case 70:
      alert("中等")
      break
  case 80:
      alert("良好")
      break
  case 90:
      alert("优秀")
      break
  default:
      alert("未匹配到")
  }
</script>
```

其中，switch 语句后的表达式类型和 case 后的类型要完全一致，并且值也要完全相同，才会执行 case 后的语句。同时，如果 case 语句的范围内出现了 break 语句，则会结束 switch 程序。如没有 break，匹配到一个 case 后，程序依然会继续往下匹配，直至程序结束或者再次碰到 break 语句。如果没匹配到任何 case，则会执行 default 后的语句。switch 可以视为一种简化的多分支结构，在每个 case 中还能嵌套其他 if 语句。switch 语句结构清晰简单，但是表达式范围较为固定，在实际的 Web 程序中并不常用。

2. 循环语句

循环语句是指按条件重复执行表达式的语句。在 JavaScript 中，循环语句主要有 for 循环、while 循环和 do-while 循环三种。

for 循环的语法结构如下。

```
for(初始化变量;条件表达式;操作表达式){
      循环体
}
```

在 for 循环中，初始化变量，即为循环声明一个变量，该变量通常作为计数器，即用于设置循环的次数。而条件表达式，即根据初始化的变量，来决定是否要执行循环体。操作表达式，一般是初始化变量的计数器，是决定循环能够正常终止的关键代码。如图 5.6 所示案例，为循环输出 1～10 的累加总和。

```
<script language="javascript">
sum=0
for(i=0;i<=10;i++)
{
    sum=sum+i
    document.writeln("第",i,"次循环  i=",i," sum 为：",sum)
    document.writeln("<br>")
}
</script>
```

```
第0次循环 i=0 sum为：0
第1次循环 i=1 sum为：1
第2次循环 i=2 sum为：3
第3次循环 i=3 sum为：6
第4次循环 i=4 sum为：10
第5次循环 i=5 sum为：15
第6次循环 i=6 sum为：21
第7次循环 i=7 sum为：28
第8次循环 i=8 sum为：36
第9次循环 i=9 sum为：45
第10次循环 i=10 sum为：55
```

图 5.6　for 循环示例

从图 5.6 中可以看出，i 变量决定了循环次数。每一次循环，循环体会执行一次。虽然每次执行的代码相同，但由于 i 不同，所以结果也不同。for 的循环体内还可以嵌套 for 循环，以实现更为复杂的操作。

while 循环的语法结构如下。

```
while(条件表达式){
    循环体
}
```

while 循环是在条件表达式为 true 的前提下，循环执行指定一段代码，直到表达式为 false 时结束循环。如图 5.6 所示案例的 while 循环代码如下。

```
i=0
sum=0
while(i<=10){
    sum=sum+i
    document.writeln("第",i,"次循环 i=",i," sum 为:",sum)
    document.writeln("<br>")
    i=i+1
}
```

它的循环逻辑基本与 for 循环类似，只是变量的声明和计数是分开的。需要注意的是，这种写法使得在实际编程中，初学者容易忘记编写循环体中的 i=i+1，导致出现无限循环，即死循环。

do-while 循环的语法结构如下。

```
do{
  循环体
}while(条件表达式)
```

do-while 和 while 最大的差别在于 do-while 至少会执行一次循环体，而 while 可能一次也不执行。

这三种循环功能类似，不存在唯一性，选择哪种主要由个人使用偏好来决定。但在实际工作中，for 循环是被广泛使用的。

在循环中，还有两个特殊的语句，用于中止或者退出循环，即 continue 语句和 break 语句。continue 语句是用于中止当前当次循环，即在某一次循环中，如果执行到 continue 语句，则 continue 之后的语句不再执行，直接进入下一次循环。图 5.7 为计算 1～20 的偶数和。

```
<script language="javascript">
sum=0
for(i=0;i<=20;i++)
{
    if(i%2!=0)
        continue
    sum=sum+i
    document.writeln("第",i,"次循环 i=",i," sum 为： ",sum)
    document.writeln("<br>")
}
</script>
```

```
第0次循环 i=0 sum为: 0
第2次循环 i=2 sum为: 2
第4次循环 i=4 sum为: 6
第6次循环 i=6 sum为: 12
第8次循环 i=8 sum为: 20
第10次循环 i=10 sum为: 30
第12次循环 i=12 sum为: 42
第14次循环 i=14 sum为: 56
第16次循环 i=16 sum为: 72
第18次循环 i=18 sum为: 90
第20次循环 i=20 sum为: 110
```

图 5.7　continue 语句示例

当 i 为奇数时，通过 if 语句会执行 continue 语句，但之后的代码就跳过了，直接进入下次循环。

break 语句则是直接结束循环，即如果在循环体中执行到 break 语句，不论还剩下几次循环，都会直接结束循环。示例如图 5.8 所示。

```
<script language="javascript">
for(i=0;i<=1000;i++)
{
    if(i==10)
    {
        document.write("循环结束")
        break
    }
    document.writeln("第",i,"次循环 i=",i)
    document.writeln("<br>")
}
</script>
```

```
第0次循环 i=0
第1次循环 i=1
第2次循环 i=2
第3次循环 i=3
第4次循环 i=4
第5次循环 i=5
第6次循环 i=6
第7次循环 i=7
第8次循环 i=8
第9次循环 i=9
循环结束
```

图 5.8　break 语句示例

原本要执行 1001 次的循环，在第 11 次时执行了 break 语句，因此剩下的 990 次就不再执行了。

本节介绍的只是基本控制语句，事实上，当循环这个机制引入程序设计后，所编写的程序就可以实现靠人工很难完成的复杂任务。例如，计算 1000 以内的素数、水仙花数等。但由于本书关注的是 Web 开发，因此对一般的算法研究并不会花太多笔墨。条件和循环语句的常用用法，会在后续章节中以实例方式讲解。

5.2.4　函数

函数是一种可重复调用的代码块，JavaScript 使用 function 关键词进行函数定义，基本语法如下。

```
function 函数名(参数 1, 参数 2, …, 参数 n){
  函数体
}
```

function 是声明函数的关键字,必须小写。定义函数后,在调用该函数的地方写上"函数名(参数…)"即可调用该函数。函数名后圆括号中的参数称为形式参数,简称形参。函数调用时传入的参数即实际参数,简称实参。若在定义时,未定义形参,在调用时同样无须提交实参。图 5.9 为一个无参函数的定义及调用过程。

```
<script language="javascript">
function calcu()
{
    i=0
    sum=0
    while(i<=10)
    {
        sum=sum+i
        i=i+1
    }
    document.writeln(sum)
}

calcu()
</script>
```

55

图 5.9　无参函数示例

图 5.10 为有参函数的定义和调用。

```
<script language="javascript">
function calcu(n)
{
    i=0
    sum=0
    while(i<=n)
    {
        sum=sum+i
        i=i+1
    }
    document.writeln(sum)
}

calcu(100)
</script>
```

5050

图 5.10　有参函数的定义和调用

若需将函数计算结果赋值给一个变量,则可以通过 return 语句,使函数具有返回值,如图 5.11 所示。

在函数 calcu()中,使用了 return 语句,这将返回计算后的总和。在调用该函数时,将返回值又赋值给了变量 total。需要说明的是,return 语句除了有返回函数计算值的功能外,还有结束函数的作用。

本节讲述的并不是完整的 JavaScript 语法,而是本书后续章节需要使用到的知识点。在后续章节中,更多的语法细节也会随着实例逐渐展示。

```
<script language="javascript">
function calcu(n)
{
    i=0
    sum=0
    while(i<=n)
    {
        sum=sum+i
        i=i+1
    }
    return sum
}
total=calcu(100)
alert(total)

</script>
```

127.0.0.1:49845 显示

5050

确定

图 5.11　有返回值的函数示例

5.3　JavaScript 内置对象

在 5.2.1 节中创建的 Object 对象 person，属于自定义 Object 对象。事实上，为了简化开发者的工作，JavaScript 将许多常见操作也封装成了对象及相关的方法，这些对象即内置对象。JavaScript 中的常用内置对象共有字符串对象、数组对象、日期对象和数学对象 4 种。

5.3.1　字符串对象

字符串是指处理字符串数据的对象，可以使用创建 String 对象的方式来创建，即 s=new String("hello")，也可以使用一个变量指向一个字符串数据的方式来创建字符串对象，即 s="hello"。但这两种方式创建出来的变量类型并不一样，如图 5.12 所示。

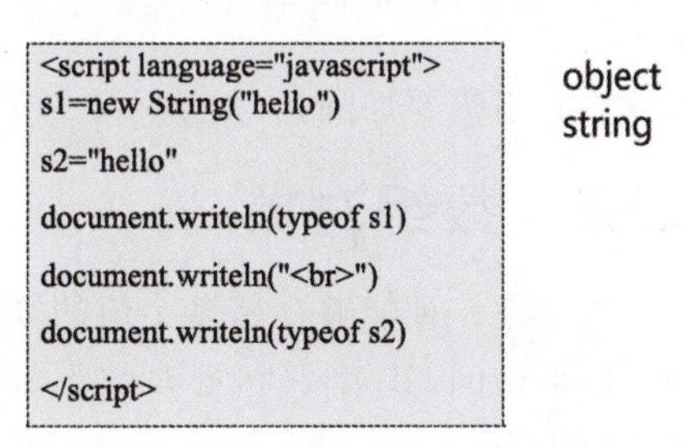

```
<script language="javascript">
s1=new String("hello")
s2="hello"
document.writeln(typeof s1)
document.writeln("<br>")
document.writeln(typeof s2)
</script>
```

object
string

图 5.12　字符串对象的创建方式

可以看到 new String 方式创建的是对象类型，而变量指向方式则是 string 类型，前者是引用类型，而后者是基本数据类型。但这两种方式创建的字符串，都能调用 JavaScript 中的字符串处理方法。给定一个字符串 s="Hello world!"，字符串常用方法及示例如表 5.7 所示。

表 5.7　字符串常用方法及示例

方　法　名	功　　能	示　　例	结　　果
toLowerCase()	返回小写的字符串	s.toLowerCase()	hello world!
toUpperCase()	返回大写的字符串	s.toUpperCase()	HELLO WORLD!
charAt(n)	返回指定位置 n 的字符，首字母位置为 0	s.charAt(1)	e
substring(start,end)	返回指定位置区间的子字符串，但不包含结束位置的字符	s.subtring(0,5)	Hello
	如果仅有一个参数，返回从指定位置开始到结尾的字符串	s.subtring(6)	world!

续表

方　法　名	功　　能	示　　例	结　　果
substr(start,len)	返回从 start 开始、len 长度的子字符串	s.substr(0,5)	Hello
	如果仅有一个参数,返回从指定位置开始到结尾的字符串	s.substr(6)	world!
replace(old,new)	用 new 字符串替换字符串中内容为 old 的子字符串	s.replace("world","JavaScript")	Hello JavaScript!
split(t)	按字符串 t 分隔目标字符串,返回一个数组。默认则按空格分隔	s.split(" ")	Hello,world!
	若仅提供空字符串,则逐个分隔存入数组	s.split("")	H,e,l,l,o,,w,o,r,l,d,!
indexOf(t)	返回指定字符串 t 在目标字符串中首次出现的位置	s.indexOf("l")	2
lastIndexOf(t)	返回指定字符串 t 在目标字符串中最后出现的位置	s.lastIndexOf("l")	9

```
<script language="javascript">
s="Hello world!"

document.writeln(s.length)

</script>
```

12

图 5.13　length 属性的用法

以上所列是字符串的常用方法,事实上,JavaScript 共有 22 个字符串方法,感兴趣的读者可以去 W3C 官网查阅。除上述方法外,字符串对象还有一个重要属性 length,它能返回字符串的长度,如图 5.13 所示。

需要注意的是,这不是一个方法,只是属性,因此后面不需要加圆括号,这一点需要明确。

5.3.2　数组对象

数组是一种能够存储多个值的复合数据类型。数组中的每一个值,可以通过数组变量的下标来访问,其第一个元素的下标为 0。JavaScript 使用 new Array()来创建数组,如图 5.14 所示。

```
 6 ▼ <script language="javascript">
 7   slist=new Array()
 8   slist[0]=1
 9   slist[1]="hello"
10   slist[2]="world"
11   slist[3]="JavaScript"
12   document.writeln(slist)
13   document.writeln("<br>")
14   document.writeln(slist[3])
15   </script>
```

1,hello,world,JavaScript
JavaScript

图 5.14　JavaScript 数组对象创建

从图 5.14 中可知,JavaScript 中的 Array 对象本质上是一种动态数组,并且构建数组元素的类型可以不同。打印完整的数组对象,可以看到元素间是以逗号分隔的。而以下标 3 访问,实际上访问到的是数组中的第 4 个元素。上述数组还可以通过如下代码来实现。

```
<script language="javascript">
slist=new Array(1,"hello","world","JavaScript")
slist=[1,"hello","world","JavaScript"]
</script>
```

数组也有 length 属性,它返回数组元素的个数。数组一共有 25 个方法,可以实现数组元素的连接、获取和删除等功能。但一般这些功能也并不常用,因此本书就不做介绍,感兴趣的读者可以自行查阅 W3C 官网。

5.3.3 日期对象

日期对象是用于处理日期时间的对象。JavaScript 使用 new Date()来创建。日期对象也有很多方法,但也并不是本书关注的重点。本节仅以一个输出指定格式日期的例子来说明其用法,如图 5.15 所示。

```
6 ▼ <script language="javascript">
7   today = new Date()//获取当前日期
8   document.writeln(today)
9   document.writeln("<br>")
10
11  year=today.getFullYear()//获取年
12  month=today.getMonth()+1//获取月
13  day=today.getDate()//获取日期
14
15  hour=today.getHours()//获取时
16  minutes=today.getMinutes()//获取分
17  seconds=today.getSeconds()//获取秒
18  //按年-月-日格式输出日期
19  today1=year+"-"+month+"-"+day
20  document.writeln(today1)
21  document.writeln("<br>")
22
23  //按时:分:秒输出时间
24  time=hour+":"+minutes+":"+seconds
25  document.writeln(time)
26  document.writeln("<br>")
27
28  //按年-月-日 时:分:秒输出完整日期
29  fulldate=today1+" "+time
30  document.writeln(fulldate)
31  </script>
```

```
Thu Dec 14 2023 21:47:36 GMT+0800 (伊尔库茨克标准时间)
2023-12-14
21:47:36
2023-12-14 21:47:36
```

图 5.15　时间对象示例

不提供任何参数创建的 Date 对象,其直接输出的格式并不符合中国人的阅读习惯。因此,该例分别调用了 getFullYear()、getMonth()、getDate()、getHours()、getMinutes()和 getSeconds()6 个方法,来获取该日期中的年、月、日、时、分、秒。从而再通过字符串间隔的方式,来达到输出指定格式的日期。

5.3.4 数学对象

数学对象即执行常见数学任务的对象。在 JavaScript 中,数学对象不需要额外创建,直接使用 Math.属性或者 Math.方法即可。Math 对象的常用属性如表 5.8 所示。

而 Math 对象的常用方法则如表 5.9 所示。

表 5.8　Math 对象的常用属性

属　性	返回值	结果
Math.E	返回自然对数的底数	2.718281828459045
Math.PI	返回圆周率	3.141592653589793

表 5.9　Math 对象的常用方法

方　　法	返　回　值	示　　例	结　　果
abs(x)	返回 x 的绝对值	Math.abs(-10)	10
exp(x)	返回 E^x 的值	Math.exp(10)	22026.465794806718
max(x,y,…,n)	返回 x,y,…,n 中的最大值	Math.max(10,2,3,1,2,3,3,4)	10
min(x,y,…,n)	返回 x,y,…,n 中的最小值	Math.min(10,2,3,1,2,3,3,4)	1
random()	返回 0～1 的随机数	Math.random()	0.947957424277782（每次随机）
round(x)	返回 x 的四舍五入数	Math.round(3.5)	4
sqrt(x)	返回 x 的平方根	Math.sqrt(4)	2
pow(x,y)	返回 x 的 y 次幂	Math.pow(3,2)	9

上述所列属性和方法并不是全部，只是最常用的，更多属性和方法可自行查阅 W3C 官网。

5.4　JavaScript 文档对象模型

文档对象模型，英文名为 Document Object Model，简称 DOM。在 JavaScript DOM 中，文档即 HTML 文档。通过 JavaScript 的 DOM 可以实现对网页结构及内容的操作，以此实现很多复杂和强大的客户端动态功能，这也是 JavaScript 语言的精华所在，也是前端开发的重点。

JavaScript 文档对象模型是将 HTML 中的主要元素抽象成一个对象，再通过对象的属性及方法，去改变这个元素的外观、内容及功能。HTML 文档的总体结构如图 5.16 所示。

DOM 即按照这个结构，将 HTML 文档的元素抽象成枝节点，而 HTML 元素的属性和文本，则抽象成对应枝节点的子节点。JavaScript 再通过相应的文档对象以及属性和方法，对枝节点和叶节点的属性和内容进行操作。这些对象及属性和方法，即构成了文档对象模型，其总体结构如图 5.17 所示。

5.4.1　window 对象

window 是 DOM 中的顶层对象，代表了一个浏览器窗口或者一个框架集页面。window 对象会在 <body>或<frameset>每次出现时被自动创建。window 对象的常用属性如表 5.10 所示。

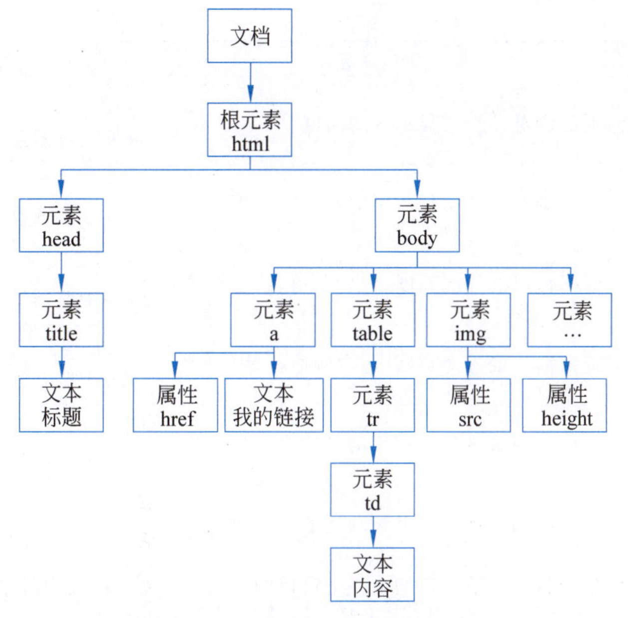

图 5.16　HTML 文档的总体结构

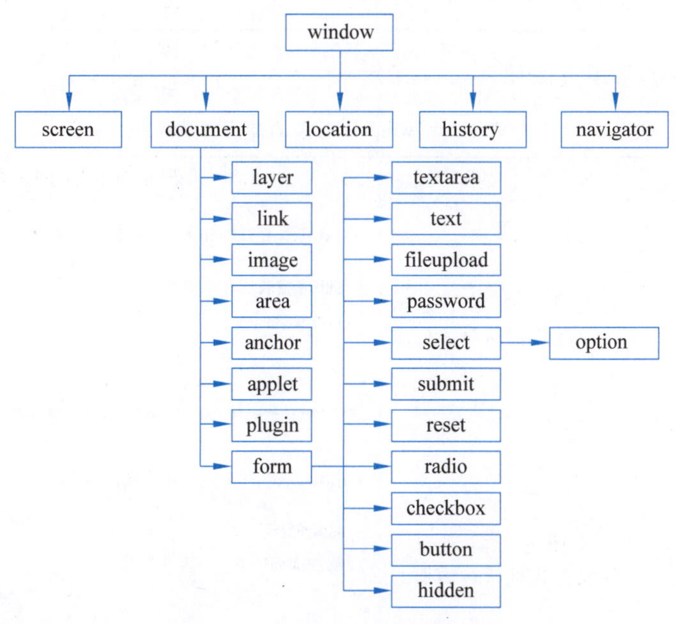

图 5.17　文档对象模型总体结构

表 5.10　window 对象的常用属性

属　　性	作　　用	结　　果
window.screenX window.screenLeft	返回窗口相对于屏幕显示区左上角的 X 坐标。二者作用相同，但 IE、Safari 和 Opera 支持 screenLeft，而 Firefox 和 Safari 支持 screenX	282 （测试浏览器大致位于屏幕中央）
window.screenY window.screenTop	返回窗口相对于屏幕显示区左上角的 Y 坐标，二者区别同上	170 （测试浏览器大致位于屏幕中央）

续表

属　　性	作　　用	结　　果
window.innerHeight	返回浏览器正文显示区的高度	928 （该浏览器最大化）
window.innerWidth	返回浏览器正文显示区的宽度	1632 （该浏览器最大化）
window.outerHeight	返回窗口的外部高度（包含菜单、状态栏等）	1002 （该浏览器最大化）
window.outerWidth	返回窗口的外部宽度（包含侧边栏等）	1680 （该浏览器最大化）
window.pageXOffset	返回横向滚动条向右滚动过的像素数	0 （该浏览器没有滚动条）
window.pageYOffset	返回纵向滚动条向上滚动过的像素数	0 （该浏览器没有滚动条）
window.opener	返回打开当前窗口的前一个窗口的引用	窗口引用对象
window.parent	当前窗口在框架或者浮动框架中，则返回父窗口的引用	窗口引用对象

window 对象的常用方法如表 5.11 所示。

表 5.11　window 对象的常用方法

方　　法	作　　用	示例（Microsoft Edge 浏览器测试）
window.alert(s)	显示具有指定消息 s 的独占式消息对话框	window.alert("hello world!") 此页面显示 hello world! 确定
window.confirm(s)	显示具有指定消息 s 的独占式确认对话框	window.confirm("确定删除吗?") 此页面显示 确定删除吗? 确定　取消
window.prompt(s)	显示具有指定消息 s 的输入对话框	window.prompt("请输入一个整数:") 此页面显示 请输入一个整数: 确定　取消

以上仅列出了 window 对象的部分属性和方法，详细的可查阅 W3C 官网。

5.4.2 screen 对象

screen 对象是对客户端显示屏幕的封装。通过 screen 对象，可根据屏幕尺寸大小决定在浏览器中加载大图像还是小图像，还能控制浏览器窗口在显示器屏幕中的位置，其常用属性如表 5.12 所示。

表 5.12　screen 对象的常用属性

属　　性	作　　用	结果
screen.availHeight	返回屏幕的高度(不包括系统任务栏)	1002
screen.availWidth	返回屏幕的宽度(不包括系统任务栏)	1680
screen.height	返回屏幕的总高度	1050
screen.width	返回屏幕的总宽度	1680
screen.pixelDepth	返回屏幕的颜色分辨率(每像素的位数)	24
screen.colorDepth	返回目标设备或缓冲器上的调色板的比特深度	24

表 5.12 中数据为编者计算机屏幕的数据，根据屏幕的高度和宽度，配合 window 对象的 open()方法，可以控制新弹出浏览器窗口在屏幕中的位置。

5.4.3 document 对象

document 对象表示整个 HTML 文档，即网页中从<html>开始到</html>结束的所有内容。因此 document 对象可用来访问页面中的所有元素。document 对象中包含集合、属性和方法，通过这些内容来达到获取和操作 HTML 元素的目的。document 对象的集合如表 5.13 所示。

表 5.13　document 对象的集合

集　　合	功　　能
document.all	提供对文档中所有 HTML 元素的访问
document.anchors	返回对文档中所有 Anchor 对象的引用
document.applets	返回对文档中所有 Applet 对象的引用
document.forms	返回对文档中所有 Form 对象的引用
document.images	返回对文档中所有 Image 对象的引用
document.links	返回对文档中所有 Area 和 Link 对象的引用

通过上述方法，返回的是同类型 HTML 元素的数组集合，而获取集合中的某一个具体元素，则需要通过下标或者循环的方式来访问。图 5.18 展示了通过 document.images 方法来获取页面中所有图片的名称。

该实例是通过 document 的 image 集合来获取第 3 章制作的 newslist.html 页面中的所有图片名。可以看到，document.images 获取的是所有图片的集合，将其存储为变量 imglist，接着使用 length 方法，获取集合中元素的个数。再结合循环，通过下标的方式逐一

```
7  <script language="javascript">
8  function getimages()
9  {
10     imglist=document.images//获取所有img标签的元素
11     for(i=0;i<imglist.length;i++)//循环读取每一个元素
12     {
13         img=imglist[i]//取出其中一个
14         fullpath=img.src//获取完整路径
15         //获取最后一个斜线所在的位置，该位置之后的字符串即图片名
16         lastslash=fullpath.lastIndexOf("/")
17         //截取最后一个斜线之后的内容，即图片名
18         picname=fullpath.substring(lastslash+1)
19         document.writeln(picname)//打印该图片名
20         document.writeln("<br>")//换行
21     }
22 }
23 </script>

65  </table>
66  <script>getimages()</script>
67  <p> </p>
```

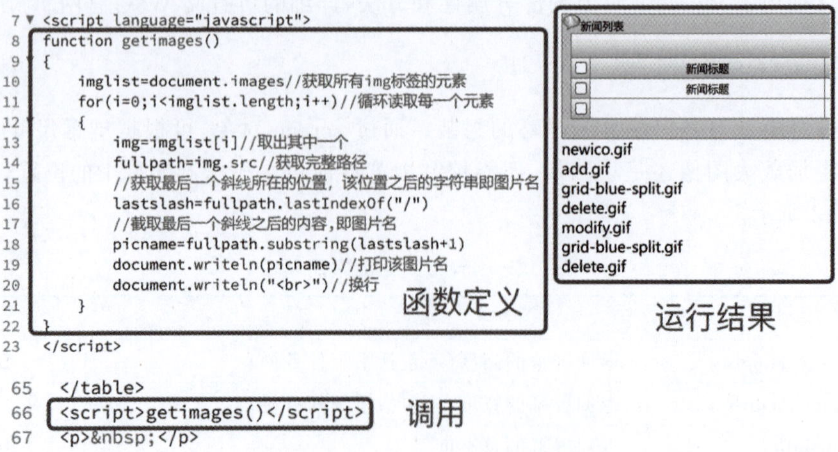

函数定义

调用

新闻列表

新闻标题

新闻标题

newico.gif
add.gif
grid-blue-split.gif
delete.gif
modify.gif
grid-blue-split.gif
delete.gif

运行结果

图 5.18　document 对象集合示例

获取其中的每一个元素。获取其中的元素后，再通过 src 属性，获得其完整的路径。需要说明的是，本例元素是 img，src 是代表 img 元素的图片路径，所以可以使用 src 属性。如果是其他元素，使用 src 就会报错。src 返回的是图片的完整路径，如果不做截取，则其中一个路径为 file://mac/Home/work/research/JavaWeb 系统开发精髓/webstudy/images/newico.gif。此处，只需要获取其图片名，因此通过字符串截取最后一个“/”之后的字符串即可。因此，在获取完整文件名之后，先使用 lastIndexOf 方法获取最后一个“/”的位置，然后再通过 substring 方法进行字符串截取，从而获得本例需要的结果。事实上，通过这个例子也可以看出，如果对 src 属性进行赋值，就可以实现对页面中图片地址的更换，实现修改页面内容的效果。这个例子虽然简单，但是这种获取元素集合，再通过循环进行批量处理的方式，是前端编程中的常用操作，所以理解这个例子，对于后续章节的学习具有重要的作用。

document 对象的属性如表 5.14 所示。

表 5.14　document 对象的属性

属　　性	功　　能
document.body	提供对 body 元素的直接访问。对于定义了框架集的文档，该属性引用最外层的<frameset>
document.cookie	设置或返回与当前文档有关的所有 cookie
document.domain	返回当前文档的域名
document.lastModified	返回文档被最后修改的日期和时间
document.referrer	返回载入当前文档的 URL
document.title	返回当前文档的标题
document.URL	返回当前文档的 URL

document 对象的属性并不常用，使用最多的是 body 属性，也是获取后再通过其下属的对象及方法，来达到操作 body 中元素的目的。此处不做过多描述，其用法会在后续章节中涉及。

document 对象的方法如表 5.15 所示。

表 5.15　document 对象的方法

方　法	功　能
document.getElementById(id)	返回对拥有指定 id 的第一个对象的引用
document.getElementsByName(name)	返回带有指定 name 属性的对象集合
document.getElementsByTagName(tag)	返回带有指定标签名 tag 的对象集合
document.write(s)	在 HTML 页面中输出指定内容 s，s 不仅是文本，也可以是 HTML 表达式或 JavaScript 代码
document.writeln()	等同于 write() 方法，不同的是在每个表达式之后写一个换行符

上述方法中，getElementById()是 document 对象最常用的方法，通过这个方法，可以获取一个 HTML 元素的引用，再通过该元素对应的属性，来实现对元素的修改。图 5.19 展示了使用 getElementById 方法来设置文本框值的过程。

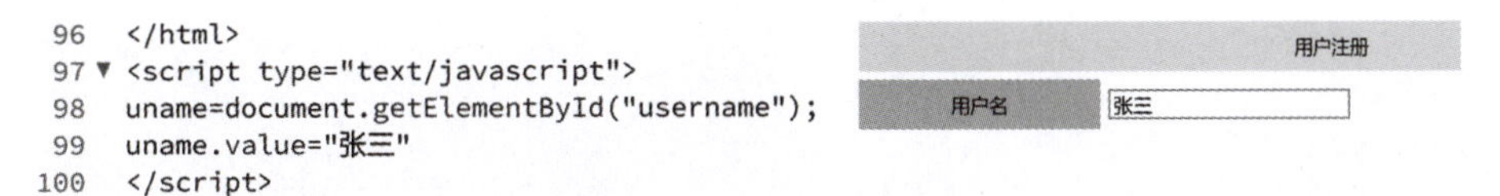

图 5.19　getElementById 示例

本例同样是在第 3 章做好的 userreg.html 上完成的。此处的脚本是放在<html></html>标签之外的，这是因为脚本语言在默认情况下按照顺序加载，如果放在<head></head>区域内，就先加载了 JS 代码，此时用户名的输入框还没加载，因此会出现获取不到对象的情况。一般如果是放在<head></head>区域内，通常需要先定义函数，在需要的地方调用才能正常运行。

getElementsByName()也是常用的方法之一，它可以获取具有相同 name 属性的元素的集合，一般用于处理多选框的值。图 5.20 展示了获取注册页面 userreg.html 中所选择的兴趣爱好的值。

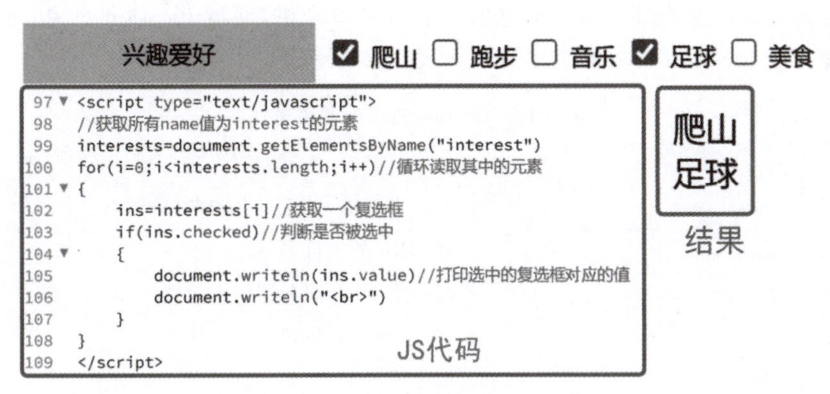

图 5.20　getElementsByName()示例

此例中，上述所有复选框的 name 属性均为 interest，每个复选框的 value 属性分别为爬山、跑步、音乐、足球和美食，其中，爬山和足球的 checked 属性值为 checked，表示默认选中。可以看到，该例子的操作方法与如图 5.18 所示实例大同小异，都是先获取集合再通过循环进行批量处理。

getElementsByTagName()则是根据标签获取对象值，如图 5.18 所示实例，使用 getElementsByTagName()来实现的代码如下。

```
<script language="javascript">
function getimages(){
    imglist=document.getElementsByTagName("img")        //获取所有 img 标签的元素
    for(i=0;i<imglist.length;i++){                       //循环读取每一个元素
        img=imglist[i]                                   //取出其中一个
        fullpath=img.src                                 //获取完整路径
        //获取最后一个斜线所在的位置，该位置之后的字符串即图片名
        lastslash=fullpath.lastIndexOf("/")
        //截取最后一个斜线之后的内容，即图片名
        picname=fullpath.substring(lastslash+1)
        document.writeln(picname)                        //打印该图片名
        document.writeln("<br>")                         //换行
    }
}
</script>
```

可以看到，在该方法中，仅第一行语句不同，其他代码完全相同。可见，这种获取集合并通过循环处理 HTML 元素的方式是前端程序的常用手段。

writeln()已经在前述章节中多次使用过，它和 write()方法的差别在于多一个换行符。但事实情况是，仅使用 writeln()方法并不会换行。浏览器只是在内容后加一个空格。这是因为在 HTML 中，能起到换行效果的只有
和<p>两个标签，而且<p>标签还是按段落的方式进行分行的，并不是真正意义上的换行。因此需要换行，还得单独输出一个
才能实现。

5.4.4 location 对象

location 对象是对当前 URL 信息的封装。简单来讲，通过 location 对象，可以实现页面之间的跳转。location 对象的常用属性如表 5.16 所示。

表 5.16 location 对象的常用属性

属　性	功　能
location.host	返回一个 URL 的主机名和端口
location.hostname	返回 URL 的主机名
location.port	返回一个 URL 服务器使用的端口号
location.protocol	返回一个 URL 协议
location.href	返回完整的 URL

这些属性，如果只是单纯地调用，则返回对应的信息。但其中的 href 属性，如果对其赋值一个网址，则会起到页面跳转的效果。如 location.href＝“http:// www.nau.edu.cn”，当 JS 执行到该代码时，页面会跳转至南京审计大学的首页。

location 对象的方法如表 5.17 所示。

表 5.17　location 对象的方法

方　　法	功　　能
location.assign(url)	跳转至指定 url 的网页
location.reload()	刷新本页面
location.replace(url)	用指定 url 的网页替换当前页面，等同于跳转至指定 url 的网页

location 一般使用 href 属性来实现页面的跳转，方法则不太常用，就不再做过多描述。

5.4.5　history 对象

history 对象封装了在浏览器窗口中访问过的历史 URL。该对象只有一个 length 属性，即返回浏览器后曾经访问过的网址数量。它的方法有 back()、forward()、go()三个，前两个类似于浏览器的后退和前进按钮。而 go()则是指定跳转到哪个页面，但是这个方法的参数为一个数字，即浏览器存储网址数量的索引号。这三个方法中，最常用的是 back()方法，它可以直接返回至调用它的上一个页面，其用法将在后续实例中讲解。

5.4.6　navigator 对象

navigator 对象封装了浏览器的相关信息，简单来说，通过 navigator 这个对象可以获取浏览器的名称、版本等信息。它的属性如表 5.18 所示。

表 5.18　navigator 对象的属性

属性	功能
appName	返回浏览器的名称
appVersion	返回浏览器的平台和版本信息
platform	返回运行浏览器的操作系统平台
userAgent	返回由客户机发送服务器的 user-agent 头部的值

navigator 的方法只有两个：javaEnabled()和 taintEnabled()，分别用于指定是否在浏览器中启用 Java，以及规定浏览器是否启用数据污点。navigator 对象应用并不广泛，一般只用于判断浏览器的类型和版本，以此来解决 JS 在不同浏览器上存在的兼容性的问题。

5.5　JavaScript 事件处理

事件是指在浏览器中发生的用户交互动作，如鼠标单击、鼠标拖曳、按键、切换选择框等。当事件发生时，触发的一系列应用动作则称为事件驱动，响应该动作的程序即事件处理程序。而 JavaScript 则是编写事件处理程序的首选语言，因此这套机制也简称为 JavaScript 事件处理，其机制如图 5.21 所示。

默认情况下，事件的监听、判断和调用不需要程序员编写，这是由 JS 引擎完成的，也就是由各浏览器提供支持。程序员要做的是，编写事件处理程序，选择合适的事件，并将其绑定到对应的 HTML 元素上。图 5.22 展示了一个非常简单的 JavaScript 事件处理实例。

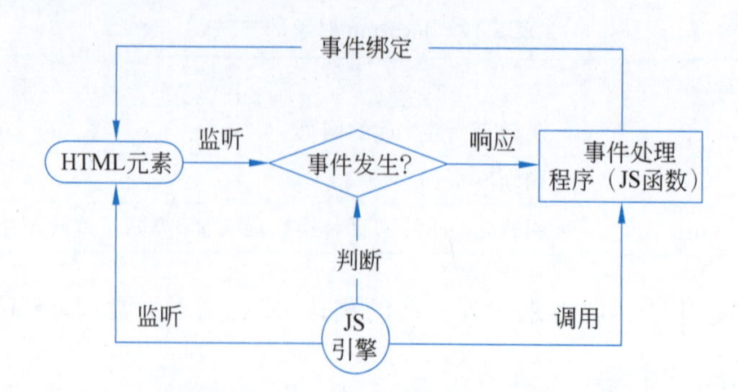

图 5.21　JavaScript 事件处理机制

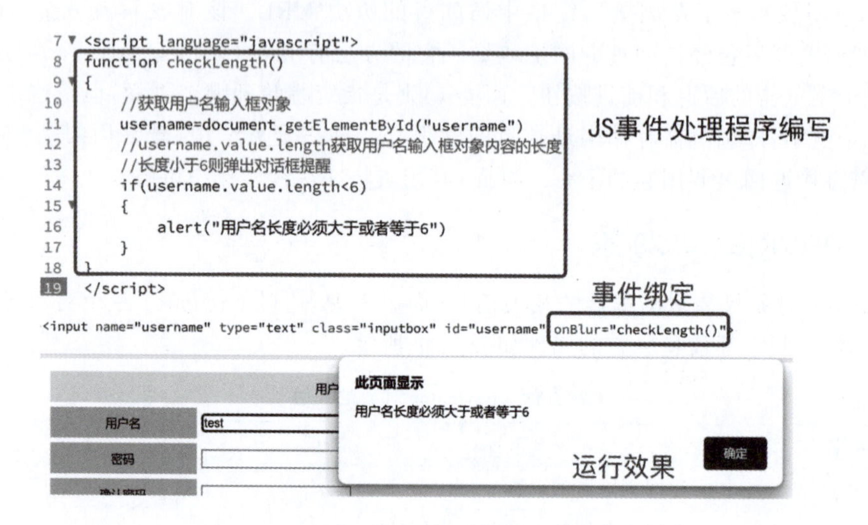

图 5.22　JavaScript 事件处理实例

该实例实现的功能是当用户输入完用户名，光标离开该输入框时，检查输入用户名的长度，如果长度小于6，则弹出对话框提示“用户名长度必须大于或者等于6”。整个实现过程比较简单，其中重要的有三点：①编写事件处理程序；②找出事件匹配“满足光标离开该输入框时”这样一个条件；③如何在满足该条件时调用事先编写好的响应程序。其中第一点其实相对简单，即处理逻辑。关键是第二和第三两点。第二点即找到对应本例要求的onBlur事件，即光标离开事件。从源码可以看出，这个事件是作为HTML元素的一个属性。第三点则是将事先定义好的事件处理程序(JS函数)，赋值给onBlur属性。完成这些操作后，一套完整的监听、响应和处理程序就建立起来了。在这个过程中，事件是作为属性预置在HTML元素中的，这些事件是有固定数量的，常见事件及应用场景如表5.19所示。

表 5.19　JavaScript 常见事件及应用场景

分类	事件名	作用	应用场景
鼠标事件	onClick 鼠标单击事件	鼠标单击时发生	单击表单按钮
	onMouseOver 鼠标移入事件	鼠标移动到元素上时发生	移动到表格行时改变背景色

续表

分类	事件名	作用	应用场景
鼠标事件	onMouseOut 鼠标移出事件	鼠标离开元素时发生	离开表格行时改变背景色
	onMouseMove 鼠标拖动事件	鼠标拖动元素时发生	拖曳层的事件之一
	onMouseDown 鼠标键按下事件	按下鼠标的任意键时发生	拖曳层的事件之一
	onMouseUp 鼠标键松开事件	按下鼠标键后松开时发生	右击弹出菜单
键盘事件	onKeyPress 按键事件	按下并松开键盘键时发生	统计输入的字数
表单事件	onFocus 获得焦点事件	表单控件获得焦点时发生	去除文本框中的提示
	onBlur 失去焦点事件	表单控件失去焦点时发生	对文本框的输入内容进行合规性检查
	onChange 值改变事件	表单控件的值发生改变时触发	选择框的级联菜单
	onSelect 文本选中事件	选中文本框或者文本区域中的内容时发生	选中文本统计长度
页面事件	onLoad 文档加载事件	页面加载完成后发生	加载页面的基础数据
	onUnload 文档卸载事件	关闭或者离开页面时发生	关闭页面时注销用户

表5.19并未列出部分不常用事件，关于更多事件，感兴趣的读者可自行查阅W3C官网。同时，由于应用过程涉及相应程序的编写，其复杂程度不一，因此具体用法将在本章综合实例中再详细描述。

5.6 JavaScript综合实例

以上并没有单独列一节去描述Dreamweaver对JavaScript的支持，这是因为Dreamweaver对JavaScript的支持是内嵌在编辑器中的，类似HTML和CSS，在输入部分字母后，会出现相关的对象、属性和方法的提示，并未提供单独的JS面板，具体细节将在本节通过4个综合实例来展示。

5.6.1 身份信息自动填充

本例是第4章中经过美化的用户注册页面userreg.html功能的增强，其效果如图5.23所示。

用户注册界面中有三个信息项：身份证号、性别和年龄。其中，身份证号中是包含对性别和年龄的定义的。本例即输入身份证号后，从身份证号中解析出对应的性别及年龄，并将

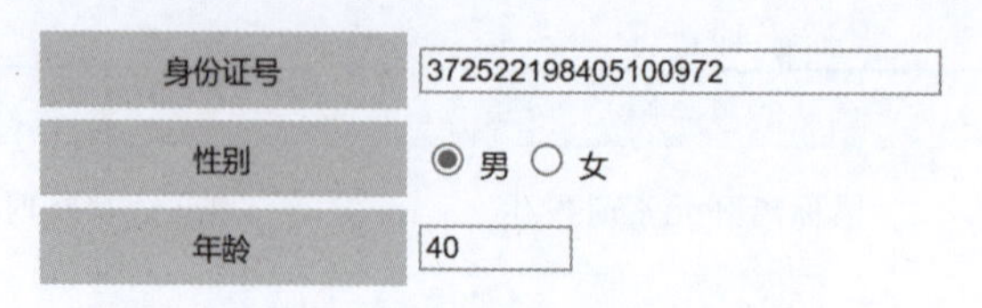

图 5.23 身份信息自动填充示例

其填充至性别和年龄的表单控件中。本例实现的关键在于对身份证号的解析及对表单控件的获取和赋值。身份证号码的第 17 位表示性别,奇数表示男性,偶数表示女性。而第 7～11 位则表示出生日期。因此,要从身份证号中获取性别和年龄,则可以通过字符串截取方法来实现。

在 userreg.html 页面的 head 区域,定义一个获取并解析身份证号的 JS 处理程序,其源码如下。

```
<script language="javascript">
function fillinfo(){                              //定义填充函数
    idcard=document.getElementById("idcard")              //获取身份证号输入框对象
    idcardvalue=idcard.value                      //获取身份证号输入框的值,即输入的身份证号
    year=idcardvalue.substring(6,10)              //截取身份证号的 7-11(不包含 11)位的字符串,
                                                  //即对应的年份
    agevalue=2024-year                            //计算年龄
    var age=document.getElementById("age");               //获取年龄输入框对象
    age.value=agevalue;                           //设置该对象的 value 属性,即自动填入内容
    sex=idcardvalue.substring(16,17);             //截取身份证的第 17 位
    if(sex%2==0) {                                //如果是偶数,则代表是女性
        female=document.getElementById("female");         //获取女性的单选按钮
        female.checked=true;                              //选中该按钮
    }else {//奇数则为男性
        male=document.getElementById("male");             //获取男性的单选按钮
        male.checked=true;                                //选中该按钮
    }
}
</script>
```

该程序的算法逻辑非常清晰,获取身份证号,解析身份证号,分别获取年龄输入框和性别单选按钮,将解析出来的结果赋值给这两个对象。需说明的是,上述代码均通过控件的 id 来获取控件对象,因此对应控件的 id 必须要与代码中的保持一致,否则代码将无法获取或者设置值。主要涉及的是身份证号、年龄、性别男和性别女,将它们的 id 属性分别改为 idcard、age、male 和 female。同时,将 male 和 female 两个控件的 value 属性也分别改为男和女。

完成上述定义后,需要将其绑定至身份证号的事件中。此处,本例选择了 onBlur 事件。该事件是失去焦点后触发,即输入完信息后,鼠标单击了其他控件或者空白处触发。这比较符合实际的应用场景,即输完身份证号后,准备输入下一个项目时触发。其绑定代码如下。

```
<input name="idcard" type="text" class="inputbox" id="idcard" size="30"
maxlength="18"onBlur="fillinfo()">
```

完成事件绑定后，输入身份证号光标离开该输入框时，程序会自动选中性别，并填入年龄。这个例子比较实用，且实现比较简单。在输入 JS 代码时，读者可以感受到 Dreamweaver 对 JS 提供的强大支持，在输入任何字母时，Dreamweaver 会弹出以输入字母开头的对象或者方法供程序员选择，这可以极大地降低程序员在调用 JS 对象和方法时出现的记忆错误。

5.6.2 表格行背景随光标切换

本例是对第 4 章中经过美化的新闻列表页面 newslist.html 行功能的增强，实现的是鼠标移动到除标题以外的某一行上时，背景色发生变化，而移出该行时，则恢复为白色。其效果如图 5.24 所示。

新闻列表
新建 | 删除

	新闻标题	发布日期	管理
□	新闻标题		修改 | 删除
□			

图 5.24 表格行背景切换示例

该例子涉及的事件为 onMouseOver 和 onMouseOut，即光标移动到某一行改变其背景色，移开时则背景色恢复为白色。这个思路实现起来非常简单，找到所在行的<tr>标签，在标签中加入改变行背景颜色＃E8EFF7 的代码即可。需要说明的是，＃E8EFF7 是一种淡蓝色，这个颜色用 Dreamweaver 的吸管工具是吸取不到的，它也是编者经过多次尝试调出来的让人感觉比较舒服的颜色，代码如下。

```
<tr onMouseOver="this.style.background='#E8EFF7'" onMouseOut="this.style.
background='#FFFFFF'">
```

如果仅是这么做，可以发现运行后没有任何效果。其原因在于，第 3 章在制作该页面时，已经将单元格的背景设置为白色，即＃FFFFFF，这一点从源码上也看出。从这一表现可知，如果已经设置了 bgcolor，那么再通过 JS 对其进行背景色修改，将无效。为解决这一问题，需要先将除复选框所在单元格外其他单元格的 bgcolor="＃FFFFFF"全部删除。删除后行变成了灰色，如图 5.25 所示。

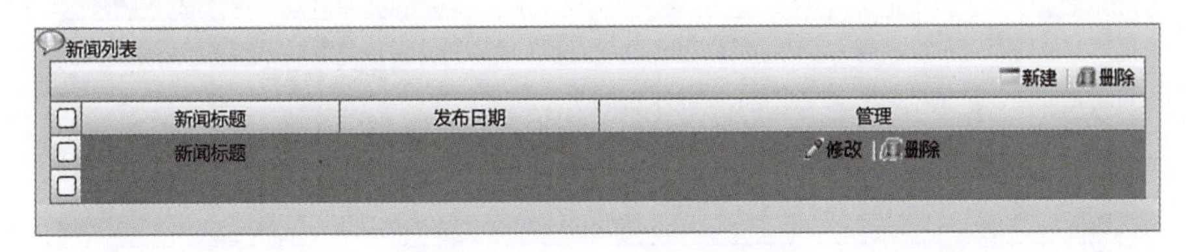

图 5.25 删除 bgcolor 后的效果

出现这种情况是因为第 3 章制作该页面的时候，该新闻列表的表格是位于外围表格的单元格中，该单元格背景色是灰色。而新闻列表未做任何设置为透明色，这就显示成了所在单元格的背景颜色。事实上，此时移动光标已经可以达到本例的效果。但在页面加载时，新闻列表显示出这种默认样式，其用户体验显然是比较糟糕的。要解决这一问题，则需要在加载页面时对表格的背景色进行自动设置。这一目标，涉及 body 的 onLoad 事件，在该事件中获取新闻列表这个表格，然后对其数据区域的行进行背景色的设置即可。首先，为新闻列表所在的表格设置一个 id 值，可为“newslist”，代码如下。

```
< table width =" 100%" border =" 0" cellspacing =" 1" cellpadding =" 0" id =
"newslist">
```

其次，在 head 区域定义一个 JS 函数，即设置行背景色的事件响应处理程序，代码如下。

```
<script language="javascript">
function loadtable(){
    table=document.getElementById("newslist")
    //获取 id 为 newslist 的对象，是一个 HTML 的 table 表格
    rows=table.rows                        //获取这个表格的所有行，此处是行的集合
    for(i=2;i<=rows.length;i++){                          //从第三行开始，循环读取每一行
        rows[i].style.background="#FFFFFF"               //将所获取的行背景色改为白色
    }
}
</script>
```

其中，新闻列表表格的第一行和第二行分别是工具栏和标题栏，并不是具体的数据，所以需要从第三行开始取。而 table.rows 返回行的集合，第一个位置为 0，所以上述循环是从 2 开始，即实际表格的第三行。最后，找到<body>标签，将 loadtable()方法绑定至 onLoad 事件，代码如下。

```
<body onLoad="loadtable()">
```

完成上述操作后，在浏览器中打开页面，即可正常显示效果。读者可自行多增加几行，代码同样有效。

5.6.3 表格行全选

本例依然是对 newslist.html 页面功能的增强，其效果如图 5.26 所示。

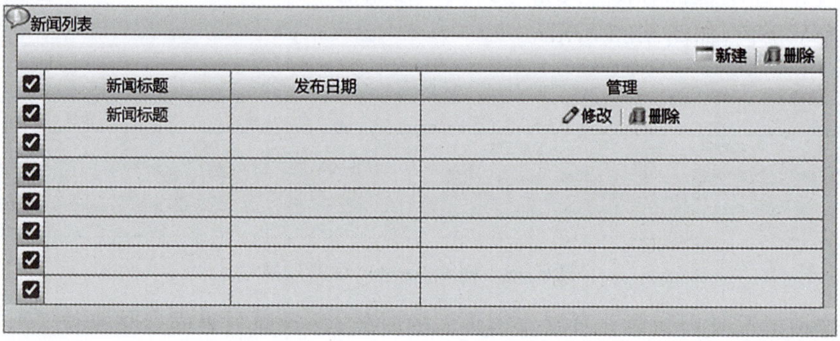

新闻列表

新建 | 删除

☑	新闻标题	发布日期	管理
☑	新闻标题		修改 | 删除
☑			
☑			
☑			
☑			
☑			
☑			

图 5.26　表格行全选

该例实现的是选中最左侧的复选框，则选中所有行。如果取消选中，则恢复原样。同时，选中所有行也要改变每一行的颜色。若单独取消选中某一行，那么该行的背景色也需去掉，如图 5.27 所示。

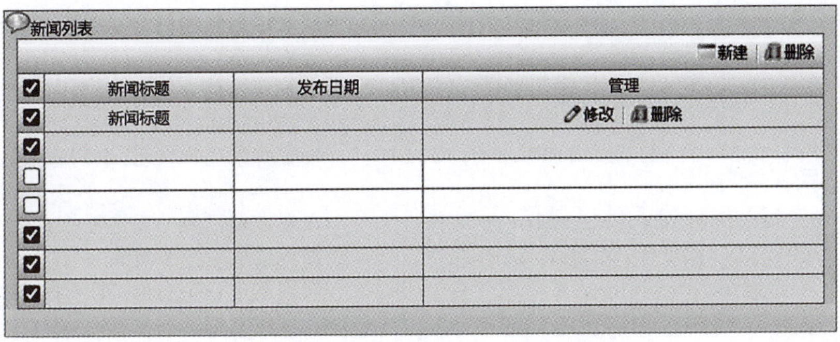

图 5.27 未选中行的效果

除上述功能外，由于本例是基于 5.6.2 节制作而来的，即光标移动到某一行时改变背景色，离开则恢复。从操作逻辑而言，该效果只应针对未选中的行。如果是已选中的行则不应受此限制。从这一系列描述可知，要相对完美地实现该功能并不容易。为实现这一系列效果，需要将行和复选框建立起关联，使得程序能够通过复选框的相关属性来获取行对象，然后再通过行对象的方法，来达到设置行对象属性的目的。

首先，为每一行设置一个 id 值，按自然数赋值即可，部分行代码如下。

```
<tr id="1" onMouseOver="this.style.background='#E8EFF7'"onMouseOut="this.
style.background='#FFFFFF'">
…
<tr id="2" onMouseOver="this.style.background='#E8EFF7'" onMouseOut="this.
style.background='#FFFFFF'">
```

其次，将每一行前的复选框的 name 属性统一设置为 newsid，id 则设为值“c＋所在行的 id 值”，value 值则设置为所在行的 id 值，部分代码如下。

```
<input type="checkbox" name="newsid" id="c1" value="1">
…
<input type="checkbox" name="newsid" id="c2" value="2">
```

需要注意的是，标题栏所在行的复选框，其 id 和 name 不能和上述相同，否则会增加后续事件响应程序的复杂性，本例中，name 和 id 均设置为 all，代码如下。

```
<input type="checkbox" name="all" id="all" >
```

通过上述设置后，数据区域的复选框和行就建立起了关系。通过 getElementsByNames("newsid")，可一次性获得所有位于数据区域的复选框对象的集合。通过循环，又可依次获取每个复选框对象，再通过其 value 属性，可获得每一行的 id 值，进而获得每一行的对象。最终通过每一行对象设置每一行的背景色，即可达到选中的目的。根据这一思路，在原先的 loadtable()方法下，定义全选功能的事件响应处理程序，代码如下。

```
function checkAll(){      //全选方法
    //获取所有 name 为 newsid 的对象,本例即位于数据区的所有复选框对象的集合
    idlist=document.getElementsByName("newsid")
```

```
    all=document.getElementById("all")        //获取标题栏左侧的复选框,即全选复选框
    if(all.checked)                            //选中状态
        setCheck(idlist,"#E8EFF7",true)        //设置背景色为淡蓝色,选中复选框
    else                                       //未选中状态
        setCheck(idlist,"#FFFFFF",false)       //设置背景色为白色,取消选中复选框
}
function setCheck(cklist,color,status) {       //设置数据区域的复选框的方法
    for(i=0;i<cklist.length;i++){              //循环读取每一个对象
        cobj=cklist[i]                         //获取其中一个对象,即一个复选框对象
        rowid=cobj.value                       //获取该复选框的 value 值
        //复选框的 value 值和每行的 id 是相同的
        //因此,可根据该值获得该复选框所在行的对象
        rowobj=document.getElementById(rowid)
        cobj.checked=status                    //设置选中状态
        rowobj.style.background=color          //更改背景色
    }
}
```

从上述方法可知,状态是否选中,取决于全选复选框的状态。同时,为了使代码更简洁,这一个功能被拆分成了两种方法。其中,setCheck()方法即根据条件判断是否要选中所有复选框;checkAll()方法则是主方法,负责设置判断的条件,并根据条件调用 setCheck()方法。将 checkAll()方法设置给全选复选框的 onClick 事件,即初步完成了该功能的编写,绑定代码如下。

```
<input type="checkbox" name="all" id="all" onClick="checkAll()">
```

完成上述操作后,运行该页面,可以发现,全选按钮的全选和取消功能已经生效了。但细心的读者也会发现,如果光标移动到选中行,再离开选中行时,虽然复选框的选中状态不会发生改变,但是行的背景色会变成白色。之所以这样,是因为 5.6.2 节中绑定的 onMouseOver 和 onMouseOut 两个事件造成的。在 5.6.2 节中,这两个事件是统一改变行的背景。在本例中,需要对其进行修改,使其在改变背景色时,要判断一下是否被选中,如果被选中,在鼠标离开时则不改变背景色。事实上,仅需要对 onMouseOut 绑定的时间进行修改即可。在 setCheck()方法后,再定义一个 mout()方法,代码如下。

```
function mout(rowid) {                                //鼠标移出行触发的函数
    rowobj=document.getElementById(rowid)             //获取行对象
    cobj=document.getElementById("c"+rowid)           //获取行对应的复选框对象
    if(!cobj.checked)                                 //判断复选框是否选中
        rowobj.style.background="#FFFFFF"             //未选中,则背景色改为白色
}
```

定义完该方法后,再对每行的 onMouseOut 方法做如下修改。

```
<tr id="1" onMouseOver="this.style.background='#E8EFF7'" onMouseOut="mout(1)" >
…
<tr id="2" onMouseOver="this.style.background='#E8EFF7'" onMouseOut="mout
(2)'" >
```

至此，全选功能完美实现。

5.6.4 自定义 URL 浮动小窗体

本例依然是在新闻列表上做文章，实现的是可自定大小和内容的浮动窗体，其效果如图 5.28 所示。

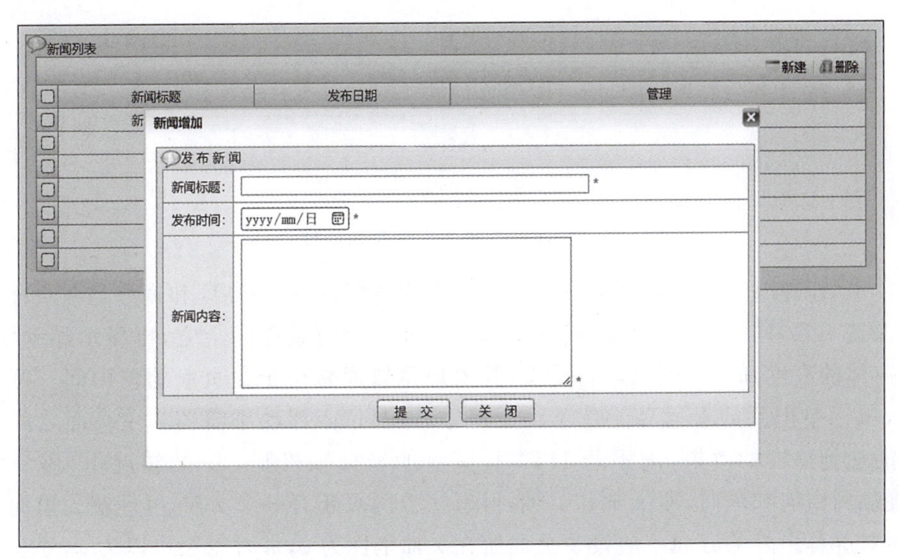

图 5.28 弹出发布新闻的浮动小窗体

该浮动小窗体是单击“新建”按钮弹出的一个新闻发布页面。在弹出该浮动小窗体后，底层的新闻列表页面不能再被单击，同时背景变暗。单击新闻标题，同样会弹出一个类似的浮动小窗体，效果如图 5.29 所示。

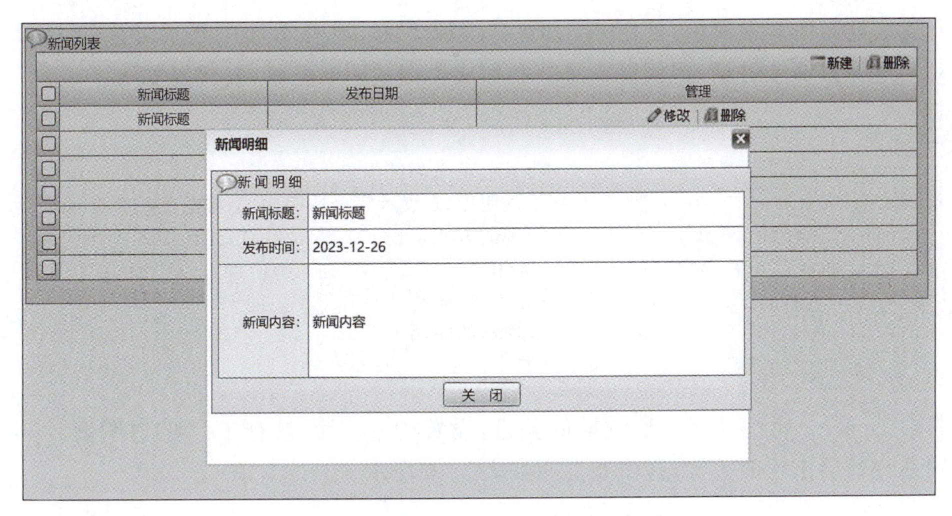

图 5.29 弹出“新闻明细”浮动小窗体

这两个浮动小窗体的大小、标题和内容均不相同。这种效果是近年来信息系统常用的窗口管理方式。这种方式是对早期弹出窗口的一种优化。早期的浏览器弹窗也能实现类似的效果，但是有一些网站滥用了这项技术，在打开网页时，会一次性打开很多弹窗广告，给用户造成一定的麻烦。逐渐地,这种弹窗的方式就被杀毒软件识别为流氓行为。因此,这种弹出浮动小窗体的方式就逐渐流行了起来。

这一功能的基本原理如图 5.30 所示。

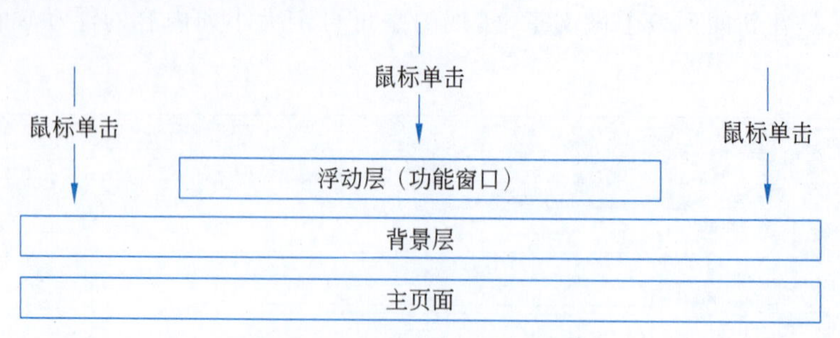

图 5.30 浮动小窗体基本原理

当单击"新建"按钮时,在主页面上出现一个背景层,该层的高度和宽度与主页面的高度和宽度保持一致,同时其背景色改成透明灰色。在这个背景层的上方,再显示浮动小窗体,浮动小窗体的高度和宽度则可以自定义,其出现位置通常位于主页面的正中间。按这个层次关系,鼠标单击到的永远只能是浮动小窗体,以及位于浮动小窗体和主页面之间的背景层。而能达到这样的效果,离不开 HTML 本身的坐标轴机制。一般情况下,用户浏览网页,只接触到横向和纵向,即 x 轴和 y 轴,但事实上网页还有一个 z 轴,可理解为里向或者深向,是相对屏幕里外的方向。假设主页面所在 z 轴坐标为 0,那背景层可以为 1,浮动小窗体为 2,只要背景层在 z 轴上比主页面大,浮动小窗体在 z 轴上比背景层大即可。

根据这一原理,实现该例子要做的工作为背景层的制作和调用、浮动小窗体的制作和调用。

1. 制作背景层

背景层的制作非常简单,使用 div 即可。但原生的 div 在页面中是不可见的,需要使用 CSS 对其进行修饰才可见,本例即要将其制作成类似透明的背景,其代码如下。

```
.bgdiv{
    background:#000000;          /*背景色定义为纯黑色*/
opacity:0.15;                    /*不透明度,0表示完全透明,1表示完全不透明*/
    position:absolute;           /*出现的方式,absolute是绝对定位*/
    z-index:1000;                /*z轴位置*/
    left: 0px;                   /*离左边的距离*/
    top: 0px;                    /*离顶部的距离*/
}
```

其中,opacity 属性是背景层透明的关键,设置为 0.15 是具有 15%的透明度。position 属性则是背景层出现的关键,其值及说明如表 5.20 所示。

表 5.20 position 属性

属 性	功 能
static	默认值,不定位,元素在哪个位置就在哪个位置
relative	相对 static 进行偏移,偏移量需要配合 left、top、bottom、right 4 个属性来定义

续表

属 性	功 能
absolute	绝对定位,指定 left、top、bottom、right 4 个属性的值
fixed	绝对定位,与 absolute 的区别在于,应用它的元素不会随滚动条滚动而发生变化

根据上述功能说明,本例选择了 absolute。如果缺少这个属性,那么这个背景层不能起到覆盖主页面的作用。z-index 即之前描述的 z 轴,为了确保背景层在主页面的上方,此处故意设置一个较大的值 1000。left 和 top 即背景层的默认位置,如果缺少这个属性,调用背景层的时候,左侧和上侧会有一点点的留白。完成 CSS 的编写后,在 newslist.html 页面的 body 区域,加入<div id="bgdiv" class="bgdiv">即完成了该背景层的制作。由于该 CSS 并未定义宽度和高度,因此该层在初始状态是看不见的,后续则通过 JS 设置其宽度和高度的方式来控制其可见或不可见。

2. 调用背景层

根据背景层的基本特点,调用背景层即将其宽度和高度改为浏览器可视区域的高度和宽度即可。在 newslist.html 的 head 区域编写 JS 代码如下。

```
function showbg(){//显示透明背景层
    var bgdiv=document.getElementById("bgdiv");      //获取背景层对象
    bgdiv.style.width=document.body.clientWidth;     //将背景层宽度设置为浏览器
                                                     //可视区域的宽度
    bgdiv.style.height=document.body.clientHeight;   //将背景层高度设置为浏览器
                                                     //可视区域的高度
}
```

clientWidth 和 clientHeight 原本是指可视区域的宽度和高度,但本例中通过 body 去调用这两个属性,因此它们返回的是整个页面的宽度和高度,再给“新建”按钮加上如下调用代码。

```
<img src="../images/add.gif" width="50" height="16" alt="" onClick="showbg();"/>
```

单击“新建”按钮,效果则如图 5.31 所示。

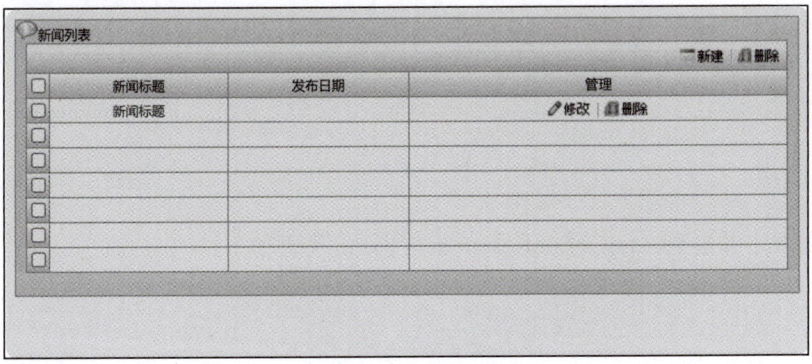

图 5.31 调用背景层

透明背景层已经覆盖住新闻列表，需要的效果已经初现。值得一说的是，与 clientWidth 类似的还有 scrollWidth 和 offsetWidth。按定义来说，scrollsWidth＝clientWidth＋滚动条未出现的区域(即还可以滚动的但未显示的区域)，而 offsetWidth＝clientWidth＋滚动条＋边框。也就是说，如果网页过长或者过宽，出现滚动条时，原则上来说 clientWidth 只能覆盖可见区域。但事实上，笔者也做了多次测试，不管滚动条有多长，可滚动的区域有多大，clientWidth 都可以覆盖。甚至把浏览器窗口变小，这个背景大小也会一起变小，并不轻易出现滚动条。但如果把浏览器窗口放大，就可以发现未被背景层覆盖的区域。由此可见，浏览器对宽度和高度的支持，在不超过背景层宽度和高度的前提下，已经比较智能。它不会显示多余的部分，但是超过范围的部分，则无能为力，如图 5.32 所示。

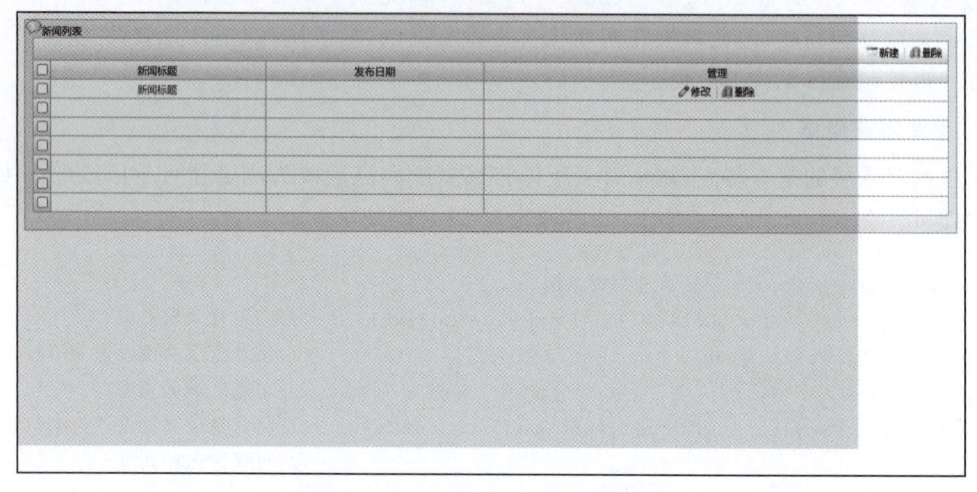

图 5.32　浏览器窗口变大后的效果

解决这一问题很简单，浏览器窗口变大变小，对应的事件是 onResize。在 Resize 事件发生时，先判断背景层是否已经出现。出现则重新调整大小，如果未出现，则不做任何操作，其代码如下。

```
function resizeBg(){      //改变浏览器窗口时,改变背景层的大小,以实现自动调整背景层
                          //大小的目的
    bgdiv=document.getElementById("bgdiv");                    //获取背景层对象
    if(bgdiv.style.width!="0px") {                             //判断背景层是否已经显示
        bgdiv.style.width=document.body.clientWidth;           //将背景层宽度设置为浏览
                                                               //器可视区域的宽度
        bgdiv.style.height=document.body.clientHeight;         //将背景层高度设置为浏览
                                                               //器可视区域的高度
    }
}
```

再将该方法绑定至 body 的 onResize 事件即可，代码如下。

```
<body onLoad="loadtable()"  onResize="resizeBg()">
```

再运行该网页就可以发现，无论怎么改变浏览器窗口，透明背景层始终能覆盖整个页面。

3. 制作浮动小窗体

浮动小窗体本质上是具有容器功能的 HTML 元素。本例通过表格和浮动框架 iframe 来组合实现。表格用于划定窗体的边界和布局，而 iframe 则用于链接其他页面，以实现调用不同功能页面的目的。制作这一窗体需要使用到 block-bg.gif 和 close.gif 两个小图片，前者用于修饰小窗体的边框，后者则是小窗体右上角的关闭小图标。整个小窗体使用表格来布局，其架构如图 5.33 所示。

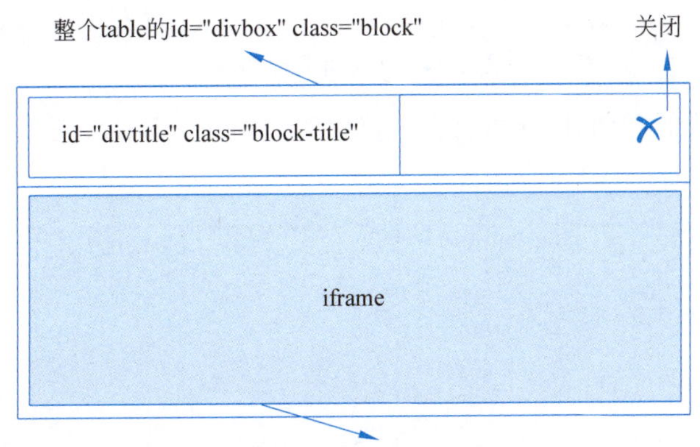

图 5.33 小窗体架构

按这一架构，先在 newslist.html 的空白区域插入一个 2 行 2 列的表格，边框粗细、单元格边距和间距均设置为 0，表格宽度设置为 600px。此处，虽然小窗体需要调用才可见，且其宽度和高度都是动态调整的，但在设计阶段，为方便编写，给出一个初始宽度。插入完成后，将表格第二行的两个单元格合并为一行，然后在该页面引用的 style.css 文件中定义 block、block-title 和 block-body 三个 CSS 样式。

```
.block{                              /*表格小窗体总样式*/
    border:2px solid #B2D0F7; /*表格边框设置为实线,粗细 2px,颜色为浅蓝色*/
    background:white url(../images/block-bg.gif) repeat-x;
                                     /*使用 block-bg.gif 作背景并设置为横向重复*/
}
.block-title{                        /*小窗体标题栏样式*/
    color: #083772;                  /*标题颜色设置为深蓝色*/
    font-weight: bold;               /*标题加粗*/
    padding: 4px;                    /*4 个边距设置为 4px*/
    padding-left: 8px;               /*左边距设置为 4px*/
}
.block-body{                         /*小窗体正文样式*/
    padding:4px;                     /*4 个边距设置为 4px*/
    padding-top:2px;                 /*顶部边距设置为 4px*/
}
```

这三个样式分别定义了小窗体表格总样式、标题栏样式和正文样式。接着按图 5.34，分别将 block、block-title 和 block-body 赋值给表格、表格第一行第一列和第二行的 class 属性。同时，表格 id 设置为“divbox”，第一行第一列 id 设置为“divtitle”。这两个 id 是为后续

调用该层以及赋值标题所设置的。接着,把第一行第二列设置为右对齐,再插入 close.gif 图片,同时给该图片加上 style="cursor:pointer"属性,如此,鼠标移动到该关闭图片时,会显示手形,以提示用户可以单击。最后在第二行中插入一个 iframe,将其边框设置为 0,id 属性设置为 contentframes。完成这些操作后,在 Dreamweaver 中的效果如图 5.34 所示。

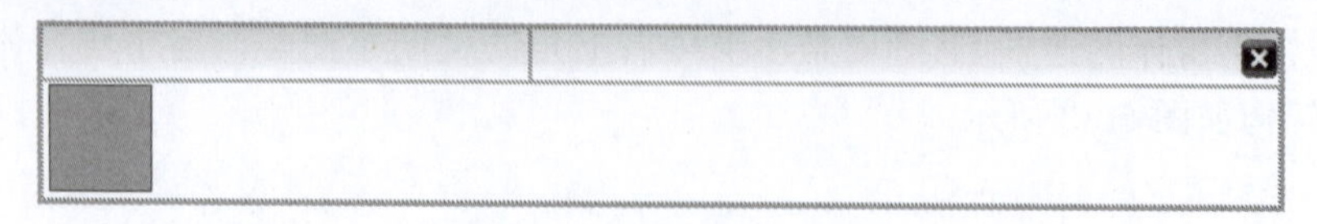

图 5.34 小窗体设计效果

该图为设计阶段的截图,因此可见占了位置的 iframe。若在浏览器中打开,则如图 5.35 所示。

图 5.35 小窗体浏览效果

可见,小窗体雏形已现。为能通过 JS 控制其绝对位置,需对其加入 CSS 属性 position,值为 absolute。同时,使其位于透明背景层的上方,将其 CSS 属性 z-index 设置为 2000,即远大于透明背景层 z-index 的 1000。最后,加入一个 CSS 属性 display,将其值设置为 none。display 属性用于控制所用的元素是否显示。本例表格小窗体的 display 设置为 none 后,小窗体在页面中就不显示了,即刚打开该页面时,是看不见该小窗体的。需要单击按钮后,才会显示。至此,浮动小窗体的静态代码部分完成,其源码如下。

```
<table width="600" id="divbox" border="0" cellpadding="0" cellspacing="0"
class="block" style="position: absolute;z-index: 2000;display:none" >
    <tr>
        <td class="block-title" id="divtitle"> </td>
        <td align="right"><img src="../images/close.gif" width="20"
        height="20" alt=""/></td>
    </tr>
    <tr>
        <td colspan="2" class="block-body"><iframe id="contentframes"
        frameborder="0"></iframe> </td>
    </tr>
</table>
```

4. 调用浮动小窗体

调用浮动小窗体同样是通过 JS,使该小窗体显示在页面正中间,并指定标题、宽度、高度以及要链接的页面地址。再调用透明背景层,使得浮动小窗体显示在透明背景层之上,达到需要的效果。此处的难点在于控制小窗体的显示位置。这就需要涉及浏览器显示区域的高度和宽度,以及小窗体的高度和宽度,其居中显示的原理如图 5.36 所示。

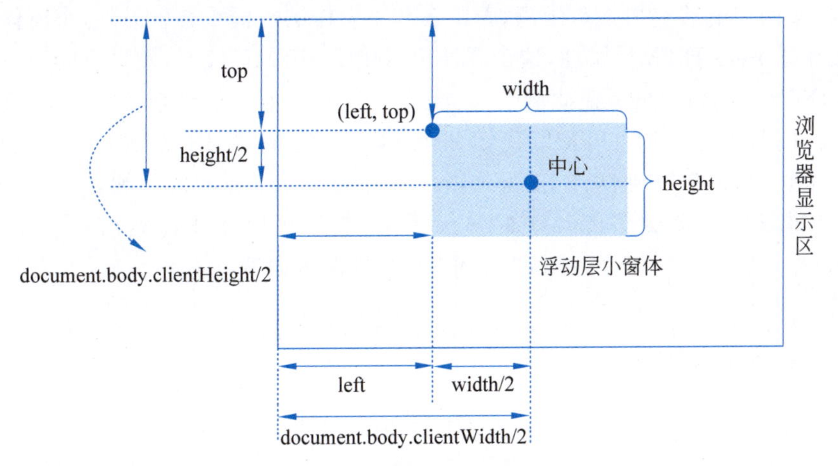

图 5.36　小窗体居中显示原理

在 HTML 中,元素的位置是通过与浏览器显示区上下左右边框的距离来确定其显示位置的。事实上,确定了上和左就等于确定了其所在位置。而一个元素的基准点是在左上角,因此只需计算小窗体左上角距离左边和上边的距离即可,即计算左上角的 left 和 top 值。要使其位于浏览器中间位置,则 left＝浏览器显示区宽度/2－小窗体宽度/2,top＝浏览器显示区高度/2－小窗体高度/2。其中,浏览器显示区宽度和高度可以分别调用 document.body 对象的 clientWidth 和 clientHeight 来实现。而小窗体的高度和宽度,则由开发人员通过方法参数来指定。解决该关键问题后,其余问题就相对简单了,设置标题则只需要通过 id 获取标题所在的单元格。而小窗体的内容,则可通过获取浮动框架后指定 url 的方式来实现。具体代码如下。

```
function showfuncbox(title,width,height,src){
//打开小窗体,可设置标题、宽度、高度和页面地址
    showbg();                                         //显示透明背景层
    //以下为设置小窗体内容
    ciframes=document.getElementById("contentframes");     //获取浮动框架对象
    ciframes.style.width=width-10;                    //设置浮动框架的宽度
    ciframes.style.height=height-50;                  //设置浮动框架的高度
    ciframes.src=src;                                 //设置浮动框架链接的网页地址
    //以下为设置小窗体的宽度和高度
    divbox=document.getElementById("divbox");         //获取浮动小窗体对象
    divbox.style.width=width;                         //设置浮动小窗体的宽度
    divbox.style.height=height;                       //设置浮动小窗体的高度
    //以下为设置小窗体标题
    divtitle=document.getElementById("divtitle"); //获取小窗体标题单元格对象
    divtitle.innerHTML=title;        //将参数 title 赋值给小窗体标题单元格
    //以下为设置小窗体在浏览器显示区的居中位置
    divbox.style.left=document.body.clientWidth/2-width/2;//设置小窗体左侧值
    divbox.style.top=document.body.clientHeight/2-height/2;  //设置小窗体上侧值
    divbox.style.display="block";//显示小窗体
}
```

其中，浮动框架的宽度和高度，比小窗体的高度和宽度稍微小了一点，这样做的目的是使得浮动框架四周能够空出一点距离，否则会和小窗体的边框重叠。另外，小窗体的标题对象，本例使用了innerHTML属性，这个属性可以接受HTML代码，效果等同于在这个单元格内编写HTML代码。只是在此例中，只给了一个title值。如果想使该title值具有丰富的格式，也可以在此使用HTML代码进行修饰。完成该JS方法后，将鼠标定位到newslist.html中"新建"按钮图片上，为该图片对应的<img>标签同样加入style="cursor:pointer"，使得鼠标移动到该图片上时显示手形，表示可以单击。然后再将上述定义的showfuncbox方法绑定至图片的onClick事件中，其源码如下。

```
< img src = "../images/add. gif" width = " 50" height = " 16" alt = "" onClick = "
showfuncbox('发布新闻',600,350,'add.html');" style="cursor:pointer"/>
```

其中，add.html页面也是需要单独制作的，由于不是本节的重点，所以不再赘述，读者也可以从配套素材中下载该文件。另外，对于放在iframe中的页面，最好在其body属性中加入对滚动条的控制以及上下左右间隔的设置，使其在iframe中的显示天衣无缝，代码如下。

```
<body style="overflow-y:auto; overflow-x:hidden" leftmargin="0" rightmargin
="0" topmargin="10">
```

此处对滚动条的控制使用了overflow-y:auto和overflow-x:hidden这两个CSS属性。overflow-y是控制纵向滚动条出现的方式，其值为auto表示纵向滚动条默认不显示，但当页面内容超过iframe所在高度时会自动显示。而overflow-x则类似，是控制横向滚动条的，其值为hidden表示任何情况下都不会显示横向滚动条。之所以设置成这样，主要是纵向滚动条可以通过鼠标滚轮操作，但横向操作则一般的鼠标很难实现。这也是为什么绝大部分网站一般都不会出现横向滚动条的重要原因。完成上述操作后，单击"新建"按钮就会显示发布新闻的浮动小窗体。同样，此处还需要对前述调整背景的resizeBg()方法进行调整，以使得浏览器窗口大小发生变化时，小窗体始终能保持在浏览器中间位置。其原理也类似，在resizeBg()方法中重新加载小窗体的位置，代码如下。

```
//改变浏览器窗口时，重新改变背景层的大小以及小窗体的位置，以实现自动调整的目的
function resizeBg(){
    bgdiv=document.getElementById("bgdiv");            //获取背景层对象
    if(bgdiv.style.width!="0px" && bgdiv.style.width!=0){
    //判断背景层是否已经显示
        bgdiv.style.width=document.body.clientWidth;
        //将背景层宽度设置为浏览器可视区域的宽度
        bgdiv.style.height=document.body.clientHeight;
        //将背景层高度设置为浏览器可视区域的高度
        divbox=document.getElementById("divbox");     //获取小窗体对象
        width=divbox.style.width;      //获取小窗体对象的宽度，返回的是带 px 的字符串
        width=width.replace("px","");//将其中的 px 替换成空，返回一个数字
        height=divbox.style.height;  //获取小窗体对象的高度，返回的是带 px 的字符串
        height=height.replace("px","");   //将其中的 px 替换成空，返回一个数字
```

```
        divbox.style.left=document.body.clientWidth/2-width/2;
        //使小窗体左侧位于页面中间
        divbox.style.top=document.body.clientHeight/2-height/2;
        //使小窗体上部位于页面中间
    }
}
```

此处,判断小窗体是否出现,依然是通过判断背景层是否已经出现来实现的。但与之前的方法相比,这里加了一个判断条件,这是因为 bgdiv.style.width 在未设置值的情况下,返回的是一个空字符串,而设置值以后返回的则是一个带有单位(px)的数字,如 12px。而本例对透明背景层的显示控制,是通过对其设置宽度和高度来实现的,在后续关闭小窗体时,会将透明背景层的宽度和高度设置为 0。此时,再调用 bgdiv.style.width 则会返回 0px。因此本例需要加两种判断条件来判断是否已经弹出小窗体。至此,小窗体的弹出完美完成。

5. 关闭浮动小窗体

在上述基础上,关闭浮动小窗体就相对简单了。只需要将背景层的宽度和高度设置为 0,将浮动小窗体的 display 属性设置为 none 即可。至于其中的标题、宽度、高度以及 iframe 的 src 可不做任何改动。因为在下次调用时,会重新设置,关闭代码如下。

```
function disdivbox(){                                      //关闭窗体
    bgdiv=document.getElementById("bgdiv");                //获得背景层对象
    bgdiv.style.width=0;                                   //将其宽度设置为 0
    bgdiv.style.height=0;                                  //将其高度设置为 0
    divbox=document.getElementById("divbox");              //获取小窗体对象
    divbox.style.display="none";                           //设置为不可见
}
```

再将该方法绑定至小窗体右上角“关闭”按钮的 onClick 属性即可,代码如下。

```
<img src="../images/close.gif" width="20" height="20" alt="" style="cursor:
pointer" onClick="disdivbox()"/>
```

至此,自定义 URL 浮动小窗体完美实现。

5.7 第三方 JavaScript 框架

上述例子均是使用原生的 JavaScript 编写的,从实现过程可知,编写较为复杂,还需要涉及对 HTML 和 CSS 的应用。为了解决这个问题。基于 JavaScript 的各种 JS 框架被开发出来。如早期的 jQuery(2006 年)、Node.js(2009 年),近年来应用广泛的 Angular(2010 年)、React(2013 年)和 Vue.js(2014 年),均是对 JavaScript 的封装而形成的具有不同功能特色的 JavaScript 库。这些库也被称为 JS 前端框架。应用 JS 前端框架可以极大地简化复杂 Web 应用的开发,使得构建交互式用户界面变得更加容易,从而推动了前端开发的快速发展。

在目前主流的 JavaScript 框架中，React.js 是由 Facebook 发布的 JavaScript 框架，Angular 是由 Google 开发的开源、免费的 JavaScript 框架，而 Vue.js 是 Google 前雇员 Ecan You 开发的轻量级框架，其包含 Angular 的最佳特性。这三个框架各有特色，并且在不同的开发群体里中均占有一席之地。据国外著名的招聘公司 Indeed 统计，React.js 在提到任何前端框架的所有招聘中被提及的比例超过 57%，排名第一；Angular 排名第二，占 32.5%；而 Vue.js 则排名第三，占 9.7%。该公司统计的主要是国外的数据，而事实上，据编者本人调研，Vue.js 在国内市场非常受欢迎。本书将在 Web 开发高级应用篇中简要介绍 Vue.js 的基本用法。

小结

本章重点讲述了 JavaScript 的基本语法、内置对象、文档对象模型和事件处理机制，并通过 4 个综合例子，展示了 JavaScript 的开发过程。而从这 4 个例子可知，JavaScript 在网页制作中具有非常重要的作用，其不仅承担了用户交互，同时还可以承担用户界面的优化。当然，这些例子只是 JavaScript 的常规写法，还未涉及 JSON 式的方法定义、匿名函数等特殊用法。这些将在 Web 开发高级应用篇中介绍 Vue.js 的时候进行介绍。最后，本章介绍了主流的第三方 JavaScript 框架。有些读者可能会困惑，既然前端开发都使用 JavaScript 框架，为什么本书还要花大量的篇幅去描述最基本的 HTML、CSS 和 JavaScript？这个问题，可从各框架的语法特点中找到答案。虽然主流的框架本质上还是 HTML、CSS 和 JavaScript，但是它们对 UI 或功能的封装，和传统的前端技术可以说是完全不同的。所以从语法结构来看，用户可能面临的是一种全新的语法。而且不同的 JavaScript 框架，写法还不同。这就导致了一个问题，如果只学一个 JavaScript 框架，当有更好的框架出现时，学习新框架则等于是学习一门新的语言。但反过来，如果用户精通最基本的 HTML、CSS 和 JavaScript，虽然学习新框架也有一个适应过程，但总体来说，会事半功倍。事实上，编者在十多年的 Web 系统开发教学过程中，前端方面重点讲述的一直是最基本的 HTML、CSS 和 JavaScript，第三方框架仅仅是介绍而已。但是编者的学生，在日后的工作中，学习第三方 JavaScript 框架时并没有太多障碍，很快就可以得心应手。因此，掌握最基本的 HTML、CSS 和 JavaScript 是前端开发的重要基础。

练习与思考

(1) JavaScript 是什么？

(2) 什么是事件？如何在 JavaScript 中添加事件监听？

(3) 什么是 DOM？如何使用 JavaScript 操作 DOM？

中篇

动态网页开发篇

本篇主要讲述 MVC 框架下，以 JavaBean&Servlet&JSP 为技术，以 MySQL 为数据库，以 IntelliJ IDEA 为开发工具的动态网页开发调试和发布方法，包括第 6～11 章。

第 6 章　Java Web 系统开发环境搭建
第 7 章　Java Web 系统数据库编程
第 8 章　JavaBean 数据模型
第 9 章　Servlet 请求与响应基础
第 10 章　JSP 数据显示
第 11 章　Java Web 系统调试与部署

第6章 Java Web系统开发环境搭建

本章学习目标

- 掌握 JDK 的安装与配置方法。
- 掌握 Tomcat 的配置和启动方法。
- 掌握 IntelliJ IDEA 的下载、安装及基本用法。
- 掌握使用 IntelliJ IDEA 创建 Java Web 项目的方法。
- 掌握在 IntelliJ IDEA 中添加自定义新建 Servlet 菜单的方法。

本章主要以搭建 Java Web 系统开发环境为目的，首先讲述了 JDK、Tomcat、IntelliJ IDEA 的安装及配置方法，其次讲述了在 IntelliJ IDEA 中创建和配置 Java Web 系统的方法，并为 IntelliJ IDEA 添加了自定义新建 Servlet 菜单，以方便后续项目的开发。

6.1 JDK 的安装与配置

6.1.1 JDK 的下载与安装

JDK 是 Java Development Kit 的首字母缩写，它主要由 Java 编译器、Java 虚拟机(Java Virtual Machine，JVM)、Java 运行时环境(Java Runtime Environment，JRE)、Java 类库和开发工具组成，分为标准版(Java Standard Edition，Java SE)、企业版(Java Enterprise Edition，Java EE)和微型版(Java Micro Edition，Java ME)。本书描述的 Java Web 系统开发，主要是开发以 JavaBean、Servlet 和 JSP 为主要架构的系统。这三类 Java 程序的开发，所涉及的即 Java SE 和 Java EE。Java SE 即 JDK，可从 Oracle 官网下载安装，而 Java EE 一般是通过加载所需的 JAR 文件来实现支持。Java SE 是开源免费软件，读者可自行从以下地址下载，但是需要注册一个 Oracle 的账号。

```
https://www.oracle.com/cn/java/technologies/downloads/
```

截至 2024 年 1 月，Java SE 的最新版本为 JDK21，但目前企业界用得最多的版本是 JDK8，该版本是最为稳定成熟的版本，而且是 Oracle 公司的长期支持版本。因此，本书也选择 JDK8 作为开发环境，其最新版本为 Java SE Development Kit 8u391。从官网下载到的支持 64 位 Windows 版本的 JDK 为 jdk-8u391-windows-x64.exe。在 Windows 下，安装较为简单，直接双击该文件，经权限确认后弹出初始安装界面，然后一路单击“下一步”按钮即可。在安装 JDK 过程中，会弹出安装 JRE 界面，同样一路单击“下一步”按钮即可。

6.1.2 JDK 的环境变量配置

JDK 安装后并没有实质的管理界面，但它的运行环境以及类库已安装在系统中。一些依赖 JDK 运行的软件，在安装及运行时会自动检测 JDK 是否安装成功。但依然有一部分软件并不会自动查找其安装路径，此时就需要配置 JDK 的环境变量。环境变量可以视为 Windows 系统的自带变量，而 JDK 环境变量配置，即把 JDK 程序的路径配置进环境变量中，从而使 JDK 也成为 Windows 系统的默认变量。本书选择的系统为 Windows 11，各版本 Windows 环境变量设置大同小异。先打开 Windows 的文件资源管理器，在左侧导航菜单中，右击“此电脑”，在弹出菜单中选择“属性”；如果是 Windows 10 或之前版本，可以右击“此电脑”，在弹出菜单中选择“属性”，弹出如图 6.1 所示的系统设置界面。

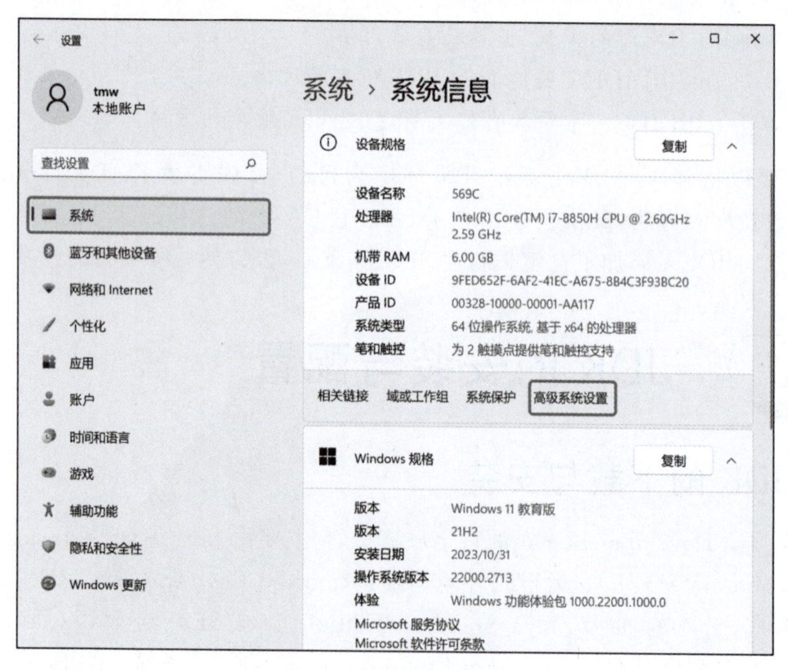

图 6.1 系统设置界面

单击左侧“系统”菜单，在中间位置单击“高级系统设置”，弹出如图 6.2 所示的“系统属性”对话框。

在其中切转至“高级”选项卡，单击右下方的“环境变量”按钮，弹出如图 6.3 所示“环境变量”对话框。

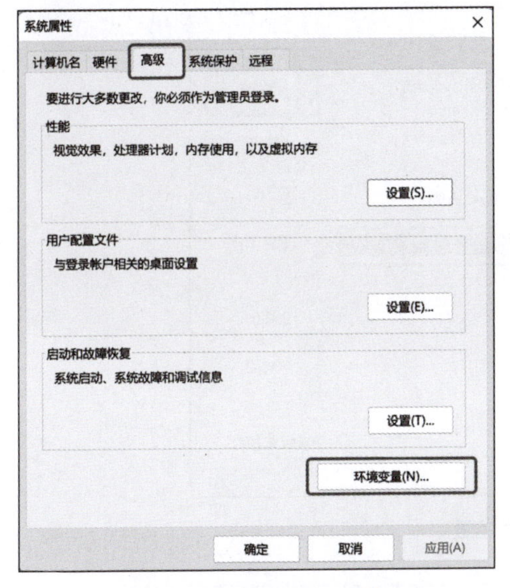

图 6.2 “系统属性”对话框

图 6.3 “环境变量”对话框

此处的环境变量分为用户变量和系统变量，前者是只针对当前用户有效，后者则是针对整个系统。一般情况下，JDK 环境变量应新建为系统变量，这样换一个用户也不用重新配置。单击图 6-3 中“系统变量”区域圈起来的“新建”按钮，在“变量名”中输入“JAVA_HOME”，“变量值”则选择 JDK 的安装目录，如图 6.4 所示。

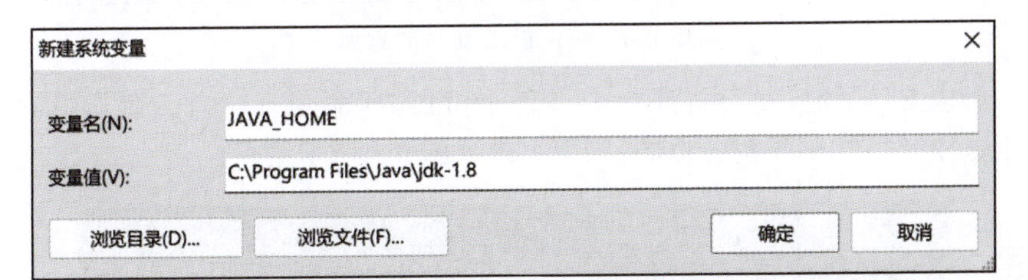

图 6.4 JAVA_HOME 环境变量的配置

需要注意的是，此处变量值应该只到 JDK 的安装目录，千万不要选成 JRE 或者 Java 目录。这一步实际上是 JDK 路径的快捷方式，JDK 的诸多命令还没有加入系统变量中。要使其生效，则需修改系统变量里的 Path 变量。双击如图 6.3 所示的“系统变量”区域的 Path 变量，弹出如图 6.5 所示“编辑环境变量”对话框。

单击“新建”按钮，在变量列表中会增加一行，在其中输入“%JAVA_HOME%\bin”，即将其定位至 JDK 所在目录的 bin 子目录下。这个 bin 子目录里存放的就是 Java 编译器和解释器等重要程序。输入完成后单击“确定”按钮。再按照添加 JAVA_HOME 变量的方法，添加 ClassPath 变量，将其值设置为“.;%JAVA_HOME%\lib\tools.jar;%JAVA_HOME%\lib\dt.jar”，如图 6.6 所示。

需要注意的是，该环境变量表面上看是指向了 tools.jar 和 dt.jar 两个文件，但在这之前还有一个“.”，这代表当前目录。加了这个“.”之后，才能在命令行里正常编译 Java 源码，否则会出现找不到文件的情况。至此 JDK 环境变量全部设置完成，读者可以在 Windows 的命令行中输入 Java 命令的方式来判断是否配置成功。打开 Windows 的“开始”菜单，直接

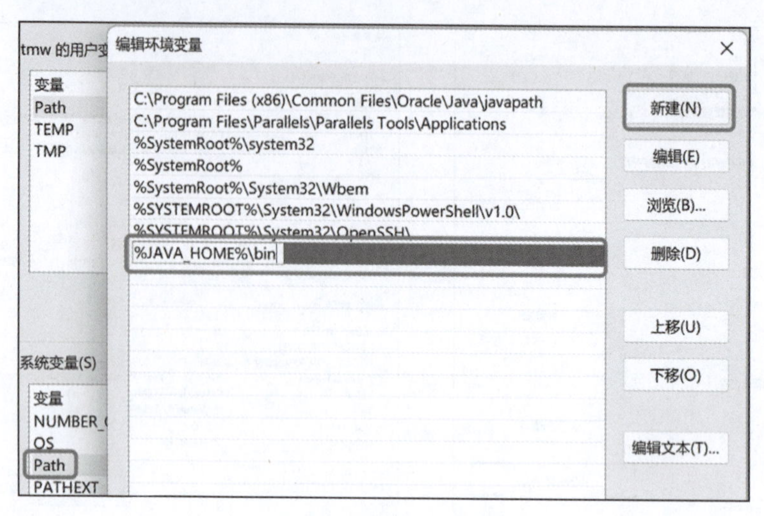

图 6.5　编辑环境变量

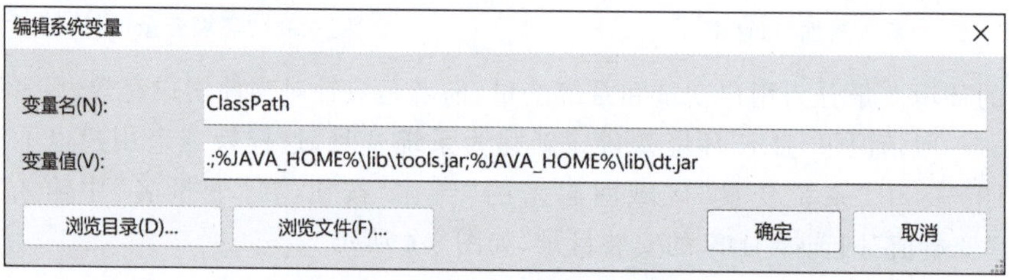

编辑系统变量

变量名(N): ClassPath

变量值(V): .;%JAVA_HOME%\lib\tools.jar;%JAVA_HOME%\lib\dt.jar

浏览目录(D)...　浏览文件(F)...　确定　取消

图 6.6　ClassPath 变量的添加

输入“cmd”后按 Enter 键，就会打开一个黑色小窗口，即命令行窗口。在其中输入“java -version”后按 Enter 键，如果配置成功，则会出现如图 6.7 所示结果。

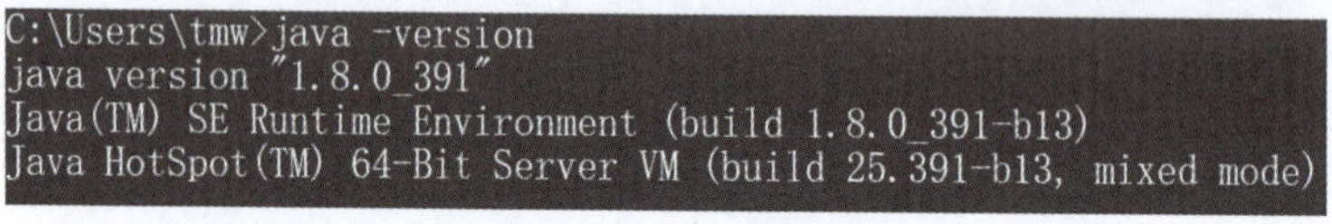

```
C:\Users\tmw>java -version
java version "1.8.0_391"
Java(TM) SE Runtime Environment (build 1.8.0_391-b13)
Java HotSpot(TM) 64-Bit Server VM (build 25.391-b13, mixed mode)
```

图 6.7　Java 命令测试

JDK 的配置是 Java 开发的一个非常重要的环节，即使现在很多软件都会自动读取 JDK 的路径，但并不是所有的软件都会自动读取，如 Tomcat 就需要在配置 JDK 之后，才能独立运行。配置环境变量不仅是 Windows 下的工作，在 Mac、Linux 和 UNIX 下更是一项频繁的工作。理解环境变量的配置可以使读者更好地理解系统的运行原理。

6.2　Tomcat 的安装与启动

Java Web 系统开发完成后，需要部署至 Web 应用服务器中，通过浏览器来访问。Tomcat 即部署初级 Java Web 项目最著名的应用服务器。它是由 Apache 软件基金会推出的开源免费的 Web 应用服务器。重要的是，Tomcat 是一个 Servlet 容器，它能够执行 Servlet 程序，同时也支持 JSP。Tomcat 可以认为是 Java Web 开发初学者的最佳 Web 应用服务器，其轻量、简单、易用，同时也具有良好的并发性。在合理的配置下，部署在 Tomcat 上的应用可以同时支持1万人在线，这就足以应付大部分的应用场合。Tomcat 的安装也很简单，直接从官网下载 Tomcat 的 ZIP 压缩包到本地，解压后即可。与 JDK 类似，Tomcat 稳定版本为 9.x。截至 2024 年 1 月，Tomcat 9 的最新版本为 9.0.85，下载地址如下。

```
https://tomcat.apache.org
```

打开网页后，单击左侧 Download 栏下的 Tomcat 9 进入下载界面，单击其中的 64-bit Windows zip 下载。需要说明的是，由于教材出版有周期，加之 Tomcat 9 依然在更新中，因此读者看到教材再下载的版本，应该会比 9.0.85 要新。但这种小版本的更新，在使用上不会有实质性的改变。文件下载后，解压并切换至其中的 bin 目录，找到其中的 startup.bat 文件，这是 Tomcat 的命令行启动程序，如图 6.8 所示。

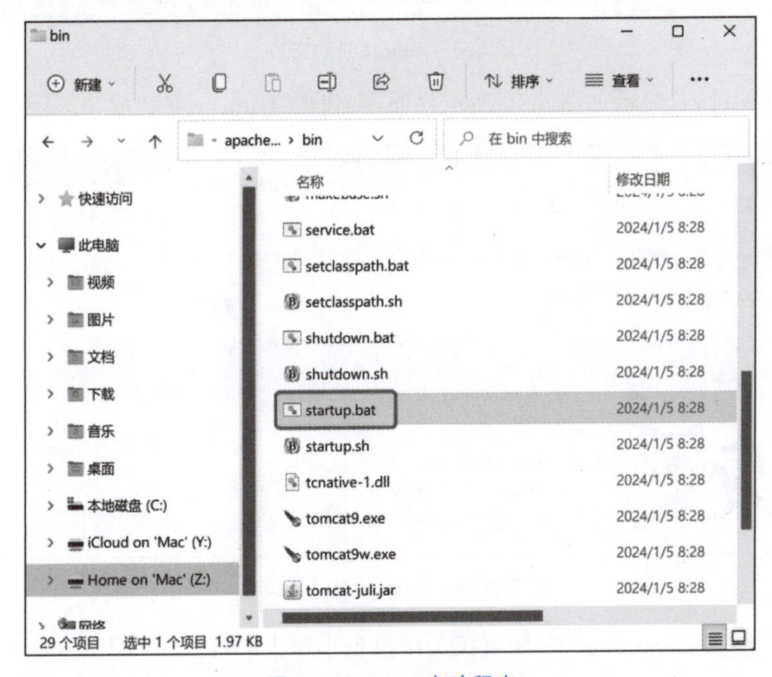

图 6.8 Tomcat 启动程序

双击该程序，系统会按批处理文件去执行该程序。程序首先会检查 JDK 是否安装。此处主要是检查环境变量里有没有配置 JDK。如果读者双击该程序后，屏幕上仅一闪而过一个黑色小窗口，那说明 JDK 没安装，或环境变量没配置成功。如这两项工作都没问题，那么会出现 Tomcat 的启动窗口，如图 6.9 所示。

若命令中内容显示为乱码，可使用记事本打开 Tomcat 中 conf 目录下的 logging.properties 文件，找到其中的 java.util.logging.ConsoleHandler.encoding = UTF-8，将 UTF-8 改为 GBK 即可。如果没有这个属性，将其手动添加至该文件的空白处即可。

若一切正常，黑色小窗口中会显示×××毫秒后服务器启动，同时该窗口也会一直显示在系统中。实际上，Tomcat 启动后，默认打开了 8080 端口，并一直处于监听状态。所以访问该端口的 HTTP 请求均受到 Tomcat 的监听，这也就是 Tomcat 为什么能处理 HTTP 请求的重要原因。启动成功后，打开浏览器，在浏览器地址栏中输入“http://localhost:

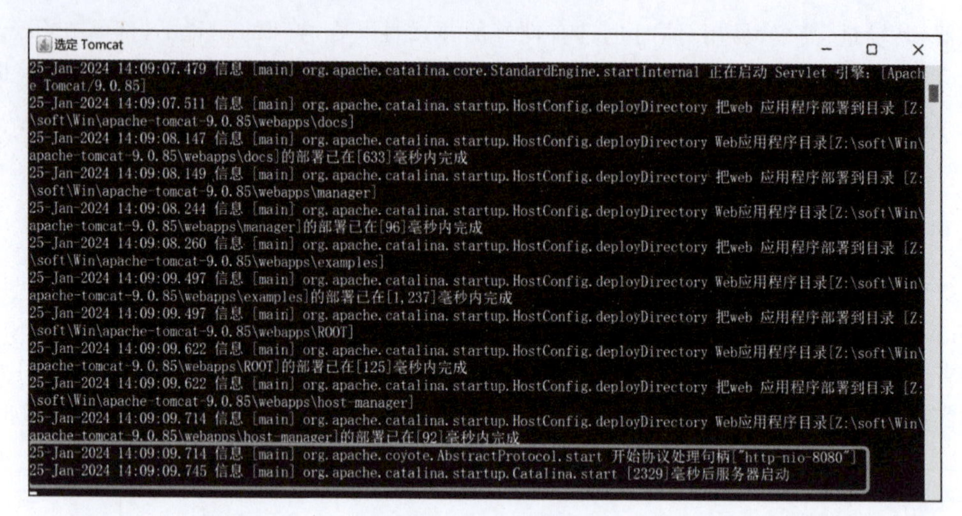

图 6.9　Tomcat 启动窗口

8080"，按 Enter 键，若显示如图 6.10 所示界面，则代表 Tomcat 安装成功。

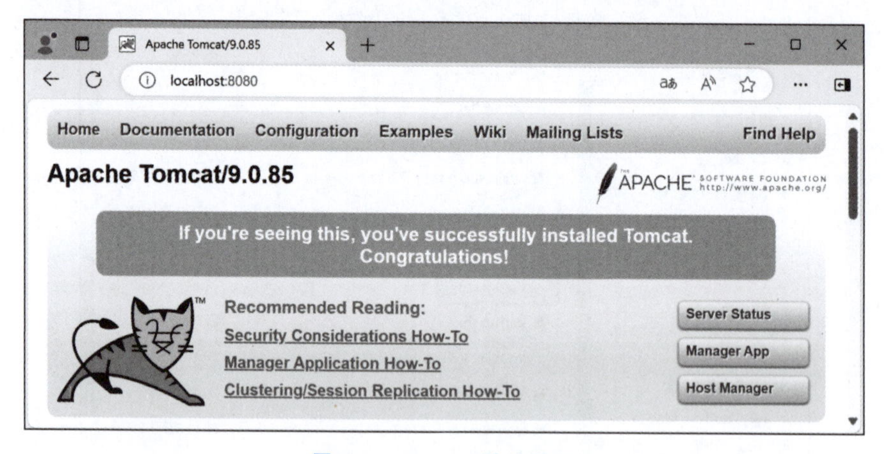

图 6.10　Tomcat 默认页面

如果想关闭 Tomcat 的服务，则直接关闭黑色小窗口即可。

6.3　IntelliJ IDEA 的下载与安装

6.3.1　IntelliJ IDEA 的下载

IntelliJ IDEA 是 JetBrains 公司推出的 Java 集成开发工具，它具备的智能代码提示、重构、代码协同和代码分析等功能，使其成为继 Eclipse 和 NetBeans 之后，第三个被广泛接受的 Java 开发工具。IDEA 分为社区版(Community)和完整版(Ultimate)。社区版免费，但是只支持基本的 Java 开发。完整版支持 Java Web 开发的版本，但该版本收费，且属于订阅式，按年付费。但庆幸的是，如果满足以下 7 个条件之一，可以申请免费许可：适用于学生和教师、辅助教学、面向开源项目、面向培训课程、编程学校和训练营、面向开发者认可奖励计划、面向用户小组和面向团队的三个月试用期。本书重点关注 Java Web 开发,因此需要使用完整版。读者可根据自己的具体情况,购买完整版或者申请完整版的免费许可。具体下载方法,JetBrains 网站有着详细的引导,此处不再赘述。

6.3.2 IntelliJ IDEA 的安装

截至 2024 年 1 月,最新版本的 IDEA 为 2023.3 版,下载后文件名为 ideaIU-2023.3.2.exe,双击该文件开始安装。在 Windows 下,IntelliJ IDEA 的安装与 JDK 大同小异,先是权限提醒,确认后,是安装欢迎界面,直接单击"下一步"按钮,进入目录选择页面。默认安装在 c:\program files 文件夹下,用户也可自行选择安装目录。完成该选项后,单击"下一步"按钮,进入安装选项界面,如图 6.11 所示。

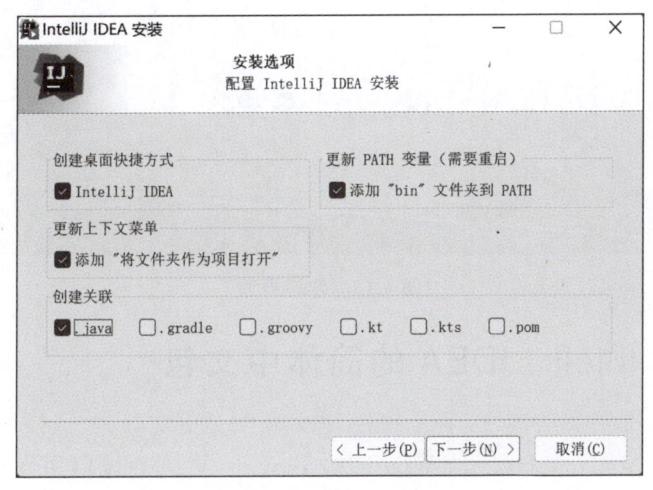

图 6.11 安装选项

此处为一些常规的设置,可按图 6.11 所示进行勾选。安装完成后,会在桌面上创建快捷方式,将 IDEA 添加至环境变量中,同时关联 Java 文件,使其作为 Java 文件的默认编辑器。单击"下一步"按钮,则是自定义在菜单目录中的名称,这一步不需要做任何修改,直接单击"安装"按钮。安装时间相对较长,安装完成后,会询问是否要重启计算机。之所以要求用户重启,是因为在安装过程中,对系统写入了诸多信息,有些设置需要重启后才会生效。在正式使用之前,最好还是要重启一下。重启后,双击桌面上 IDEA 的快捷方式启动该软件。首次启动 IDEA,会询问是否要导入设置,如图 6.12 所示。

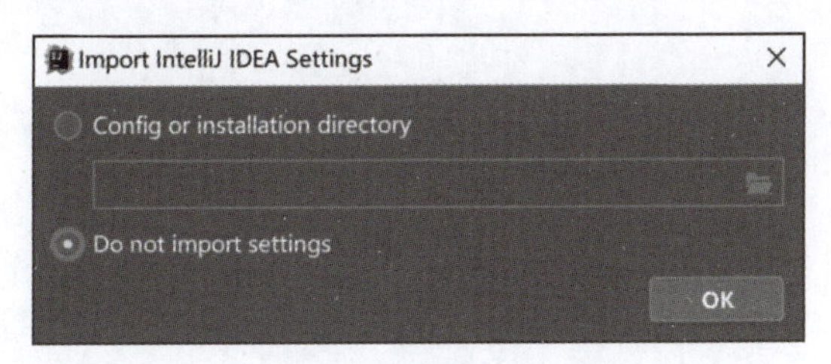

图 6.12 导入设置

第一次使用时选择第二项即可。单击 OK 按钮,则进入试用或者激活界面。编者团队均为教师或学生,因此使用的是完整版。读者可根据各自的情况,选择试用或激活。激活后进入如图 6.13 所示的欢迎界面。

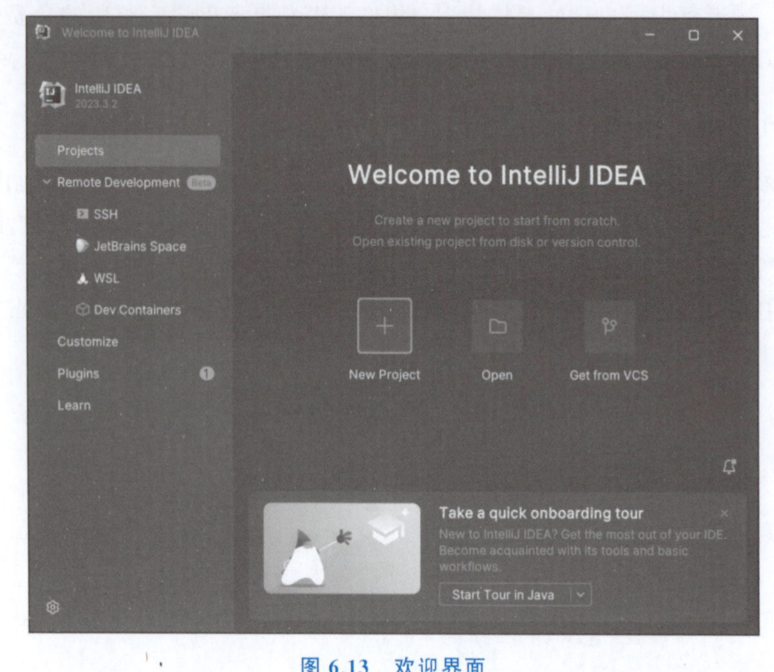

图 6.13 欢迎界面

6.3.3 安装 IntelliJ IDEA 的简体中文包

原版的 IDEA 是英文的，对初学者来说，中文界面会更友好些，这样可使得初学者关注功能，而不被语言影响。单击欢迎界面左侧的 Plugins，进入插件应用界面，在搜索框输入"中文"，如图 6.14 所示。

图 6.14 搜索中文语言包

可以看到有一个“Chinse(Simplified) Language Pach/中文语言包”，单击其右侧的Install按钮，安装成功后，重启IDEA后，可见欢迎界面已经显示简体中文，如图6.15所示。

图6.15　中文化后的欢迎界面

6.3.4　新建第一个IDEA的Java项目

在欢迎界面，单击“新建项目”，进入“新建项目”界面，如图6.16所示。

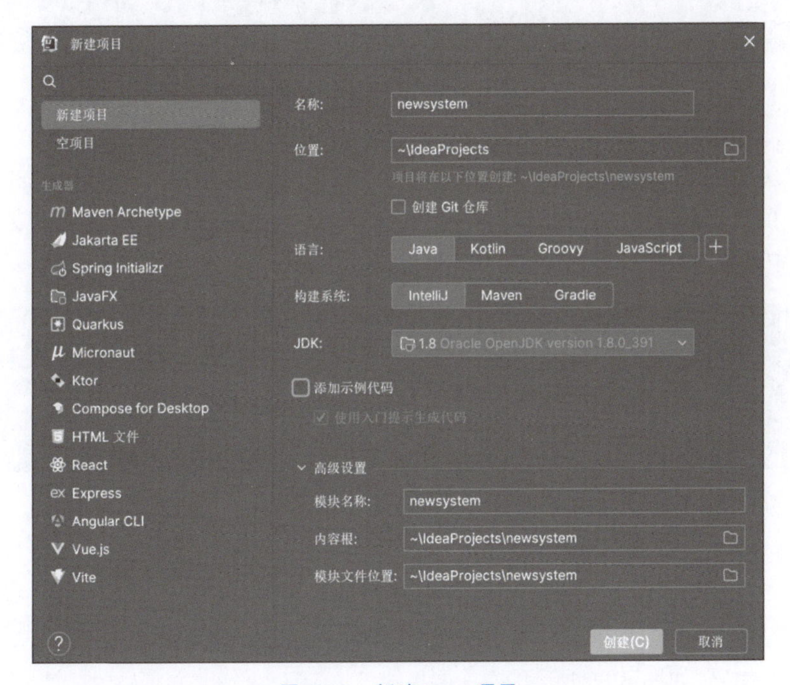

图6.16　新建Java项目

按图 6.16 所示输入项目的基本信息，其中只需名称输入“newsystem”即可，即显示在项目栏中的项目名，其余选项均默认即可。其中，“位置”选项即项目保存位置，默认的“~\IdeaProjects”是指项目创建在用户文件夹的 IdeaProjects 文件夹中；“语言”选项，即项目的开发语言 Java，构建系统使用 IntelliJ，这类似于选择默认的 JDK 进行编译；JDK 部分，则是之前安装和配置好的 JDK8。需要注意的是，该界面默认是勾选了“添加示例代码”复选框的，这会生成一些样例。本例不需要，因此取消了勾选该复选框。“高级设置”部分，也和项目存储位置有关，此处不需要做任何修改。单击“创建”按钮，则创建一个基本的 Java 项目。成功后，如图 6.17 所示。

图 6.17　IDEA Java 项目主界面

IDEA 的左侧为项目区域，中间区域是操作提示信息，右侧是 AI 助手，可单击该面板右上角的“-”号关闭。从 newsystem 项目结构上可知，该项目并不是一个 Web 项目，它只是一个基础 Java 项目。接下来，尝试新建并运行一个 Java 文件。在 src 文件夹上右击，在弹出的快捷菜单中选择“新建”→“Java 类”，如图 6.18 所示。

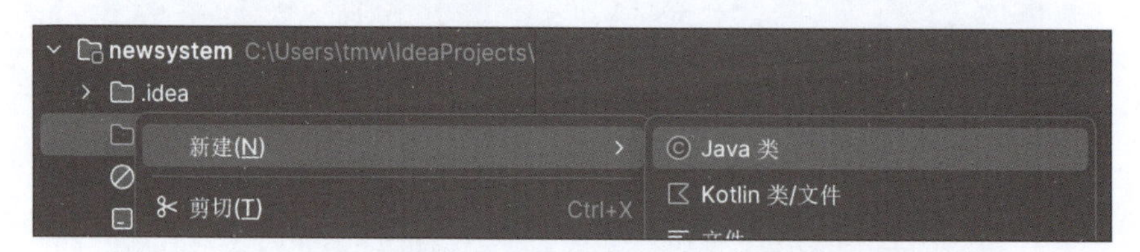

图 6.18　新建 Java 类菜单

选中该菜单后，会弹出一个小对话框，输入 Java 类的名称，如图 6.19 所示。

该对话框中默认选中的是类，这表示创建的是一个普通 Java 类。在输入“FirstJava”后，直接按 Enter 键，IDEA 生成一个只含有类名的 Java 类，在其中输入 main 方法以及输出 hello world 的代码，如图 6.20 所示。

上述 main 方法和输出语句，并不需要一个字母一个字母地输入。IDEA 默认开启了

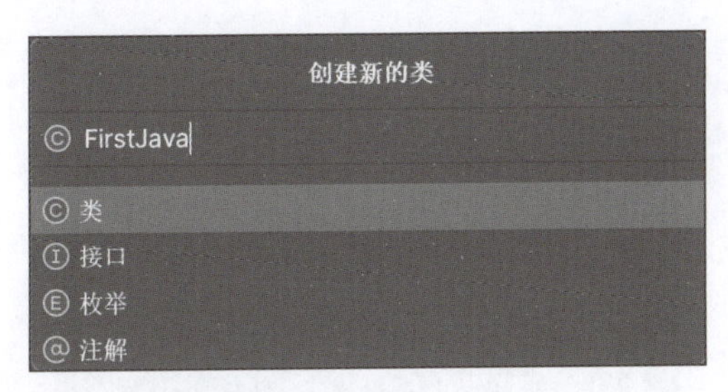

图 6.19　新建 Java 类

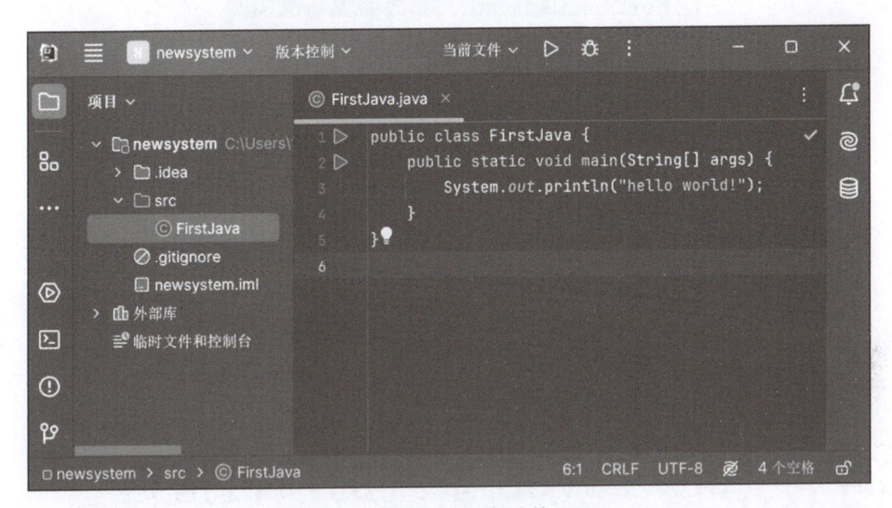

图 6.20　新建 Java 类后的 IDEA

Java 的代码补全功能。如上述 main 方法，是输入了 psvm 首字母缩写，然后按 Tab 键就自动补全了，如图 6.21 所示。

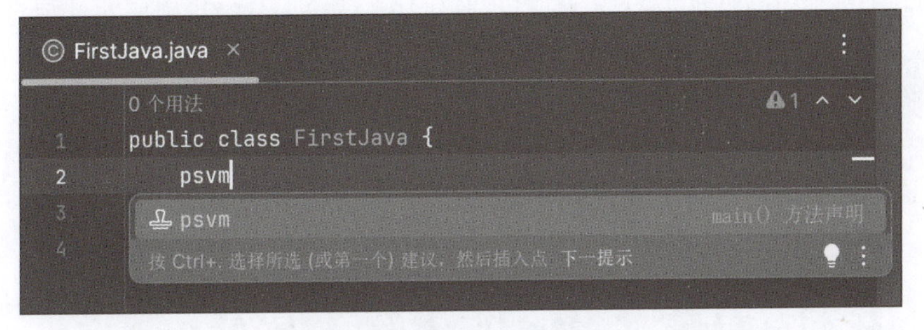

图 6.21　IDEA 的代码补全

输出代码也类似，输入 sout，按 Tab 键即可。其余更多的代码补全，可自行查阅文档。输入完成后，在代码编辑区右击，单击“运行‘FirstJava.main()’”执行该文件，如图 6.22 所示。

IDEA 会自动编译并运行该文件，其执行结果显示在 IDEA 的底部面板中，如图 6.23 所示。

出现该结果，表明安装配置均已经成功完成。最后按照 2.2 节的方法，在 Dreamweaver 中新建一个同名站点，并将目录指向 IDEA 的 newsystem 项目中。这样 Dreamweaver 项目和 IDEA 项目指向同一个文件，会方便后续项目 HTML 页面的制作和修改。

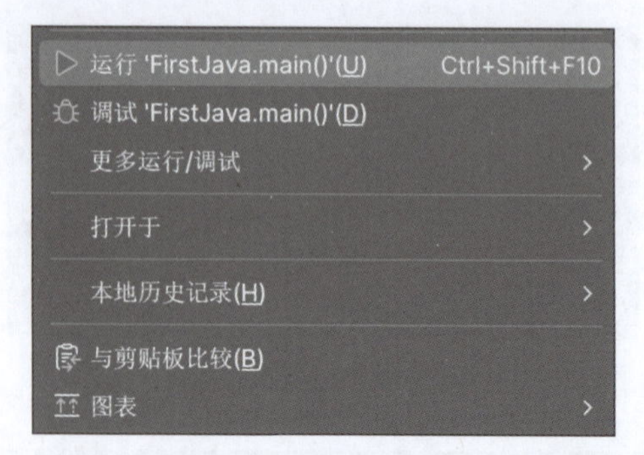

图 6.22　运行 Java 文件

```
运行  FirstJava ×
"C:\Program Files\Java\jdk-1.8\bin\java.exe" ...
hello world!

进程已结束，退出代码为 0
```

图 6.23　运行结果

6.4　Java Web 系统的项目搭建

6.4.1　设置 Java 项目为 Web 项目

目前 IDEA 创建的只是 Java 基本项目，要使其支持 Web 开发，则要在该项目基础上加入对 Web 的支持。需要注意的是，2023.03 版本的 IDEA 添加 Web 项目支持的方式，与之前的版本有较大区别，它默认没有网上教程所示的 Add Framework Support 菜单。此处，单击 newsystem 项目，连续按两下 Shift 键，会弹出一个浮动小窗口，选择其中的"操作"选项，输入"添加框架支持"，如图 6.24 所示。

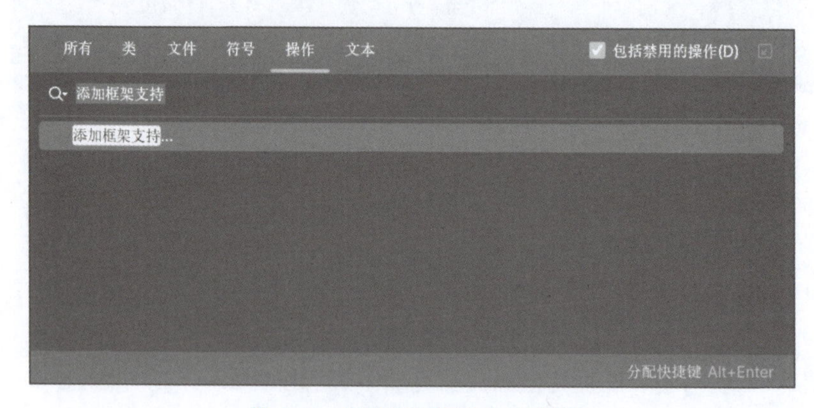

图 6.24　查找添加框架支持功能

输入后按 Enter 键，进入"添加框架支持"界面，选择其中的"Web 应用程序"，如图 6.25 所示。

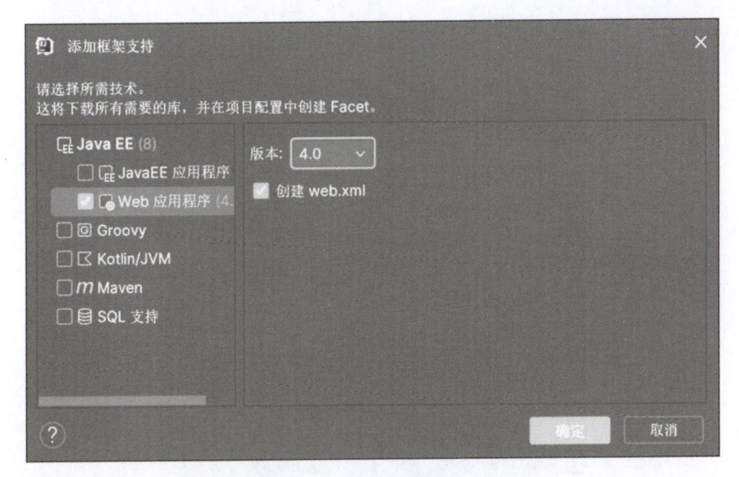

图 6.25　添加框架支持

单击"确定"按钮后，在原本的 Java 项目中加入了 web 文件夹，如图 6.26 所示。

Java Web 项目的结构与开发有关的主要为 src 和 web 两部分。src 文件夹存储的是源码以及一些配置文件，而 web 文件夹存储的是网页及 Web 项目的配置文件。本书使用 JavaBean、Servlet 和 JSP 作为 MVC 的实现。其中，JavaBean 和 Servlet 分别对应模型和控制器，它们均存放在 src 文件夹中。为了区分不同的功能，通常放在两个不同的文件夹中，即不同的软件包中。在如图 6.26 所示项目的 src 文件夹上右击，依次单击"新建"→"软件包"，如图 6.27 所示。

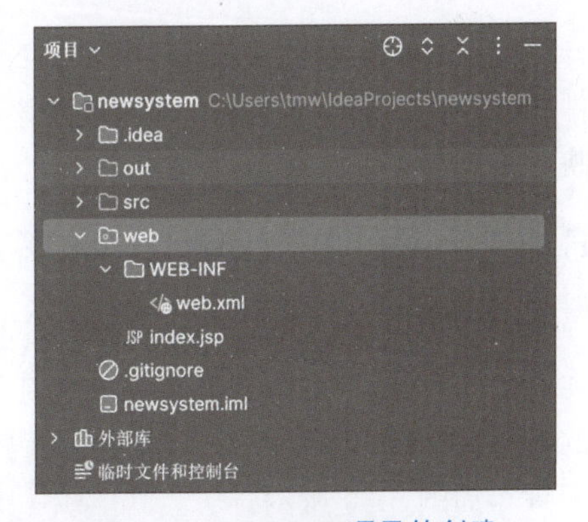

图 6.26　Java Web 项目的创建

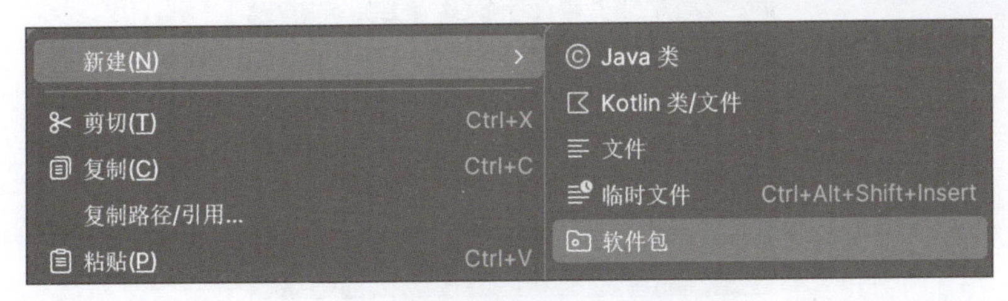

图 6.27　新建软件包菜单

接着，在弹出的浮动窗口中输入"bean"后按 Enter 键，在 src 文件夹中创建 bean 文件夹，如图 6.28 所示。

图 6.28　新建软件包

按同样方法创建 servlet 和 util 文件夹，均用于存放后端开发的必要组件。而 JSP 则将对应视图放置在 Web 项目中，所以不需要单独创建。完成后项目结构如图 6.29 所示。

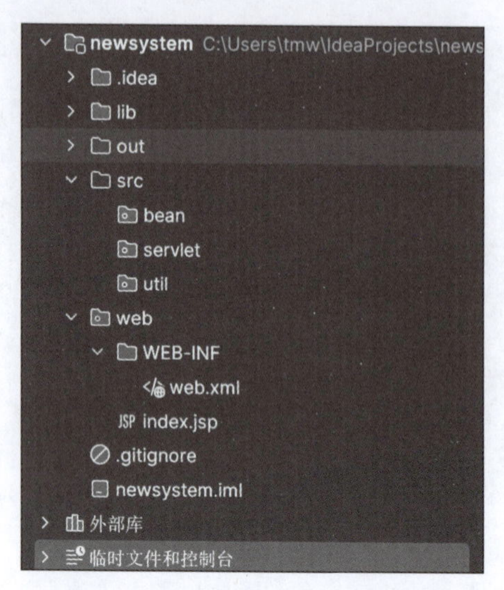

图 6.29　Java Web MVC 项目结构

其中，web 文件夹下还有 WEB-INF 目录。该目录中存放的是 Web 项目的核心配置文件 web.xml。通过该文件，可以设置该项目的首页、用户会话的默认时长和 Servlet 的 URL 映射等项目的基本配置。

6.4.2　添加 Tomcat 服务器

完成 Java Web 项目新建和基本配置后，还需要加入 Tomcat 服务器才能运行该项目。在 6.2 节中，已经讲解了下载和安装 Tomcat 的步骤。读者需要记住各自计算机上 Tomcat 的目录，将其加入 IDEA 中。单击代码编辑区右上角的 FirstJava，在弹出菜单中选择“编辑配置”，如图 6.30 所示。

图 6.30　“编辑配置”菜单

在配置界面中单击左上角的“+”下拉弹出的菜单，单击“Tomcat 服务器”→“本地”选项，如图 6.31 所示。

单击该选项后，右侧出现配置 Tomcat 的界面，如图 6.32 所示。

首先，名称输入“Tomcat”，该名称后续会显示在 IDEA 中。再单击应用程序服务器输入框右侧的“配置”按钮，弹出 Tomcat 服务器配置界面。单击该界面中 Tomcat 主目录右侧的小文件夹图标，在弹出的目录中选择本地 Tomcat 所在的目录。随后，依次单击 Tomcat

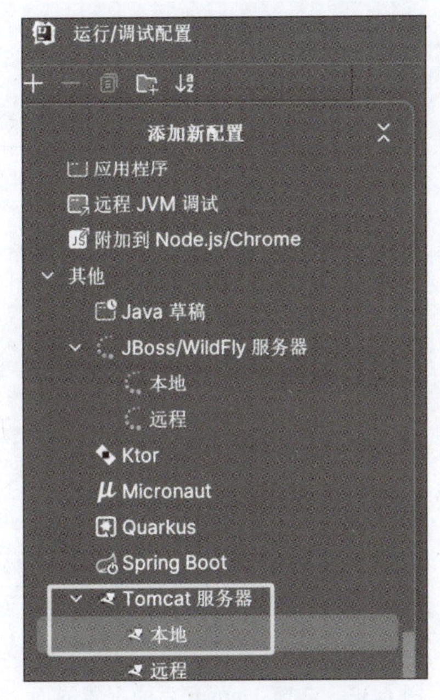

图 6.31 添加 Tomcat 服务器

图 6.32 配置 Tomcat

主目录界面和 Tomcat 服务器界面的“确定”按钮后，返回配置界面，如图 6.33 所示。

Tomcat 的版本号已经被识别到了，在这个界面中，可以选择默认启动的浏览器，以及修改 Tomcat 的访问端口，此处可默认。在该界面的下方有一个警告提示，直接单击右侧的修复提示，会自动跳转至配置界面的“部署”标签，并自动完成配置，如图 6.34 所示。

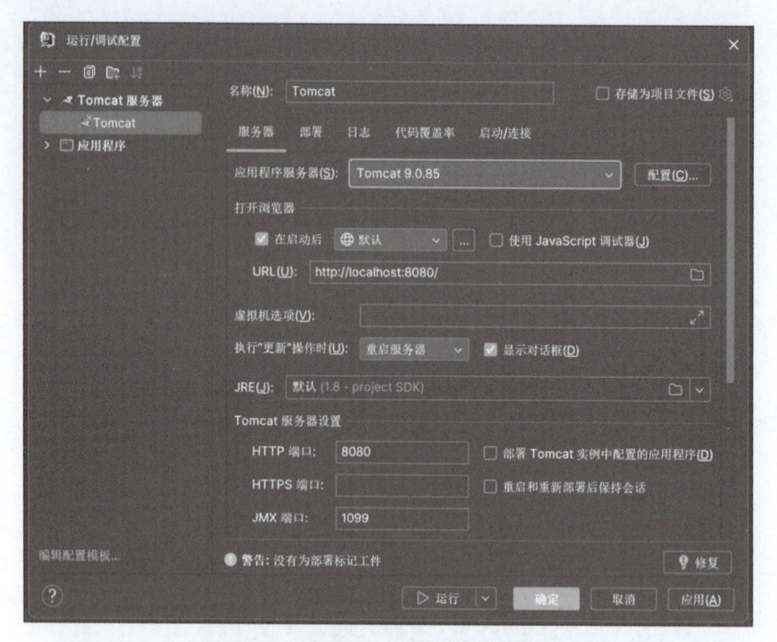

图 6.33　选择 Tomcat 后的配置界面

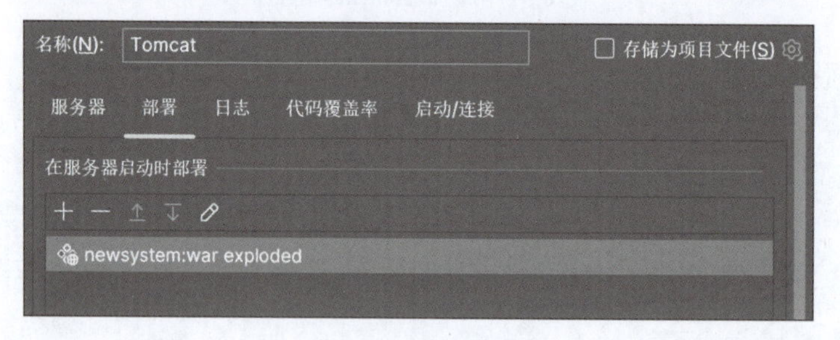

图 6.34　部署配置

该操作是指将 Web 部署成 war 包，这是 Java Web 项目部署后的标准发布包。需要注意的是，往下拖动该界面，可以看到应用程序上下文的组合框，其值默认为"/newsystem_war_exploded"，将其改为"/newsystem"，完成该设置后，后续启动服务器，在浏览器中就可以通过"http://localhost:8080/newsystem"地址访问该项目，如图 6.35 所示。

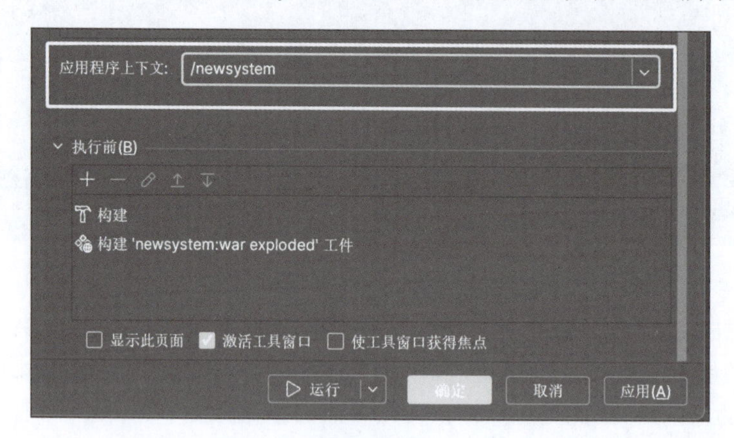

图 6.35　设置应用程序上下文

单击图中“确定”按钮就完成了服务器的配置，这时在主界面上会显示 Tomcat 工具栏，如图 6.36 所示。

此时，可直接单击 Tomcat 右侧的绿色三角图标，IDEA 会自动编译和部署 newsystem 项目，部署成功后，会自动弹出浏览器，执行 newsystem 的默认首页 index.jsp，如图 6.37 所示。

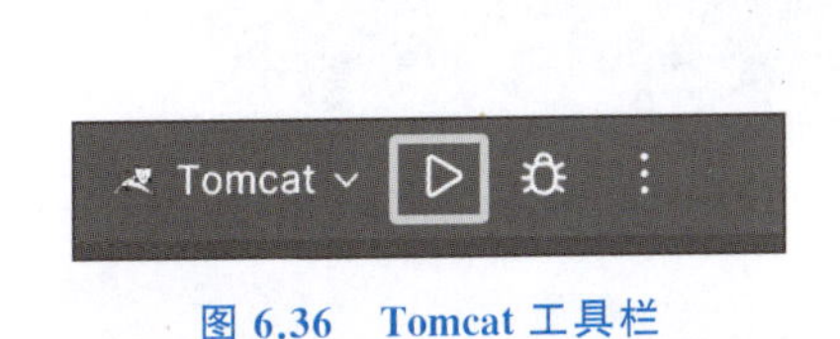

图 6.36 Tomcat 工具栏

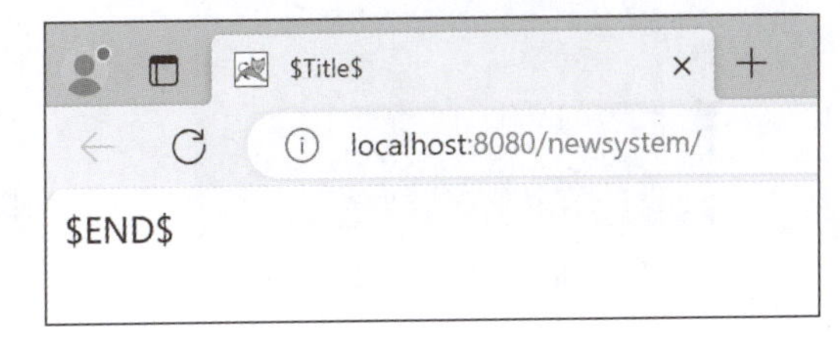

图 6.37 运行 newsystem 项目

出现该界面意味着部署成功，可以看到地址栏中的地址已是按照图 6.35 中所设置的 newsystem 生成。至于该网页之所以只显示 END，是因为 index.jsp 页面中只有这一个内容。

6.4.3 添加 jar 包——以 Servlet 支持为例

jar 包是一种 Java 应用程序的封装形式。通常分为两类：一类是可以双击执行的程序；另一类则是可供 Java 程序调用的类库，如 jxl.jar 封装了操作 Excel 文件的 Java 类和方法，servlet-api.jar 则封装了通过 Servlet 进行 HTTP 请求和响应的类和方法。目前 Java 世界里有数不胜数的 jar 包，它们既有面向自然语言处理、面向文档解析等处理单项任务的，也有搭建大数据平台、构建神经网络等处理大型任务的。这些都是知名的研发机构或者技术爱好者自主研发，并基于开源理念和协议，向全世界分享的智慧结晶。普通开发者通过调用 jar 包，就可以直接使用其中的功能，不必再重复开发。这也正是 Java 语言开源的魅力所在。这一机制使得程序开发人员可以“站在巨人的肩膀上”去开发自己的系统，本节将以添加 servlet-api.jar 为例，展示如何将第三方 jar 包添加至 Java Web 项目中，并通过简单的例子来演示其调用过程。该 jar 包是项目能够进行 Servlet 的开发的必备包。

首先，在 newsystem 项目中创建一个名为“lib”的文件夹，用于存放所需要的 jar 包。右击 newsystem 项目，单击“新建”→“目录”，在弹出的小窗口中，输入“lib”并按 Enter 键。完成上述操作后，在项目的根目录下就创建了 lib 文件夹。接着，在计算机上找到 Tomcat 目录下的 lib 文件夹，找到其中的 servlet-api.jar，将其复制至项目的 lib 文件夹中。在将 jar 包从系统复制至 IDEA 中，会弹出一个确认对话框，直接按“确定”按钮即可。单纯地将其复制至项目中，它还只是一个普通文件，需要将该文件夹设置为库之后，才能在项目的环境下调用 jar 包里的方法。右击 lib 文件夹，在弹出的快捷菜单中选择“添加为库”菜单，如图 6.38 所示。

单击该菜单后，弹出创建库的对话框，保持默认，单击“确定”按钮即可。确定后，可以看到，servlet-api.jar 文件可以在项目中展开了，如图 6.39 所示。

这意味着，该jar包里的类和方法可以在项目中调用了。

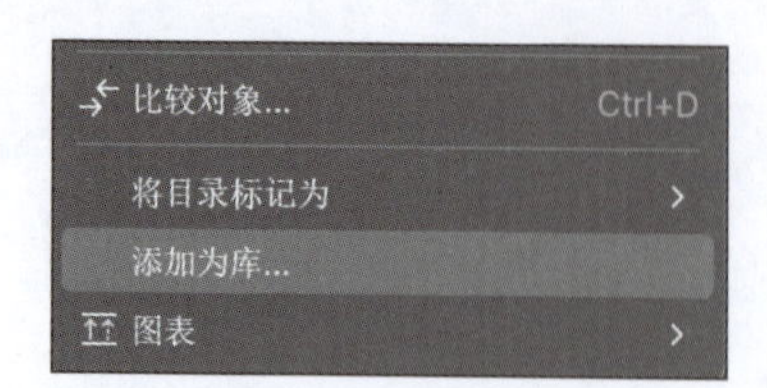

图 6.38 “添加为库”菜单

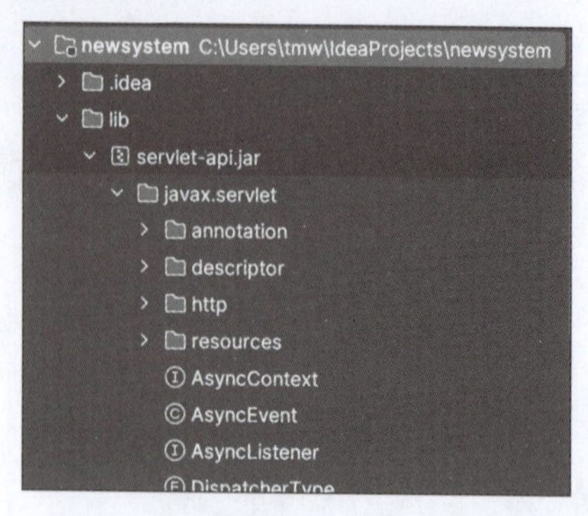

图 6.39 展开的 servlet-api.jar 包

6.4.4 添加新建 Servlet 菜单

IDEA默认的新建菜单中是没有Servlet的菜单项的，但这是进行原生Java MVC开发的常用操作，因此需要将其添加至新建菜单中。单击IDEA右上角的齿轮图标，选择其中的“设置”菜单项，如图6.40所示。

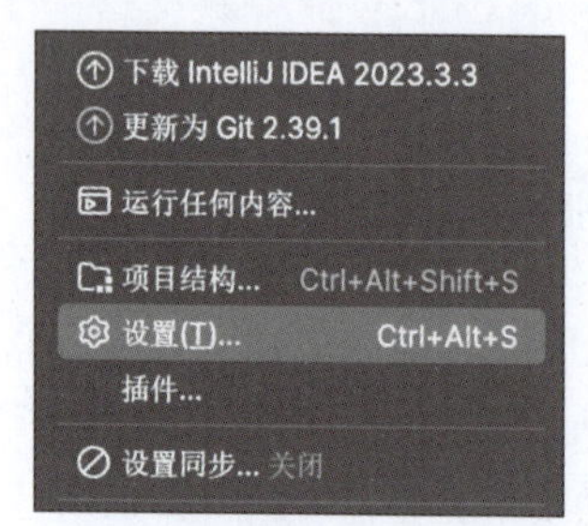

图 6.40 打开“设置”菜单

在设置界面左侧找到“编辑器”→“文件和代码模板”，单击右侧的“+”，输入“Servlet”，如图6.41所示。

在代码编辑区域输入的代码是新建Servlet后会自动生成的Servlet代码，这些代码是每一个Servlet都会包含的，因此直接写入模板中，可以提高开发效率，具体代码及注解如图6.42所示。

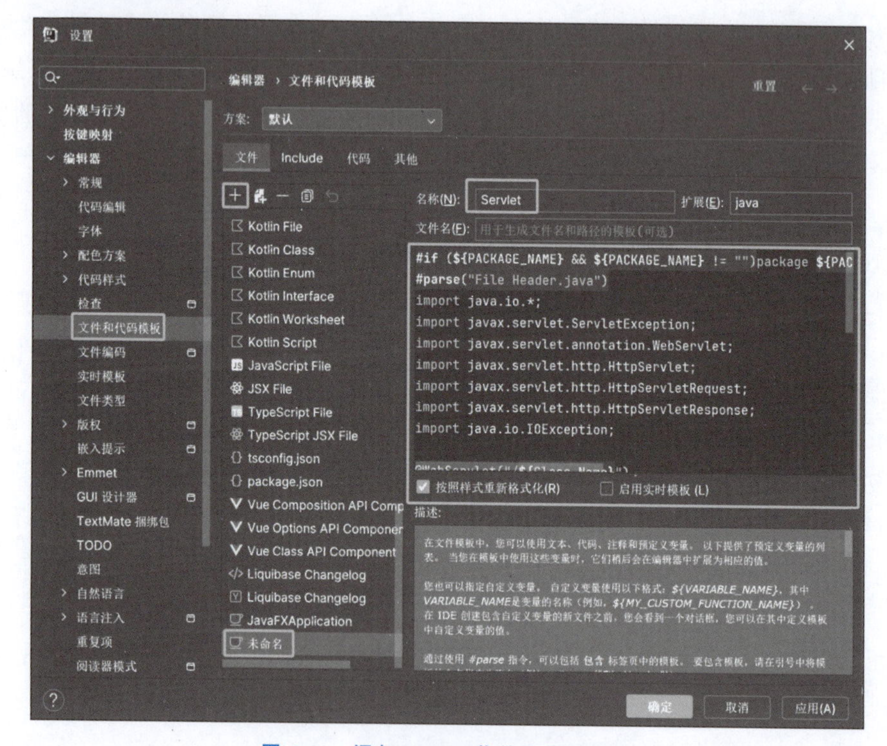

图 6.41 添加 Servlet 菜单及代码模板

```
#if (${PACKAGE_NAME} && ${PACKAGE_NAME} != "")package ${PACKAGE_NAME};#end
#parse("File Header.java")

import java.io.*;
import javax.servlet.ServletException;
import javax.servlet.annotation.WebServlet;
import javax.servlet.http.HttpServlet;
import javax.servlet.http.HttpServletRequest;
import javax.servlet.http.HttpServletResponse;
import java.io.IOException;

@WebServlet("/${Class_Name}")

public class ${Class_Name} extends HttpServlet {
    @Override
    protected void doPost(HttpServletRequest request,HttpServletResponse response)
    throws ServletException, IOException {
        processRequest(request, response);
    }

    @Override
    protected void doGet(HttpServletRequest request,HttpServletResponse response)
    throws ServletException, IOException {
    processRequest(request, response);
    }

   protected void processRequest(HttpServletRequest request,HttpServletResponse response)
   throws ServletException, IOException {

   }
}
```

新建文件包的自动归类

导入Servlet相关依赖包

Servlet映射标注

真正的Servlet类

处理Post请求的方法

处理Get请求的方法

图 6.42　Servlet 模板代码

这些代码分成 4 个部分，第一部分是将生成的文件自动放入调用该菜单的包中；第二部分是导入 Servlet 的基本依赖包；第三部分是 Servlet 映射配置，即@ WebServlet 后的 Class_Name 是最终在浏览器供用户访问的 URL 名称，此处默认与 Servlet 名字相同；第四部分是真正的 Servlet 类，包含 doPost、doGet 和 processRequest 三个方法。其中，doPost 和 doGet 是 Servlet 类内置的两个方法，分别用于处理 Post 和 Get 方式的请求，可以看到这两个方法都调用了 processRequest 方法，因此，不论是哪种方式提交的请求，其处理代码只需要写在 processRequest 方法中即可。这样可以避免因为写错对应的请求方法，而导致请求失败的情况。完成上述操作后，在 src 目录的 servlet 包上右击，在弹出的“新建”菜单里，可以看到 Servlet 菜单项。单击该菜单，则弹出“新建 Servlet”对话框，如图 6.43 所示。

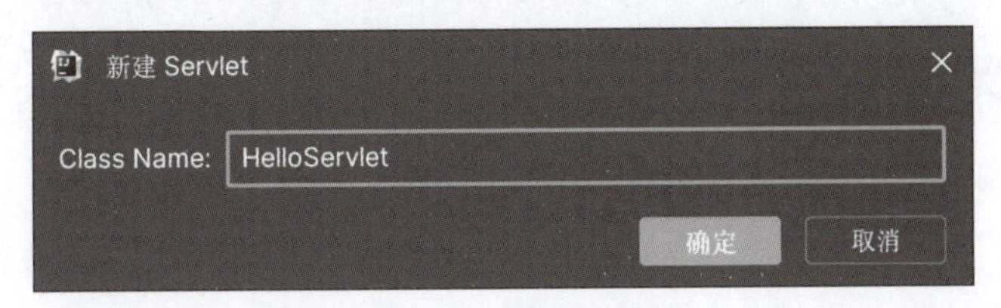

图 6.43　新建 Servlet

输入“HelloServlet”，单击“确定”按钮，IDEA 将安装之前定义的代码模板自动生成 Servlet 代码，在其中的 processRequest 方法中输入“System. out. println (" Hello Servlet");”，如图 6.44 所示。

注意图中的第 9 行代码@WebServlet("/HelloServlet")，因为有这一行代码，因此在浏览器中就可以通过 http://localhost:8080/newsystem/HelloServlet 来访问该 Servlet。如果将其改为@ WebServlet ("/hello")，那么其访问路径就变成 http://localhost:8080/newsystem/hello。这是一个非常重要的标注。

接着按如图 6.44 所示方法启动 Tomcat，在浏览器中输入 http://localhost:8080/

```
import java.io.*;
import javax.servlet.ServletException;
import javax.servlet.annotation.WebServlet;
import javax.servlet.http.HttpServlet;
import javax.servlet.http.HttpServletRequest;
import javax.servlet.http.HttpServletResponse;
import java.io.IOException;

@WebServlet("/HelloServlet")
public class HelloServlet extends HttpServlet {
    0 个用法
    @Override
    protected void doPost(HttpServletRequest request, HttpServletResponse response)
            throws ServletException, IOException {
        processRequest(request, response);
    }

    0 个用法
    @Override
    protected void doGet(HttpServletRequest request, HttpServletResponse response)
            throws ServletException, IOException {
        processRequest(request, response);
    }

    2 个用法
    protected void processRequest(HttpServletRequest request, HttpServletResponse response)
            throws ServletException, IOException {
        System.out.println("Hello Servlet");
    }
}
```

图 6.44 新建的 Servlet 代码

newsystem/HelloServlet，在 IDEA 的输出面板中，可看到打印输出了“Hello Servlet”，如图 6.45 所示。

```
01-Feb-2024 20:31:39.637 信息 [main] org.apache.catalina.startup.Catalina.start [108]毫秒后服务器启动
已连接到服务器
[2024-02-01 08:31:39,988] 工件 newsystem:war exploded: 正在部署工件，请稍候…
[2024-02-01 08:31:40,531] 工件 newsystem:war exploded: 工件已成功部署
[2024-02-01 08:31:40,531] 工件 newsystem:war exploded: 部署已花费 543 毫秒
01-Feb-2024 20:31:49.627 信息 [Catalina-utility-1] org.apache.catalina.startup.HostConfig.deployDirectory
01-Feb-2024 20:31:49.908 信息 [Catalina-utility-1] org.apache.catalina.startup.HostConfig.deployDirectory
Hello Servlet
```

图 6.45 HelloServlet 运行结果

到这一步，以 JavaBean、JSP 和 Servlet 为主的 MVC 开发框架基本搭建完成，该项目的环境已经具备了上述三个组件的开发条件。

小结

本章讲述了 Java Web 系统开发环境的搭建过程，本章内容较为重要，是进行 Java Web 动态编程的基础，后续章节的内容均需要在本章内容搭建的 Web 系统开发环境上完成。但其搭建过程也相对复杂，尤其是对 IDEA 项目进行 jar 包支持、添加自定义 Servlet 菜单等功能扩展，对于初学者而言，极有可能因为操作细节而导致配置失败。如果出现错误，请反复阅读本书操作步骤，确保搭建的 Java Web 系统环境能够正常运行。

练习与思考

（1）什么是 JDK？

（2）什么是 Apache Tomcat？它在 Java Web 开发中有什么作用？

（3）IntelliJ IDEA 在 Java Web 开发中有什么优势？

（4）什么是 WAR 文件？如何创建一个 WAR 文件？

（5）如何在 Tomcat 中部署 Java Web 应用？

Java Web系统数据库编程

本章学习目标

- 掌握 MySQL 的安装与配置方法。
- 掌握 MySQL 数据库及表的创建方法。
- 掌握为 Java Web 系统添加 JDBC 驱动的方法。
- 掌握 Java 数据库编程的基本方法。
- 掌握为 Java Web 项目配置数据库连接池的方法。
- 掌握数据库表 CRUD 的实现方法。

本章是在第 6 章创建的 Java Web 项目上,添加 MySQL 驱动,使其支持数据库编程。首先讲述了 MySQL 的下载、安装及基本使用方法。其次讲解了为 Java Web 项目添加 MySQL JDBC 数据库驱动和数据库连接池配置的方法。最后,详细讲解了数据库编程的核心操作——增加(Create)、查询(Retrieval)、更新(Update)和删除(Delete)的实现过程。

7.1 MySQL 的安装与配置

7.1.1 MySQL 的下载

MySQL 是世界上最流行的开源关系型数据库之一,即使 MySQL 已经被 Oracle 收购多年,但它依然在市场上具有较大的市场份额。在所有的互联网应用中,约超过四分之三的应用其数据库使用的是 MySQL,其中包括 Facebook、Twitter 和 YouTube 等知名网站。可见,MySQL 也是久经考验的关系型数据库。并且,无论从性能还是易用性角度而言,它均是一个较为理想的数据库。目前,MySQL 5.7 是最稳定和成熟的版本,截至 2024 年 1 月,最新小版本号为 44。MySQL 同样可从官网免费下载获得,下载地址为 https://dev.mysql.com/downloads/installer/。打开页面后,默认显示的是 8.0 版本,在此选择 5.7.44,操作系统选择 Windows，然后选择其中的 mysql-installer-community-5.7.44.0.msi 下载。该工具包含 MySQL 能够独立运行的内核和管理工具等核心内容。单击 Download 后，网页提供了两种下载选项。第一种是注册 Oracle 的 Web 账号，成为 Oracle 的 Web 用户后再下载。而第二种则是直接下载。为简化下载环节，此处选择第二种，单击 No thanks，just start my downloads.，正式开始下载。

7.1.2 MySQL 的安装

双击安装文件，通过系统的授权后，安装程序会显示安装类型选择界面，此处选择 Full，这会安装 MySQL 内核、客户端以及其他相关的程序。单击 Next 按钮，则显示需要安装的清单。再单击 Execute 按钮，程序将按清单依次安装所有的程序。所有组件安装成功后，清单左侧会有一个绿色的对号。此时再单击 Next 按钮，则进入配置清单界面。该界面列出的是需要配置的软件，单击 Next 按钮，则开始配置，如图 7.1 所示。

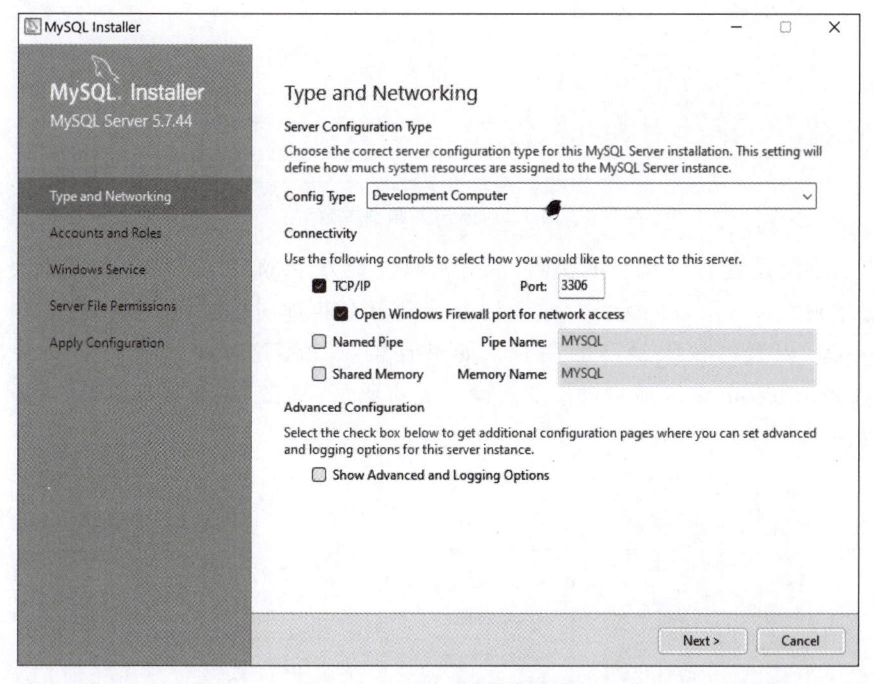

图 7.1 MySQL 网络配置

首先进行 MySQL 的网络配置，需要指定提供服务的模式和网络端口的配置。其中，服务模式可在 Config Type 中选择，共有 4 种模式，具体如表 7.1 所示。

表 7.1 MySQL 的 4 种模式

模 式	名 称	作 用
Development Computer	开发模式	分配较小的内存
Server Computer	服务器模式	分配中等大小的内存
Dedicated Computer	独占模式	会充分利用能够利用的内存
Manual	手动模式	手动指定需要的配置

网络端口默认是 3306，此处不需要做修改，除非该端口已经被占了。此处，确认配置后，单击 Next 按钮，进入账户和角色配置界面，如图 7.2 所示。

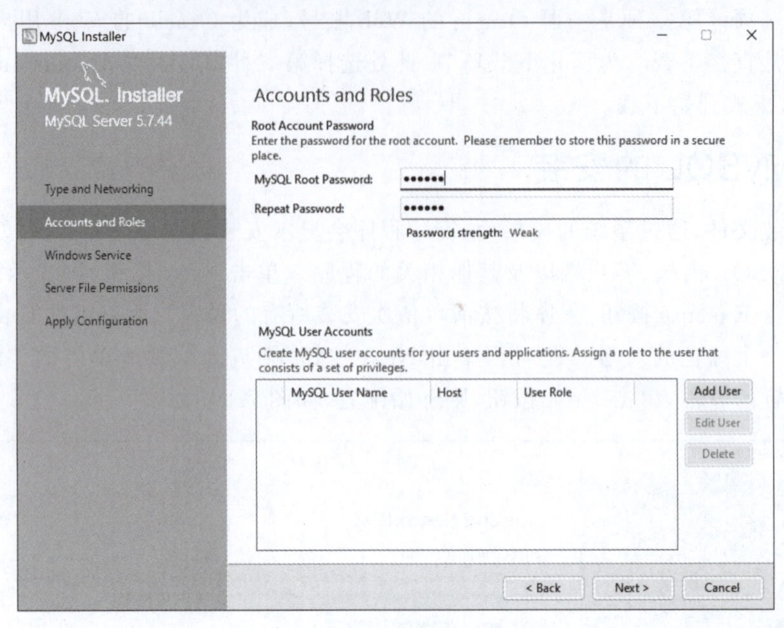

图 7.2　账户和角色配置

该界面主要设置 root 用户的密码，本书密码设置为 123456。该密码非常重要，设置完之后最好单独保存一下。因为在后续使用 Java 连接数据库时，就要使用到该密码。root 用户是 MySQL 内置的权限最高的用户。如果觉得仅使用这一个用户不够安全，可以在 MySQL User Accounts 区域自行添加。设置完密码后，单击 Next 按钮，进入 Windows 服务设置界面，如图 7.3 所示。

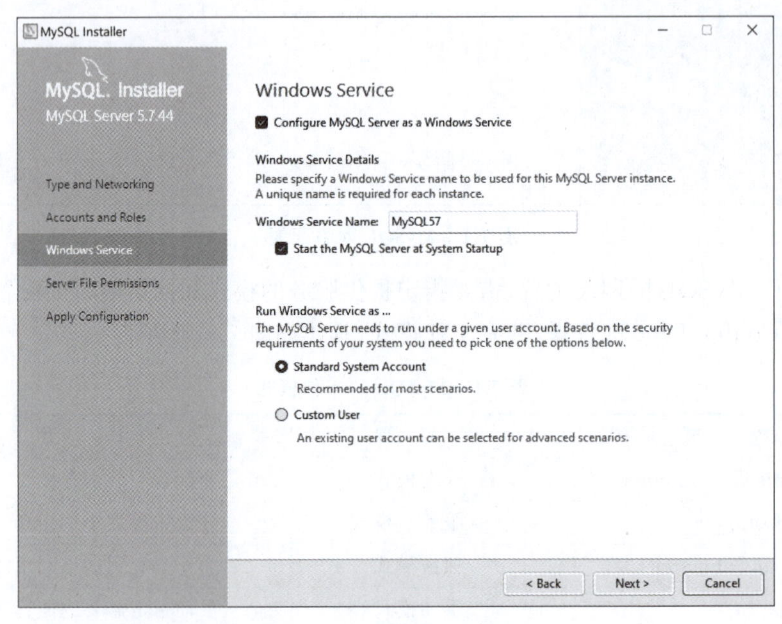

图 7.3　Windows 服务设置

按默认的设置，该界面是在 Windows 服务中加入一个 MySQL57 的系统服务，安装成功后，用户也可以在 Windows 中通过启动这个服务来启动 MySQL。此处不需要做任何修改，采取默认设置即可。单击 Next 按钮进入文件权限设置界面，如图 7.4 所示。

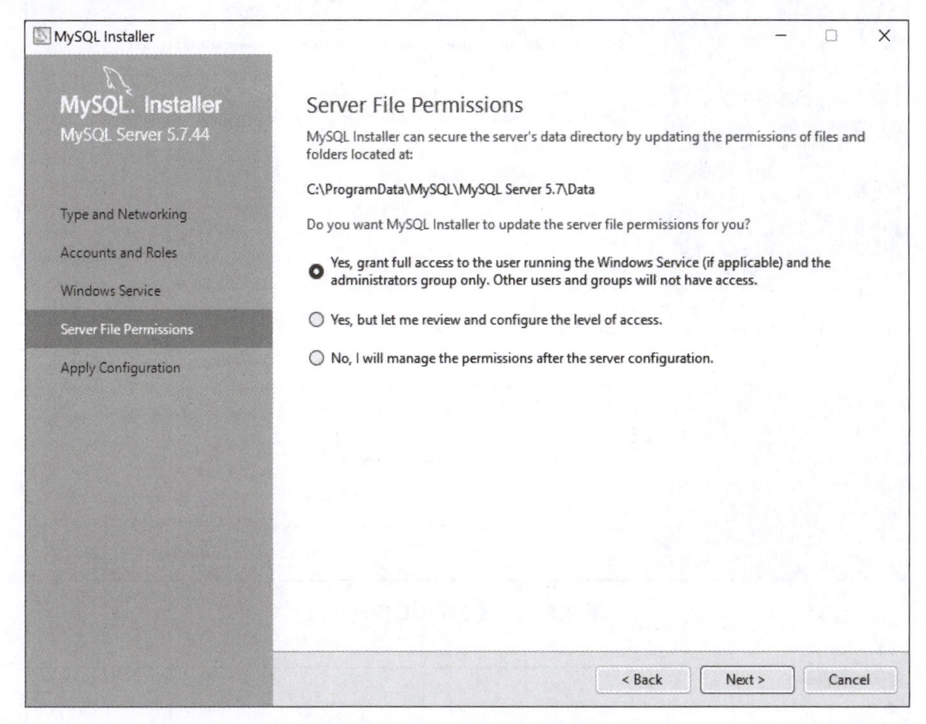

图 7.4　服务器文件权限设置

此处有三个选项，第一个是管理员及运行该服务的用户拥有所有权限，是默认选项。第二个是查看权限等级。第三是手动设置权限。此处选第一个，单击 Next 按钮，程序会列出需应用的设置。该界面无须做任何设置，这一步之前的所有设置均只是预设值，在该页面单击 Execute 按钮才会按之前的设置去配置 MySQL。如果没有任何问题，上述所有步骤会显示绿色对勾。但有任何一步出错都会导致安装失败。其中，Appling security settings 最容易报错，如报错，可检查 3306 端口是否被防火墙禁用。一切都没问题后，单击 Finish 按钮进入 MySQL router 的设置，由于本书不需要使用 MySQL router，因此可以直接单击 Cancel 按钮取消。取消后，会进入服务器连接测试界面，如图 7.5 所示。

在如图 7.5 所示的 Password 文本框中输入“123456”，单击 Check 按钮。如连接正常，则在列表框中的 Status 栏中会显示 Connection succeeded。再单击 Next 按钮，同样跳转至待应用的设置界面。直接单击 Execute 按钮，待应用成功后，单击 Finish 按钮。界面跳转至三个软件的 Configure 界面，单击 Next 按钮后，进入最终的完成设置界面。该界面默认勾选了 Start MySQL Workbench 和 MySQL Shell 两个选项，单击 Finish 按钮后，会自动跳出一个命令行窗口 Shell 以及 Workbench。Shell 是以命令行的方式去操作数据库，这是给专业数据库管理员使用的，可直接关闭。本书重点关注 Workbench，这是数据库的可视化界面，其登录界面如图 7.6 所示。

通过之前的一系列设置，Workbench 中已经建立了一个默认的连接，即图中所圈的

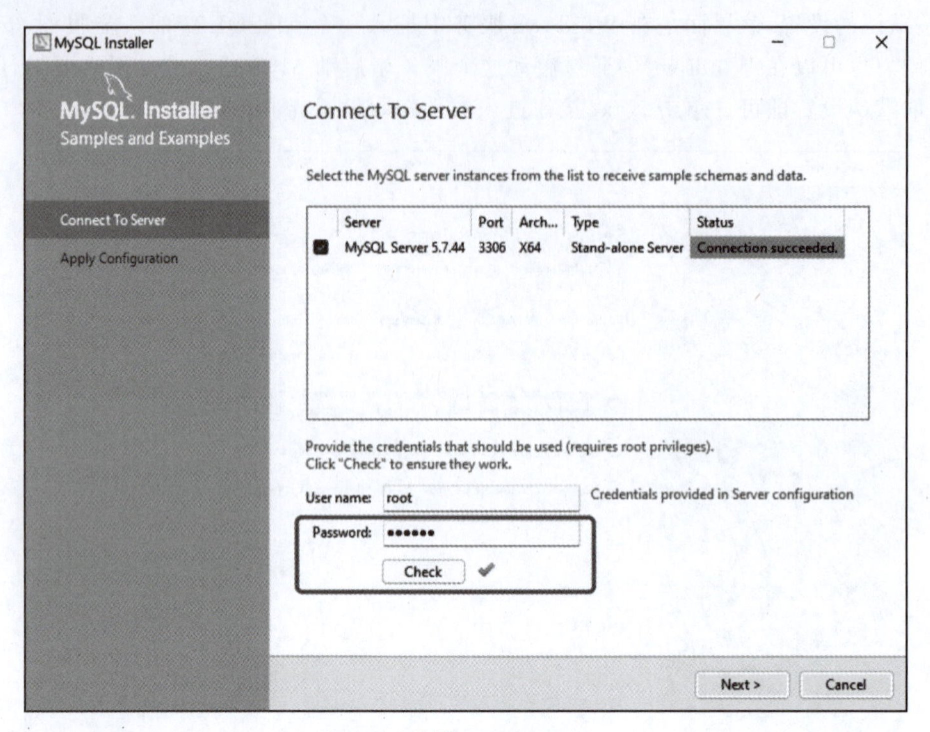

图 7.5　连接 MySQL Server

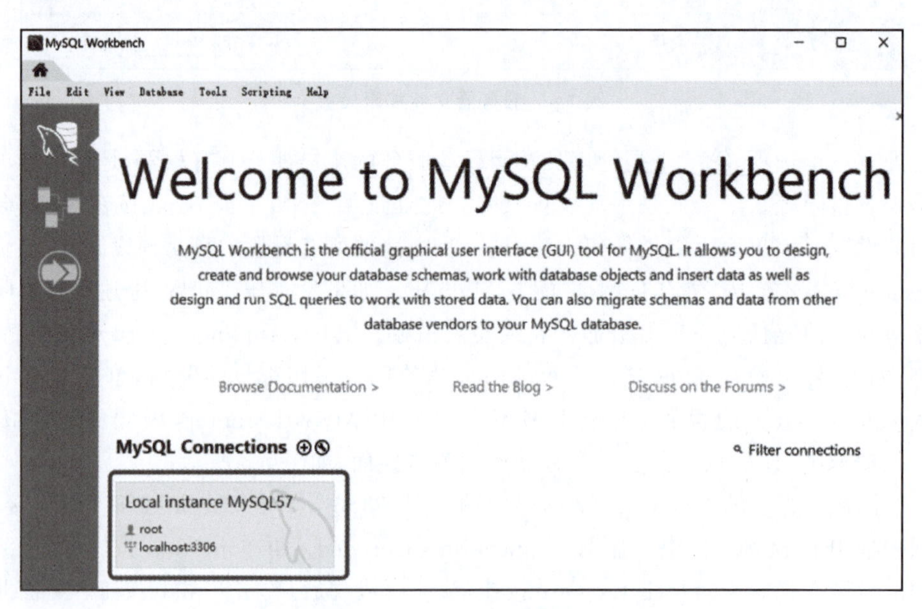

图 7.6　Workbench 登录界面

Local instance MySQL57，单击该连接。首次登录，要求输入密码，会弹出输入密码的对话框，如图 7.7 所示。

输入密码“123456”，同时勾选下方的 Save password in vault 复选框，这样下次登录就不再要求输入密码。完成上述操作后，单击 OK 按钮，即可登录至数据库管理界面，如图 7.8 所示。

图 7.7 输入密码

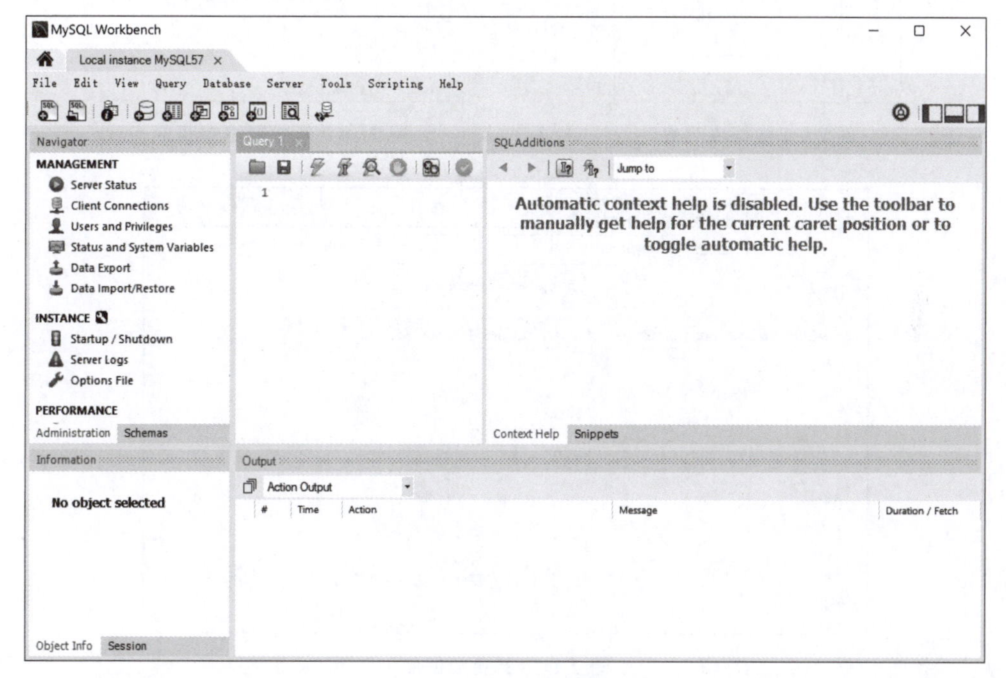

图 7.8 MySQL 管理界面

7.1.3 新建数据库及表

MySQL 中的数据库管理单位是 Schema，一个 Schema 可以视为一个数据库。单击 MySQL 管理界面左侧的 Schemas 标签页，则列出所有的数据库，如图 7.9 所示。

在 Schemas 的空白处右击，在弹出的快捷菜单中选择 Create Schema 菜单项，如图 7.10 所示。

在新建界面中输入数据库名称“newsystem”，选择字符集 utf8mb4 和 utf8mb4_general_ci，如图 7.11 所示。

其中，utf8mb4 字符集是对 utf-8 字符集的修正，它支持整个 Unicode 字符集，包括表情符号和其他补充字符。而整理规则 utf8mb4_general_ci 则表示不区分大小写，但是区分字母变体，如“a”和“α”在这个规则下是两个不同的字母。选择完成后单击 Apply 按钮，则弹出上述 SQL 语句窗口，此处直接单击 Apply 按钮即可，如果执行没有问题，会显示执行成功界面，在该界面直接单击 Finish 按钮即可。

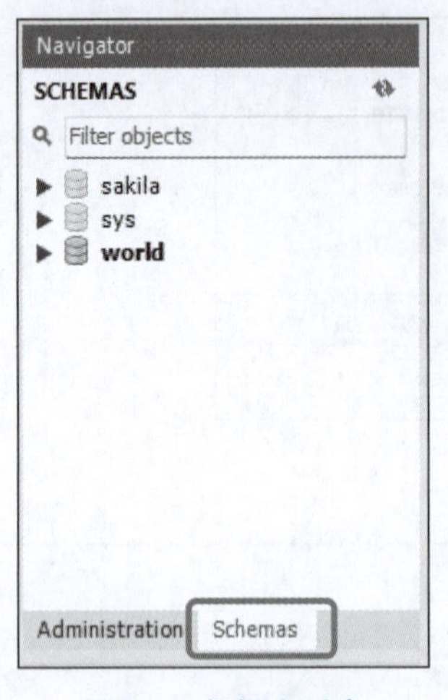

图 7.9　数据库列表

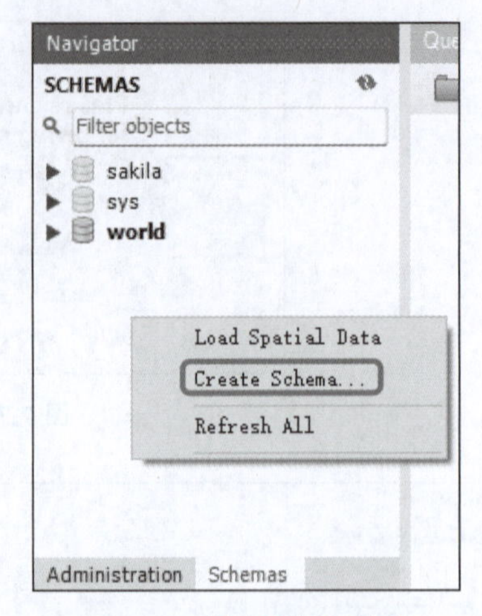

图 7.10　新建数据库菜单

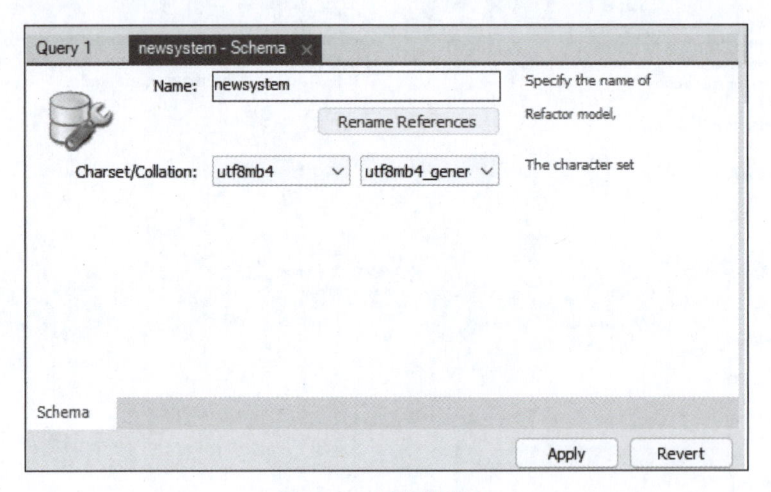

图 7.11　新建数据库

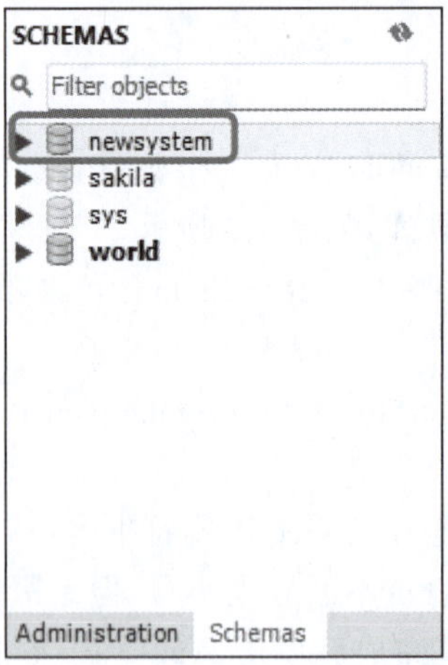

图 7.12　新建的 newsystem 数据库

创建成功后，在左侧的 SCHEMAS 栏目中可以看到新建的 newsystem 数据库，如图 7.12 所示。

接着，单击 newsystem 数据库左侧的小箭头，打开该数据库，如图 7.13 所示。

这里面包括表格、视图、存储过程和函数，主流关系型数据库该有的功能，MySQL 也都有了。右击 Tables，在弹出的快捷菜单中选择 Create Table 菜单项，如图 7.14 所示。

进入表格新建界面，如图 7.15 所示。

按如图 7.15 所示，在对应的位置依次输入表格名和各字段，其具体含义如表 7.2 所示。

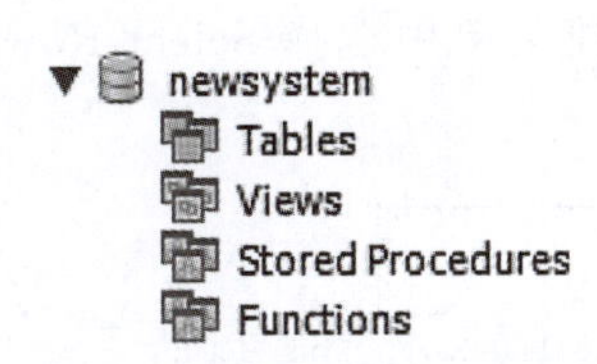

图 7.13 newsystem 数据库概况

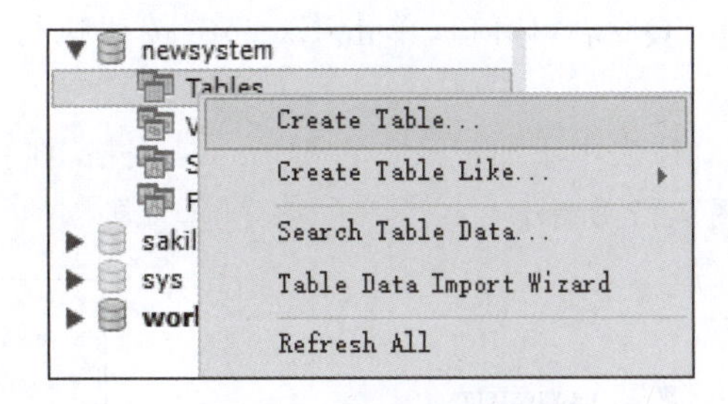

图 7.14 创建表格菜单

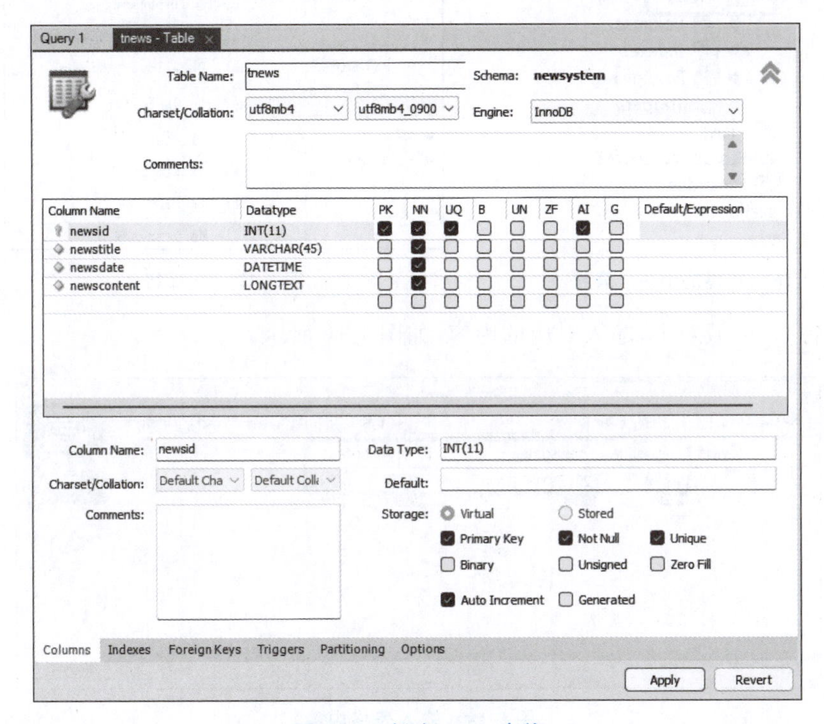

图 7.15 新建 tnews 表格

表 7.2 tnews 表结构

字 段 名	字段数据类型	字 段 属 性	备 注
newsid	int,整型	PK(主键),NN(非空),UQ(唯一),AI(自增长)	唯一标识
newstitle	varchar(45),字符串长度 45	NN(非空)	标题
newsdate	datetime,时间日期型	NN(非空)	发布日期
newscontent	longtext,长文本型	NN(非空)	内容

该表格设置了 newsid 这一字段,其类型为主键、非空、唯一和自增长,在 4 个字段类型的组合下,该字段的值会按照 1,2,3 这样的序列自动生成。即在没有任何删除的前提下,第一条记录 newsid 为 1,第二条记录为 2,第三条记录为 3,以此类推。如果删除了第 3 条,再创建第 4 条时,这个 newsid 依然为 4。也就是说,以前出现过的 newsid 值,即使被删除了,如果不通过 SQL 语句去修改,那么被删除的值绝不会再赋值给任何新的记录。这样该字段就可以用于唯一标识每一条数据库表的记录。按上述方法设置好之后,依然单击 Apply 按

钮，弹出 SQL 语句窗口，单击 Execute 按钮执行成功后，即创建了 tnews 表格，如图 7.16 所示。

接着往表中添加记录。右击 tnews 表格，在弹出的快捷菜单中选择 Select Rows 菜单项，如图 7.17 所示。

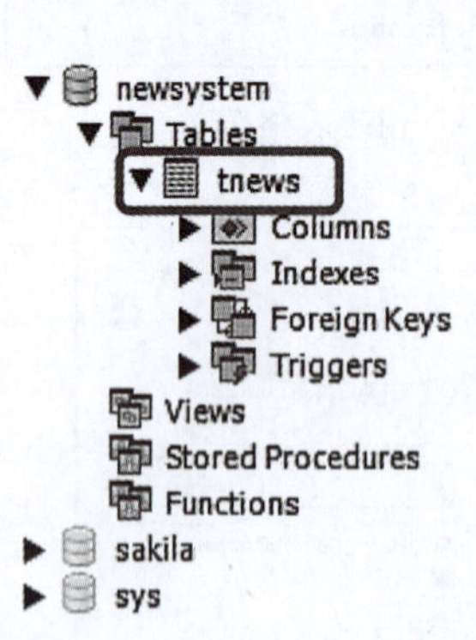

图 7.16　新建的 tnews 表格

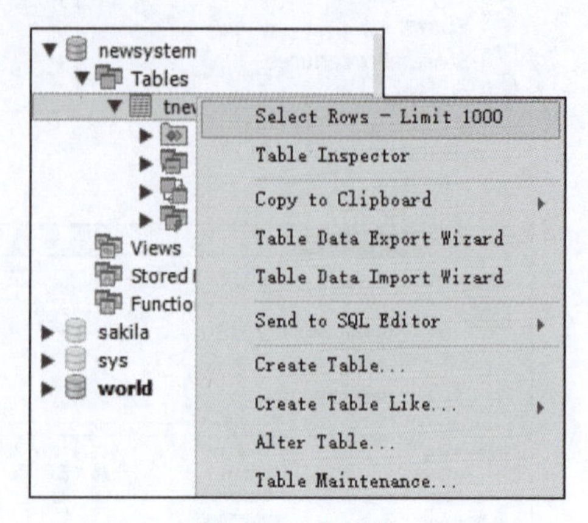

图 7.17　选择行

在表格的行区域双击，输入对应的内容，如图 7.18 所示。

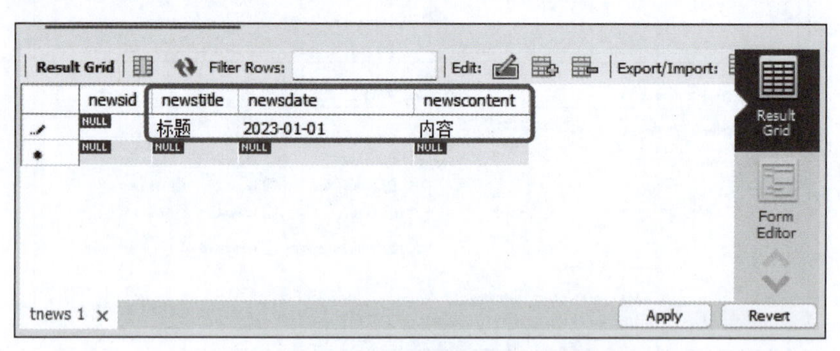

图 7.18　输入表格内容

此处 newsid 不需要输入，随后单击 Apply 按钮，会出现增加的 SQL 语句，执行成功后，即插入一条新记录，如图 7.19 所示。

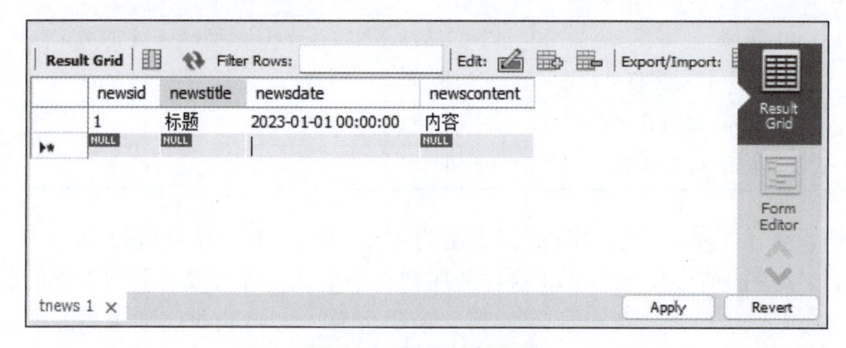

图 7.19　插入的新记录

可以看到，成功插入后，这条记录的 newsid 自动赋值为 1。

7.2 下载和安装 MySQL 的 JDBC 驱动

第 6 章完成的是具有 MVC 架构的 Java Web 系统的基本开发环境，但它还不支持对数据库的访问，而数据库是一个业务系统的核心，本节将展示如何在 Java Web 系统中连接 MySQL 数据库。此处，就需要使用到 MySQL 的 JDBC 驱动程序。这也是一个 jar 包，可从 MySQL 下载地址 https://dev.mysql.com/downloads/下载获得。打开上述地址的网站，单击右侧的 Connector/J 链接，进入后选择要下载的版本。单击其中的 Select Operating System 下拉框，选择 Platform Independent，这个选项出现的是 jar 包。如果选择其他版本，则会是对应 Linux 版本的安装包。选中该选项后，列出来的两个下载包都可以单击。

下载完成后，解压即可找到 MySQL 的 JDBC jar 包，其文件名为 mysql-connector-j-8.3.0.jar。将该文件直接复制至项目的 lib 文件夹下。由于 lib 文件夹已经被设置为项目的库，因此复制进去后，可以看到文件会直接被识别为库文件。但是作为一个 Web 项目，仅把 jar 包放到库里是不够的。虽然已经可以引用，但是在部署项目后，访问对应程序时，依然会发生加载错误。要解决这一问题，则需将 lib 库部署到项目中。依次单击右上角的小齿轮图标→“项目结构”，进入项目结构配置界面，如图 7.20 所示。

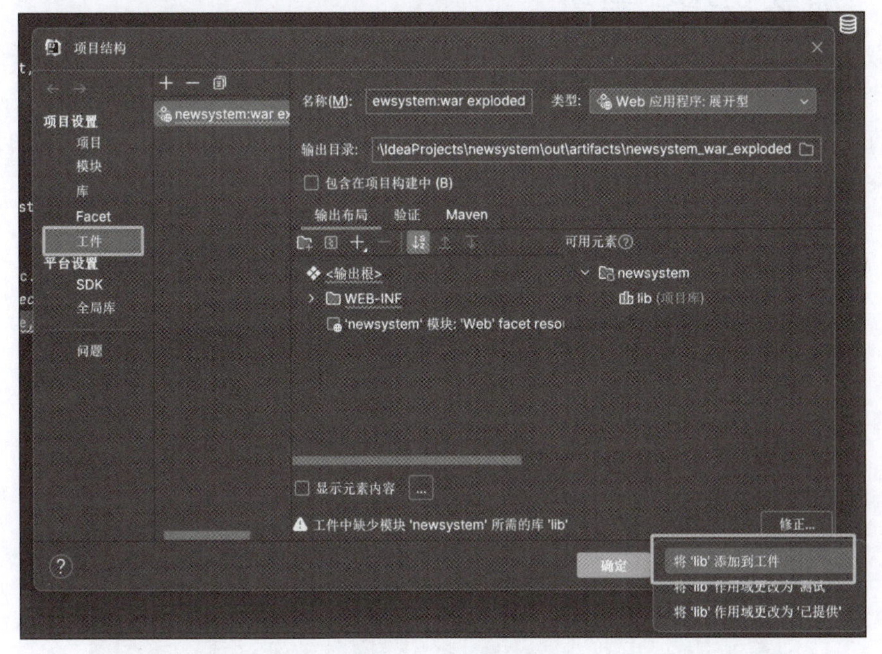

图 7.20　工件配置

单击左侧的“工件”菜单，可以看到在该界面的下方有一个提示：工件中缺少模块 newsystem 所需的库 lib，并且也给出了“修正”按钮，单击“修正”按钮，选择其中的“将'lib'添加到工件”，此时会将 lib 加入项目中。单击“确定”按钮后，布局显示如图 7.21 所示。

这一结构实际上即项目部署至 Tomcat 后中的结构，之前默认是缺少 lib 库，因此无法正常加载 lib 中的类。完成这一步后，单击“确定”按钮即可。

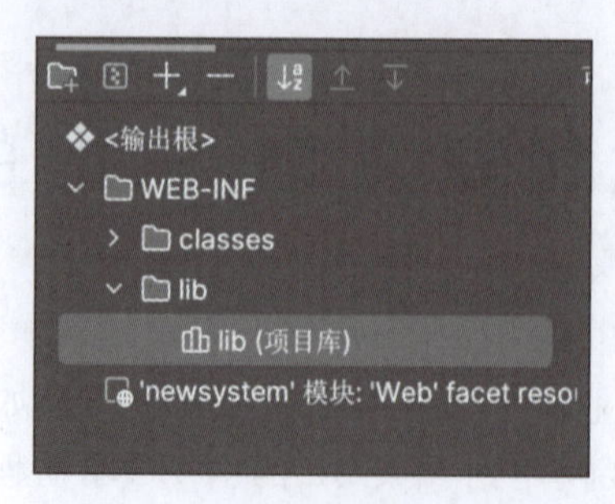

图 7.21　加入 lib 库后的项目布局

7.3 Java 数据库编程基本方法

按 7.2 节操作完成后，就能通过 JDBC 驱动来操作 MySQL 数据库了。JDBC 是 Java Database Connectivity 的缩写，是 Oracle 公司提供的对数据库操作的一套接口。加载 JDBC 后，一般是通过 java.sql 包中的 DriverManager、Connection、PreparedStatement、ResultSet 等类和接口来实现对数据库的操作。Java 数据库编程的基本流程具体如下。

7.3.1 加载 JDBC 驱动

加载 JDBC 驱动的代码非常简单，即 Class.forName("com.mysql.cj.jdbc.Driver");，其中，Class.forName 方法即加载某个类，com.mysql.cj.jdbc.Driver 为 MySQL 驱动程序。这看上去仅是一个字符串，之所以能这么加载，是因为 com.mysql.cj.jdbc.Driver 已经在项目的 lib 库中，如图 7.22 所示。

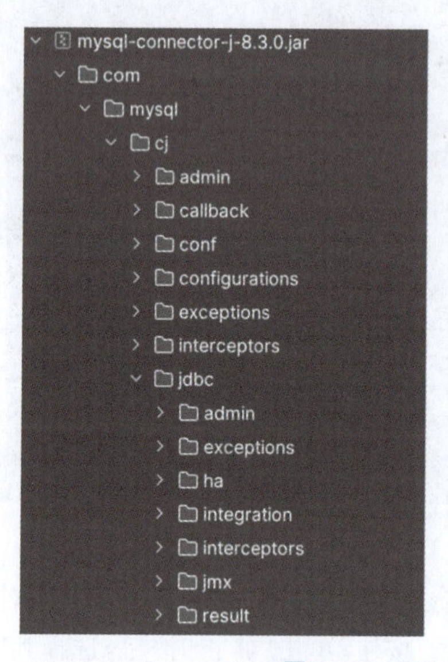

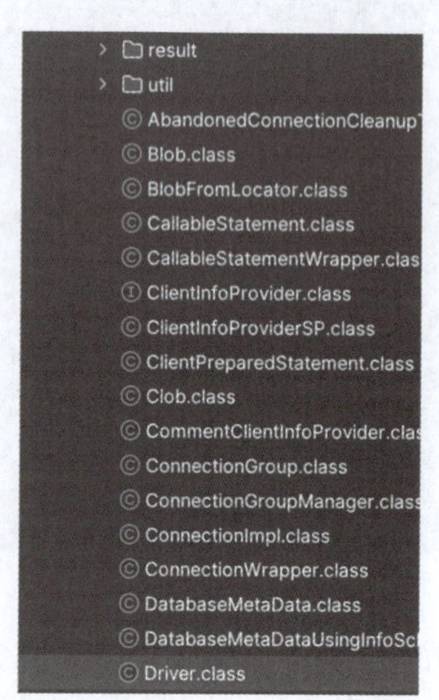

图 7.22　JDBC 驱动结构

从项目结构中可以清楚地看到 Driver 位于 mysql-connector-j-8.3.0.jar 的 com.mysql.cj.jdbc 包下。只要环境配置正确，那么在执行到上述代码时，程序会自动从库中按照 com.

mysql.cj.jdbc 的路径去加载 Driver 类。

7.3.2 建立 MySQL 连接

加载驱动之后，MySQL 的 JDBC 驱动程序就内置在当前程序中。下一步即通过 DriverManager 的 getConnection 方法来建立数据库连接。getConnection 方法一般接收三个参数：url、username 和 password。url 即数据库的网络地址，由通信协议、端口和数据库 schema 组成。在本书目前已经创建好的数据库环境中，url 值为 jdbc:mysql://localhost:3306/newsystem，其中，jdbc:mysql 即网络协议，localhost 代表本机，3306 即 MySQL 的访问端口，newsystem 即本书在 7.1.3 节中创建的数据库 schema。如果在数据库中又新建了其他的 schema，如 newslist，那么 url 的值则为 jdbc:mysql://localhost:3306/newslist。username 和 password 即对应数据库的用户名和密码，在本书中为 root 和 123456。根据这些设置，建立连接的代码如下。

```
Class.forName("com.mysql.cj.jdbc.Driver");//加载驱动
//建立连接
Connection conn= DriverManager.getConnection("jdbc:mysql://localhost:3306/
newsystem","root","123456");
```

该方法执行成功后返回一个 Connection 连接对象，后续对数据库的操作都是通过连接对象来实现的。

7.3.3 创建和使用 PreparedStatement

PreparedStatement 类似于数据库表的执行器，起到负责向数据库提交 SQL 语句，并接收执行结果的作用。PreparedStatement 需要通过 Connection 对象来创建，在应用时需要预先加载 SQL 语句。向数据库表中增加记录的 SQL 语句如下。

```
insert into 表名(字段 1,字段 2,字段 3,…) values(值 1,值 2,值 3,…)
```

由于本书采用预处理方式，因此其中具体的数据使用“?”占位符代替，真正的数据值则在 PreparedStatement 创建成功后，再通过 setString、setInt 等方法来设置，具体代码如下。

```
String sql="insert into tnews(newstitle,newsdate,newscontent) values(?,?,?)";
                                                        //新增 SQL 语句
PreparedStatement pstmt=conn.prepareStatement(sql);     //预处理执行器
pstmt.setString(1, "标题");                              //设置值
pstmt.setString(2, "2024-02-03");                       //设置值
pstmt.setString(3, "内容");                              //设置值
pstmt.executeUpdate();                                  //执行数据库更新类操作
```

上述代码的 setString()方法对应两个参数，第一个是位置，指向的是预加载的 SQL 语句里问号的位置，如 1，则代表 SQL 语句里的第一个问号；第二个参数即问号的值。由于第一个问号对应的是新闻标题，其类型为字符串型，因此使用的是 setString()方法，事实上还有 setInt()、setFloat()和 setLong()等多个类似方法。具体使用哪个方法，取决于字段类型。不过在本例中，第二个字段应该是日期时间型，按理应该使用 setDate()方法，但由于日

期型在数据库中也可以用字符串表示，因此，此处就直接使用 setString()方法，这样可以省去将字符串格式的日期转换成日期类型的日期。赋值完成后，即真正执行 SQL 语句。本例中使用的是 executeUpdate()方法，这是因为当前操作是新增，是对数据库表记录会有修改的操作，类似的修改和删除也是使用该方法。该方法返回一个整数，代表更新到的记录的条数。如果只是查询操作，则需要使用 executeQuery()方法，查询方法则是返回的记录集。值得说明的是，Statement 是另一种执行器，但存在 SQL 注入的安全风险，因此本书直接跳过。

7.3.4 关闭连接

完成 SQL 的执行后，还需要关闭数据库的连接，以释放资源。此处需要把 Statement 和 Connection 都关闭掉，具体代码如下。

```
pstmt.close();          //关闭预处理执行器
conn.close();           //关闭连接
```

7.3.5 代码优化

上述代码需要复制至 Servlet 的方法中，才可以通过 Tomcat 在浏览器中执行该功能。在 src 的 servlet 包中新建一个名为 AddServlet 的 Servlet，将上述代码复制至 AddServlet 的 processRequest()方法中。但需要注意的是，单纯地将这些代码复制至 Servlet 中，会提示捕获异常。因为在这段代码里，有太多的可能会出现运行时异常的问题。如加载驱动时加载不到的异常，建立数据库连接时找不到数据库异常等。因此，这段代码得使用 try/catch 语句捕获一下，具体如下。

```
try {
    Class.forName("com.mysql.cj.jdbc.Driver");            //加载驱动
    //建立连接
    Connection conn= DriverManager.getConnection("jdbc:mysql://localhost:
    3306/newsystem","root","123456");
    String sql ="insert into tnews(newstitle, newsdate, newscontent) values
(?,?,?)";                                                 //新增 SQL 语句
    PreparedStatement pstmt=conn.prepareStatement(sql); //预处理执行器
    pstmt.setString(1, "标题");                           //设置值
    pstmt.setString(2, "2024-02-03");                     //设置值
    pstmt.setString(3, "内容");                           //设置值
    pstmt.executeUpdate();                                //执行数据库更新类操作
    pstmt.close();                                        //关闭预处理
    conn.close();                                         //关闭连接
}catch (Exception e){
    System.out.println(e.getMessage());
}
```

这一代码看似没有问题，但事实上健壮性不够强。例如，这段代码如果在执行到 executeUpdate(sql)时出错了，那么就会被 catch 到，直接跳转到 catch 语句块。此时，数据库连接 Connection 和执行器 Statement 都还未关闭，因此，如果出现很多这样的错误，就会

因连接占用过多资源，而导致程序访问速度下降。要解决这一问题，则需要将 Connection 和 Statement 对象的声明放在 try 语句块之外，而它们的关闭则放在 finally 语句块之内，具体如下。

```
Connection conn=null;                                          //声明连接
PreparedStatement pstmt=null;                                  //声明预处理执行器
try {
    Class.forName("com.mysql.cj.jdbc.Driver");                 //加载驱动
    //建立连接
    conn= DriverManager.getConnection("jdbc:mysql://localhost:3306/newsystem",
    "root","123456");
    PreparedStatement pstmt=conn.prepareStatement(sql); //预处理执行器
    pstmt.setString(1, "标题");                                 //设置值
    pstmt.setString(2, "2024-02-03");                          //设置值
    pstmt.setString(3, "内容");                                 //设置值
    pstmt.executeUpdate();                                     //执行数据库更新类操作
}catch (Exception e){
    System.out.println(e.getMessage());
}finally{
    try {
        pstmt.close();                                         //关闭预处理执行器
    } catch (Exception e) {
        System.out.println(e.getMessage());
    }
    try {
        conn.close();                                          //关闭连接
    } catch (Exception e) {
        System.out.println(e.getMessage());
    }
}
```

这段代码看似有点啰嗦，但非常重要。编者在攻读博士学位期间，曾经开发过学校官方的 BBS 论坛，上线后每日同时在线约为 3000 人。但是编者自己在论坛灌水时，发现登录后没多久，论坛运行速度奇慢。后来经过多次的代码排查，问题就锁定在这里。编者当年也是初学者，初生牛犊不怕虎，一个人承接了这个艰巨的任务，差点把这件事给搞砸了。像这种代码问题，基本是初学者都会犯的。因此，在此大费笔墨地谈这个问题，一来是为了循序渐进地讲解数据库编程的基本步骤，二来也是希望后来者能避开这个坑。

在上述代码中，Connection、DriverManager 和 Statement 等类均需要从其他包导入，直接在 Servlet 默认的 import 语句下加入如下代码即可。

```
import java.sql.Connection;
import java.sql.DriverManager;
import java.sql.Statement;
```

同时，IDEA 对于未导入的类，也会有提示，如图 7.23 所示。

代码颜色偏暗的部分就是未导入的，或者说是 IDEA 无法识别的。单击该代码，会弹出

图 7.23 IDEA 的导入提示

提示，单击其中的 import 类即可导入所需要的类。需注意的是，由于 Java 类可能有重名的，对于重名的类，IDEA 会列出所有可选择的类，如图 7.24 所示。

要导入的类

Connection (/java.sql)	< 1.8 > (rt.jar)
Connection (/sun.rmi.transport)	< 1.8 > (rt.jar)
Connection (/com.sun.corba.se.pept.transport)	< 1.8 > (rt.jar)
Connection (/com.sun.corba.se.spi.legacy.connection)	< 1.8 > (rt.jar)
Connection (/com.sun.jndi.ldap)	< 1.8 > (rt.jar)

图 7.24 可供选择的同名类

同名类主要通过前缀包的不同来区别，本例选择 java.sql.Connection 类。完成这步操作后，该 Servlet 功能就完善了。接着检查一下运行效果，如果 Tomcat 未启动，则单击右上角 Tomcat 右侧的启动图标，启动 Tomcat。如果已经启动，因为代码做了修改，因此需要重新部署。单击 IDEA 下部的 Tomcat 任务栏，单击右侧的"更新"按钮，如图 7.25 所示。

```
Tomcat Localhost 日志
03-Feb-2024 21:46:30.485 信息 [main] org.apache.coyote.AbstractProtocol.start 开始协议处理句柄["http-nio-8080"
03-Feb-2024 21:46:30.610 信息 [main] org.apache.catalina.startup.Catalina.start [250]毫秒后服务器启动
已连接到服务器
[2024-02-03 09:46:33,977] 工件 newsystem:war exploded: 正在部署工件，请稍候…
03-Feb-2024 21:46:35.154 信息 [RMI TCP Connection(4)-127.0.0.1] org.apache.jasper.servlet.TldScanner.scanJa
[2024-02-03 09:46:35,218] 工件 newsystem:war exploded: 工件已成功部署
[2024-02-03 09:46:35,218] 工件 newsystem:war exploded: 部署已花费 1,242 毫秒
03-Feb-2024 21:46:40.496 信息 [Catalina-utility-2] org.apache.catalina.startup.HostConfig.deployDirectory
03-Feb-2024 21:46:40.634 信息 [Catalina-utility-2] org.apache.catalina.startup.HostConfig.deployDirectory
Loading class `com.mysql.jdbc.Driver'. This is deprecated. The new driver class is `com.mysql.cj.jdbc.Dri
```

图 7.25 更新 Tomcat

单击该按钮后，弹出更新对话框，选择其中的"重新部署"单选按钮，如图 7.26 所示。

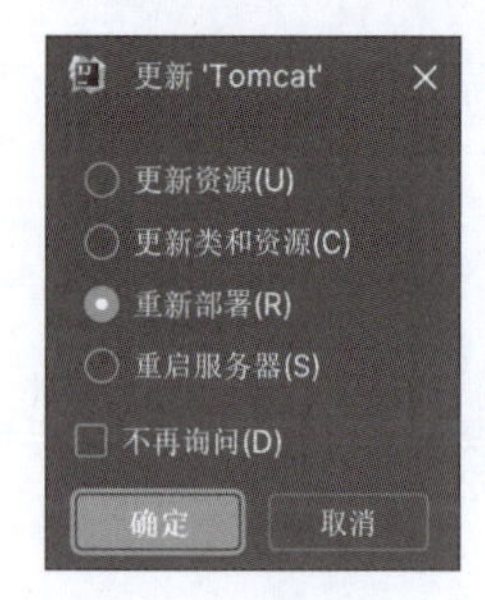

图 7.26 重新部署

接着，在浏览器中输入"localhost:8080/newsystem/AddServlet"，若出现空白页面，则执行成功。接着打开 MySQL，右击 tnews 表，在弹出的快捷菜单中选择 Select Rows，即可查看前 1000 条记录，如图 7.27 所示。

数据已成功插入数据库中。

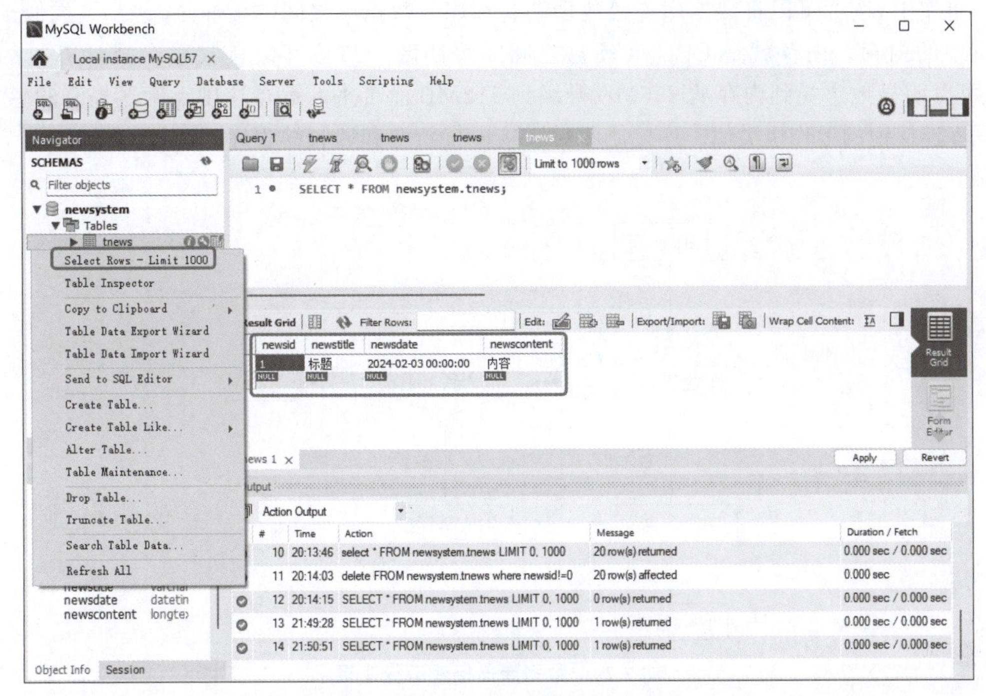

图 7.27 查询记录

7.4 配置数据库连接池

7.4.1 数据库连接池的定义

从Java数据库编程的基本流程可知，连接是程序和数据库连接的桥梁，任何对数据库的操作，都需要先建立连接才能进行。7.3节所述的只是执行一个增加操作，只需要建立一个数据库连接。如果是一个面向互联网开放的大型系统或者网站，那么可能在同一秒就会产生很多的数据库连接，频繁地建立和关闭连接，显然会影响数据库访问的效率。因此，数据库连接池技术被提出，其架构如图7.28所示。

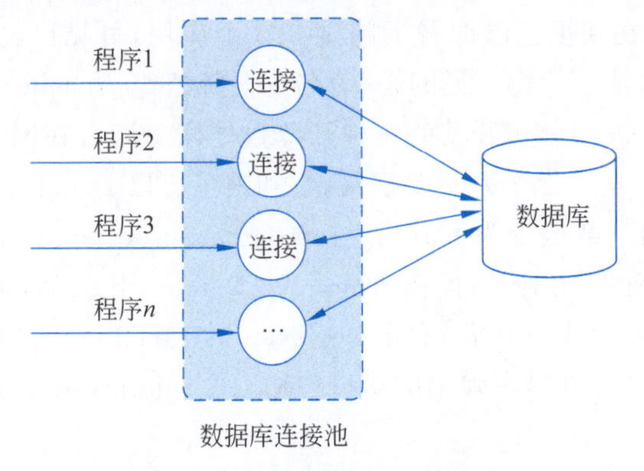

图 7.28 数据库连接池架构

事实上，读者可以将数据库连接池理解为程序与数据库之间的缓冲区，这一点类似于计算机中的内存。内存就是CPU和硬盘之间的缓冲区。2005年之前接触台式计算机的读者，可以明显地感受到内存从256MB升级到512MB而带来的运行速度上明显提升的感觉。数据库连接池的运作也类似。连接池即对连接进行新增和回收的程序，其运行逻辑如图7.29所示。

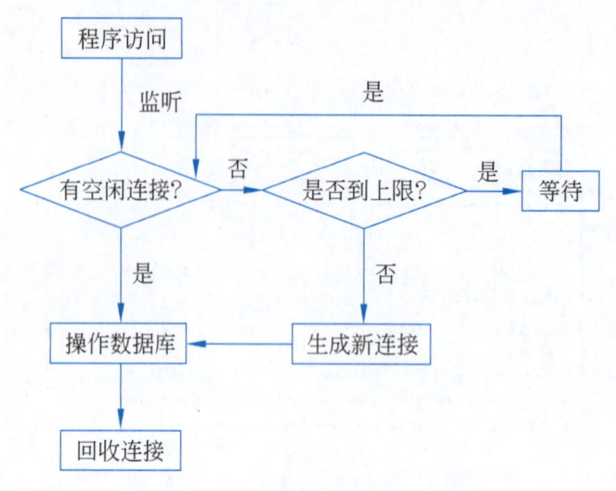

图7.29 数据库连接池运行逻辑

在初始化时，连接池会创建由开发者指定数量的数据库连接，即最小连接数量。当程序要操作数据库时，检查连接池中是否有空闲连接，如果有就直接利用，如果没有则生成新连接后再使用。但数据库连接池也有一个最大连接数，最大连接数的数量不能超过数据库本身允许的数量。如果并发较多，连接池不断生成新的连接，直至达到连接的上限。达到上限后，程序无连接可用，就会进入队列等待，直至有新的空闲连接出现。到这一步，程序层面就表现为访问卡顿。但通常来说，如果设置上限为6000，同一个时间点把所有连接都用掉是很困难的事情，除非访问量真的巨大无比。这一逻辑，如果要普通开发者自己编写，显然是比较麻烦的，虽然逻辑相对简单，但要做到能真正实用，还有很多细节要处理。幸运的是，第三方科技公司也开发了连接池技术产品，并对外发布了jar包供广大开发者使用。

7.4.2 阿里巴巴Druid连接池的配置

Druid是阿里巴巴开发的开源数据库连接池，它可以很好地监控池内的数据库连接和SQL的执行情况，且已在阿里巴巴部署了超过600个应用，可见已经是一个身经百战的高效且可靠的数据库连接池。值得一说的是，著名的开源组织Apache上也有一个Druid。但这个Druid是Metamarkets公司开发的一种开源数据库。读者在网上搜索的时候，可能会搜索到Apache Druid。这一点千万不要搞错，它和阿里巴巴Druid不是同一个产品。

阿里巴巴Druid的下载地址为https://repo1.maven.org/maven2/com/alibaba/druid/1.2.9/。在打开的页面中找到并下载druid-1.2.9.jar。下载后，将其复制至IDEA的newsystem项目的lib目录下。接着，右击newsystem项目的src文件夹，在弹出的快捷菜单中依次选择“新建”→“文件”，在弹出的窗口中输入“druid.properties”，在文件中输入如下代码。

```
driverClassName = com.mysql.cj.jdbc.Driver  #指定数据库驱动
url = jdbc:mysql://localhost:3306/newsystem #指定数据库连接地址
username = root                             #数据库用户名
password = 123456                           #数据库密码
initialSize = 5                             #初始连接数
maxActive = 100                             #最大活跃连接数
maxWait = 3000                              #获取连接的最大等待时间
filters=stat    #过滤器,设置为 stat 后可以查看每个连接执行的 SQL 语句
```

该文件存储的即 Druid 的基本配置，里面包含数据库的基本信息，以及 Druid 的基本参数。其中，maxActive 即规定了同时在线人数；maxWait 则是没有空闲连接时，等待获得连接的最大时间，单位是毫秒；filters 参数比较重要，设置为 stat 后可以查看每个连接执行的 SQL 语句。完成该配置后，再将连接池的统计访问 Servlet 写入项目的 web.xml 文件中，代码如下。

```
<servlet>
    <servlet-name>StatViewServlet</servlet-name>
    <servlet-class>com.alibaba.druid.support.http.StatViewServlet</servlet-
class>
    <init-param>
        <!-- 允许清空统计数据 -->
        <param-name>resetEnable</param-name>
        <param-value>true</param-value>
    </init-param>
    <init-param>
        <!-- 用户名 -->
        <param-name>loginUsername</param-name>
        <param-value>admin</param-value>
    </init-param>
    <init-param>
        <!-- 密码 -->
        <param-name>loginPassword</param-name>
        <param-value>admin</param-value>
    </init-param>
</servlet>
<servlet-mapping>
    <servlet-name>StatViewServlet</servlet-name>
    <url-pattern>/druid/*</url-pattern>
</servlet-mapping>
```

其中，StatViewServlet 即连接池的统计访问 Servlet，该 Servlet 同样已经内置在 druid jar 包的 com.alibaba.druid.support.http 目录下。其中的 resetEnable 参数代表允许自动清除统计数据，即会自动清除连接执行的 SQL 语句等信息。而 loginUsername 和 loginPassword 则是访问 StatViewServlet 的用户名和密码。servlet-mapping 中的 url-pattern 则定义了其在 Web 项目中的访问路径。其中，“druid”是自定义的访问路径，“*”则代表任意内容。“/druid/*”代表在项目名称后跟随“/druid/任意内容”都可以访问到 StatViewServlet，当然也可以是“/druid”，即后面什么都不跟，即“http://localhost:8080/newsystem/druid”，输

入该地址后，StatViewServlet会自动跳转至登录界面，输入web.xml中预设的用户名和密码后，即可登录进入Druid连接池统计信息页面，如图7.30所示。

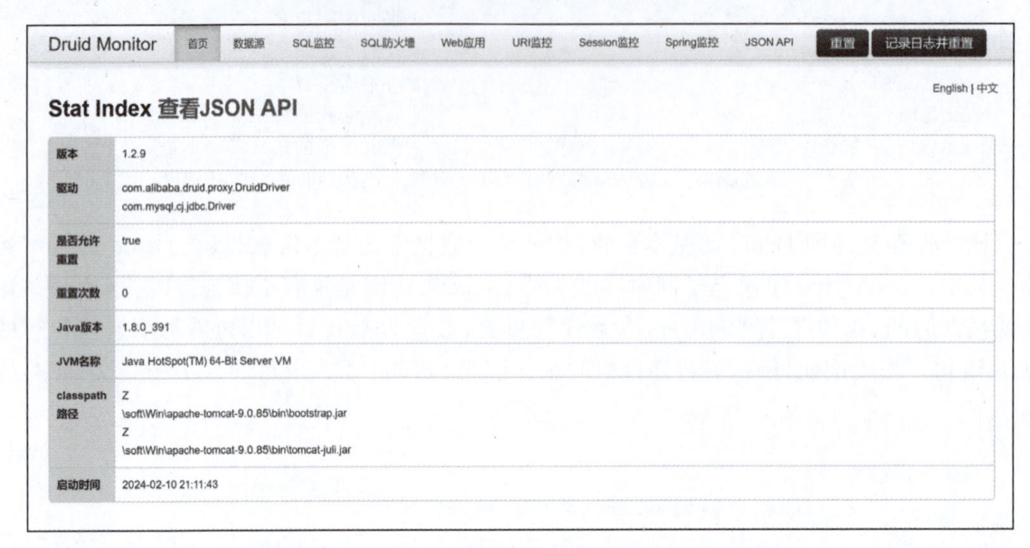

图7.30 Druid统计页面

如果读者也能够访问到该界面，那就意味着Druid连接池已经配置成功了。

7.4.3 访问Druid连接池

7.4.2节只是将连接池内置入系统中，虽然可以访问到Druid的统计页面，但事实上并未真正创建连接池，因此如果单击图7.30中的数据源，实际上是看不见任何信息的，如图7.31所示。

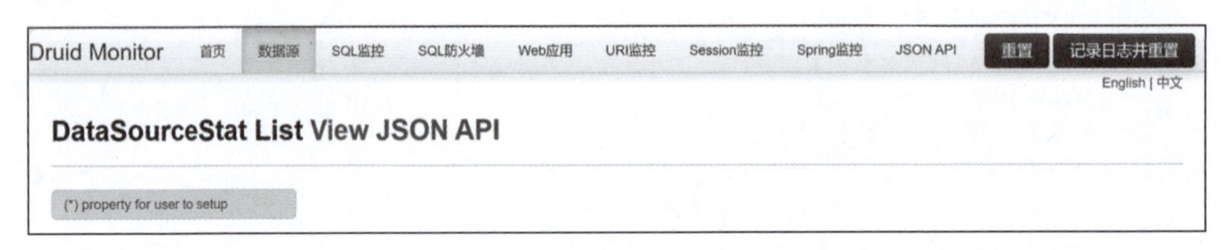

图7.31 未创建连接池前的数据源界面

要真正创建和使用连接池，还需要编写Java类实现。操作Druid连接池的Java类即典型的通用实用类，因此存放至util包中。右击创建好的util包，依次单击弹出的快捷菜单中的“新建”→“Java类”，选择“类”，输入“DBConnect”后按Enter键，创建DBConnect的Java类，该类旨在新建连接池、获取连接、创建执行器、设置值等功能，由于内容较多，因此分段介绍其代码。

首先，在DBConnect类中导入依赖包，代码如下。

```
package util;
import com.alibaba.druid.pool.DruidDataSourceFactory;       //Druid连接池
import javax.sql.DataSource;                                  //连接池接口
import java.io.InputStream;                                   //输入流
```

```
import java.sql.Connection;              //连接
import java.sql.ResultSet;               //记录集
import java.sql.SQLException;            //数据库异常类
import java.sql.PreparedStatement;       //预处理执行器
import java.sql.Date;                    //日期类
import java.util.Properties;             //文件配置类
```

当然这些代码位于类体外，即 public class DBConnect 的上方，它们也可以在输入相关代码后，通过 IDEA 自动导入。接下来，定义该类需要用到的类变量，在上述代码基础上加入变量声明，代码如下。

```
private static DataSource ds;            //连接池变量
private Connection conn;                 //数据库连接变量
private PreparedStatement pstmt;         //预处理变量
private Properties props;                //配置文件变量
```

上述代码位于类体内，即 public class DBConnect{}的花括号内，把它们定义在这个位置，也是出于程序健壮性的考虑。其中，DataSource 实际上即 Java 官方定义的数据库连接池的接口，当然接口只是定义了一个规范，具体通过第三方来实现，本例的连接池实现就是 Druid。此处连接池用了静态变量，因为在之后，需要通过静态代码块的方式来加载连接池，代码如下。

```
static {
    try {
        props = new Properties();          //加载配置文件
props.load(DBConnect.class.getClassLoader().getResourceAsStream("druid.
properties"));
        ds = DruidDataSourceFactory.createDataSource(props); //获取 DataSource
    } catch (Exception e) {
        System.out.println(e.getMessage());
    }
}
```

上述代码中，ds = DruidDataSourceFactory.createDataSource(props)；即按照配置文件中的信息，使用 Druid 实现连接池接口 ds，即真正完成数据库连接池的创建。之所以使用静态代码块的方式，是因为连接池从原则上来说，在使用时，创建一次就常驻于内存中，不需要重复创建。同时，该项目采用 JavaBean+Servlet+JSP 的架构，连接数据库的请求一定通过 Servlet，而 Servlet 在访问一次后就会常驻于 Tomcat 的内存中，直至 Tomcat 关闭或重启。因此，在 Servlet 中调用了该类后，该类也会一直存在于内存中，这使得连接池一直存在，不需要重复创建。完成该代码后，再编写构造方法，获得数据库连接，代码如下。

```
public DBConnect(String sql){            //构造函数，获取数据库连接，并直接使用预处理
                                         //执行器加载 SQL 语句
    try {
        conn=ds.getConnection();         //返回数据库连接
```

```
        pstmt=conn.prepareStatement(sql,ResultSet.TYPE_SCROLL_SENSITIVE,
        ResultSet.CONCUR_READ_ONLY);        //以预处理方式加载 SQL 语句
    } catch (Exception e) {
        System.out.println(e.getMessage());
    }
}
```

此处,conn=ds.getConnection();即获得数据库连接池中的一个连接。通过该连接调用预处理执行器就可以进行数据库表的操作。其中,预处理器还带了两个记录集的参数:ResultSet.TYPE_SCROLL_SENSITIVE代表记录集的指针可以上下移动,并且数据库中的记录发生改变时,该记录集也会随之变化;ResultSet.CONCUR_READ_ONLY则表示记录集只读。接下来定义的是预处理执行器中问号赋值的方法,由于类型较多,此处不全部列出,仅列出两个常用的作为示例,完整代码可以从配套代码中获得,代码如下。

```
//预设置的参数赋值,共有 String、int、boolean、Date、long、double、float、byte、
InputStream 和 Object 类型
public void setString(int index, String value) throws SQLException {
    pstmt.setString(index, value);
}
public void setInt(int index, int value) throws SQLException {
    pstmt.setInt(index, value);
}
```

接着,执行SQL语句的真正方法,代码如下。

```
public ResultSet executeQuery() throws SQLException {   //执行查询类数据库操作
    if (pstmt != null) {
        return pstmt.executeQuery();
    } else {
        return null;
    }
}
public int executeUpdate() throws SQLException {          //执行更新类数据库操作
    if (pstmt != null) {
        return pstmt.executeUpdate();
    }else{
        return 0;
}
```

其中,查询类需返回记录集,而更新类则返回得到更新的记录数。执行完成后则需关闭连接,代码如下。

```
public void close() {                   //释放资源
if (pstmt != null) {
        try {
            pstmt.clearParameters();
            pstmt.close();          //关闭预处理执行器
        } catch (Exception e) {
```

```
            System.out.println(e.getMessage());
        }
    }
    if (conn != null) {
        try {
            conn.close();       //关闭连接
        } catch (SQLException e) {
            System.out.println(e.getMessage());
        }
    }
}
```

此处关闭，是依次关闭了预处理执行器和连接，事实上，也可以直接关闭连接，与连接相关的预处理执行器也会自动关闭，因为它们是依附于连接的，但作为初学者，还是应按顺序来，这样有助于理解程序执行的顺序，使代码更有条理。至此，数据库连接池的操作代码全部完成，完整的代码由于过长，就不在书中列出了，可从配套资源中下载查看。完成该代码后，就可以在项目需要的地方，使用该类来实现对数据库的操作。接下来，在 src 文件夹的 servlet 文件中，找到并打开 AddServlet，删除原先 processRequest 方法中的代码，输入如下代码。

```
DBConnect dbc = null;                //声明创建的数据库操作类
try {
    dbc = new DBConnect ("insert into tnews (newstitle, newsdate, newscontent)
values(?,?,?)");                     //初始化该类
    //为参数赋值
    dbc.setString(1,"标题");
    dbc.setString(2,"2024-02-10");
    dbc.setString(3,"内容 3");
    dbc.executeUpdate();             //执行 SQL 语句
}catch(Exception e){
    System.out.println(e.getMessage());
}finally {
    try {
        dbc.close();
    } catch (Exception e) {
        System.out.println(e.getMessage());
    }
}
```

上述代码中，由于创建连接池代码是定义在 DBConnect 的静态代码块中的，因此在执行 dbc=new DBConnect(…)代码后，就会创建连接池。再加上 Servlet 的机制，创建一次后，连接池会一直存在于 Tomcat 的内存中。完成上述操作后，单击 IDEA 下部 Tomcat 任务栏右侧的“更新”按钮，选择重新部署。部署完成后，在浏览器中重新访问 AddServlet，访问成功后，会往数据库插入一条新的记录。此时，再访问 druid 的统计信息界面的数据源，就可以看到具体的数据源信息，如图 7.32 所示。

单击数据源右侧的 SQL 监控，可看到执行的 SQL 语句，如图 7.33 所示。

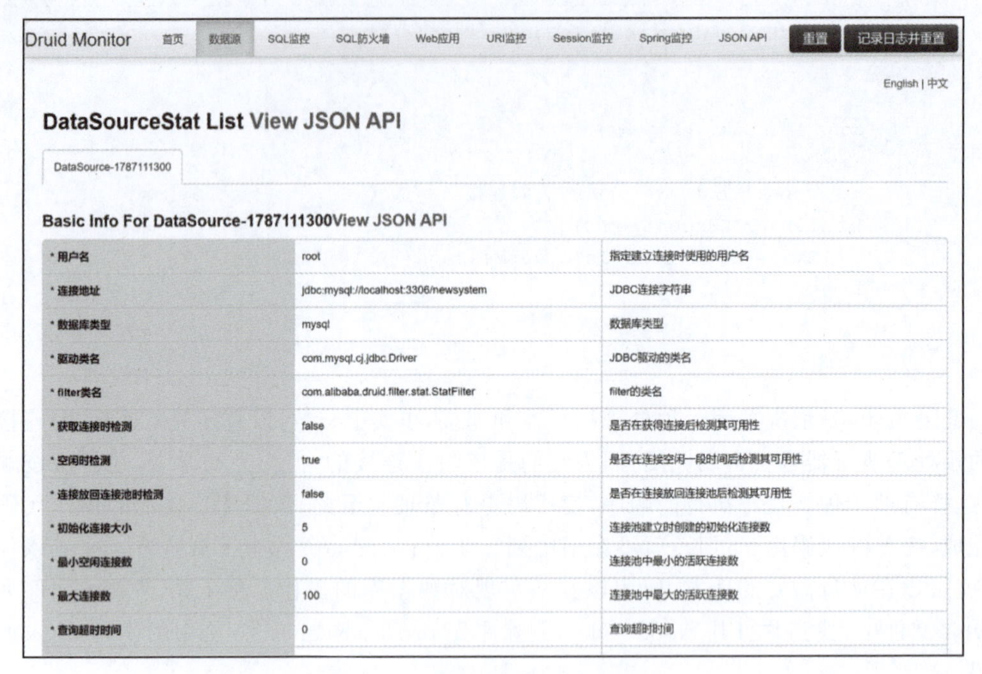

* 用户名	root	指定建立连接时使用的用户名
* 连接地址	jdbc:mysql://localhost:3306/newsystem	JDBC连接字符串
* 数据库类型	mysql	数据库类型
* 驱动类名	com.mysql.cj.jdbc.Driver	JDBC驱动的类名
* filter类名	com.alibaba.druid.filter.stat.StatFilter	filter的类名
* 获取连接时检测	false	是否在获得连接后检测其可用性
* 空闲时检测	true	是否在连接空闲一段时间后检测其可用性
* 连接放回连接池时检测	false	是否在连接放回连接池后检测其可用性
* 初始化连接大小	5	连接池建立时创建的初始化连接数
* 最小空闲连接数	0	连接池中最小的活跃连接数
* 最大连接数	100	连接池中最大的活跃连接数
* 查询超时时间	0	查询超时时间

图 7.32　查看创建成功的连接池

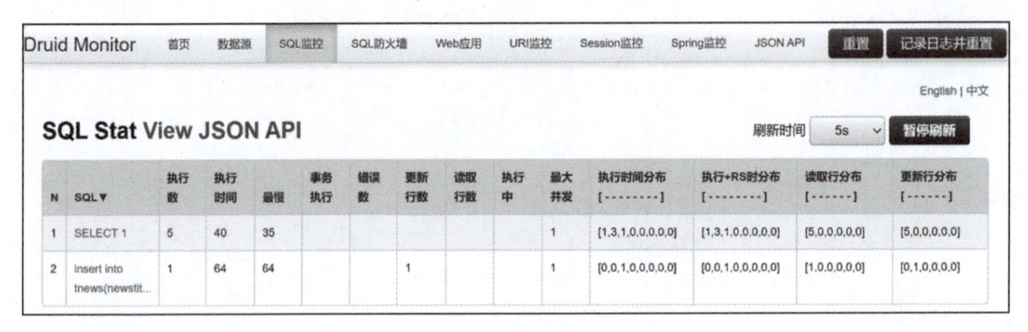

N	SQL▼	执行数	执行时间	最慢	事务执行	错误数	更新行数	读取行数	执行中	最大并发	执行时间分布 [--------]	执行+RS时分布 [--------]	读取行分布 [------]	更新行分布 [------]
1	SELECT 1	5	40	35						1	[1,3,1,0,0,0,0,0]	[1,3,1,0,0,0,0,0]	[5,0,0,0,0,0]	[5,0,0,0,0,0]
2	insert into tnews(newstit...	1	64	64			1			1	[0,0,1,0,0,0,0,0]	[0,0,1,0,0,0,0,0]	[1,0,0,0,0,0]	[0,1,0,0,0,0]

图 7.33　SQL 监控

至此，Druid 连接池的创建和使用全部讲解完成。本篇后续章节的内容均会在这一模式下展开讲解。

7.5 数据库表的 CRUD 操作

7.5.1 CRUD 概述

CRUD 是 Create、Retrieval、Update 和 Delete 的首字母缩写，即代表了对数据库表的增加、查询、更新和删除操作。虽然是非常简单的操作，但它也是任何一个管理信息系统的必备且非常频繁的操作。也可以认为，任何一个管理信息系统，从数据层面来说，CRUD 就是它的核心。因此，掌握对数据库表的 CRUD 操作至关重要，这也是本书的重点内容之一。在前述章节中，为了展示 Web 数据库开发的基本流程，已经以 Create 作为贯穿的例子，并且也已经重点讲解了如何通过连接池，向数据库表中插入一条记录，因此 Create 功能的实现不再赘述。同时，由于 Update 和 Delete 同属更新类操作，其实现过程与 Create 类似，为增强记忆，本节就先讲 Update 和 Delete，然后再讲解 Retrieval。

7.5.2 更新操作（Update）

更新是对数据库表中已经存在的记录做修改，主要通过 Update 语句来实现，具体语法如下。

```
update 表名 set 字段名=值 where 字段名=值
```

与增加语句不同的是，更新语句一般需要通过 where 语句来指定需要更新的值，否则将会一次性修改表中所有的记录。其中就涉及一个关键问题，如果只需要修改一条记录，那么如何唯一精确定位所需要修改的记录？此时，数据表主键的重要性就体现出来了。表主键在现有记录中具有唯一性，所以通过主键就可以唯一确定该记录，从而实现对记录的精准修改。对数据库表记录的更新，同样也在 Servlet 中完成，在 src 文件夹的 servlet 包中，新建一个 UpdateServlet，在其中的 processRequest 方法中，输入如下代码。

```
DBConnect dbc = null;                    //声明创建的数据库操作类
try {
    dbc=new DBConnect(" update tnews set newstitle=?, newsdate=? where
    newsid=?");                          //初始化连接类
    //为参数赋值
    dbc.setString(1,"更新后的标题");
    dbc.setString(2,"2024-02-23");
    dbc.setInt(3, 21);
    dbc.executeUpdate();                 //执行 SQL 语句
}catch(Exception e){
    System.out.println(e.getMessage());
}finally {
    try {
        dbc.close();
    } catch (Exception e) {
        System.out.println(e.getMessage());
    }
}
```

其中的 DBConnect 需要导入，在自动生成的 import 代码下加上 import util.DBConnect 即可。从 SQL 语句可知，这个 Servlet 是对 newsid 为 21 的记录进行标题和日期的修改。运行该项目，在浏览器中输入该 Servlet 的访问地址 http://localhost:8080/newsystem/UpdateServlet，按 Enter 键后即可执行，如果没有出错，浏览器返回的是一个空白页面，打开 MySQL 可以看到该记录已经更新成功，如图 7.34 所示。

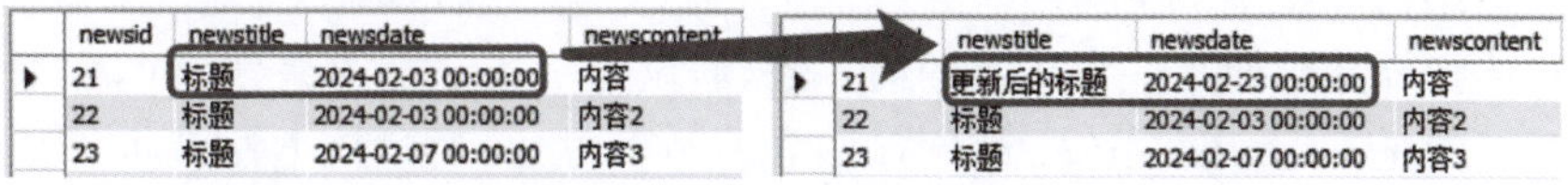

newsid	newstitle	newsdate	newscontent
21	标题	2024-02-03 00:00:00	内容
22	标题	2024-02-03 00:00:00	内容2
23	标题	2024-02-07 00:00:00	内容3

newsid	newstitle	newsdate	newscontent
21	更新后的标题	2024-02-23 00:00:00	内容
22	标题	2024-02-03 00:00:00	内容2
23	标题	2024-02-07 00:00:00	内容3

图 7.34 记录更新

可见，在本书搭建的框架下，更新与增加操作方式类似，开发人员仅需关注 SQL 及值的设置，其他工作均已经由搭建好的项目框架来实现。

7.5.3 删除操作(Delete)

删除与修改的原理和操作过程类似，只是 SQL 语句不同，语法如下。

```
delete from 表名 where 字段名=值
```

删除语句的 where 条件也比较重要，可以决定要删除的记录，如果缺少该条件，会一次性把指定表中的记录全部删除。如果是单独删除某一条记录，那同样通过主键来精准定位。按照同样的方法，在 src 文件夹的 servlet 子文件夹中，创建 DeleteServlet，在其中的 processRequest 中输入如下代码。

```
DBConnect dbc = null;                                          //声明创建的数据库操作类
try {
    dbc=new DBConnect(" delete from tnews where newsid=?");        //初始化连接类
    dbc.setInt(1, 22);                                         //为参数赋值
    dbc.executeUpdate();                                       //执行 SQL 语句
}catch(Exception e){
    System.out.println(e.getMessage());
}finally {
    try {
        dbc.close();
    } catch (Exception e) {
        System.out.println(e.getMessage());
    }
}
```

DeleteServlet 的功能是删除 newsid 值为 22 的新闻记录，其访问地址和更新操作类似，具体为 http://localhost:8080/newsystem/DeleteServlet，删除运行结果可自行查看对比数据库。

7.5.4 查询操作(Retrieval)

查询是指从数据库表中获取满足条件的记录，主要使用 Select 语句来实现，语法如下。

```
select 字段名 1,字段名 2,…[*] from 表名 where 字段名=值
```

查询可以单独查询一个或者多个字段值，也可以使用“*”查询表中所有字段的值。而 where 同样是用来筛选记录的。查询和之前操作的不同之处在于，它要接收和处理从数据库返回的数据。因此，它执行 SQL 语句使用 executeQuery，该方法会返回一个 ResultSet 类型的对象。ResultSet 是 Java 中的一个类，用于存储查询到的记录，也称为记录集。记录集对象的数据结构如图 7.35 所示。

它的初始指针是指向第一条记录的前一条，假设第一条记录的编号为 0，那么记录集指针的初始位置就是−1。ResultSet 对象有一个 next()方法，通过该方法就可以移动指针到下一条记录。当这个记录集为空的时候，next()返回的就是一个布尔值。因此 next()方法

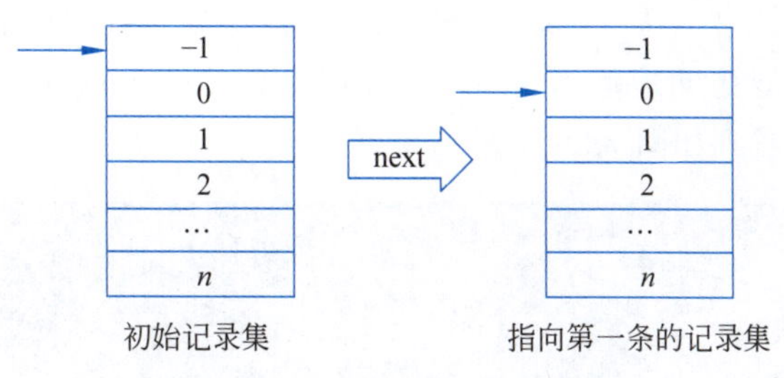

图 7.35 ResultSet 记录集数据结构

也可以用来判断记录集是否为空，或者是否已经移动到记录集末尾。记录集中的一条记录，就对应了数据库表中的一条记录，由对应数据库表的所有字段和值组成。要获取某个字段的值，则使用对应字段数据类型的 get()方法来实现。如获取新闻标题的值，则使用 getString("newstitle")，若是获取新闻标识的值，则使用 getInt("newsid")。明白这些原理后，获取单条记录的方法就明朗了。按同样的方法，在 servlet 文件夹中创建获取单条记录的 Servlet，可取名为 NewServlet，同样在 processRequest 中输入以下代码①。

```
DBConnect dbc = null;                          //声明创建的数据库操作类
ResultSet rs=null;                             //声明记录集
try {
    dbc=new DBConnect(" select * from tnews where newsid=?");    //初始化连接类
    dbc.setInt(1, 23);                         //为参数赋值
    rs=dbc.executeQuery();                     //执行 SQL 语句
    if(rs.next()){                             //判断是否为空
        System.out.println("newsid:"+rs.getInt("newsid"));
                                               //获取 newsid 字段值在命令行输出
        System.out.println("newstitle:"+rs.getString("newstitle"));
                                               //获取 newstitle 字段值在命令行输出
        System.out.println("newsdate:"+rs.getString("newsdate"));
                                               //获取 newsdate 字段值在命令行输出
    }
}catch(Exception e){
    System.out.println(e.getMessage());
}finally {
    try {
        rs.close();                            //关闭记录集
    }catch(Exception e) {
        System.out.println(e.getMessage());
    }
    try {
        dbc.close();
    } catch (Exception e) {
        System.out.println(e.getMessage());
    }
}
```

上述代码使用了 if(rs.next())判断是否为空，然后直接就取值了。这是因为使用 next()

① ResultSet 需要通过 import java.sql.ResultSet 导入。

方法后，记录集的指针就自动从-1的位置指向了0的位置。此时，如果0的位置没有数据则会返回false。该功能访问地址为http://localhost:8080/newsystem/NewServlet，执行成功后，在IDEA中可看到如图7.36所示结果。

```
服务器   Tomcat Localhost 日志   Tomcat Catalina 日志
newsid:23
newstitle:标题
newsdate:2024-02-07 00:00:00
```

图 7.36　查询单条记录的结果

查询多条记录则需使用循环来实现。按相同方法创建NewsListServlet，编写processRequest()方法如下。

```
DBConnect dbc = null;                                       //声明创建的数据库操作类
ResultSet rs=null;                                          //声明记录集
try {
    dbc=new DBConnect(" select * from tnews");              //初始化连接类
    rs=dbc.executeQuery();                                  //执行 SQL 语句
    while(rs.next()) {                                      //判断是否为空
        System.out.println("newsid:"+rs.getInt("newsid"));
        //获取 newsid 字段值在命令行输出
        System.out.println("newstitle:"+rs.getString("newstitle"));
        //获取 newstitle 字段值在命令行输出
        System.out.println("newsdate:"+rs.getString("newsdate"));
        //获取 newsdate 字段值在命令行输出
        System.out.println("----------------");             //用于隔开每行数据
    }
}catch(Exception e){
    System.out.println(e.getMessage());
}finally {
    try {
        rs.close();                                         //关闭记录集
    }catch(Exception e) {
        System.out.println(e.getMessage());
    }
    try {
        dbc.close();                                        //关闭连接
    } catch (Exception e) {
        System.out.println(e.getMessage());
    }
}
```

对于显示多条记录，使用while代替if语句。其原理也类似，第一个next()是从-1到0，后面每次循环执行一次next()，指针就往依次往下走一条数据，直至末尾返回false。该功能访问地址为http://localhost:8080/newsystem/NewsListServlet，其运行结果如图7.37所示。

```
服务器    Tomcat Localhost 日志    Tomcat Catalina 日志
---------------
newsid:23
newstitle:标题
newsdate:2024-02-07 00:00:00
---------------
newsid:24
newstitle:标题
newsdate:2024-02-07 00:00:00
---------------
newsid:25
newstitle:标题
newsdate:2024-02-07 00:00:00
---------------
```

图 7.37 查询多条记录的结果

小结

本章内容比较丰富，涵盖了 MySQL 的下载、安装、基本使用，以及 MySQL JDBC 数据库驱动的安装和连接池的配置，同时也详细讲解了数据库编程的核心操作 CRUD。到此，Java Web 的 MVC 基本架构已经搭建起来了，后续章节事实上是对 MVC 三大架构的详细讲解。因此，本章内容至关重要，还请读者反复练习，确保能够成功搭建本章所讲述的数据库编程环境。

练习与思考

(1) 什么是 JDBC?

(2) 如何加载 MySQL JDBC 驱动程序?

(3) 数据库连接池是什么？有什么作用?

(4) 使用 PreparedStatement 进行数据库操作有什么好处?

(5) 什么是数据库表的 CRUD 操作?

第8章 JavaBean数据模型

本章学习目标

- 理解 JavaBean 的概念及作用。
- 掌握数据封装类 JavaBean 的编写方法。
- 掌握数据访问类 JavaBean 的编写方法。
- 掌握常用实用类 JavaBean 的编写方法。
- 掌握在 IntelliJ IDEA 中编写各类 JavaBean 的方法。

本章主要讲述了使用 JavaBean 实现 MVC 框架中模型层的具体方法。首先讲述了数据封装类 JavaBean 的作用及编写方法。其次讲述了数据访问类 JavaBean 的作用及编写方法。接着讲述了常用实用类 JavaBean 的编写方法。最后，讲述了使用 JavaBean 实现对数据库表记录的修改和删除的方法。

8.1 JavaBean 概述

JavaBean 是 Java 程序设计语言的核心概念，它通过数据和功能封装，为 Java 程序提供一种标准方式来表示和操作对象。在 Java Web 的 MVC 中，JavaBean 被用于构建模型层，本书将 JavaBean 分为数据封装类、数据访问类和常用实用类，它们之间的关系如图 8.1 所示。

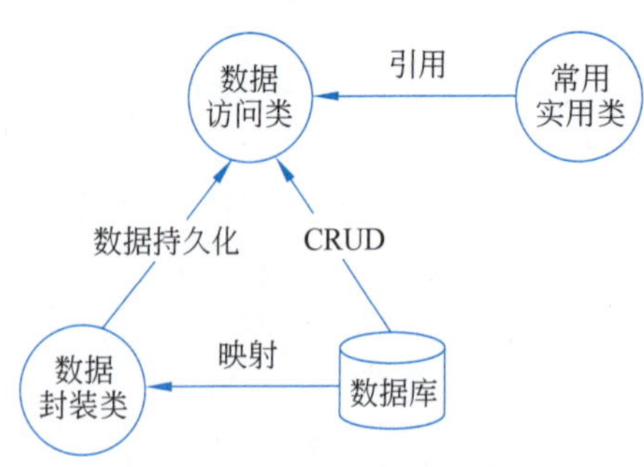

图 8.1 三类 JavaBean 的关系

数据封装类是对数据库表的映射。通常，数据库中有几个表就应有几个封装类。一个封装类中包含对应表的字段及相关访问方法。数据访问类则实现对数据库表记录的 CRUD 操作。常用实用类则提供与业务没有直接关系的功能操作，如字符串处理、日期处理等。常用实用类一般供数据访问类及 Servlet 调用，以实现对业务之外功能的处理。本章以 news 表为例，讲解这三种类的基本规范及实现方法。

8.2 数据封装类 JavaBean

封装不仅是 Java 语言的重要概念，也是面向对象编程的重要概念。它是指将数据和访问数据的方法打包在一起，以规范对数据的访问。从字面定义来看似乎比较抽象，但是 Java 封装规范里，从技术实现上对封装进行了明确的技术定义，即对 JavaBean 的属性使用 private 声明，对属性再配一对 public 的设值(set)和取值(get)方法。以本书 tnews 表的 newsid 字段为例，其封装代码如下。

```
public class tnews{
    private int newsid;              //以 private 声明属性
    public int getNewsid{            //以 public 声明取值方法
        return this.newsid;
    }
    public vod setNewsid{            //以 public 声明设值方法
        this.newsid=newsid;
    }
}
```

通过这种方式，newsid 属性就只能通过 getNewsid 和 setNewsid 来取值和设值。如果获取 newsid 的值出现问题，那么只要找到在哪里调用了 getNewsid 方法即可。因为只有这个方法可以获取 newsid 值。在该基础上，若将 tnews 表中的所有字段都写进去，并分别配以一对 set 和 get 方法，就完成了表的映射。这一工作若字段较多，那么工作量也会比较大，且比较枯燥。幸运的是，IDEA 提供了较为便捷的方法。右击第 6 章新建 Java Web 项目 src 文件夹的 bean 包，依次单击"新建"→"Java 类"，在弹出的窗口中输入"tnews"后按 Enter 键，在 tnews 的类体中分别输入与表字段对应的 4 个私有属性，代码如下。

```
package bean;
public class tnews {
    private int newsid;
    private String newstitle;
    private String newsdate;
    private String newscontent;
}
```

在 tnews 类内右击，单击弹出的快捷菜单中的"生成"菜单项，再选择"Getter 和 Setter"，如图 8.2 所示。

单击该菜单项后，进入字段选择界面，如图 8.3 所示。

需要说明的是，进入该界面时，默认只选中第一个字段，此处需要按 Ctrl+A 快捷键来选中所有字段，然后单击"确定"按钮，才会自动生成所有属性的 get 和 set 方法，如图 8.4 所示。

列选择模式(M) Alt+Shift+Insert
查找用法(U) Alt+F7
转到
折叠
分析(Z)
重构(R)
生成... Alt+Insert
Getter 和 Setter
equals() 和 hashCode()
toString()
重写方法... Ctrl+O
委托方法...
测试...
版权

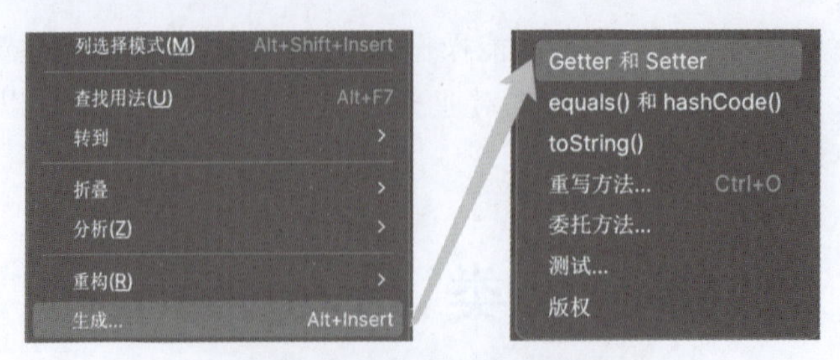

图 8.2　Getter 和 Setter 菜单

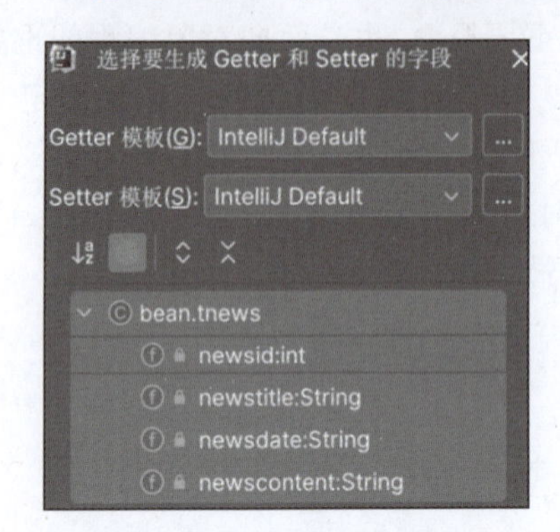

选择要生成 Getter 和 Setter 的字段
Getter 模板(G): IntelliJ Default
Setter 模板(S): IntelliJ Default
bean.tnews
newsid:int
newstitle:String
newsdate:String
newscontent:String

图 8.3　选择要封装的字段

package bean;
0 个用法
public class tnews {
2 个用法
private int newsid;
2 个用法
private String newstitle;
2 个用法
private String newsdate;
2 个用法
private String newscontent;
0 个用法
public int getNewsid() {
return newsid;
}
0 个用法
public void setNewsid(int newsid) {
this.newsid = newsid;
}
0 个用法
public String getNewstitle() {
return newstitle;
}
0 个用法
public void setNewstitle(String newstitle) {
this.newstitle = newstitle;
}
0 个用法
public String getNewsdate() {
return newsdate;
}
0 个用法
public void setNewsdate(String newsdate) {
this.newsdate = newsdate;
}
public String getNewscontent() {
return newscontent;
}
0 个用法
public void setNewscontent(String newscontent) {
this.newscontent = newscontent;
}
}

图 8.4　完整的 tnews JavaBean 代码

8.3　数据访问类 JavaBean

数据访问类，即常见的 DAO(Data Access Object)类。在第 7 章的实例中，对数据的访问都在 Servlet 中完成。事实上，这并不是 MVC 的规范写法，只是为了便于展示数据库操作功能才借用 Servlet 来实现。真正对数据库表的操作在 MVC 中，都通过 JavaBean 数据

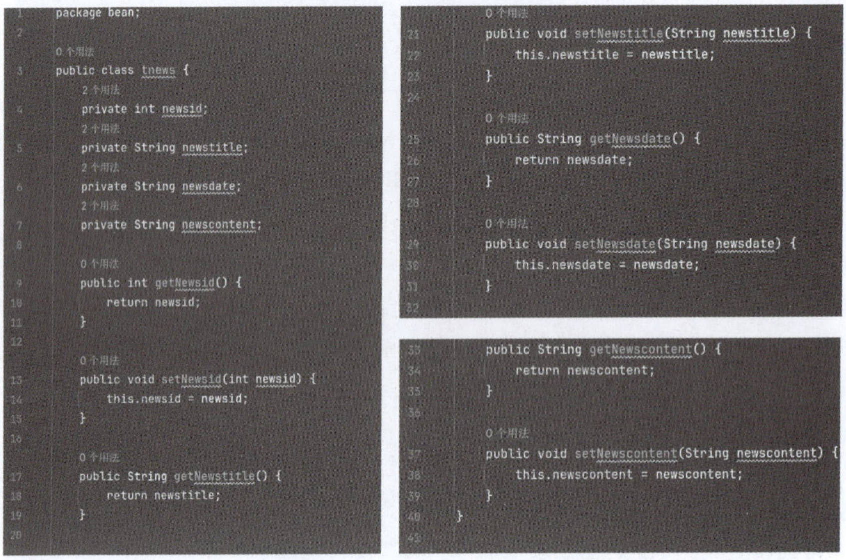

访问类来实现。因此数据访问类与数据封装类相似,有几个数据库表,就有几个数据访问类。

8.3.1 更新类 DAO

更新类 DAO 是指不需要获取数据记录的方法,一般为增加、更新和删除。在前述章节的 Servlet 中,已经对 CRUD 代码做了详细的阐述,因此数据访问类的编写就相对简单。数据访问类通常与数据封装类 JavaBean 放在同一个包中。以增加方法为例,右击 src 文件夹的 bean 子文件夹,依次单击"新建"→"Java 类",在弹出的窗口中输入"tnewsDAO",文件选项选择"类",按 Enter 键。参考 7.3 节的 AddServlet 代码,tnewsDAO 代码如下。

```
package bean;
import util.DBConnect;
public class tnewsDAO {
    private DBConnect dbc = null;                    //声明创建的数据库操作类
    public void Add(String newstitle, String newsdate, String newscontent){
        try {
            //初始化连接类
                dbc = new DBConnect ( " insert into tnews (newstitle, newsdate,
newscontent) values(?,?,?)");
            dbc.setString(1,newstitle);              //为参数赋值
            dbc.setString(2,newsdate);               //为参数赋值
            dbc.setString(3,newscontent);            //为参数赋值
            dbc.executeUpdate();                     //执行 SQL 语句
        }catch(Exception e){
            System.out.println(e.getMessage());
        }finally {
            try {
                dbc.close();
            } catch (Exception e) {
                System.out.println(e.getMessage());
            }
        }
    }
}
```

该方法中,实际的数据变成了参数,需要在调用该方法时提供数据才能成功增加数据,这就体现出了模型的灵活性。同时,由于 DBConnect 还需要在其他方法中使用,因此将其设置成全局变量。在 MVC 架构中,把增加方法写在 JavaBean 中后,一般需要通过 Servlet 或者 JSP 来调用和运行该类。在这种模式下,模型的定义和应用就分开了,这就能够起到规范开发行为的目的。接着,在 src 的 servlet 包中找到 AddServlet,将 processRequest 中的代码修改如下。

```
tnewsDAO newsdao=new tnewsDAO();                  //实例化 DAO 类
newsdao.Add("标题","2024-02-27","内容");           //调用 Add 方法
```

此处,由于 tnewsDAO 和 AddServlet 不在同一个包中,因此还需要使用 import bean.

tnewsDAO 将 tnewsDAO 导入 AddServlet 中。完成上述操作后，重新部署项目，然后访问 AddServlet，再查看 MySQL 数据库，可查看到最新插入的记录，如图 8.5 所示。

newsid	newstitle	newsdate	newscontent
46	标题	2024-02-07 00:00:00	内容3
47	标题	2024-02-07 00:00:00	内容3
48	标题	2024-02-07 00:00:00	内容3
49	标题	2024-02-07 00:00:00	内容3
50	标题	2024-02-07 00:00:00	内容3
51	标题	2024-02-10 00:00:00	内容3
52	标题	2024-02-10 00:00:00	内容3
53	标题	2024-02-27 00:00:00	内容
NULL	NULL	NULL	NULL

图 8.5　新增加的记录

从上述过程可知，将增加方法写进模型层的 tnewsDAO 中后，JavaBean 复用性的好处就体现出来了。在任何需要发布 tnews 新闻的地方，调用 tnewsDAO 的 Add 方法，即可实现数据的增加，而不需要重复编写增加方法。修改和删除代码与之类似，本章将在综合实例中再做讲解。

8.3.2　查询类 DAO

查询类 DAO 是指需返回数据记录的 DAO 方法。数据库表的查询方法已经在 7.5.4 节中做了详细讲解。但此处需将查询到的记录存储至变量中并返回，这一过程实际上就是数据的持久化。此时，封装类 JavaBean 的作用就能够得到体现了。封装类 JavaBean 中的字段和类型，与对应数据库表中的类似，因此，将数据库表中对应字段的值，通过 set 方法赋值给 JavaBean，即将表中数据存储至 JavaBean 中。只要该 JavaBean 没有被虚拟机清理掉，在符合框架规则的前提下，在任何地方都可以访问，这也就是持久化的体现。查询单条记录的 DAO 方法的创建过程相对简单。在 tnewsDAO 中增加一个 getOneNew 方法，代码如下。

```
public tnews getOneNew(int newsid){
    tnews news=null;                                          //声明 tnews 类
    try{
        dbc=new DBConnect(" select * from tnews where newsid=?");    //初始化连接类
        dbc.setInt(1, newsid);                                //为参数赋值
        rs=dbc.executeQuery();                                //执行 SQL 语句
        if(rs.next()){                                        //判断是否为空
            news=new tnews();                                 //生成 news 类的实例
            news.setNewsid(rs.getInt("newsid"));              //获取 newsid 字段值
            news.setNewstitle(rs.getString("newstitle"));     //获取 newstitle 字段值
            news.setNewsdate(rs.getString("newsdate"));       //获取 newsdate 字段值
            news.setNewscontent(rs.getString("newsdate"));
            //获取 newscontent 字段值赋值
        }
    }catch(Exception e){
        System.out.println(e.getMessage());
    }finally{
close();
    }
    return news;            //返回 news
}
```

其中，rs 变量也定义成私有属性。从以上代码可知，news. setNewsid(rs. getInt("newsid"))等 set 代码，对于持久化起到非常关键的作用。在查询到记录后，通过 set 方法，将记录集中字段的值依次赋值给 news 对象，以完成持久化。同时，上述代码中的 tnews 对象，先声明一个 tnews 类型的 null 值。如果直接写成 tnews news=new tnews()，那么不管有没有查到数据，返回的 news 对象就不是 null。这样就不能在调用该方法时，通过 null 值来判断是否查询到数据。此外，为简化代码，该方法中的 finally 部分，原本是要关闭记录集和数据库连接的。但这个操作代码比较长且几乎所有方法都会用到，因此将其写成了一个方法，代码如下。

```
private void close(){
    if(rs!=null) {               //不为空时才关闭
        try {
            rs.close();          //关闭记录集
        } catch (Exception e) {
            System.out.println(e.getMessage());
        }
    }
    try {
        dbc.close();             //关闭连接
    } catch (Exception e) {
        System.out.println(e.getMessage());
    }
}
```

其中，rs 先做了是否为 null 的判断，这是因为有些方法不涉及记录的返回，如果不做此判断，则会抛出空值异常。完成该类后，在 src 的 servlet 包中打开 NewServlet，将其中的 processRequest 方法修改如下。

```
tnewsDAO newsdao=new tnewsDAO();                          //实例化 DAO 类
tnews news=newsdao.getOneNew(21);                         //调用 getOneNew 方法
System.out.println("新闻标题:"+news.getNewstitle());    //打印查询到的记录的标题
```

其中，tnewsDAO 和 tnews 同样需要事先导入。完成上述操作后，重新部署项目，访问 NewServlet，在 IDEA 的命令行里会打印输出新闻标题，如图 8.6 所示。

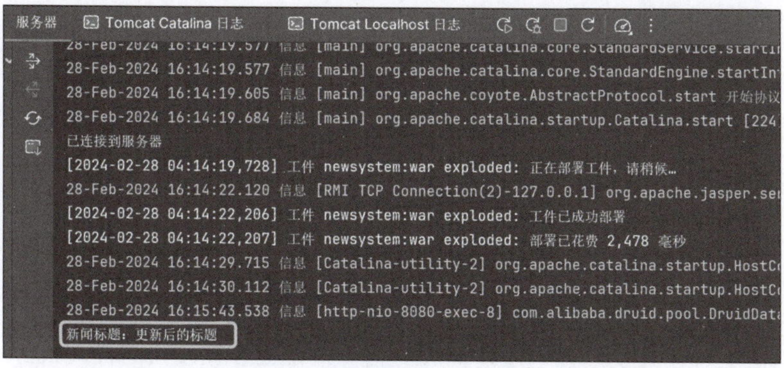

图 8.6　获取到的单条记录的标题

查询多条记录则相对复杂一点，需使用复合数据类型 List，通过循环依次将记录集中的数据存储至 tnews JavaBean，再将 JavaBean 加入 List 中。在 tnewsDAO 中，加入一个 getMultiNews 方法，代码如下。

```
public List getMultiNews(){
    List newslist = null;                       //新闻列表变量,用于存放查询到的多条记录
    try {
        dbc=new DBConnect(" select * from tnews");     //初始化连接类
        rs=dbc.executeQuery();                          //执行 SQL 语句
        if(rs.next()){                                  //判断是否为空
            newslist=new ArrayList();                   //用动态数组实现 List 接口
            rs.beforeFirst();                           //将指针返回初始位置
            while(rs.next()){
                tnews news=new tnews();                 //实例化新闻类
                news.setNewsid(rs.getInt("newsid"));    //获取 newsid 字段并赋值
                news.setNewstitle(rs.getString("newstitle"));
                //获取 newstitle 字段值并赋值
                news.setNewsdate(rs.getString("newsdate"));
                //获取 newsdate 字段值并赋值
                news.setNewscontent(rs.getString("newsdate"));
                //获取 newscontent 字段值并赋值
                newslist.add(news);     //将持久化后的新闻类加入新闻列表中
            }
        }
    }catch(Exception e){
        System.out.println(e.getMessage());
    }finally {
        close();
    }
    return newslist;//返回新闻列表
}
```

在以上代码中，List 和 ArrayList 都需通过 import java.util.List；和 import java.util.ArrayList；导入。特别是其中的 List，千万不要和 java.awt.List 搞混。并且，java.util.List 是一个接口，本例是通过 ArrayList 类来实现的。ArrayList 是一个动态数组，理论上来说，它可以存储任何类型的对象，且不用限定个数，其大小根据所存储的内容自动增长。因此，用于存储自定义的 tnews JavaBean 最合适不过。需要说明的是，本例中先使用记录集的 next()方法判断是否查询到记录。但是使用该方法后，它的指针会自动往下走一个位置。如果此时再以 next 方法进入循环，就会少读取一条。而如果直接用 while(rs.next())，则需要预先生成 ArrayList，这样就不能通过判断是否为 null 的方式来判断是否查询到记录。因此，用 if 判断查询到记录后，先实现 List，再使用 rs.beforeFirst()方法，将指针定位至初始位置，即 -1，然后再进入循环。值得说明的是，在 7.4.3 节中，预处理用了一个参数 ResultSet.TYPE_SCROLL_SENSITIVE，如果没有这个参数，记录集的指针只能往下走，不能回退。即使用 beforeFirst 方法时，会抛出一个异常。这些代码的写法虽然看上去有点啰嗦，但它们是笔者在开发过程中逐渐形成的相对来说健壮性较强的代码，也是编者的开发经验。完成该代码后，打开 src 下 servlet 包内的 NewsListServlet，将其中 processRequest

方法的代码更改如下。

```
tnewsDAO newsdao=new tnewsDAO();                          //实例化 DAO 类
List newslist=newsdao.getMultiNews();                     //调用读取所有新闻方法
if(newslist!=null) {                                      //判断是否为空
    for (int i = 0; i<newslist.size(); i++) {             //循环读取
        tnews news=(tnews)newslist.get(i);                //获取其中一条新闻
        System.out.println("新闻日期:"+news.getNewsdate()); //打印新闻日期
    }
}
```

其中,tnewsDAO、tnews 和 List 同样需要事先导入。完成上述操作后,重新部署项目,访问 NewsListServlet,在 IDEA 的命令行里会打印输出所有新闻的日期,如图 8.7 所示。

```
服务器    Tomcat Catalina 日志    Tomcat Localhost 日志
新闻日期: 2024-02-07 00:00:00
新闻日期: 2024-02-07 00:00:00
新闻日期: 2024-02-07 00:00:00
新闻日期: 2024-02-07 00:00:00
新闻日期: 2024-02-07 00:00:00
```

图 8.7 打印输出所有新闻的日期

8.4 常用实用类 JavaBean

常用实用类通常需要使用第三方 jar 包来辅助实现。如系统中要处理 Excel,那么就要使用 jxl 来编写实用类。常用实用类编写完之后,可根据需要在封装和 DAO JavaBean、Servlet 和 JSP 中调用。

常用实用类的创建方法与封装 JavaBean 类似,但通常置于 src 的 util 包中。右击 util 包,依次单击"新建"→"Java 类",输入名字"StrFun",回车,生成 StrFun.java 文件。本书案例主要是简单的新闻发布和管理,因此本节以两个常用的字符串处理方法来展示其编写和应用过程。

1. 长标题省略

在新闻门户网站中,经常可以见到有些新闻标题后面有省略号。这是为防止标题过长导致页面布局发生错乱而采取的标题精简方法。其算法非常简单,使用字符串的 substring 方法,截取要保留的字符串,加上"..."即可,具体代码如下。

```
public static String ShortTitle(String title, int pos) {
    if (title.length() > pos) {                 //判断长度是否大于指定长度
        title = title.substring(0, pos);        //若大于则截取指定长度的标题
        title = title + "...";                  //在截取的标题后加上省略号
    }
    return title;                               //返回截取的标题
}
```

可以看到该方法是静态方法，无须实例化该类就可以直接通过类名调用，这也是业务无关性的体现。用 import util.StrFun;语句将该类导入 NewsListServlet 中，在打印日期下一行加入打印标题代码，如下。

```
tnewsDAO newsdao=new tnewsDAO();                        //实例化 DAO 类
List newslist=newsdao.getMultiNews();                   //调用读取所有新闻方法
if(newslist!=null) {                                    //判断是否为空
    for (int i = 0; i<newslist.size(); i++) {           //循环读取
        tnews news=(tnews)newslist.get(i);              //获取其中一条新闻
        System.out.println("新闻日期:"+news.getNewsdate());          //打印新闻日期
        System.out.println("新闻标题:"+StrFun.ShortTitle(news.getNewstitle(), 1));
        //长度超过 1 时省略
    }
}
```

重新部署项目，运行结果如图 8.8 所示。

```
新闻标题: 标...
新闻日期: 2024-02-07 00:00:00
新闻标题: 标...
```

图 8.8　应用标题省略方法的结果

2. 最新发布的新闻标题带一个小图片

新闻标题后带一个小图片，如 NEW ，表示最新发布的新闻，这也是门户网站常用的方法，一般通过对比当前时间和新闻发布时间是否相同来实现，代码如下。

```
//title 是标题，参数 date1 是新闻发布日期，nowdate 是当前日期
public static String NewTitle(String title, String date1, String nowdate) {
    if(date1==nowdate) {                                //判断是否为当天
    title = title +"<img src='new.gif'>";               //在标题后加上新图标
    }
    return title;                                       //返回标题
}
```

8.5 综合实例

前述章节已完成了新闻系统的大部分模型层工作，本节则以剩下的修改和删除作为综合实例讲解。

8.5.1 修改方法

打开 bean 包下的 tnewsDAO，添加 Edit 方法，代码如下。

```
//4 个参数中 newsid 用来定位，其他则要修改目标值
public void Edit(int newsid, String newstitle,String newsdate, String newscontent) {
```

```
    String sql="update tnews set newstitle=?, newsdate=?, newscontent=? where
    newsid=?";                                    //更新 SQL 语句
    try {
        dbc=new DBConnect(sql);                   //初始化连接类
        dbc.setString(1,newstitle);               //为参数赋值
        dbc.setString(2,newsdate);                //为参数赋值
        dbc.setString(3,newscontent);             //为参数赋值
        dbc.setInt(4,newsid);                     //为参数赋值
        dbc.executeUpdate();                      //执行 SQL 语句
    }catch(Exception e) {
        System.out.println(e.getMessage());
    }finally {
        close();
    }
}
```

打开 servlet 包中的 UpdateServlet,将其 processRequest 方法做如下修改。

```
tnewsDAO newsdao=new tnewsDAO();//实例化 tnewsDAO 类
newsdao.Edit(23,"修改后的标题","2024-2-29","修改后的内容");//调用更新方法修改指
定数据
```

重新部署项目,运行后查看 MySQL 数据库表,结果如图 8.9 所示。

newsid	newstitle	newsdate	newscontent
21	更新后的标题	2024-02-23 00:00:00	内容
23	修改后的标题	2024-02-29 00:00:00	修改后的内容
24	标题	2024-02-07 00:00:00	内容3

图 8.9　修改 DAO 方法的调用和运行结果

8.5.2　删除方法

打开 bean 包下的 tnewsDAO,添加 Del 方法,代码如下。

```
public void Del(int newsid) {                      //参数 newsid 为新闻唯一表示
    String sql="delete from tnews where newsid=?";  //删除 SQL 语句
    try {
        dbc=new DBConnect(sql);                     //初始化连接类
        dbc.setInt(1,newsid);                       //为参数赋值
        dbc.executeUpdate();                        //执行 SQL 语句
    }catch(Exception e) {
        System.out.println(e.getMessage());
    }finally {
        close();
    }
}
```

打开 servlet 包中的 DeleteServlet,将其 processRequest 方法做如下修改。

```
tnewsDAO newsdao=new tnewsDAO();        //实例化 tnewsDAO 类
newsdao.Del(23);                        //调用删除方法,删除 newsid 为 23 的新闻
```

重新部署项目,运行后查看 MySQL 数据库表,可看到 newsid 为 23 的记录已经被删除。

小结

本章讲解了使用 JavaBean 实现 MVC 框架中模型层的具体方法。从功能来看,封装类实现的是对数据库表结构的映射,数据访问类则实现对数据库表记录的操作,而常用实用类则是对一些与数据库表无关的通用功能的操作。在这三种类中,数据访问类是业务的核心,业务的诸多处理逻辑一般均写在数据访问类中。事实上,这三者的结合完全可以构建出系统的逻辑模型。而从 Servlet 的调用也可以看出,这种模型的封装极大地增加了代码的灵活性,以及系统的轻量性。在后续章节中,这种优势会更明显。

练习与思考

(1) 什么是 JavaBean?

(2) 什么是 JavaBean 的封装?

(3) JavaBean 在 Java Web 开发中有什么作用?

第9章 Servlet请求与响应基础

本章学习目标

- 理解 Servlet 的概念及作用。
- 掌握 Servlet 接收和响应 HTTP 请求的方法。
- 掌握 Servlet 实现用户会话跟踪的方法。
- 理解和掌握 Servlet 过滤器的作用和方法。

本章主要讲述了使用 Servlet 实现 MVC 框架中控制器层的具体方法。首先讲述了使用 Servlet 进行数据的接收、传输和转发的方法。其次讲述了用户会话跟踪的方法,同时介绍了 Servlet 过滤器的使用方法。最后以用户登录为综合实例,讲解了应用 Servlet 和过滤器实现用户登录的全过程。

9.1 Servlet 概述

9.1.1 基本概念及结构

Servlet 是面向 HTTP 请求与响应的 Java 程序。在 Java Web 系统中,用户向系统提交数据,输入地址访问某个网页,通常都是由 Servlet 来接收和处理。它会将结果封装成 HTML 返回给用户,使用户能看到网页形式的结果。Servlet 是 MVC 中的控制器。控制器这个词也符合其请求和响应的功能定位,是对用户请求和响应的控制。Servlet 本质上也是 Java 类,它是在 Java 普通类的基础上,导入了对 HTTP 请求与响应的支持才具备了处理用户从网页上提交的请求。这些功能均置于 servlet-api.jar 包中,导入代码如下。

```
import javax.servlet.ServletException;                    //Servlet 异常类
import javax.servlet.annotation.WebServlet;               //Servlet 注解类
```

```
import javax.servlet.http.HttpServlet;              //处理 HTTP 的 Servlet 类
import javax.servlet.http.HttpServletRequest;       //处理 HTTP 请求的 Servlet 类
import javax.servlet.http.HttpServletResponse;      //处理 HTTP 响应的 Servlet 类
import java.io.IOException;                         //处理输入/输出异常的类
```

当然这些代码，本书已经内置于 IDEA 新建 Servlet 菜单中，开发者无须手动编写，但需要知道它们的存在及作用。缺少这些类，尤其是 HttpServletRequest 和 HttpServletResponse 将无法处理 HTTP 请求和响应。

Servlet 的生命周期包括初始化、服务和销毁三个阶段。Tomcat 启动时会加载并初始化 Servlet，随后每当有请求到达时，容器会调用 Servlet 的 service()方法来处理请求；最后，当容器关闭时，会销毁 Servlet 实例。该过程中，开发者仅需关注 services 方法。当有 HTTP 请求时，services 方法会根据请求类型，调用不同的执行方法。如果是 GET 方式则调用 doGet 方法，否则调用 doPost 方法。当然默认的 doGet 方法和 doPost 方法是不会自动处理数据的，因此需要在新建的 Servlet 中重写这两个方法。这是开发者需要关注的重点。因此，几乎每个开发工具，在新建 Servlet 时，都会自动重写空的 doGet 和 doPost 方法，以方便开发者编写程序。在本书中，额外编写了一个 processRequest 方法，并且在 doGet 和 doPost 中都调用这个方法，这样使得不管什么类型的请求，该 Servlet 都可以处理。开发者只需要编写 processRequest 方法即可。

9.1.2 Servlet 的 web.xml 配置

Servlet 属于 Web 生态的一部分，它的访问需要通过 URL 来实现。老版本的 Servlet URL 定义在 web.xml 中。web.xml 是 Java Web 项目的核心配置文件，位于项目的 WEB-INF 文件夹中，如图 9.1 所示。

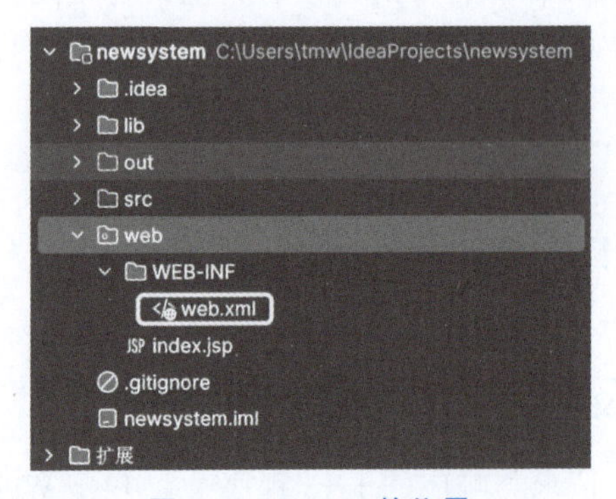

图 9.1　web.xml 的位置

以 NewsListServlet 为例，要以 http://localhost:8080/newsystem/allnews 为访问地址，那么在 web.xml 中的代码如下。

```
<servlet>
    <servlet-name>NewsListServlet</servlet-name>
    <servlet-class>servlet.NewsListServlet</servlet-class>
</servlet>
<servlet-mapping>
```

```
        <servlet-name>NewsListServlet</servlet-name>
        <url-pattern>/allnews</url-pattern>
    </servlet-mapping>
```

这段代码置于 web.xml 的<web-app></web-app>之间，共分成两部分，第一部分是标注该 Servlet 的类名及所在位置，第二部分则是 URL 映射，即规定了该 Servlet 的 URL 地址是/allnews。该地址前一定要加“/”，代表是项目根目录，否则会报错。URL 的定义比较灵活，如可以定义成“/action.do”，这个名字与 NewsListServlet 完全没有关系，但在浏览器里输入地址“http://localhost:8080/newsystem/action.do”可以访问到该 Servlet。此外，URL 还支持通配符“*”，如“/*”，那么网址 http://localhost:8080/newsystem/后跟任何合法的字符都可以访问到 NewsListServlet。当然这种做法一般是用于某个目录下 Servlet 的访问，如 http://localhost:8080/newsystem/admin/*。第一部分的定义中还支持参数的传入。7.4.2 节中 Druid 连接池统计页面 StatViewServlet 的访问就使用了该方式，但应用前提是该 Servlet 有接收该参数的代码。

9.1.3 WebServlet 注解

上述 Servlet 的 web.xml 配置，其优点在于整个项目的 Servlet 都列在 web.xml 中，可以一目了然地看到整个项目的 Servlet 及其访问地址。其缺点也很明显，代码较多，尤其是在团队开发时，如果有没有代码协同工具，还需要手动合并这些配置。幸运的是，Servlet 3.0 的发布，为其访问提供了一种简洁的做法，即 WebServlet 注解。本书之前的代码，除了第三方的数据库连接池以外，对 Servlet 的访问方式都使用了 Servlet 注解来完成，其语法也非常简单，即@WebServlet("/URL")，其中，URL 即访问的地址。该注解是定义在 Servlet 类的定义之前，实际上即对这个 Servlet 类的一个标注。标注后，就会自动完成 9.1.2 节中 web.xml 的映射配置。此处 URL 的写法和 web.xml 中的 URL 保持一致，仍然可以根据需要自己定义。同样以 NewsListServlet 为例，前述章节中该 Servlet 的 WebServlet 注解为@WebServlet("/NewsListServlet")，将其改为@WebServlet("/newslist")。更改后，如果再访问地址 http://localhost:8080/newsystem/NewsListServlet，则会抛出 404 错误，即地址不存在。而该 Servlet 的访问地址变更为 http://localhost:8080/newsystem/newslist。WebServlet 注解还提供了多种 URL 的定义，代码如下。

```
@WebServlet(name="NewsListServlet",urlPatterns ={"/newslist","/news","/nl"})
```

完成上述代码后，该 Servlet 就有了三种访问方式，分别如下。

```
http://localhost:8080/newsystem/newslist
http://localhost:8080/newsystem/news
http://localhost:8080/newsystem/nl
```

从上述过程可知，WebServlet 注解定义非常简单，其优点很明显，代码简洁，不易漏写或者写错，是目前 Servlet 映射的主要使用方法。其缺点则同样存在于团队开发中，因为缺乏了 web.xml 的统一管理，可能会出现不同 Servlet 的 URL 重复的情况。这种情况会导致项目部署失败，虽然可以通过查找来定位相同 URL 的 Servlet 然后再修改，但在 Servlet 较多或重复 URL 较多的时候，这也会造成一定程度的内耗。当然，这个缺点，可以通过事先规范 Servlet 和 URL 的定义来解决。但需要注意的是，同一个 Servlet，其 URL 访问配置只能采取注解或 web.xml 手动配置中的一种方式，否则会抛出 404 错误。

9.2 Servlet 接收 HTTP 请求

处理 HTTP 请求并进行响应是 Servlet 的主要职能。那什么是 HTTP 请求？简单来说，用户在网页上所做的大部分操作，都会触发 HTTP 请求。如输入网址后按 Enter 键、单击某个链接、填写数据并单击提交等。当这些操作有效时，浏览器会向服务器自动发起 HTTP 请求。因此，HTTP 请求是客户端向服务器端发送的消息请求。而 HTTP 响应则是指服务器端程序接收到请求后，根据不同的需求，对请求进行一系列的逻辑操作，完成后将操作结果再以 HTTP 的方式返回给浏览器端，让用户看到。这一套机制中，发起 HTTP 请求由浏览器完成，接收并返回结果则由 Tomcat 应用程序服务器完成。对于开发者，则只需关注如何在服务器端接收处理请求，并返回给浏览器。而 Servlet 即完成该工作的 Java Web 组件。

从 9.1.1 节可知，Servlet 之所以能够处理请求，主要是其有 HttpServletRequest 这个类的支持，该类封装了对 HTTP 请求的处理方法。根据不同的应用场合，HttpServletRequest 提供了多种不同的方法，本书将以应用场景为导向来逐个讲解在开发中常用的方法。

9.2.1 接收 URL 中的数据

URL 中的数据是指包含在网址中的“键:值”对形式的数据。该数据使用 HttpServletRequest 对象的 getParameter(name)方法来获取，其中，name 对应的是 URL 网址中的键，也即参数。以删除新闻的 DeleteServlet 为例。之前的代码是直接指定 newsid 值的方式删除新闻。在实际应用中，这个 newsid 则是通过 URL 的方式传递。读者可以想象一下这个场景，用户看到的是包含很多新闻的列表，在列表的右侧有“删除”链接，单击该链接，通常会弹出一个确认删除的对话框，单击“确定”按钮后，就会真正删除这条新闻。此处，单击“确定”按钮后，浏览器就会向服务器端程序发送删除请求，那它如何知道是删除哪条新闻？这个关键就在于服务器端程序的访问地址。如要删除 news 表中 newsid 为 24 的新闻，则访问地址的写法如下。

```
http://localhost:8080/newsystem/DeleteServlet?newsid=24
```

当请求到达 DeleteServlet 时，就可以使用 request.getParamter("newsid")的方式得到 24 的值。其中，request 是 HttpServletRequest 的一个实例，它是 processRequest 方法的一个参数。需要注意的是，getParamter 方法返回的是 String 类型的值，因此对于数值型，还需要手动进行转换，具体代码如下。

```
int newsid=Integer.parseInt(request.getParameter("newsid"));
//接收请求中的数据,并转换成 int 型
```

```
tnewsDAO newsdao=new tnewsDAO();        //实例化 tnewsDAO 类
newsdao.Del(newsid);                    //调用删除方法,删除指定 newsid 的新闻
```

在输入以上地址进行访问时,可以成功删除 newsid 为 24 的新闻。如果在 url 中想携带多个参数,只需要在多个参数中间加符号“&”连接即可,如下。

```
http://localhost:8080/newsystem/DeleteServlet?newsid=24&uname=test&pwd=123
```

其接收代码,同样使用 request.getParamter()方法即可,只是参数名称不同,代码如下。

```
int newsid=Integer.parseInt(request.getParameter("newsid"));
//接收请求中的数据,并转换成 int 型
String username=request.getParameter("uname");//接收请求中的数据
System.out.println(username);                 //接收并打印输出参数名为 uname 的值
String userpwd=request.getParameter("pwd");   //接收并打印输出参数名为 pwd 的值
System.out.println(userpwd);
```

输入上述 URL 地址,按 Enter 键后,在命令行里可以看到打印输出其他两个参数的值,如图 9.2 所示。

图 9.2 接收多个参数

这种提交请求的方式,即 GET 方式,它所有的参数和值都可以在地址栏中看到,因此只用于普通链接的场合。而且,在 URL 中携带的中文在不处理的前提下会显示乱码。同时,URL 是有长度限制的,过长将会导致发送请求失败。出于这两方面考虑,因此 URL 一般不携带参数,或仅携带少量参数。此外,这种方式是要 doGet 方法来处理的,因为本书将其统一由 processRequest 来处理,所以读者可以忽略这一细节,但其原理还是要知道的。

9.2.2 接收表单提交的数据

表单提交的数据,即通过表单的文本框、选择框、复选框等控件提交的数据。一般这类数据以 POST 方式提交,这种方式下提交的数据经过了封装,地址栏是无法看到任何属性和内容的。同时,它能够支持大容量数据的上传,如长文本或文件。因此,对于提交与业务相关的数据,一般都使用 post 提交方式的表单,而表单的 action 属性,则设置为需要提交至的 Servlet。在 Servlet 中,表单提交的数据,依然使用 request.getParamter(name)方法来实现,只是其中参数 name 的值为表单控件 name 属性的值。假设一个 Servlet 的 URL 访问地址为 sample,而对应页面的表单代码如下。

```
<form method="post" action="sample">
<input type="text" name="newstitle">
```

```
<input type="text" name="newscontent">
</form>
```

那么在 Servlet 的 processRequest 方法中，获取这两个控件值的代码如下。

```
request.setCharacterEncoding("utf-8");
String ntitle=request.getParameter("newstitle");
String ncontent=request.getParameter("newscontent");
```

这段代码有两个要点。第一，用 getParameter 接收的参数，必须对应于页面中表单控件的 name 属性值，而不是 id 值。因为有时候 id 和 name 的属性会设置成一样。但在这个场合里，Servlet 认的是 name 属性。第二，在使用 getParameter 接收数据之前，使用了 setCharacterEncoding 方法，这是设置请求的编码集，并且设置为能够支持中日韩文字的 UTF-8。如果缺少这一行，表单里提交的中文数据将会显示成乱码。

再看一个稍微复杂一点的例子，通过页面发布新闻。在前述章节中，本书已经制作了新闻发布页面 add.html，在之前 Dreamweaver 的项目中，它位于 ch05 文件夹中。为方便利用已经制作好的页面，首先将之前制作的 WebStudy 下的所有页面及文件夹，直接复制至 IDEA 中 newsystem 项目的 web 文件夹中，该文件夹即存放网页的位置。为了区分不同章节，在同级目录中新建 ch09 文件夹，并将 ch05 中的 add.html 复制至 ch09 中，结果如图 9.3 所示。

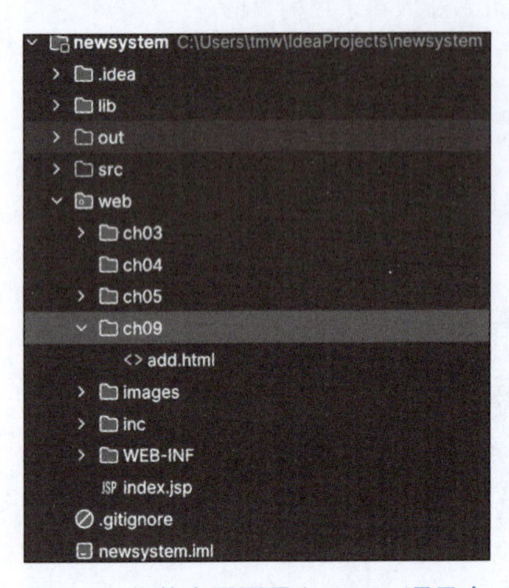

图 9.3　将静态页面导入 IDEA 项目中

双击打开 add.html，找到其中的<form>标签，做如下修改。

```
<form name="form1" method="post" action="../AddServlet">
```

并且检查该页面中新闻标题、新闻日期和新闻内容控件的 name 属性值，确保其分别为 newstitle、newsdate 和 newscontent。由于 add.html 在 ch09 文件夹中，而本书中所有 Servlet 的 URL 都相当于在项目根目录中，因此需要在 Servlet 前加上“..”，表示在 add.html 所在目录的上层目录（即项目根目录）中查找 Servlet。接着打开 AddServlet，将其 processRequest 方法的代码做如下修改。

```
request.setCharacterEncoding("utf-8");                //设置编码集
String ntitle=request.getParameter("newstitle");      //获取新闻标题
String ndate=request.getParameter("newsdate");        //获取新闻日期
String ncontent=request.getParameter("newscontent");  //获取新闻内容
tnewsDAO newsdao=new tnewsDAO();                      //实例化 DAO 类
newsdao.Add(ntitle,ndate,ncontent);                   //调用 Add 方法
```

运行 newsystem 项目，输入“http://localhost:8080/newsystem/ch09/add.html”地址，按 Enter 键，在打开的页面中输入相关数据后，单击“确定”按钮提交，如无问题，可以成功发

布一条新闻，其运行效果如图 9.4 所示。

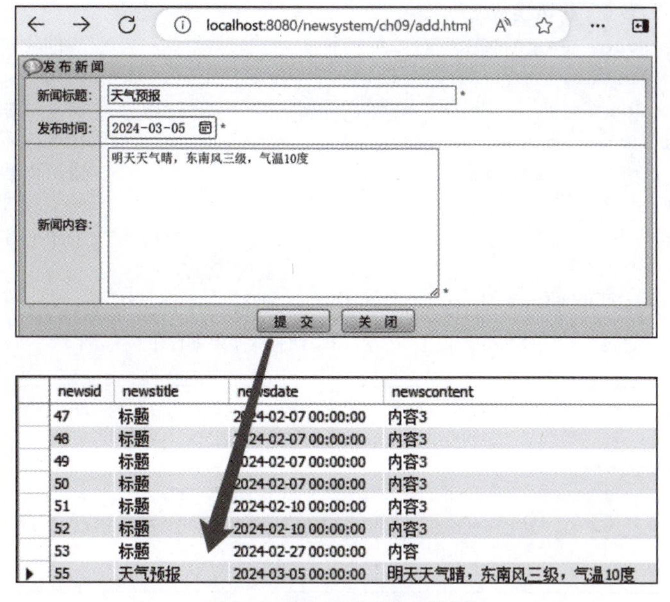

newsid	newstitle	newsdate	newscontent
47	标题	2024-02-07 00:00:00	内容3
48	标题	2024-02-07 00:00:00	内容3
49	标题	2024-02-07 00:00:00	内容3
50	标题	2024-02-07 00:00:00	内容3
51	标题	2024-02-10 00:00:00	内容3
52	标题	2024-02-10 00:00:00	内容3
53	标题	2024-02-27 00:00:00	内容
55	天气预报	2024-03-05 00:00:00	明天天气晴，东南风三级，气温10度

图 9.4　通过页面发布数据

若读者自己尝试时出现乱码，请检查 add.html 文件头区域的<meta>标签，其字符集应为 utf-8，如下。

```
<meta http-equiv="Content-Type" content="text/html; charset=utf-8" />
```

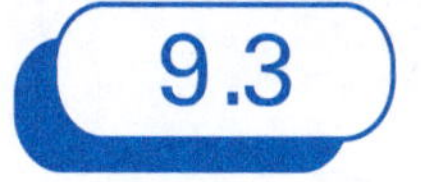

9.3 Servlet 响应 HTTP 请求

接收到用户请求并处理完成后，需要将结果返回给用户。其返回工作由 HttpServletResponse 这个类来实现，主要分为直接输出、请求转发和重定向三种方式。

9.3.1 直接输出内容

在之前的实例中，访问 Servlet 得到的是一个空白页面。之所以如此，是因为其中并不涉及面向用户的响应代码，只是将结果输出到了命令行中。事实上，Servlet 也支持直接向用户显示内容。这个内容可以是纯文本、HTML 和 XML 等文字，也可以是音频、视频和 Word 等二进制文件。

1. 文字类信息的内容输出

文字类信息的内容输出主要通过 HttpServletResponse 的 PrintWriter 对象来实现，该对象通过 HttpServletResponse 的 getWriter()方法来获得。获得该对象后，使用其 write 方法，就可以直接向用户显示内容。以显示新闻标题为例，打开 servlet 包中的 NewServlet，将其中的 processRequest 方法修改如下。

```
int newsid=Integer.parseInt(request.getParameter("newsid"));
//接收请求中的数据,并转换成 int 型
tnewsDAO newsdao=new tnewsDAO();                              //实例化 DAO 类
tnews news=newsdao.getOneNew(newsid);                         //调用 getOneNew 方法
response.setContentType("text/html;charset=utf-8");           //设置返回内容的格式
PrintWriter out=response.getWriter();                         //获取内容输出对象
out.write(news.getNewstitle());                               //输出内容
out.flush();                                                  //清空缓冲区的数据
out.close();                                                  //关闭对象
```

上述 Servlet 的访问地址为 http://localhost:8080/newsystem/NewServlet,分别在该地址后跟上"?newsid=23"和"?newsid=25",得到的结果如图 9.5 所示。

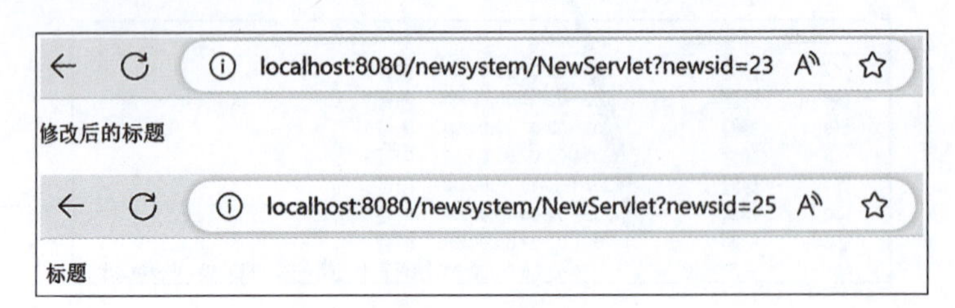

图 9.5　Servlet 直接输出内容

标识为 23 和 25 的新闻标题直接输出在浏览器页面中。从上述代码可知,PrintWriter 的 write 方法是输出的关键代码。事实上,在这之前,response 的 setContentType 方法也至关重要。该方法的作用是设置返回内容的 MIME,也称为 Internet 媒体类型。简单来说,就是返回内容的数据类型和格式。MIME 的常用类型如表 9.1 所示。

表 9.1　常用 MIME 类型

类　　型	格　　式
text/html	HTML 格式
text/plain	纯文本格式
image/gif	GIF 图片格式
image/jpg	JPG 图片格式
application/json	JSON 数据格式
application/pdf	PDF 格式
application/vnd.ms-excel	Excel 格式
application/octet-stream	二进制流数据(任意类型的文件)

本例中为 text/plain;charset=utf-8,即代表返回的是纯文本格式,且字符编码集为 utf-8。如果将 MIME 改为 text/html;charset=utf-8,write 方法中加入 HTML 代码,那么就可以以网页格式输出内容,代码修改如下。

```
int newsid=Integer.parseInt(request.getParameter("newsid"));
//接收请求中的数据,并转换成 int 型
tnewsDAO newsdao=new tnewsDAO();            //实例化 DAO 类
```

```
tnews news=newsdao.getOneNew(newsid);                    //调用 getOneNew 方法
response.setContentType("text/html;charset=utf-8");      //设置返回内容的格式
PrintWriter out=response.getWriter();                    //获取内容输出对象
out.write("<font color='red'>"+news.getNewstitle()+"</font>");   //输出内容
out.flush();                                             //清空缓冲区的数据
out.close();                                             //关闭对象
```

其运行结果如图 9.6 所示。

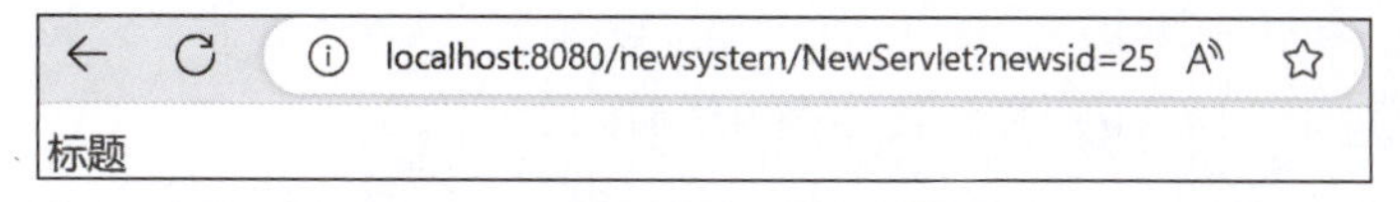

图 9.6　输出 HTML 格式的内容

虽然输出的 HTML 代码结构并不完整，但是也并不影响浏览器按照 HTML 格式去解析输出的内容。这是因为类型设置为 text/html 后，浏览器已经把这个 Servlet 输出的内容当作 HTML 去处理。由此可见，使用 Servlet 也可以完整地输出一个网页，以满足特殊的应用需要。此外，PrintWriter 的 flush()方法是用于提高输出效率的，在输出内容少的时候，有无皆可。但是内容多的时候，缺少这一行代码，可能会使输出内容不全或者不输出。因此，还是推荐写在其中。

2. 数据流的输出

普通的文本信息使用 PrintWriter 可以直接输出并正常显示，但是文件本质上是二进制数据。对于这类数据的处理，则需使用数据流的方式来处理。即将文件转换成数据流，再将数据流输出到浏览器中。其具体输出方式与 MIME 类型有直接关系。如果是图片、PDF 等浏览器支持的格式，将直接显示其内容，对于不能显示的就表现为下载。

将文件转换成数据流并输出分为三个步骤：首先将文件转换为文件输入流，这一工作需要导入 java.io.FileInputStream，通过指定文件路径的方法，将文件转换成 FileInputStream 对象。其次，通过 HttpServletResponse 的 getOutputStream 方法，获得 ServletOutputStream 输出流对象。最后，将 FileInputStream 写进 ServletOutputStream 输出流对象中。以图片文件为例，先复制一张图片 pic.jpg 至项目的根目录下。再新建一个 Servlet，可命名为 DownloadServlet，将其中的 processRequest 代码编写如下。

```
FileInputStream fis = null;                              //声明文件输入流对象
ServletOutputStream sos = null;                          //声明 Servlet 输出流对象
try {
    response.setContentType("image/jpg");                //设置响应内容为 JPG 图片
    String path = this.getServletContext().getRealPath("/pic.jpg"); //读取位置
    fis = new FileInputStream(path);                     //将图片转换为输入流
    sos = response.getOutputStream();                    //创建 Servlet 输出流
    //输出
    int len = 1;
    byte[] b = new byte[1024];
    while ((len = fis.read(b)) != -1) {
        sos.write(b, 0, len);
    }
```

```
        sos.flush();                        //清空缓存
    } catch (Exception e) {
        System.out.println(e.getMessage());
    } finally {
        if(sos!=null)
            sos.close();                    //关闭输出流
        if(fis!=null)
            fis.close();                    //关闭输入流
    }
```

重新部署，访问该 Servlet，其结果如图 9.7 所示。

图 9.7　图片的 Servlet 输出

从上述代码可知，数据流的输出是通过 byte[]字节数组分段输出。代码看似有点复杂，但这是固定写法，记住该写法即可。另一个固定写法是读取项目文件夹中的文件，即 this.getServletContext().getRealPath()，其参数若以“/”开头，代表项目的根目录。此外，由于读取文件可能会抛出 FileNotFoundException 异常，因此代码使用了 try 语句，写法和数据库操作的类似，使用了 try catch finally 语句，以提高程序健壮性。

而对于无法直接显示内容的文件，处理方式略有不同，其 MIME 类型为 application/octet-stream，同时还需要调用 HttpServletResponse 对象的 addHeader 方法设置输出方式。为区分与图片下载的区别，在 Servlet 中再新建一个 Servlet，可取名为 FileDownloadServlet，将 processRequest 方法代码编写如下。

```
FileInputStream fis = null;                 //声明文件输入流对象
ServletOutputStream sos = null;             //声明 Servlet 输出流对象
try {
    String path=this.getServletContext().getRealPath("/files/sample.xlsx");
                                            //读取 xlsx 文件位置
    response.addHeader("Content-Disposition", "attachment;filename=sample.
    xlsx");                                 //设置下载文件名
    fis=new FileInputStream(path);          //将 xlsx 文件转换为输入流
```

```
        response.setContentType("application/octet-stream"); //设置内容为二进制
        sos=response.getOutputStream();                      //创建 Servlet 输出流
        //输出
        int len=1;
        byte[] b=new byte[1024];
        while((len=fis.read(b))!=-1){
            sos.write(b, 0, len);
        }
        sos.flush();                                         //清空缓存
    }catch(Exception e){
        System.out.println(e.getMessage());
    }finally{
        if(sos!=null)
            sos.close();                                     //关闭输出流
        if(fis!=null)
            fis.close();                                     //关闭输入流
    }
```

部署项目后，访问该 Servlet，会自动下载 sample 文件，如图 9.8 所示。

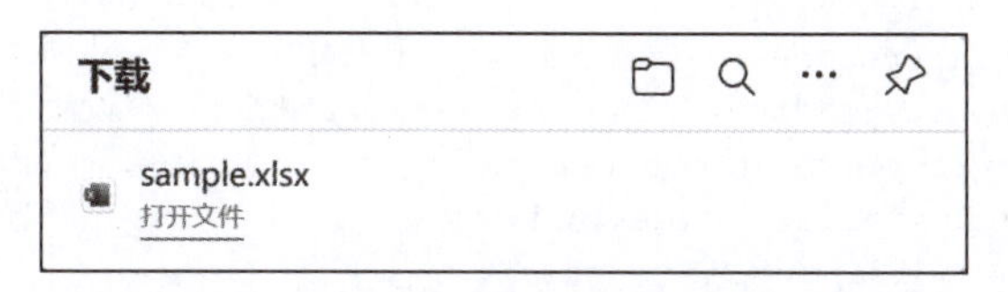

图 9.8　Servlet 文件下载

其中，response.addHeader 方法提供了两个参数，第一个是"Content-Disposition"，代表输出内容的部署。第二个是"attachment;filename=sample.xlsx"，attachment 代表该内容以附件下载的方式输出，filename 即下载的文件名。事实上，这两个文件也可以直接输入路径来访问下载。但如果是要把数据库中的数据或是经过计算后的数据结果导出至文件中下载，就需要使用该方法。

9.3.2　请求转发

请求转发是指服务器程序接收到请求并处理完成后，将请求转发至另一个服务器端程序。请求转发也会发生程序跳转，它能从一个 Servlet 跳转至另一个 Servlet 或 JSP 页面，但浏览器地址不会发生变化。假设有一请求从 s1 转发至 s2，转发前地址为 http://localhost:8080/newsystem/s1，转发后依然是该地址。但浏览器中显示的内容会变成 s2 的内容。原本这属于请求处理的范畴，但由于在转发中，一般需携带数据，所以归类到响应中。在 Java Web MVC 框架中，一般请求转发发生在 Servlet 到 JSP 中，即在 Servlet 中处理完请求后，将数据转发至 JSP 中，再由 JSP 解析后显示给最终用户。这种做法的好处在于，当数据转发至 JSP 中显示成功后就释放掉了，不会占据过多的内存资源。

请求转发主要通过 HttpServletRequest 的 setAttribute 和 getRequestDispatcher 方法来实现。其中，setAttribute 用于设置请求要携带的数据，getRequestDispatcher 则用于指定要转发的对象。以所有新闻的请求转发为例，先从 servlet 包中找到 NewsListServlet，将其中的 processRequest 方法修改如下。

```
tnewsDAO newsdao=new tnewsDAO();                          //实例化 DAO 类
List newslist=newsdao.getMultiNews();                    //调用读取所有新闻方法
if(newslist!=null) {                                      //判断是否为空
    request.setAttribute("nlist",newslist);  //将获取的所有新闻存入请求中
    RequestDispatcher rd=request.getRequestDispatcher("/ShowNewslist");
    //设置要转发的目标程序
    rd.forward(request,response);                         //执行转发
}
```

其中，setAttribute 有两个参数，第一个参数是存储进请求的数据的变量名，第二个参数则是从模型层读取到的数据的变量。getRequestDispatcher 的参数则是指要转发到的 Servlet 或者 JSP 的地址，需要注意的是，该参数的值必须要以“/”开头。该方法会返回一个 RequestDispatcher 对象，该对象需要使用 import javax.servlet.RequestDispatcher 导入。得到该对象后，再使用其 forward 方法执行转发。执行到这一行，程序就会发生跳转。本例跳转的地址是一个 URL 为 ShowNewslist 的 Servlet，该 Servlet 需要单独创建。同样将其在 servlet 包中创建，创建后将其 processRequest 方法编写如下。

```
List newslist=(List)request.getAttribute("nlist");      //从请求中获取转发过来的数据
response.setContentType("text/html;charset=utf-8");     //设置响应内容
PrintWriter out=response.getWriter();                    //获取内容输出对象
for (int i = 0; i < newslist.size(); i++) {              //循环输出
    tnews news=(tnews)newslist.get(i);
    out.write("<font color=red>"+news.getNewstitle()+"</font>");
    out.write("<br>");
}
out.flush();
out.close();
```

上述代码中，request.getAttribute("nlist")即获取从 NewsListServlet 中转发过来的数据，其参数名“nlist”必须和在 NewsListServlet 中 request.setAttribute("nlist",newslist)方法的第一个参数一模一样。由此也可知，被转发的这个 Servlet 是不适合独立运行的，否则会读取不到任何数据，因为请求中没有 nlist 这个数据变量。要正常访问 ShowNewslist，则只能通过 NewsListServlet。重新部署项目，在浏览器地址栏中输入“http://localhost:8080/newsystem/newslist”，结果显示如图 9.9 所示。

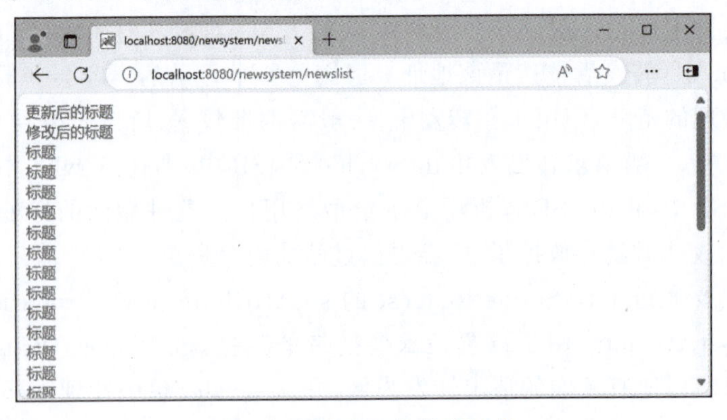

图 9.9　所有新闻的请求转发

从截图可知，浏览器地址栏没有变，但显示的是 ShowNewslist 的内容。这种方式不仅不占内存资源，而且还把数据处理和显示功能做了区分，这种系统功能上的层次性，有助于提高系统开发过程的规范性。

9.3.3 重定向

重定向即重新定位 URL 地址，与请求转发不同，重定向会刷新浏览器地址跳转到其他页面。重定向主要通过 HttpServletResponse 对象的 sendRedirect 方法来实现。该方法的参数为 URL，即要跳转的程序地址。以跳转至 NewsListServlet 为例。在 servlet 包中新建 LinkServlet，将其中的 processRequest 方法编写如下。

```
response.sendRedirect("newslist");
```

在浏览器中输入"http://localhost:8080/newsystem/LinkServet"，按 Enter 键后，浏览器会将页面跳转至 NewsListServlet，并显示所有新闻。从这个功能可知，重定向的功能和链接类似，是一种 GET 方式的 HTTP 请求。这种方式可以在 URL 后跟"键:值"对的方式携带少量数据。以访问显示指定 newsid 新闻信息的 NewServlet 为例。更改 LinkServlet 的 processRequest 方法，将其代码更改如下。

```
response.sendRedirect("NewServlet?newsid=23");
```

重新部署后，再次访问 LinkServet，就会跳转至 NewServlet 显示新闻标题。

9.4 Servlet 会话跟踪

9.4.1 会话跟踪概述

在 Web 应用中，会话是指用户打开浏览器，访问网页，再到关闭网页或者浏览器的过程。由于 HTTP 是无状态协议，也就意味着 HTTP 请求和响应的数据并不能保存在会话过程中。但显然，会话期间传递或保存数据显然是很有必要的。如用户登录，当用户登录系统后，通常来说，任何需要用户登录的页面，都不需要重复登录，而能显示登录的用户名。Servlet 会话跟踪就是解决这一问题的技术方案。

Servlet 会话跟踪主要通过 HttpSession 对象来实现，这也是所有会话跟踪技术中最强大的技术。Session 对象一旦创建，只要创建该 Session 的用户保持活跃状态，那么理论上该 Session 对象会一直存在，并且在该用户访问的所有页面或者程序中均有效，Session 值的有效范围如图 9.10 所示。

用户在访问某个 Web 程序时，创建了一个 Session 对象，那么只要不关闭该浏览器，该系统内的任何 Web 程序都可以访问该 Session 对象。只有当 Session 对象长时间未被访问、用户关闭浏览器和访问了 Session 注销程序时，该 Session 对象才会销毁。其中，长时间未访问是指该 Session 对象在一段时间内，未被任何程序访问。这个时间在 Tomcat 中默认为 30 分钟。假设创建了一个名为 user 的 Session 对象，如果 30 分钟都没访问该对象，那么

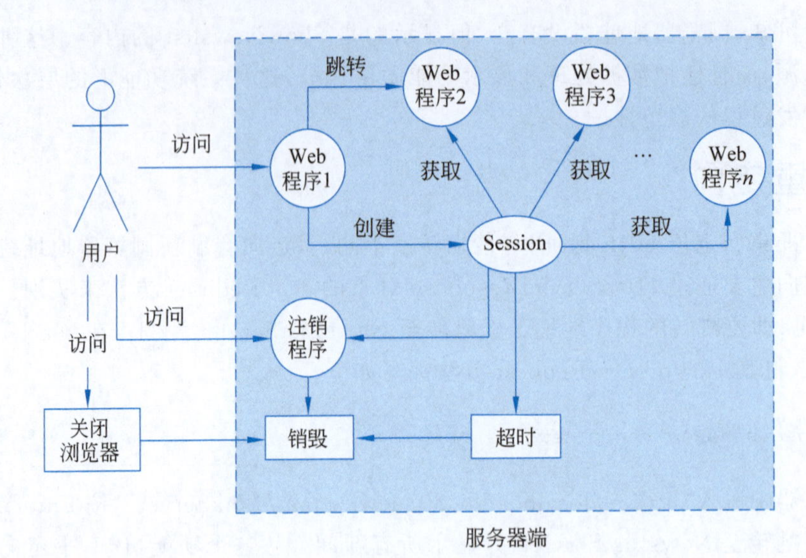

图 9.10　Session 值有效范围

该对象就会被 Tomcat 服务器销毁。但如果在 29 分，甚至离 30 分钟还差 1 秒的时候，访问了它。那么该变量又可以存在 30 分钟。因此，只要不断访问该 Session 对象，该对象就会一直存在。这一特点显然比较适用于用户登录的场合，事实上，这也是 Session 的主要应用场合。该 Session 的默认有效时间，可以在项目的 web.xml 文件的<web-app>和</web-app>中添加如下代码进行修改。

```
<session-config>
    <session-timeout>60</session-timeout>
</session-config>
```

添加该代码后，重新部署项目，Session 的有效期就变成了 60 分钟。具体时长设置视应用场景而定。

9.4.2　创建和销毁 HttpSession 对象

HttpSession 是 Java Web 中的 Session 对象，它通过 HttpServletRequest 对象的 getSession 方法来创建。创建成功后，再通过 setAttribute 方法来设置具体的 Session 值。其具体创建和应用过程，可用一个简单例子来展示。在 servlet 包中，新建名为 SampleSessionServlet 的 Servlet，将其 processRequest 方法编写如下。

```
request.getSession().setAttribute("user","sessiontest");
```

从代码可知，先是通过 request.getSession()创建一个空的 HttpSession 对象，再调用该对象的 setAttribute 方法来设置具体的 Session 变量。该方法与 Request 的 setAttribute 方法类似，第一个参数为 Session 变量名，第二个参数即 Session 值。由于 HttpSession 对象创建后无须调用，因此直接使用方法连续调用的写法。完成后，创建一个 ShowSessionServlet 来演示 Session 的调用方法，其 processRequest 方法编写如下。

```
String user=(String)request.getSession().getAttribute("user"); //获取 Session 变量
response.setContentType("text/html;charset=utf-8");
PrintWriter out=response.getWriter();
out.write("<font color='red'>"+user+"</font>");
out.flush();
out.close();
```

重新部署项目，先访问 SampleSessionServlet，该 Servlet 不会显示任何内容，执行完成后，再访问 ShowSessionServlet，则会显示之前设置好的“sessiontest”。该 Servlet 实际上模拟的是用户登录，而登录还对应一个注销功能，这就需要通过销毁 Session 对象来实现。由于 Session 是用户级的变量，因此关闭浏览器或重启 Tomcat 会自动销毁 Session。除此之外，还可以通过 Session 对象的 invalidate()方法来手动销毁。在 servlet 包中，新建一个 LogoutServlet，将其中的 processRequest 方法修改如下。

```
request.getSession().invalidate();        //使所有 session 变量失效
```

成功访问该 LogoutServlet 后，之前的 user session 对象就会失效。再次访问 ShowSessionServlet 时，由于 session 变量已失效，因此不会显示任何信息。

9.4.3 权限控制

上述示例展示了 Session 对象的生存特点。设想一下，如果上述例子中，session 变量是用户经过认证，登录成功后才生成的，那么是不是可以通过判断该变量是否存在来判断用户是否登录？这就是权限控制的基本原理。一般的新闻系统，其发布、修改和删除，均由登录后的管理员执行，这些均是权限控制的对象。以发布新闻为例，打开 AddServlet，将其代码做如下修改。

```
if(request.getSession().getAttribute("user")!=null) {
//判断是否生成了 user 的 session 变量
    request.setCharacterEncoding("utf-8");                    //设置编码集
    String ntitle = request.getParameter("newstitle");         //获取新闻标题
    String ndate = request.getParameter("newsdate");           //获取新闻日期
    String ncontent = request.getParameter("newscontent");     //获取新闻内容
    tnewsDAO newsdao = new tnewsDAO();                         //实例化 DAO 类
    newsdao.Add(ntitle, ndate, ncontent);                      //调用 Add 方法
}else {
    response.setContentType("text/html;charset=utf-8");
    PrintWriter out=response.getWriter();
    out.print("对不起,您没有权限执行该操作");
    out.flush();
    out.close();
}
```

此处判断是否存在 user 的 session 变量，存在则说明已经登录成功，可以执行添加操作，否则显示“对不起，您没有权限执行该操作”的提示。可见，使用 Session 可以有效方便地实现权限控制。

9.5 Servlet 过滤器

9.5.1 Servlet 过滤器概述

在 Servlet 的请求和响应过程中可以发现，有一部分操作是大部分 Servlet 都要执行的。例如，表单提交时，通过 request.setCharacterEncoding("utf-8")确保能正常显示中文；或者对于增加、修改和删除等只有管理员才能执行的操作，需要判断管理员是否登录。正常来说，凡是处理表单提交数据或需权限认证的 Servlet，都要写一遍同样的代码。把视界再提高到项目团队开发的层面，不同的程序员都要写权限控制代码，这就可能会出现写得不一致的情况，从而导致程序逻辑错误。Servlet 过滤器即用于解决这一问题的实用技术。

Servlet 过滤器作用于 Servlet 接收 HTTP 请求之前，或 HTTP 响应客户端之前，是对 HTTP 请求和响应进行预处理和后处理的 Java Web 组件。它可以拦截请求和响应以执行各种任务。如验证用户身份、记录日志等，其运行机制如图 9.11 所示。

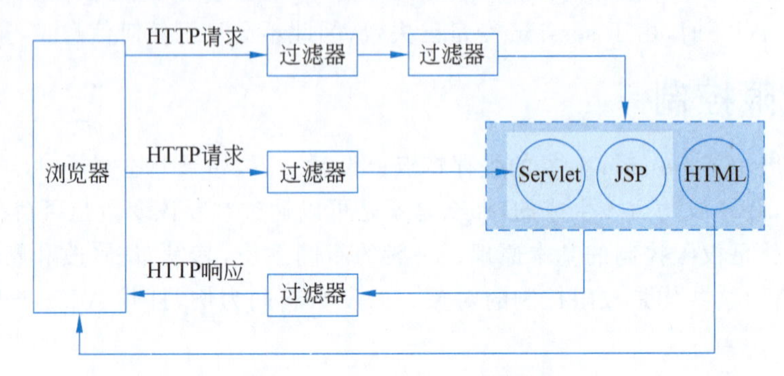

图 9.11　Servet 过滤器运行机制

Servlet 过滤器既可以作用于 Servlet 和 JSP 等动态程序，也可以作用于 HTML 静态页面，还可以传递至其他不同功能的过滤器。Servlet 过滤器主要通过 javax.servlet.Filter 来实现。Filter 是一个接口，该接口有 init、doFilter 和 destroy 三个方法，分别代表创建、过滤和销毁三个功能。其中，doFilter 方法是程序员重点关注的对象，过滤逻辑和方法均通过重写这个方法来实现。

9.5.2 应用 Servlet 过滤器

默认情况下，IDEA 没有新建 Filter 的菜单，为便于操作，需要将 Filter 菜单加入 IDEA 的新建菜单中，具体操作方法请参考 6.4.4 节，其代码模板如图 9.12 所示。

上述代码中，程序员一般只需要重写 doFilter 方法，其余两个方法如无特殊需求可以不写，应用程序服务器会根据程序应用情况，自动执行初始化及销毁程序。doFilter 方法有三个参数，分别是 Servlet 请求、Servlet 响应和过滤链。而真正执行过滤功能的正是其 doFilter 方法中的 chain.doFilter 代码。这是过滤器过滤完成后，将请求转发至指定程序的代码。过滤的业务逻辑则一般写在该代码之前。以本书新闻发布系统的登录过滤为例，在 src 包中新建一个 filter 包，右击 filter 包，在弹出菜单中依次单击“新建”→Filter，在弹出的

```
#if (${PACKAGE_NAME} && ${PACKAGE_NAME} != "")package ${PACKAGE_NAME};#end
#parse("File Header.java")

import javax.servlet.*;
import javax.servlet.annotation.*;
import java.io.IOException;

@WebFilter(urlPatterns = "${Entity Name}")
public class ${Class_Name} implements Filter {
    public void init(FilterConfig config) throws ServletException {
    }

    public void destroy() {
    }

    @Override
    public void doFilter(ServletRequest request, ServletResponse response,
    FilterChain chain) throws ServletException, IOException {
        chain.doFilter(request, response);
    }
}
```

新建文件所属包的自动归类

导入Filter相关依赖包

配置要过滤的程序

初始化方法

销毁方法

过滤方法

图 9.12　新建 Filter 的代码模板

“新建 Filter”对话框中依次输入要过滤的程序名，以及 Filter 名，如图 9.13 所示。

图 9.13　“新建 Filter”对话框

其中，Entity Name 实际上是要过滤的程序的 URL 地址，因此需要在前面加一个“/”。单击“确定”按钮后，打开该 Filter，可以看到在 Filter 类体外，有如下代码。

```
@WebFilter(urlPatterns = "/AddServlet")
```

这即标注了该 Filter 需要过滤的对象为增加新闻的 AddServlet。此处@WebFilter 的用法与@WebServlet 类似，urlPatterns 的设置也一样，因此不再赘述。接着，将生成的 doFilter 方法修改如下。

```
HttpServletRequest httprequest = (HttpServletRequest) request;
//将请求转换成 HttpServletRequest 类型
if (httprequest.getSession().getAttribute("user") != null) {
//判断是否生成了 user 的 session 变量
request.setCharacterEncoding("utf-8");        //设置请求的编码集
    chain.doFilter(request, response);         //过滤转发
} else {
    response.setContentType("text/html;charset=utf-8");
    PrintWriter out = response.getWriter();
    out.print("对不起,您没有权限执行该操作");
    out.flush();
    out.close();
}
```

该代码逻辑非常简单，即判断是否存在user的session变量，从而判断用户是否登录。如果存在，则将请求编码集设置为utf-8，使其能正常显示中文，然后转发至AddServlet，否则输出没有权限的信息提示。这段代码即原AddServet中的判断代码，只不过将其中的判断逻辑移植到了过滤器中，让过滤器统一来处理。但需说明的是，过滤器默认的request对象是ServletRequest对象，该对象不能获得Session对象，因此需要将其转换成HttpServletRequest。完成后，打开AddServlet，对其中的processRequest代码做如下修改。

```
String ntitle = request.getParameter("newstitle");          //获取新闻标题
String ndate = request.getParameter("newsdate");            //获取新闻日期
String ncontent = request.getParameter("newscontent");      //获取新闻内容
tnewsDAO newsdao = new tnewsDAO();                          //实例化 DAO 类
newsdao.Add(ntitle, ndate, ncontent);                       //调用 Add 方法
```

该段代码也就是去除了原先的权限控制代码。此时，重新部署项目，直接在浏览器中输入地址"http://localhost:8080/newsystem/AddServlet"，Tomcat会拦截该请求至LoginFilter过滤器中，因为未登录，所以会显示没有权限，如图9.14所示。

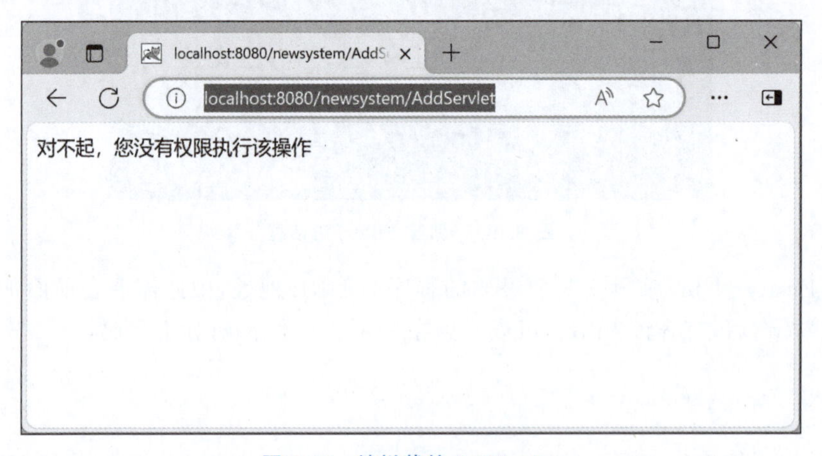

图 9.14　被拦截的 AddServlet

从页面内容可知，该Servlet被LoginFilter成功拦截，并进行了权限判断。接着，再次访问地址http://localhost:8080/newsystem/SampleSessionServlet，成功后就会生成user的session变量。此时，再访问AddServlet，则显示一个空白页面，但查看命令行可以看到Column 'newstitle' cannot be null的错误信息。这是因为直接访问AddServlet，由于没有提交数据，所以在获取newstitle时，就爆出了空值异常。这也同时说明了，过滤器已经检测到登录，并成功将请求转发至了AddServlet。当然，登录后，正常做法是通过ch09下的add.html页面，通过表单提交数据，来测试该功能，具体可参考9.2.2节。

上述是以AddServlet展示了登录过滤的功能，事实上，所有需要登录的Servlet都可以通过该过滤器来过滤。一般来说，删除新闻的DeleteServlet和修改新闻的UpdateServlet，也在过滤范围内。要同时支持多个Servlet的过滤，只需要将LoginFilter的@WebFitler注解即可，代码如下。

```
@WebFilter(urlPatterns = {"/AddServlet","/DeleteServlet","/UpdateServlet"})
```

具体效果可自行测试。应用过滤器之后，原先需要在 Servlet 中编写的权限代码，都转移到了过滤器中。试想一下，如果所开发的系统比较复杂，这无疑也是一项庞大的工作。而且，如果判断逻辑有所改变，那么所有涉及权限控制的地方都要全部修改。用了过滤器后，只需要在过滤器中修改，所涉及的程序都会发生更改，这就大大地提高了程序的统一性和可维护性。

9.6 综合实例

至此，本书已经完成了模型层和控制器层的主要知识点的讲解，应用这些知识，已经可以构建“大半个”系统。本节将以用户登录为例，应用本章知识点将目前所制作的所有 Servlet 及相关页面都连接起来，使其更接近一个功能完整的系统。实现用户登录具体分为以下 4 个主要工作。

1. 用户表结构设计

用户的账号是用户登录的核心数据，用户名和密码是最简单的账号数据，在 MySQL 的 newsystem 中，按如表 9.2 所示新建一个 tuser 表。

表 9.2 tuser 表

字段名	字段数据类型	字 段 属 性	备 注
userid	int 整型	PK(主键)，NN(非空)，UQ(唯一)，AI(自增长)	唯一标识
username	varchar(45)字符串长度 45	NN(非空)	用户名
userpwd	varchar(45)时间日期型	NN(非空)	密码

完成表设计后，在新建的表中输入一个测试账号，用户名和密码均设置为 admin，如图 9.15 所示。

	userid	username	userpwd
	1	admin	admin
▶*	NULL	NULL	NULL

图 9.15 预设的登录账号

2. 编写 tuser 表的数据封装和访问模型

根据该数据表，在 src 的 bean 包中新建一个 tuser Java 类，参考 8.2 节编写如下代码。

```
package bean;
public class tuser {
    private int userid;
    private String username;
    private String userpwd;
    public int getUserid() {
        return userid;
    }
```

```
    public void setUserid(int userid) {
        this.userid = userid;
    }
    public String getUsername() {
        return username;
    }
    public void setUsername(String username) {
        this.username = username;
    }
    public String getUserpwd() {
        return userpwd;
    }
    public void setUserpwd(String userpwd) {
        this.userpwd = userpwd;
    }
}
```

接着,依然在 bean 包中再新建一个 tuserDAO 的数据访问 Java 类。就本例而言,该类主要包括一个登录方法。登录的原理较为简单,即将用户输入的用户名和密码,与数据库表 tuser 中的用户名和密码做对比,两者都匹配,即登录成功。一般通过 SQL 语句查询即可实现,语句代码如下。

```
select * from tuser where username=待验证用户名 and userpwd=待验证密码
```

如果该语句能查询到记录,将记录取出,封装到 tuser 的类中,存入 Session 即可。如果查不到,则返回空值,依此判断登录失败。其核心代码如下。

```
public tuser Login(String username, String userpwd){
    String sql="select * from tuser where username=? and userpwd=?";
    tuser user=null;
    try {
        dbc=new DBConnect(sql);
        dbc.setString(1, username);                           //为参数赋值
        dbc.setString(2,userpwd);                             //为参数赋值
        rs=dbc.executeQuery();                                //执行 SQL 语句
        if(rs.next()){                                        //判断是否为空
            user=new tuser();
            user.setUserid(rs.getInt("userid"));              //获取 userid 字段值并赋值
            user.setUsername(rs.getString("username"));       //获取 username 字段值并赋值
            user.setUserpwd(rs.getString("userpwd"));         //获取 userpwd 字段值并赋值
        }
    }catch(Exception e){
        System.out.println(e.getMessage());
    }finally {
        close();                                              //释放连接
    }
    return user;                                              //返回 user
}
```

其中,dbc 和 rs 已经定义为该类的私有属性,具体可参考 8.3.1 节。close()方法是事先

定义好的关闭记录集和数据库连接的方法，具体可参考8.3.2节。

3. 用户登录页面制作

根据tuser表的字段，使用表格布局，制作如图9.16所示登录页面，具体做法可参考3.6节和4.6节。

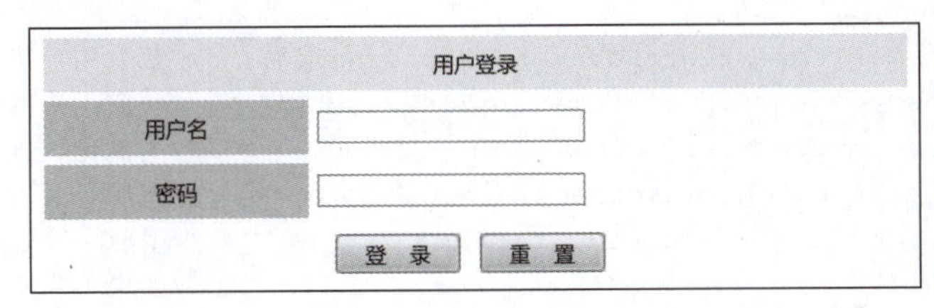

图9.16 登录页面

该网页的关键代码及属性如表9.3所示，其中涉及的CSS样式是前述章节定义的，在此直接引用。

表9.3 登录页面关键代码

控 件	代 码
表单域	<form method="post" action="../UserLogin">
用户名输入框	<input name="username" type="text" class="inputbox" id="username">
密码输入框	<input name="userpwd" type="password" class="inputbox" id="userpwd">
"登录"按钮	<input name="submit" type="submit" class="btn" id="submit" value="登录">
"重置"按钮	<input name="reset" type="reset" class="btn" id="reset" value="重置">

其中，action属性对应的是处理登录验证的Servlet。由于该登录页面位于ch09目录中，而Servlet在本项目中的URL均为项目根目录下，因此需要使用"../"退回到登录页面的上一级目录中。同时需注意的是，页面中用户名、密码、登录和重置控件都要置于<form>标签内，否则单击"登录"按钮不会触发表单数据的提交。

4. 请求和响应中文过滤器的制作

请求和响应中文过滤器，一方面是确保表单提交的数据在Servlet中能正常显示中文，另一方面则也确保在Servlet中能够正常输出中文。在前述章节中，这两个知识点都已经有所涉及。即使用Request和Response的setCharacterEncoding来设置请求和响应的编码集即可。但若不用过滤器，那么在需要中文显示的地方，都要重复编写上述代码。在filter包中新建一个ConvertChinese的过滤器，将其中的doFilter方法编写如下。

```
request.setCharacterEncoding("utf-8");            //请求编码集设置为utf-8
response.setContentType("text/html;utf-8"); //响应类型为utf-8编码的html页面
response.setCharacterEncoding("utf-8");           //设置响应编码集为utf-8
chain.doFilter(request, response);                //执行过滤
```

该过滤器的@WebFilter则修改如下。

```
@ WebFilter (urlPatterns = { "/UserLogin","/AddServlet","/DeleteServlet","/
UpdateServlet"})
```

创建该过滤器后，上述指定的 Servlet 就无须再额外设置请求和响应的编码。

5. 用户登录 Servlet 制作

在 servlet 包中新建一个名为 UserLoginServlet 的 Servlet，将其 processRequest 方法代码编写如下。

```
String username=request.getParameter("username");  //获取用户提交的用户名
String userpwd=request.getParameter("userpwd");    //获取用户提交的密码
tuserDAO userdao=new tuserDAO();                   //实例化数据访问类
tuser user=userdao.Login(username,userpwd);        //调用登录方法
PrintWriter out = response.getWriter();            //生成响应输出对象
if (user!=null) {                                  //如果不为空
    request.getSession().setAttribute("user", user);  //将整个用户对象存入 Session
    out.write("登录成功");                         //显示“登录成功”
}else{                                             //如果为空
    out.write("登录失败");                         //显示“登录失败”
}
out.flush();
out.close();
```

完成这些代码后，重新部署项目，在浏览器中输入“http://localhost:8080/newsystem/ch09/userlogin.html”，在登录页面中输入用户名“admin”，密码“admin”，显示登录成功，输入错误则显示登录失败。

小结

本章讲述的 Servlet 是 Java Web 系统中用于处理用户请求和响应的重要组件，其内容涵盖了如何使用 Servlet 进行数据的接收、传输和转发的过程，同时，还讲解了 Servlet 过滤器的应用方法。这部分内容可以说是 Java Web 系统的核心，掌握了 Servlet 的用法，也就理解了 HTTP 请求和响应的过程。而掌握了过滤器的用法，又可以使得对 HTTP 请求及响应的处理更为自动化。

练习与思考

(1) 什么是 Servlet?

(2) Servlet 如何接收客户端的请求?

(3) Servlet 如何向客户端发送响应?

(4) Servlet 中的请求转发和重定向有什么区别?

(5) Servlet 过滤器的作用是什么?

第10章 JSP数据显示

本章学习目标

- 理解JSP的概念和作用。
- 掌握JSP常用指令、内置对象和脚本程序的用法。
- 掌握EL表达式的写法。
- 掌握JSTL标签的用法。

本章主要讲述了使用JSP实现MVC框架中视图层的方法。首先讲述了基本JSP指令、内置对象和脚本程序的用法。其次介绍了JSTL标签和EL表达式的用法。最后应用JSP,讲述了新闻系统基础功能、分页显示、新闻系统弹窗功能和批量删除4个综合实例的开发方法。

10.1 JSP概述

10.1.1 JSP基本概念

JSP是Java Server Pages的简称,在形式上表现为一个.jsp文件。它是在传统HTML网页中插入Java程序段和JSP标签形成的动态网页技术。在MVC架构中,JSP是直接面向用户的组件。它以可视化的方式,展示了系统的业务流程和数据,是用户通过系统完成业务功能的重要组件。事实上,从第9章的代码也可以看出,JSP是Servlet的可视化封装。在Servlet中,使用Response的Writer对象,可以输出完整的HTML代码。只不过,这样对于程序开发人员来说,不借助网页设计工具,手动编写大量的HTML代码,并不太友好,且容易出错。而将Servlet封装成JSP后,只要将设计好的HTML文件,加入JSP指令,并转换为JSP文件后,它就具备了和Servlet类似的动态功能。因此,在Servlet中能够使用的方法,在JSP中同样可以使用。同时,JSP还加入了特有指令和标签,来简化部分功能的编写,以提高程序人员的开发效率。

10.1.2 JSP的数据显示方式

JSP作为视图层的组件，其作用是显示数据。在MVC中，JSP的数据是由Servlet响应而来的。在9.3节中，Servlet的响应有直接输出内容、请求转发和重定向三种方式，这也分别对应了三种不同的显示方式。

(1) 直接输出内容：直接在JSP的页面中通过标签或者脚本程序输出内容。

(2) 请求转发：将数据封装在请求中再转发至其他程序中。前述章节因还未涉及JSP，所以是转发至其他Servlet中。常规做法是将请求转发至JSP，这种方式的好处是转发过来的数据不会驻留在内存中。

(3) 重定向：一般是将数据存储在Session中，然后页面地址跳转至JSP中。在JSP中再获取Session变量来显示数据。由于Session本身有一定的驻留时间，所以这种方式显示的数据，会在内存中驻留一定时间。久而久之，就会占据大量的内存，导致内存溢出。因此，该方式一般用于登录场合，只有用户登录的信息才有长时间存在于内存中的必要。重定向还可在URL中以键值对的方式携带数据，然后在JSP或者Servlet中获取并显示。这种方式也不占用内存资源，但仅用于少量数据，且不涉及隐私的场合。

10.2 JSP指令

JSP指令是用于声明JSP页面属性、控制执行方式和处理方式的特殊标记，通常以“<%@”开头，以“%>”结尾，一共有3个编译指令和7个动作指令。

10.2.1 编译指令

编译指令一般用于设置JSP的程序属性，它不直接生成输出，而是用于实现JSP页面的特定设置，一共有page指令、include指令和taglib指令三种。

1. page指令

page指令，也称为页面指令，一般用于定义JSP页面的整体属性和行为，其主要通过相关属性来达到控制页面属性和行为的目的。常见的属性及示例如表10.1所示。

表10.1 页面指令的常用属性

属　性	作用/示例
language	作用：描述JSP页面使用的脚本语言，默认是Java。 示例：<%@ page language="java" %>
import	作用：用于导入Java类，多个类使用逗号分隔。 示例：<%@ page import="java.util.*,util.DBConnect" %>
contentType	作用：指定文档类型和编码集。 示例：<%@ page contentType="text/html;charset=UTF-8" %>
pageEncoding	作用：定义页面的字符编码集。 示例：<%@ page pageEncoding="UTF-8" %>

续表

属性	作用/示例
errorPage	作用：当页面发生异常时，指定要跳转到的错误页面。 示例：<%@ page errorPage="error.jsp" %>
isErrorPage	作用：指定当前页面是否为错误页面，默认为 false。 示例：<%@ page isErrorPage="true" %>

页面指令的属性还不止这些，但由于不常用就不全部列出，感兴趣的读者可自行查询相关文档。同时，这些属性虽多但用法有限，其中，声明文件为 JSP 和异常页面跳转是两种常用方法。

1）声明文件为 JSP

该指令写法相对固定，在 JSP 页面头部加入如下代码即可。

```
<%@ page contentType="text/html;charset=UTF-8" language="java" %>
```

在 IDEA 中新建 JSP 文件时，在页面的顶部也会生成上述代码。但如果要将已经制作好的 HTML 页面转换成 JSP，则需要将其扩展名改为.jsp，并在该页面顶部加入如上代码。以第 5 章的综合实例中的新闻列表静态页面 newslist.html 为例。在项目 web 文件夹下，新建 ch10 文件夹，将 ch05 中的 newslist.html 文件，复制至 ch10 文件夹中。接着，右击该文件，在弹出菜单中，依次单击“重构”→“重命名”，如图 10.1 所示。

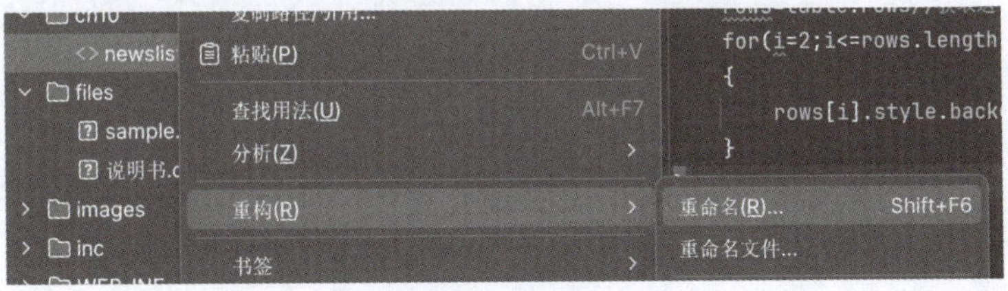

图 10.1 “重命名”菜单

在弹出窗口中，将其扩展名改为.jsp，如图 10.2 所示。

单击“重构”按钮后，IDEA 会将上述 JSP 声明代码自动加入该 JSP 页面中，自动完成 HTML 到 JSP 的文件转换。若没有自动生成，可手动添加声明。

2）设置异常自动跳转

设置异常自动跳转，至少涉及两个页面。假设 One.jsp 是普通的 JSP 页面，Error.jsp 是异常出现后需要显示的页面，其异常自动跳转的原理如图 10.3 所示。

在 One.jsp 中加入 page 指令，并且使用 errorPage 属性，指定其发生异常后需要显示的页面为 Error.jsp。然后在 Error.jsp 中，加入 page 指令，使用其 isErrorPage 属性，将其设置为 true，指定该页面为异常显示页面。设置完成后，这两个页面之间就建立了异常跳转的关系。依然以 newslist.jsp 为例，在其 JSP 声明代码中，加入 errorPage 属性，其值设为 Error.jsp，具体如下。

```
<%@ page contentType="text/html;charset=UTF-8" language="java" errorPage=
"Error.jsp" %>
```

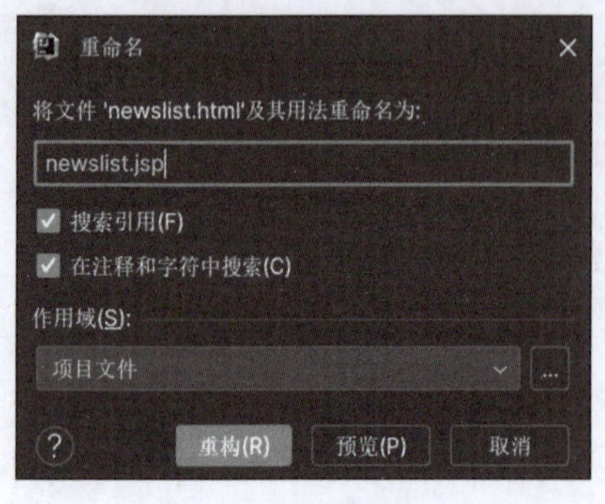

图 10.2　文件重命名

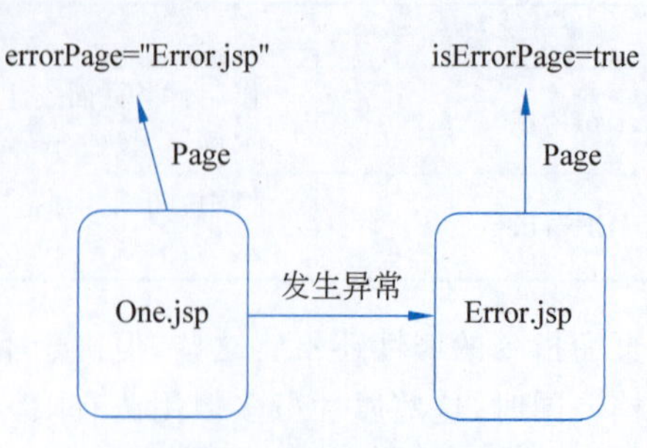

图 10.3　异常跳转原理

接着，右击 ch10 文件夹，依次单击菜单“新建”→“JSP/JSPX 页面”，在弹出对话框中输入“Error”，按 Enter 键新建 Error.jsp。在该页面的 JSP 声明代码中，加入 isErrorPage 属性，其值设置为 true，具体如下。

```
<%@ page contentType="text/html; charset=UTF-8" language="java" isErrorPage=
"true" %>
```

然后，自行在网上下载一个表示出错的图片，将其复制至项目的 images 文件夹中，本例将其命名为 error.png。并在 Error.jsp 的 body 区域中加入对该图片的引用，代码如下。

```
<img src="../images/error.png">
```

在 newslist.jsp 代码中，加入一段异常代码，如下。

```
<% int i=10/0; %>
```

该代码块可置于页面的任何位置。完成后，重新部署项目，在浏览器中输入该页面的访问地址“http://localhost:8080/newsystem/ch10/newslist.jsp”，则会自动跳转至 Error.jsp 页面，如图 10.4 所示。

图 10.4　异常自动跳转

其地址栏依然是 newslist.jsp，但是页面已经显示的是 error.jsp 的内容。该功能主要是为了增加系统的友好性。如果不用这种方式，应用程序服务器会显示默认的异常界面。

除上述属性外，import 属性也是比较常用的，由于涉及其他 Java 类，因此会在后续章节中穿插讲解。

2. include 指令

include 指令也称为包含指令，其实现的是将一段 HTML 或者 JSP 代码直接嵌入当前 JSP 页面中。假设需要嵌套的页面为 a.jsp，被嵌套页面是 b.jsp，将 b.jsp 嵌入 a.jsp 代码如下。

```
<%@ include file="b.jsp" %>
```

上述代码是将 b.jsp 整个内容都嵌入 a.jsp 中。需要注意的是，采取这种方式做页面内嵌。被内嵌进来的代码不能是完整的 HTML，只能是片段。因为本身 a.jsp 有一对<html></html>，如果 b.jsp 也有一对<html></html>，那么 b.jsp 中的这对<html></html>会被嵌套至 a.jsp 中的<html></html>中去。如果同一个 HTML 页面中出现两对嵌套的<html>，那么浏览器就会因为页面结构解析失败而无法正常显示页面。这种做法一般仅用于包含页面导航栏和底部版权信息等少数场合。事实上，对于需要划分页面的区域，包含其他页面的场合，一般通过浮动框架 iframe 和框架集 frameset 来实现。包含指令在一般的门户网站开发时，就系统开发而言用得不多，因此本节不做过多描述，感兴趣的读者可以自行尝试。

3. taglib 指令

taglib 指令也称为标签指令，主要用于引入自定义标签库，以便在 JSP 页面中使用自定义标签来实现特定的功能或逻辑。标签指令语法如下。

```
<%@ taglib uri="taglib-uri" prefix="taglib-prefix" %>
```

其中，uri 属性指定了自定义标签库的唯一标识符(URI)，通常是一个 URL，用于指向标签库描述 TLD 文件的位置。而 prefix 属性则指定了在 JSP 页面中引用自定义标签时使用的前缀。假设项目中有一个名为 xtags 的自定义标签库，其 TLD 文件位于/WEB-INF/tags/xtags.tld，那么其引用代码如下。

```
<%@ taglib uri="/WEB-INF/tags/xtags.tld" prefix="x" %>
```

在该页面中引入 xtags.tld 之后，在所需位置通过如下代码来调用定义好的标签，代码如下。

```
<x:helloWeb />
```

其中，x 即引入标签时的前缀，helloWeb 则是 xtags.tld 中定义的某个具体类的引用名称。xtags.tld 是一个 XML 文件，而<x:helloWeb>标签在其中的定义如下。

```
<?xml version="1.0" encoding="UTF-8"?>
<taglib xmlns="http://java.sun.com/xml/ns/j2ee"
        xmlns:xsi="http://www.w3.org/2001/XMLSchema-instance"
        xsi:schemaLocation=http://java.sun.com/xml/ns/j2ee/web-jsptaglibrary_2_
        0.xsd version="2.0">
```

```
    <tlib-version>1.0</tlib-version>
    <short-name>xtags</short-name>
    <uri>/WEB-INF/tags/xtags</uri>
    <tag>
        <name>helloWeb</name>
        <tag-class>tagslib.HelloTag</tag-class>
        <body-content>empty</body-content>
    </tag>
</taglib>
```

从该代码可知，helloWeb 对应的程序为 tagslib.HelloTag，因此 HelloTag 的内容就决定了<x:helloWeb />的输出内容。假设 HelloTag 的定义如下。

```
package tagslib;
import javax.servlet.jsp.tagext.TagSupport;      //导入依赖包
import javax.servlet.jsp.JspException;
import javax.servlet.jsp.JspWriter;
public class HelloTag extends TagSupport {
    private String message;                       //定义标签属性
    public void setMessage(String message) {      //设置标签属性的 setter 方法
        this.message = message;
    }
    @Override
    public int doStartTag() throws JspException {
        try {
        JspWriter out = pageContext.getOut();
        //获取 JspWriter 对象用于输出标签的内容到 JSP 页面
        out.print("Hello, " + message);           //输出自定义标签的内容到 JSP 页面
        } catch (Exception e) {
            throw new JspException(e.getMessage());    //处理异常
        }
        return EVAL_PAGE;
        //标签处理器方法返回 EVAL_PAGE,表示继续执行 JSP 页面后面的内容
    }
}
```

该自定义标签方法非常简单，实现的是根据参数输出值。根据该定义，之前的<x:helloWeb/>不会在 JSP 中显示任何内容，因为它没有指定 message 参数。要使其有内容输出，则需要做如下修改。

```
<x:helloWeb message="hello Java Web" />
```

如此，在使用该标签的地方，就会输出"hello Java Web"的文本。

此外，xtags.tld 还有一个重要属性<body-content>。该属性用于定义自定义标签的标签体内容类型，即<x:helloWeb>和</x:helloWeb>之间的内容。因为该例中为 empty，代表这对标签之间不需要有任何值，因此可以直接使用<x:helloWeb/>的写法。此外，该属性还有如表 10.2 所示的其他三个值。

表 10.2 <body-content>属性值

值	功能/示例
scriptless	功能：表示标签体中的内容可以包含 JSP 表达式、JSP 动作和 JSP 脚本片段，但不包含 HTML 标签
	示例：<x:helloWeb><% out.write("hello web")%></ x:helloWeb >
tagdependent	功能：表示标签体中的内容可以包含任何有效的 JSP 内容，包括 HTML 标签、JSP 表达式、JSP 动作和 JSP 脚本片段
	示例：<x:helloWeb><b>Hello</b></x:helloWeb >
JSP	功能：表示标签体中的内容是一个 JSP 页面片段
	示例：<x:helloWeb><jsp:include page="a.jsp"/></x:helloWeb >

从上述过程可知，通过自定义标签库可简化 JSP 代码，使代码更加统一和规范。该机制就使得视图层可以实现自定义，第三方框架就是这么产生的。而 JSP 也发布了通用标准的标签库，即 JSTL 标准标签库(Java Standard Tag Lib)。该标签库由 Apache 的 Jakarta 小组维护。其中封装了很多实用的标签功能。这些标签库对应的 Java 类，则需要导入 JSTL 相关的包才能正常调用。JSTL 标签库在 JSP 开发中比较重要，且其重要性要与脚本比较后才能体会到，因此具体做法将在 10.4 节中做详细讲解。

10.2.2 动作指令

动作指令是用于执行特定操作或调用 Java 组件的指令。与编译指令不同，动作指令以"<jsp:"开头，由 JSP 引擎来执行特定的功能。动作指令一共有 7 种，分别为 forward、param、include、plugin、useBean、setProperty 和 getProperty，其中，param 不是独立的指令，需要配合其他指令一起使用。

1. forward 指令

forward 指令用于将页面响应转发至其他页面，目标页面既可以是静态的 HTML 页面，也可以是 JSP 或 Servlet 等动态程序，其语法规则如下。

```
<jsp:forward page="目标页面" >
    {<jsp:param … />}        //携带参数
</jsp:forward>
```

如果转发不需要携带数据，其规则可如下。

```
<jsp:forward page="目标页面"/>
```

在项目 ch10 文件夹下，分别新建 sample.jsp 和 target.jsp，在 sample.jsp 的 body 区域，输入如下代码。

```
<jsp:forward page="target.jsp"/>
```

在 target.jsp 的 body 区域，输入"hello"。完成后，重新部署项目，在浏览器地址栏中输入地址"http://localhost:8080/newsystem/ch10/sample.jsp"，结果如图 10.5 所示。

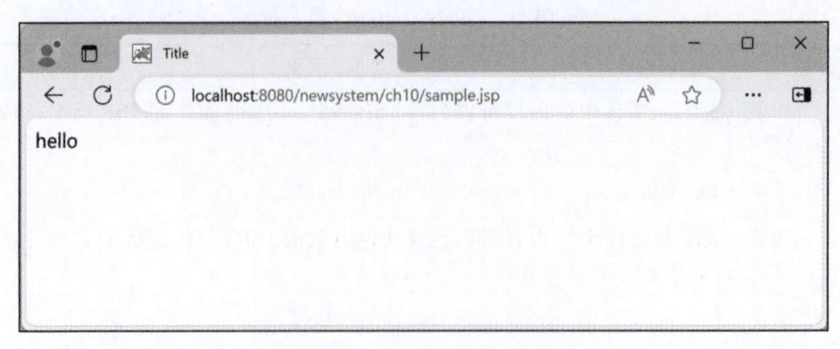

图 10.5 forward 指令示例

forward 指令成功将页面转发至 target.jsp 页面中。而地址栏中依然是显示的 sample.jsp，由此可知，这种转发类似于 Servlet 中的请求转发。

2. include 指令

include 指令用于将其他页面包含至当前页面中，其功能与编译指令中的 include 指令相同，只是写法上有所区别，其语法规则如下。

```
<jsp:include page="目标页面"/>
```

这一指令也不常用，因此不做过多描述。

3. plugin 指令

plugin 指令用于在 JSP 页面中嵌入 Applet 或者 JavaBean。Applet 是一种经过封装后的，专门运行在浏览器中的 Java 小程序，类似于浏览器的功能插件。这种做法在 Web 流行之初用得较多。后来，随着 Flash 的盛行，Applet 就逐渐退出了舞台。因此，本书不再做过多描述，读者只需要知道有这么一个机制即可。时至今日，Flash 也因为当初乔布斯大力推行 HTML5 后，市场份额大大下降。毕竟 HTML5＋JavaScript(ES6)的组合，可以不用安装插件，就能实现等同于插件的效果，这无疑可以提升浏览器运行的效率。

4. useBean 指令

useBean 指令用于创建一个 Java 类的实例，其语法规则如下。

```
<jsp:useBean id="类名" class="类所在位置" scope="有效范围:page | request | session | application" />
```

useBean 创建的实例对应的类，必须是在项目中存在的。此处的 id 即该类的实例名，在此定义后使用 setProperty 和 getProperty 指令时，通过指定 id 类来决定调用哪个类的实例。class 即类所在的位置，scope 则是指有效范围，page 是指当前页面有效，request 则是请求转发时有效，session 则是用户会话期间有效，application 则是整个项目运行期间都有效。以 newsystem 项目中的 tnews JavaBean 为例，在 target.jsp 的 body 区域，加入如下代码。

```
<jsp:useBean id="news" class="bean.tnews" scope="page"/>
```

tnews JavaBean 位于 src 的 bean 包中，因此 class 属性指向该位置即可。而 id 是该实例的变量名。如果后续需要使用 setProperty 和 getProperty 指令去操作 tnews JavaBean，

就需要使用该 id。

5. setProperty 指令

setProperty 指令是针对指定 JavaBean 设置其属性值，其语法规则如下。

```
<jsp:setProperty name="实例变量名" property="属性名" value="属性值" />
```

其中，name 属性对应于 useBean 指令中的 id 属性，紧接着上例，在 useBean 指令下，输入如下代码。

```
<jsp:setProperty name="news" property="newstitle" value="测试标题" />
```

执行该指令后，news 这个 JavaBean 的 newstitle 属性，就设置为“测试标题”。其值需要通过 getProperty 指令来获取。

6. getProperty 指令

getProperty 指令是获取指定 JavaBean 的某一个属性值，其语法规则如下。

```
<jsp:getProperty name="实例变量名" property="属性名" />
```

该指令属性规则和 Property 相同，在 setProperty 指令代码的下一行，输入如下代码。

```
<jsp:getProperty name="news" property="newstitle"/>
```

接着重新部署服务器，输入 http://localhost:8080/newsystem/ch10/target.jsp，可得到如图 10.6 所示结果。

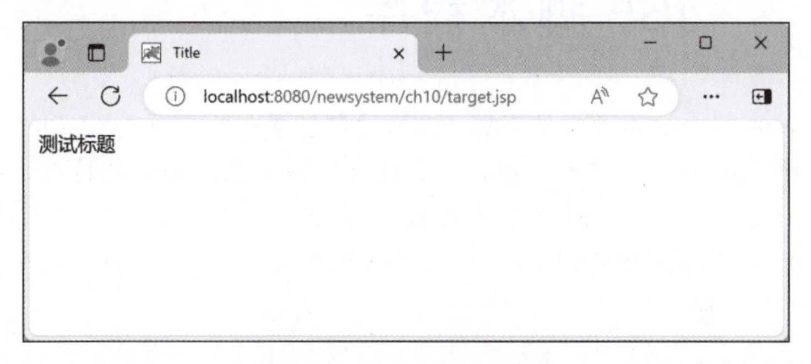

图 10.6　指令标签赋值取值

JSP 指令的存在就是为了消除页面中的 Java 脚本代码，具体用法需要结合 JSTL 来使用，这将在后续章节再做详细介绍。

10.3　JSP 内置对象

JSP 内置对象是 JSP 提供的具有特定功能的对象。它们可在页面中直接使用，无须声明。事实上，由于 JSP 就是经过封装的 Servlet，因此这些对象就是 Servlet 中部分对象的封装。JSP 内置对象有 request、response、out、page、session、application、exception、pageContext 和

config。其中,page、exception 和 config 不常用,因此不做过多介绍。其余常用内置对象的作用如表 10.3 所示。

表 10.3　JSP 常用内置对象作用

内置对象	作用/示例
request	作用：处理 HTTP 请求的对象,是 HttpServletRequest 的实例 示例：request.getAttribute("para"),获取请求中名为 para 的数据
response	作用：实现 HTTP 响应的对象,是 HttpServletResponse 的实例 示例：response.sendRedirect("url"),页面跳转至 url 地址
out	作用：内容输出对象,是 JSPWriter 的实例 示例：out.write("hello"),在页面中输出 hello
pageContext	作用：页面上下文对象,其有效范围仅为当前 JSP 页面 示例：pageConext.setAttribute("test","test"),创建一个有效范围为当前页面的名为 test 的页面上下文对象
session	作用：用户会话对象,其有效范围为用户打开浏览器到关闭浏览器之间,常用于实现用户登录 示例：session.getAttribute("user"),获取名为 user 的 session 对象
application	作用：应用程序对象,其有效范围为应用程序器关闭或重启之前,常用于实现站点的访问统计 示例：application.getAttribute("count"),获取名为 count 的 application 对象

10.4 JSP 脚本程序

JSP 脚本程序,即 JSP 页面中的 Java 代码,通常包含在"<% … %>"中间,以实现一些业务功能。之所以称为脚本,是因为它表面上具有和脚本语言类似的特点。因为这些代码是镶嵌在 HTML 代码中,从表面上看伴随 HTML 代码一起执行。事实上,JSP 也需要经过编译才能运行,并不是纯粹的脚本语言,只是感觉上像而已。JSP 脚本程序,共分为声明、表达式和代码脚本三种。

10.4.1 声明脚本

声明脚本,顾名思义,是用于定义 JSP 页面中的 Java 属性、方法和内部类等程序的。它以"<%!"开头,以"%>"结尾。在 ch10 文件夹中新建一个 ScriptSample.jsp 文件,在其中的 body 区域输入如下代码。

```
<%!
    String w="world";
    public String hello(String s){
        return "hello "+s;
    }
%>
```

这段声明脚本，声明了一个变量 w 和一个方法。需要说明的是，在声明脚本中，只可以声明定义变量和脚本，并不能直接使用它们。如果在 hello 方法的下方去尝试调用该方法，则会报错。可见，声明脚本只能用于声明，并不能执行业务功能。

10.4.2 表达式脚本

表达式脚本，即一个 Java 等式，其作用等同于在页面中直接输出内容，它是以“<%=”开头，以“%>”结尾。接上例，要输出 w 变量的值和调用 hello 方法，并输出其结果，则在声明下方输入如下代码。

```
<%=w%>
<%=hello(w)%>
```

部署该项目，输入“http://localhost:8080/newsystem/ch10/ScriptSample.jsp”，结果如图 10.7 所示。

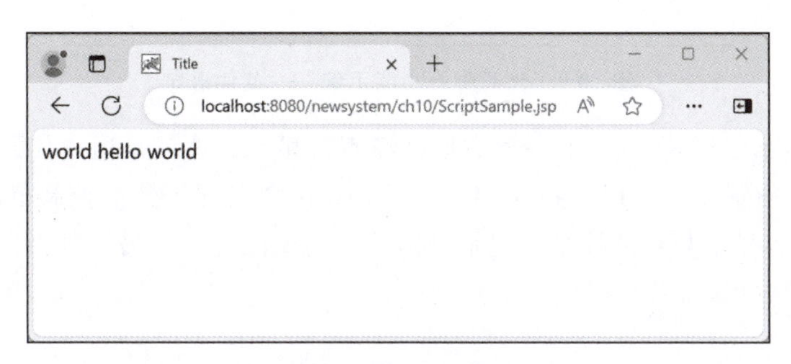

图 10.7　表达式脚本运行示例

10.4.3 代码脚本

代码脚本，即普通的 Java 语句，它以“<%”开头，以“<%>”结尾。代码脚本是用于实现业务逻辑的主要代码。在代码脚本中不能定义变量和方法，但是可以利用在声明脚本中定义的变量和方法，同时还可以和 HTML 代码嵌套使用。因此，代码脚本是实现业务数据显示的主要手段。它的语法和 Servlet 中 processRequest 方法中的代码相同，即通过一行行的 Java 代码，来完成所需要的功能。以控制表格数据为例，在 ch10 文件夹中，先新建 TableSample.html 页面，在其中插入一个 2 行 3 列的表格，如图 10.8 所示。

新闻编号	新闻标题	发布时间
1	标题1	2024-04-10

图 10.8　TableSample 页面结构

接着，按照 10.2.1 节中所述方法，在 IDEA 中将其转换为 JSP 文件。接着通过 Java 代码脚本，实现该表格内容的动态变化。在 IDEA 中打开 TableSample.jsp 页面，找到“标题 1”所在行的源码，将其做如下修改。

```
<%
    int i=0;
    if(i!=0){
```

```
    %>
    <tr>
      <td align="center">1</td>
      <td align="center">标题 1</td>
      <td align="center">2024-04-10</td>
    </tr>
  <%}%>
```

重新部署项目，在浏览器中访问 TableSample.jsp，其结果如图 10.9 所示。

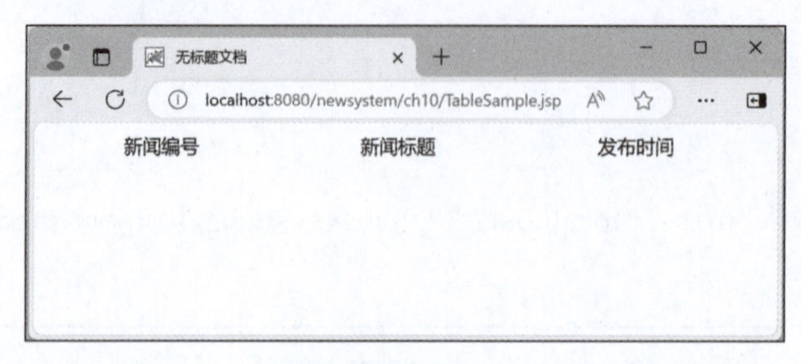

图 10.9　代码脚本功能示例——条件语句

页面中只显示了标题，原本的一条数据已经不再显示。这就是通过代码脚本的 if 语句控制了当前行是否显示。可以看到，脚本将 HTML 包含在 if 语句的控制范围内，从而实现了对 HTML 内容显示与否的控制。这是脚本的常用做法之一。另一种做法是通过循环来控制表格内容的输出，将其代码做如下修改。

```
  <%
      int i=0;
      for(i=1;i<=10;i++){
    %>
    <tr>
      <td align="center"><%=i %></td>
      <td align="center">标题<%=i %></td>
      <td align="center">2024-04-10</td>
    </tr>
  <%}%>
```

上述代码脚本的运行效果如图 10.10 所示。

无标题文档

localhost:8080/newsystem/ch10/TableSample.jsp

新闻编号	新闻标题	发布时间
1	标题1	2024-04-10
2	标题2	2024-04-10
3	标题3	2024-04-10
4	标题4	2024-04-10
5	标题5	2024-04-10
6	标题6	2024-04-10
7	标题7	2024-04-10
8	标题8	2024-04-10
9	标题9	2024-04-10
10	标题10	2024-04-10

图 10.10　代码脚本功能示例——循环语句

该代码脚本使用了for循环语句，生成了10条新闻。这也是将表格的行代码，嵌入for循环的控制范围内，以此实现了内容的动态生成。

从这两个例子可知，代码脚本写法较为灵活，结合HTML就可以控制页面元素的显示，及相关内容的生成。这也是JSP能够成为视图层实现组件的重要原因。在上述循环中，如果通过request内置对象，能够从Servlet获取到一个信息集合，再对该信息集合进行循环遍历，将集合中的每一条信息均写入一行中，以此就可以实现业务数据的展示。将上述代码做如下修改。

```
<%
      List newslist=(List)request.getAttribute("nlist");
      //从 NewsListServlet 转发来的请求中获取新闻集合
      for (int i = 0; i <newslist.size() ; i++) {     //使用 for 循环进行遍历
        tnews news=(tnews)newslist.get(i);
    %>
    <tr>
      <td align="center"><%=news.getNewsid() %></td>
      <td align="center"><%=news.getNewstitle() %></td>
      <td align="center"><%=news.getNewsdate() %></td>
    </tr>
<%}%>
```

需要说明的是，上述代码中request.getAttribute("nlist");是获取从请求转发过来的变量。之所以能这么做，必须有一个Servlet通过request.setAttribute方法，设置了nlist这个变量，然后再转发至这个页面；否则，该页面会因为newslist变量为空而抛出异常。而在本书中，这个Servlet即NewsListServlet。明确这一点后，就需要将该Servlet中的转发对象的地址改成当前JSP页面。在servlet包中找到并打开NewsListServlet，将processRequest方法中的转发对象代码修改如下。

```
RequestDispatcher rd=request.getRequestDispatcher("/ch10/TableSample.jsp");
//将请求转发 TableSample.jsp
```

至此，TableSample.jsp就不能直接通过输入其地址的方式来进行访问，因为其中语句request.getAttribute("nlist");中的nlist是从NewsListServlet中转发过来的。如果直接访问，则不存在该变量，在循环过程中会报错。因此，需要先访问NewsListServlet，其运行结果如图10.11所示。

观察地址栏可以发现，其地址依然是NewsListServlet，但内容却变成了TableSample.jsp的。这就形成了一套闭环。在控制器层的Servlet中调用模型层中的数据访问类JavaBean，并将数据转发至视图层的JSP中，再由JSP接收、解析并显示数据。事实上，到这一步，本书所讲述的知识，已经可以应付绝大数场合Web信息系统的开发。编者也使用这一套模式，开发了不下于20套的中小型Java Web系统。因此，希望读者到此可以稍微停顿一下继续学习的步伐，整理一下目前本书所讲解的知识，将它们关联起来，尝试独立开发一个小型的信息系统。这样将有助于加深对Java Web MVC系统开发的理解。但这并不意味着学习就到此为止了。因为以上这一套只是基本开发模式，它在JSP的开发中略显繁杂。EL和JSTL发布后，就为简化JSP的开发创造了条件。

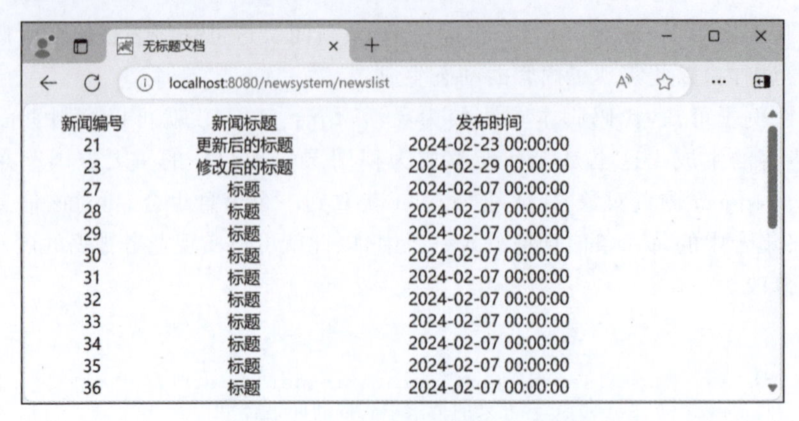

新闻编号	新闻标题	发布时间
21	更新后的标题	2024-02-23 00:00:00
23	修改后的标题	2024-02-29 00:00:00
27	标题	2024-02-07 00:00:00
28	标题	2024-02-07 00:00:00
29	标题	2024-02-07 00:00:00
30	标题	2024-02-07 00:00:00
31	标题	2024-02-07 00:00:00
32	标题	2024-02-07 00:00:00
33	标题	2024-02-07 00:00:00
34	标题	2024-02-07 00:00:00
35	标题	2024-02-07 00:00:00
36	标题	2024-02-07 00:00:00

图 10.11　使用代码脚本读取请求中的数据

10.5　EL 表达式

10.5.1　EL 表达式概述

EL 是 Expression Language 的缩写，是 JSP 2.0 中新增的一种表达式语言。它提供了更为简洁、方便的形式来访问变量和参数，以使得 JSP 页面更加简洁，使开发者的逻辑更加清晰。EL 表达式的运行结果即输出表达式计算结果的内容，可认为是对原先表达式脚本的简化。EL 表达式的语法非常简单，如下。

```
${EL 表达式}
```

可见，EL 表达式以“${”开头，以“}”结尾，中间则是特殊的表达式。它通过内置对象，以及运算符来完成变量的计算，并将结果直接输出在 JSP 页面中。

10.5.2　EL 运算符

EL 表达式定义了许多运算符，包括基本运算符、(点)运算符、[]运算符和条件运算符。

1. 基本运算符

算术运算符、比较运算符和逻辑运算符是 EL 中的基本运算符，其计算逻辑和常规的基本运算符类似，因此就不一一详细列出，仅以一个简单例子来演示一下其编写和运行的效果，代码如下。

```
<%@ page contentType="text/html;charset=UTF-8" language="java" %>
<html>
    <head>
<title>Title</title>
</head>
<body>
11 加 2 等于: ${11+2}<br>
11 除以 2 的余数为: ${11%2}<br>
```

```
11 比 2 大,对吗: ${11>2}<br>
11 等于 2,对吗: ${11==2}<br>
2>1 并且 3>2,对吗: ${2>1 && 3>2}
</body>
</html>
```

上述代码运行结果,如图 10.12 所示。

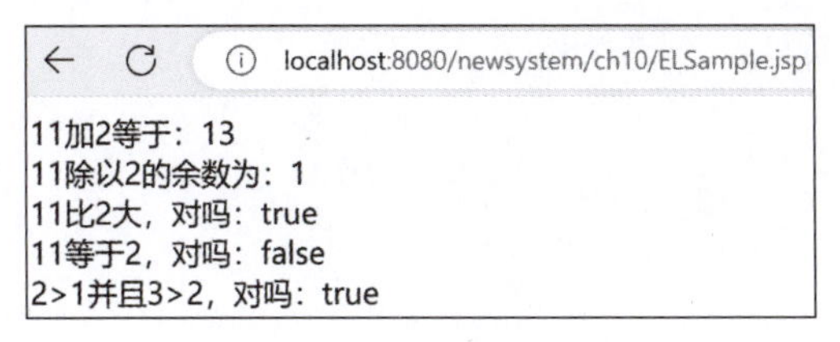

图 10.12　基本运算符示例

从该例可知,其使用方法相对简单,将运算式放进“${}”即可。其运算和大部分程序语言基本保持一致。略有区别的是其中的“+”并没有字符串连接功能,在计算时,它会把两个相加的对象转换成数值,如果转换失败则会抛出异常。

2. .(点)运算符

.(点)运算符一般用于访问 JavaBean 的属性或者方法,其语法规则如下。

```
${变量名.属性名/方法名}
```

其中,变量名是必须已经存在于当前页面中的,否则会编译错误。10.2.2 节中制作的 target.jsp,已经使用了 useBean 指令生成了 tnews JavaBean 的实例,并对其 newstitle 设置了属性值,且使用了 getProperty 指令输出其属性值。如果用 EL 的点运算符来实现属性输出,代码要简洁得多,代码如下。

```
<jsp:useBean id="news" class="bean.tnews" scope="page"/><!--生成 tnews 的实例-->
<jsp:setProperty name="news" property="newstitle" value="测试标题" /><!--设置属性值-->
<jsp:getProperty name="news" property="newstitle"/><br><!--指令方式输出属性值-->
${news.newstitle}<!--EL 表达式方式输出属性值-->
```

重新部署项目,访问 target.jsp,运行结果如图 10.13 所示。

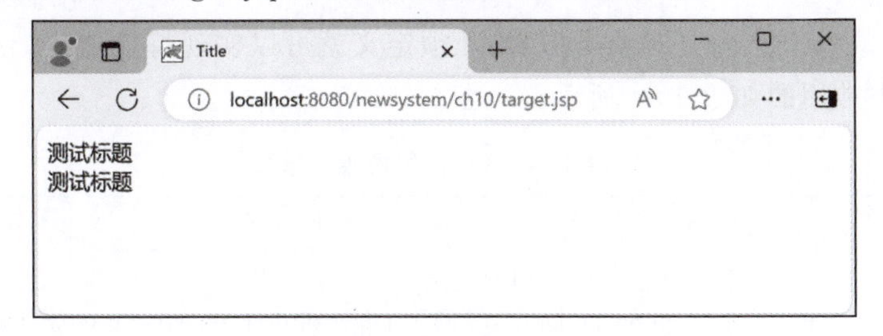

图 10.13　点运算符实例

可见，在明确变量的前提下，使用EL的点运算符输出内容，比指令方式要简洁地多。

3. [ ]运算符

[]运算符用于访问数组或者列表等复合类型数据的元素，其语法规则也较为简单，如下。

```
${复合类型变量[索引号]}
```

以下代码为[]运算符的一个简单例子。

```
<%
int[] nums=new int[3];
nums[1]=10;
pageContext.setAttribute("nums",nums);      //将数组存入页面上下文环境中
%>
${nums[1]}
```

该代码在页面中显示“10”。需注意的是，在脚本中定义的nums是不能被EL直接访问的。EL只能访问指定生存范围的变量。所以本例又将定义好的num存入了页面上下文环境中，否则不会有任何结果。

4. 条件运算符

条件运算符是双分支if语句的简写，其语法和Java的条件运算符完全一致，语法规则如下。

```
${条件表达式?表达式1:表达式2}
```

即条件表达式为true，则输出表达式1的值，否则输出表达式2的值。以判断成绩为例，代码如下。

```
<%
int score=100;
pageContext.setAttribute("score",score);
%>
${score>100?"优秀":"合格"}
```

上述代码在页面中显示“优秀”，其原理和[]运算符类似，就不再赘述。

10.5.3 EL内置对象

EL内置对象与JSP内置对象类似，均无须定义就可以实现特定功能。EL内置对象大致有11种，其中常用的如表10.4所示。

表10.4　EL常用内置对象

内置对象	作用/示例
pageScope	作用：获取page范围的变量 示例：pageScope.name，等同于pageContext.getAttribute("name")

续表

内置对象	作用/示例
requestScope	作用：获取转发过来的请求中的变量 示例：requestScope.name，等同于 request.getAttribute("name")
sessionScope	作用：获取用户会话范围内的变量 示例：sessionScope.name，等同于 session.getAttribute("name")
applicationScope	作用：获取应用程序范围内的变量 示例：applicationScope.name，等同于 application.getAttribute("name")
param	作用：获取提交的请求中的变量 示例：param.name，等同于 request.getParameter(String name)

从这些定义可知，EL 内置对象简化了数据的获取与展示。以 10.4.3 节中获取 NewsListServlet 转发至 TableSample.jsp 的所有数据为例。在 TableSample.jsp 的<body>标签和<table>标签之间，加入如下代码。

```
一共有${requestScope.nlist.size()}条新闻
```

即先使用 requestScope.nlist 获取所有的新闻集合，因为 nlist 是一个 List 对象，所以可以再使用 size()方法获取其新闻总条数。需要注意的是，由于 nlist 是从 NewsListServlet 通过请求转发过来的数据，因此要使该 JSP 能正常运行，则需要先访问 NewsListServlet，运行结果如图 10.14 所示。 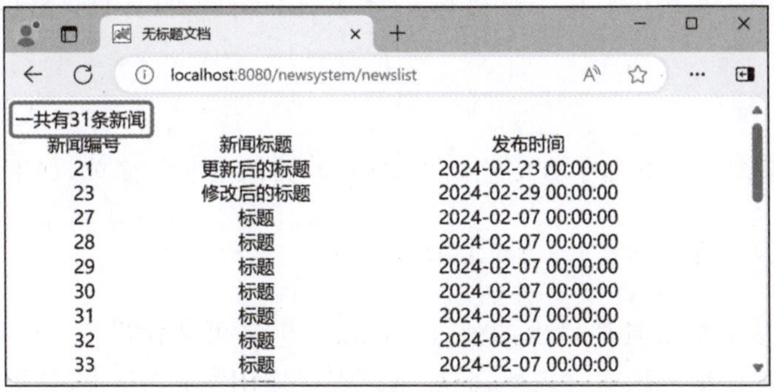

图 10.14　EL 内置对象示例

如果采取代码脚本来写，首先需获取 nlist 对象，并将其转换为 List 类型，再通过 size 方法获取其条数。但使用 EL，其简洁性不言而喻。再结合 JSTL 标签，降低循环读取的复杂性，又可进一步简化代码。

10.6 JSTL 标签

10.6.1 JSTL 的安装

JSTL 是由 Apache 的 Jakarta 小组维护的通用标准标签库，它封装了 JSP 应用的通用核心功能。标签库的原理和作用在 10.2.1 节中已经做了详细的讲解，其复杂的过程，初学者可以不需要彻底搞清楚。初学者只需要知道,JSTL 标签是为了简化 JSP 开发而设置的。使用 JSTL 的目的是尽可能地不使用 Java 代码脚本,使得 JSP 开发更加规范简洁,这一点本章也会在综合实例中详细对比讲解。本节重点关注其基本用法。JSTL 需要下载第三方的 jar 包来提供支持。Tomcat 9.x 是该 jar 包版本的分水岭,9.x 及之前版本使用 jstl-1.2.jar,而从 Tomcat 10 开始则使用 taglibs-standard-impl-1.2.5.jar,这一点需要注意,否则在运行时,程序会抛出部分类找不到的异常。由于本书用的 Tomcat 版本为 9.0.85,因此需要下载 jstl-1.2.jar,其下载地址为 https://mvnrepository.com/artifact/javax.servlet/jstl/1.2。下载完成后,将该 jar 包复制至项目的 lib 文件夹中,在需要使用标签的 JSP 页面顶部加入如下代码。

```
<%@ taglib uri="http://java.sun.com/jsp/jstl/core" prefix="c" %>
```

其中,uri 即指向定义的核心标签库,其所关联的类均定义在 jstl-1.2.jar 中,而 prefix="c" 则是该核心库的引用名。加入引用后,在需要使用 JSTL 标签的地方,就可以用<c:“功能名” 参数=“值”>的方式来调用。

10.6.2 JSTL 的常用功能

JSTL 标签库按功能,可分为核心标签、格式化标签、SQL 标签、XML 标签和 JSTL 函数。仅从这个分类就可以看出,JSTL 具有复杂的标签体系,可以视为一种程序设计语言,其涉及的内容及用法也较多。由于篇幅有限,本书仅介绍最实用的部分,也就是核心标签中的常用标签。

1. out 标签

out 标签用于在 JSP 页面中直接输出指定内容,其语法非常简单,如下。

```
<c:out value="值"[default="默认值"]/>
```

其中,value 参数指定具体输出的值,而 default 则是可选输出值,在 value 值缺失的情况下,就输出 default 指定的值。当然,此处可以直接使用“<c:”开头,是因为在当前页面顶部已经加入了 10.6.1 节中的标签指令。如在 JSP 页面中输出 Hello World,代码如下。

```
<c:out value="Hello World" />
```

从代码量来看,这种方式的输出似乎并没有表达式脚本和 EL 简单,但它可以和 EL 表达式结合使用。依然以 TableSample.jsp 为例,打开 TableSample.jsp,在其文件头部加入 JSTL 的标签引用指令。找到 10.5.3 节中所编写的代码“一共有 ${requestScope.nlist.size} 条新闻”,对其做如下修改。

```
一共有<c:out value="${requestScope.nlist.size()}"/>条新闻
```

事实上,该代码等同于 ${requestScope.nlist.size()},确实没有直接使用 EL 来得简单,但它展示了 JSTL 与 EL 的组合用法。这种组合用法的好处,将在后续章节中逐渐体现。

2. set 标签

set 标签的作用是将从请求或会话等范围内的值以变量形式存储在指定的范围中。它有两种形式。第一种是将值存到 scope 中，其语法规则如下。

```
<c:set var="变量名" value="值"scope="[page|request|session|application]" />
```

即将 value 值设置给变量 var，并设置其有效范围。其中，page 代表当前页面有效；request 代表将数据存入请求中，可随请求进行转发；session 则是存储至会话中；application 则存储至应用中，只要应用程序服务器不重启或者不关闭，均有效。这 4 个范围和 EL 中的类似，详见表 10.4。在 MVC 架构中，一般是将值的有效范围设置为 page。执行 set 标签后，就可以使用 EL 或者 out 标签来使用设置好的值。依然以 TableSample.jsp 为例，打开该页面，在原先<c:out>标签上方加入如下代码。

```
<c:set var="newslist" value="${requestScope.nlist}" scope="page" />
```

该代码是将从 NewsListServlet 转发过来的 nlist，赋值给页面范围内的 newslist 变量。获取该变量后，再对原先的<c:out>进行如下修改。

```
一共有<c:out value="${newslist.size()}"/>条新闻
```

在该页面中，nlist 并没有被转换成 List 类型，也没有导入 List，但是在<c:out>的 EL 代码中，却可以直接调用 List 的 size 方法，来获取 newslist 的大小。这是因为 JSTL 使用了 EL 2.0 规范，而 EL 2.0 引入了一组用于集合和数组操作的内置函数，其中就包括 size()方法，它会自动判断数据类型，并获取其大小。此外，在编写过程中也发现，如果在编辑区，对 newslist 直接使用点运算符，IDEA 也会弹出很多方法，但那些并不是针对 List 的，选中后运行时会因数据结构不符而抛出异常。所以这种方式虽然简单，但是要自己记住对应数据类型的方法。

第二种是将值存入 JavaBean 中，其语法规则如下。

```
<c:set target="JavaBean 对象名" property="JavaBean 的某个属性" value="值" />
```

这种用法通常需要结合 jsp:useBean 指令来使用。其中，target 即 JavaBean 的对象名，是指定 JavaBean 的一个实例变量。该变量名即定义在 jsp:useBean 指令中。以获取 tnews JavaBean 的 newstitle 属性值为例。依然以 TableSample.jsp 为例，在其中的<c:set>标签下方加入如下代码。

```
<c:set var="newslist" value="${requestScope.nlist}" scope="page" />
<jsp:useBean id="newsobj" class="bean.tnews" />
<c: set target =" ${newsobj}" property =" newstitle" value =" ${newslist[0].
getNewstitle()}" />
${newsobj.newstitle}
```

可以看到，将值存入 JavaBean 的某个属性中，首先需实例化对应的 JavaBean。该工作此处使用 jsp:useBean 来完成。而要在 c:set 标签中设置对应 JavaBean 的属性值，则将其

target 属性值设置为 jsp:useBean 中的 id 值，这样就建立起了 JSTL 标签和 JavaBean 的关系。然后通过其 property 属性，来指定要设置的 JavaBean 属性。其真正的值则通过 value 来设置。此处又使用了 EL 表达式来实现。而 EL 表达式的变量则对应于该页面中的<c:set>标签。同样，通过 EL 表达式从 Servlet 请求转发过来的 nlist 对象，在<c:set>标签中将其命名为 newslist。其中，newslist[0]代表取新闻集合中的第一条新闻，其返回的是 tnews JavaBean 对象，再通过 newslist[0]. getNewstitle()即返回这个 tnews 的新闻标题。最终，运行效果如图 10.15 所示。

无标题文档
localhost:8080/newsystem/newslist

更新后的标题一共有31条新闻

新闻编号	新闻标题	发布时间
21	更新后的标题	2024-02-23 00:00:00
23	修改后的标题	2024-02-29 00:00:00
27	标题	2024-02-07 00:00:00
28	标题	2024-02-07 00:00:00
29	标题	2024-02-07 00:00:00
30	标题	2024-02-07 00:00:00
31	标题	2024-02-07 00:00:00

图 10.15　set 标签示例

图中圈出来的部分即获取到的新闻标题。从列表可以看出，该新闻标题即其中的第一条。同样比较神奇的是，这种做法也不需要导入 tnews JavaBean。这是因为 JSP 引擎会在运行页面时，自动根据 JSTL 标签和 EL 内容，生成相应的 Java 代码，其中包含对 JavaBean 的访问和调用。

3. if 标签

if 标签用来实现条件分支的控制，其功能等同于 Java 中的 if 语句，其语法规则如下。

```
<c:if test="判断条件" >结果</c:if>
```

其中，判断条件一般使用 EL 表达式，当条件为真时，才会显示标签之间的结果。以检查新闻标题长度为例。打开 TableSample.jsp，找到其中显示标题的 EL 表达式 ${newsobj.newstitle}，将其代码做如下修改。

```
<c:if test="${newsobj.newstitle.length()>5}">标题超过长度</c:if>
```

test 属性的 length()方法即判断标题长度是否大于 5，这是 EL 自带的判断长度的函数。如果长度超过 5，则显示“标题超过长度”，其结果如图 10.16 所示。

其中圈起来的部分即判断后的结果，其判断对象即第一条新闻标题“更新后的标题”这个内容。

4. choose、when 和 otherwise 标签

choose、when 和 otherwise 标签用于实现多分支结构，通常放在一起使用。其中，choose 作为 when 和 otherwise 的父标签。when 标签，类似 if 标签，实现条件判断。而

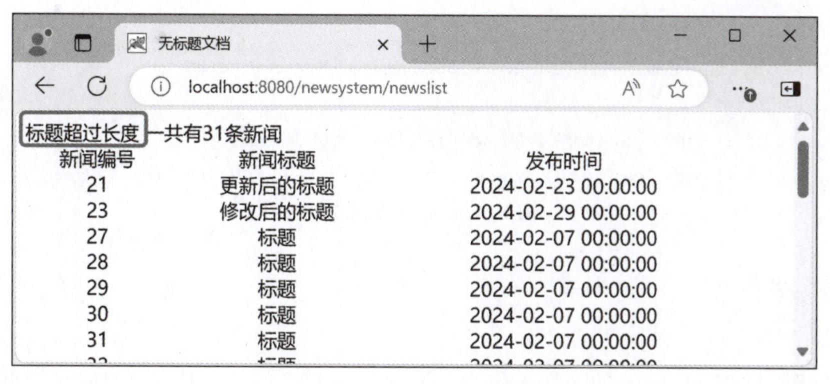

图 10.16　if 标签示例

otherwise 是不满足所有 when 标签的条件后，才会执行的标签。其语法规则如下。

```
<c:choose>
    <c:when test="条件 1">结果 1</c:when>
<c:when test="条件 2">结果 2</c:when>
…
    <c:when test="条件 n">结果 n</c:when>
    <c:otherwise>不满足上述所有条件后的结果</c:otherwise>
</c:choose>
```

这种做法等于是多条件依据的应用，但由于写法较为复杂，所以一般不常用，了解即可。

5. forEach 标签

forEach 标签通常用于实现对一个数据集合的循环，这也是 JSLT 的重点标签，其语法规则如下。

```
<c:forEach items="集合名" var="集合中的一项" begin="开始位置" end="结束位置",
step="步长">
    信息输出<br>
</c:forEach>
```

其中，items 属性对应的是要遍历的集合，var 对应集合中的一项，begin 和 end 用于设置遍历的起始位置和终止位置，step 则为循环的步长。在应用中，通常 items 和 var 必须要提供，其他可以采取默认值。而在<c:forEach>和</c:forEach>之间则是循环体，其输出的信息一般要使用到 var 中设置好的变量名。以 TableSample.jsp 中读取所有新闻为例，打开该 JSP，为了突出 forEach 的简洁性，将其中“一共有<c:out value="${newslist.size()}"/>条新闻”至<body>标签之间的代码全部删除。然后，找到表格所在标题行，在标题行下，加入 forEach 标签，具体代码如下。

```
<tbody>
    <tr>
        <td align="center">新闻编号</td>
        <td align="center">新闻标题</td>
        <td align="center">发布时间</td>
```

```
            </tr>
            <c:forEach items="${requestScope.nlist}" var="news">
            <tr>
                <td align="center">${news.getNewsid()}</td>
                <td align="center">${news.getNewstitle()}</td>
                <td align="center">${news.getNewsdate()}</td>
            </tr>
            </c:forEach>
        </tbody>
```

可以看到，forEach 标签的 items 集合，直接使用 EL 表达式从请求中获得，此处即新闻信息集合。再为其中的一条信息设置变量名 news，其类型即对应 tnews JavaBean。然后将表格中显示新闻的行，放入 forEach 的循环区，这样就可使得该行会根据集合大小自动生成。如集合中有 30 条新闻，这里就会生成 30 行。而其中每一个单元格，则使用 news 对应的 get 方法，来获取字段对应值。其运行结果如图 10.17 所示。

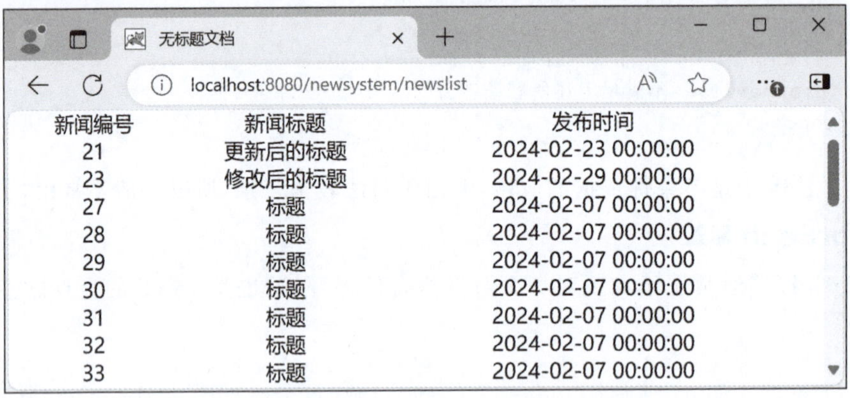

无标题文档

localhost:8080/newsystem/newslist

新闻编号	新闻标题	发布时间
21	更新后的标题	2024-02-23 00:00:00
23	修改后的标题	2024-02-29 00:00:00
27	标题	2024-02-07 00:00:00
28	标题	2024-02-07 00:00:00
29	标题	2024-02-07 00:00:00
30	标题	2024-02-07 00:00:00
31	标题	2024-02-07 00:00:00
32	标题	2024-02-07 00:00:00
33	标题	2024-02-07 00:00:00

图 10.17　forEach 示例

可以看出，在实现读取所有新闻信息方面，JSTL 和 EL 结合的方式，远比代码脚本要简洁得多。

10.7　综合实例

10.7.1　新闻发布系统基础功能的开发

从上述知识的应用特点可以看出，JSTL 和 EL 可以顺利且以比较简洁的方式完成视图层的构建。事实上，至此，本书所讲授的知识点，已经可以完成一个信息系统项目的开发。本节将使用 JSTL 和 EL，将之前所制作的新闻系统静态页面给串连起来，最终实现用户登录、新闻发布、显示、修改和删除的所有功能，这是一个经典的新闻发布系统所具备的基本功能。当然，这其中大部分功能已经在前述章节中完成了，本节重点是通过视图来建立起它们之间的关系，使其成为一个典型的信息系统。

1. 实例架构

该例需要将之前已经完成的 JavaBean、Servlet，以及需要制作的 JSP，按照 MVC 的架构建立起关系，使其成为一个简易的信息系统。由于之前的章节已经完成了大部分工作，因此在正式开始之前，需要先梳理一下其架构。根据 MVC 架构及开发目标，以及已经完成的 JavaBean、Servlet 及部分页面，本例的技术架构如图 10.18 所示。

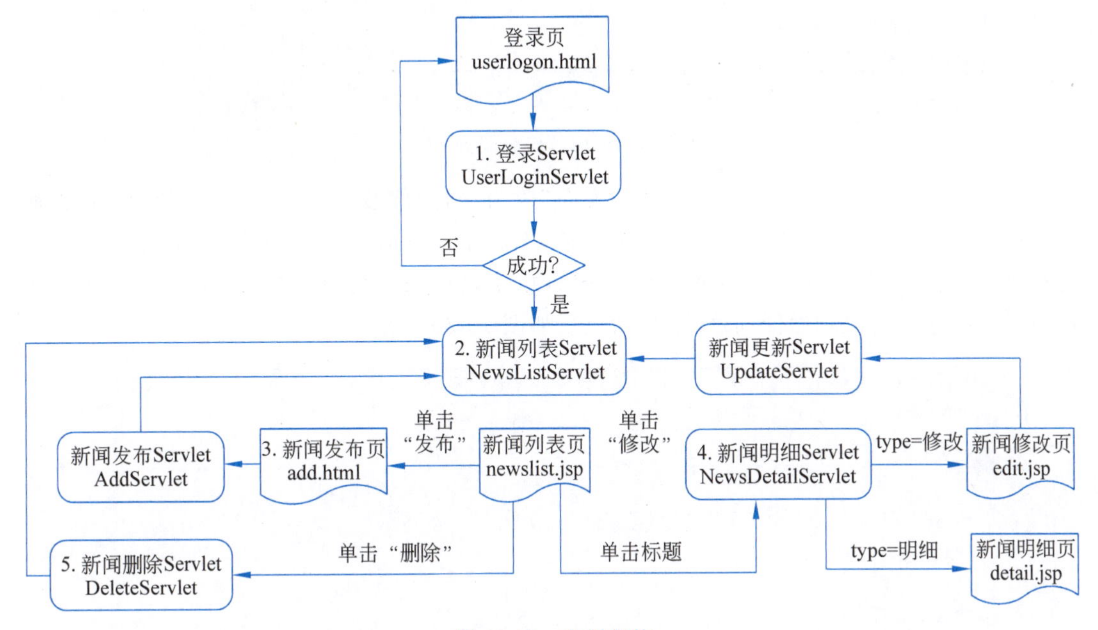

图 10.18　实例架构

事实上，该架构图中的大部分程序均已开发完成。本例要做的是使用 JSTL 标签和 EL 表达式语言对其进行修改，并将已开发的页面连接起来，从而形成一套完整的具有增加、删除、修改和查询功能的简易的新闻管理系统。

2. 静态页面的整理

将项目 web 文件夹 ch09 下的 add.html 和 userlogin.html 都复制至 ch10 文件夹下。根据本节的目标，前述页面中还缺少新闻明细和修改页面。这两个页面布局和新闻发布完全相同，只是发布页面是一个待用户输入数据的空页面。明细页面，则只需去掉其中表单控件即可。而修改页面则在单击"修改"后，会显示对应的新闻信息，其中新闻信息是包含在输入框中，因此修改页面无须做任何修改。因此，这两个页面可以通过复制并粘贴发布页面 add.html 来实现。

在 IDEA 项目中右击 add.html 页面，在弹出菜单中单击"复制"菜单，接着右击 ch10 目录，在弹出菜单中单击"粘贴"菜单，此时 IDEA 会弹出一个文件新建对话框，直接单击"确定"按钮即可。将复制的 add.html 改为 news.html，以此作为新闻明细页面。打开该页面，将其中的输入框和按钮全部删除，在原先按钮的位置加入"[返回]"两字，最后效果如图 10.19 所示。

图中所圈是与增加页面不同的地方。此外，页面源码中的一对 form 标签也可删掉，因为此处不再需要使用表单。按相同方法，创建修改页面 edit.html。在增加页面基础上，修

图 10.19　新闻明细

改页面需要更改的地方为左上角的“新闻发布”改为“新闻修改”。另外，原先设计的也是弹窗修改的方式，但这种方式在实现上相对复杂，不利于初学者学习。因此，单击“修改”后就直接跳转至修改页面，在新页面进行信息的修改，所以还需要将原先的“关闭”按钮改成“返回”按钮，其余暂时无须做任何修改，最后效果如图 10.20 所示。

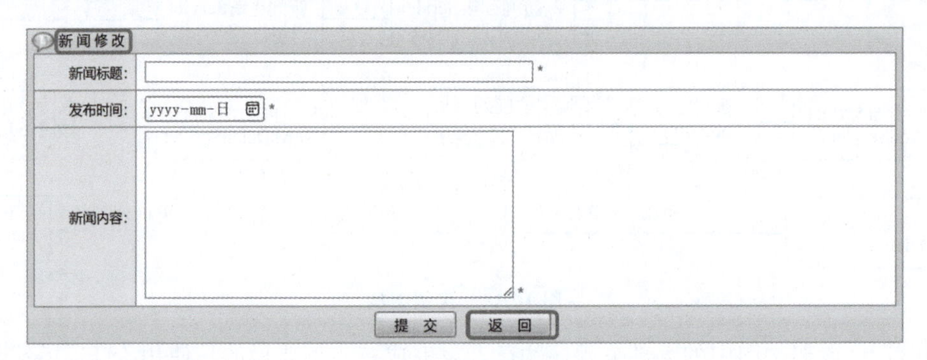

图 10.20　新闻修改

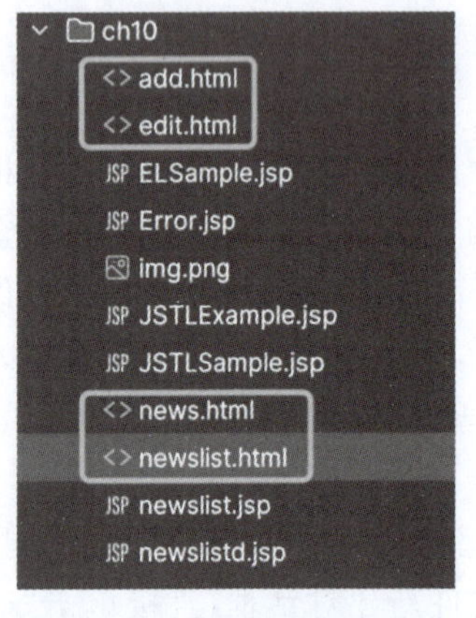

图 10.21　本例所需静态页面

完成后，结果所需页面清单如图 10.21 所示。

3. 新闻的增加和显示

按如图 10.18 所示架构，新闻增加是在新闻列表页面单击“添加”按钮，发布完成后，再返回新闻列表页面。新闻增加对应的 JavaBean 和 Servlet，在前述章节中已经基本完成。本例重点是把单击“增加”按钮→跳转至发布页面→返回列表页这个过程给衔接起来。其中，列表页则使用 JSTL 和 EL 来实现。值得一提的是，已有的新闻列表页面 newslist.jsp，单击“添加”按钮会弹出一个小窗口，在小窗口中发布新闻，这种方式实现起来相对复杂，此处先讲普通的跳转发布的方式。打开 newslist.jsp，找到“新建”按钮所在代码，如下。

```
< img src ="../images/add. gif" width =" 50" height =" 16" alt ="" onClick ="
showfuncbox('发布新闻',600,350,'add.html');"style="cursor:pointer"/>
```

将其修改如下。

```
< img src = "../images/add. gif " width = " 50 " height = " 16 " alt = "" onClick =
"location.href='ch10/add.html';"style="cursor:pointer"/>
```

此处将 location.href 赋值给了 onClick 事件，即单击该事件后，页面会跳转至 add.html。接着打开 add.html，检查其中 form 表单的 action 属性，确保为“../AddServlet”，即页面提交的数据将提交至 AddServlet，前面的“../”代表该 Servlet 的 URL 位于系统的根目录中。在 src 的 servlet 包中打开 AddServlet，之前的代码只是实现了添加，但是并未跳转，因此将之前的代码做如下修改。

```
String ntitle = request.getParameter("newstitle");          //获取新闻标题
String ndate = request.getParameter("newsdate");            //获取新闻日期
String ncontent = request.getParameter("newscontent");      //获取新闻内容
tnewsDAO newsdao = new tnewsDAO();                          //实例化 DAO 类
newsdao.Add(ntitle, ndate, ncontent);                       //调用 Add 方法
response.sendRedirect("newslist");          //跳转至获取所有新闻的 Servlet
```

事实上，也就是加了一行跳转至 newslist 的代码。这是因为发布数据后，数据库对应表中多了一条记录，因此需要重新获取所有数据，这样在 JSP 中才能体现出数据的更新。接着在 servlet 包中打开 NewsListServlet，将其中的 processRequest 方法做如下修改。

```
tnewsDAO newsdao=new tnewsDAO();                     //实例化 DAO 类
List newslist=newsdao.getMultiNews();                //调用读取所有新闻方法
if(newslist!=null) {                                 //判断是否为空
   request.setAttribute("nlist",newslist);           //将获取的所有新闻存入请求中
   RequestDispatcher rd=request.getRequestDispatcher("/ch10/newslist.jsp");
                                                     //设置要转发的目标程序
   rd.forward(request,response);                     //执行转发
}
```

此处修改也较为简单，仅将转发的目标程序改为 newslist.jsp。接着再次打开 newslist.jsp 页面，在页面顶部加入 JSTL 标签引用指令，如下。

```
<%@ taglib uri="http://java.sun.com/jsp/jstl/core" prefix="c" %>
```

再找到新闻列表的第一行，代码如下。

```
<tr id="1" onMouseOver="this.style.background='#E8EFF7'" onMouseOut="mout
(1)" >
<td height="21" align="center" background="../images/grid-blue-hd.gif">
<input type="checkbox" name="newsid" id="c1" value="1"></td>
   <td align="center" ><a href="javascript:showfuncbox('新闻明细',500,300,
'news.html');"">新闻标题</a></td>
   <td > </td>
   <td align="center" ><img src="../images/modify.gif" width="50" height="16"
alt=""/><img src="../images/grid-blue-split.gif" width="2" height="13" alt
=""/><img src="../images/delete.gif" width="50" height="16" alt=""/></td>
</tr>
```

之前制作的静态页面中，为显示全局，手动写了多行类似的代码，它们代表了表格中的行，用于显示新闻数据。将其制作成动态的 JSP 后，这些代码都不再需要，只需保留其中一行，通过循环的方式即可显示所有的行。因此，除了上述代码外，将该表格中的其余行均删除。然后在保留的那一行代码做如下修改。

```
<c:forEachitems="${requestScope.nlist}" var="news">
<tr id="${news.getNewsid()}" onMouseOver="this.style.background='#E8EFF7'"
onMouseOut="mout(${news.getNewsid()})" >
  <td height="21" align="center" background="../images/grid-blue-hd.gif">
<input type="checkbox" name="newsid" id="c${news.getNewsid()}" value="
${news.getNewsid()}"></td>
  <td align="center" ><a href="javascript:showfuncbox('新闻明细',500,300,'
news.html');"">${news.getNewstitle()}</a></td>
  <td align="center" >${news.getNewsdate()}</td>
  <td align="center" ><img src="../images/modify.gif" width="50" height="16"
alt=""/><img src="../images/grid-blue-split.gif" width="2" height="13" alt
=""/><img src="../images/delete.gif" width="50" height="16" alt=""/></td>
</tr>
</c:forEach>
```

该操作实际上是使用 JSTL 从 NewsListServlet 中获取新闻列表 nlist，再使用 forEach 标签，将所有新闻循环显示出来。值得注意的是，在原来代码中，为实现行选择的选择，有多处使用到了数字来代替新闻标题。此时修改，均需要使用 ${news.getNewsid()}代替。完成后如果直接访问 newslist，则结果如图 10.22 所示。

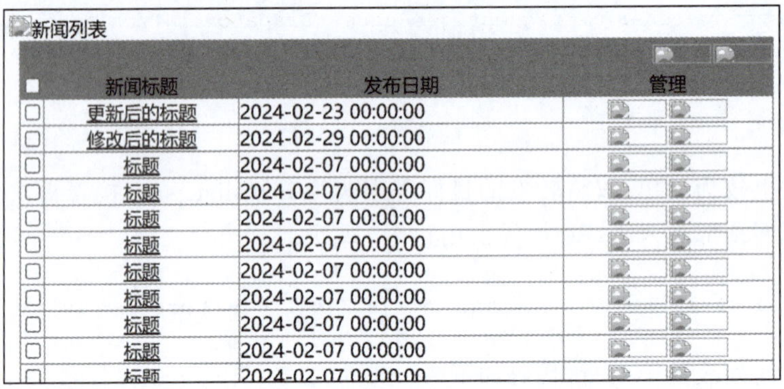

新闻列表

	新闻标题	发布日期	管理
	更新后的标题	2024-02-23 00:00:00	
	修改后的标题	2024-02-29 00:00:00	
	标题	2024-02-07 00:00:00	
	标题	2024-02-07 00:00:00	
	标题	2024-02-07 00:00:00	
	标题	2024-02-07 00:00:00	
	标题	2024-02-07 00:00:00	
	标题	2024-02-07 00:00:00	
	标题	2024-02-07 00:00:00	
	标题	2024-02-07 00:00:00	
	标题	2024-02-07 00:00:00	

图 10.22　初步运行的新闻列表页面

可以看到，虽然数据能够成功显示，但是网页里的图片和 CSS 都没有了。造成这一情况的原因在于，虽然数据是在 newslist.jsp 中显示，但是其数据是从 NewsListServlet 这个 Servlet 转发过来的。而这个 Servlet 的 URL 是在系统的根目录下，但 newslist.jsp 是在 ch10 文件夹下。从地址栏也可以看出，此时的地址栏的 newslist 是在根目录下，因此 newslist.jsp 中引用图片和 CSS 文件也需要以根目录为基准进行引用。解决办法很简单，将 newlist.jsp 中所有图片的引用从以前的"../images/xx"都改成"images/xx"，css 的引用从原先的"../inc/style.css"改成"inc/style.css"。完成修改后，重新部署项目，再次访问 newslist，结果如图 10.23 所示。

新闻列表

新建 | 删除

	新闻标题	发布日期	管理
☐	更新后的标题	2024-02-23 00:00:00	修改 | 删除
☐	修改后的标题	2024-02-29 00:00:00	修改 | 删除
☐	标题	2024-02-07 00:00:00	修改 | 删除
☐	标题	2024-02-07 00:00:00	修改 | 删除
☐	标题	2024-02-07 00:00:00	修改 | 删除
☐	标题	2024-02-07 00:00:00	修改 | 删除
☐	标题	2024-02-07 00:00:00	修改 | 删除
☐	标题	2024-02-07 00:00:00	修改 | 删除
☐	标题	2024-02-07 00:00:00	修改 | 删除
☐	标题	2024-02-07 00:00:00	修改 | 删除
☐	标题	2024-02-07 00:00:00	修改 | 删除

图 10.23　更正后的新闻列表页面

可以看到，页面修饰均已经回复，而且之前制作的 JavaScript 效果也都能完整地运行。此时，单击“新建”按钮，将跳转至新增页面，如图 10.24 所示。

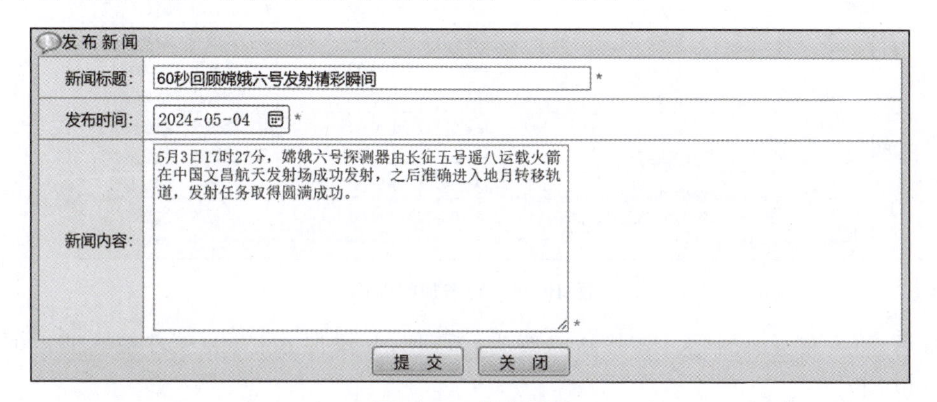

图 10.24　发布页面

单击“提交”按钮发布，很不幸，因为没有登录，登录的过滤器此时起了作用，会显示“对不起，您没有权限执行该操作”的信息。为了使权限控制也与页面连接起来，需要对登录过滤器进行修改，在 filter 包中找到 LoginFilter，修改 doFilter 方法，使得检测到未登录，就跳转至登录页面，代码如下。

```
HttpServletRequest httprequest = (HttpServletRequest) request;
//将请求转换成 HttpServletResponse 类型
//将请求转换成 HttpServletResponse 类型
HttpServletResponse httpresponse = (HttpServletResponse) response;
if (httprequest.getSession().getAttribute("user") != null) {
//判断是否生成了 user 的 session 变量
request.setCharacterEncoding("utf-8");                      //设置请求的编码集
    chain.doFilter(request, response);                      //过滤转发
} else {
    httpresponse.sendRedirect("ch10/userlogin.html");   //未登录跳转至登录页面
}
```

同时，对应的登录 Servlet 也做相应修改，使得登录成功后进入新闻列表页面进行发布。

在 servlet 包中打开 UserloginServlet，将其中的 processRequest 代码做如下更改。

```
String username=request.getParameter("username");  //获取用户提交的用户名
String userpwd=request.getParameter("userpwd");     //获取用户提交的密码
tuserDAO userdao=new tuserDAO();                    //实例化数据访问类
tuser user=userdao.Login(username,userpwd);         //调用登录方法
if (user!=null) {                                   //如果不为空
    request.getSession().setAttribute("user", user);   //将整个用户对象存入 session
    response.sendRedirect("newslist");    //登录成功跳转至获取所有新闻的 Servlet
}else{                                              //如果为空
    response.sendRedirect("ch10/userlogin.html");  //登录失败返回登录界面重新登录
}
```

完成修改后，再次发布新闻会跳转至登录页面，输入用户名和密码后，登录成功后就可顺利发布信息，并返回至新闻列表页面，如图 10.25 所示。

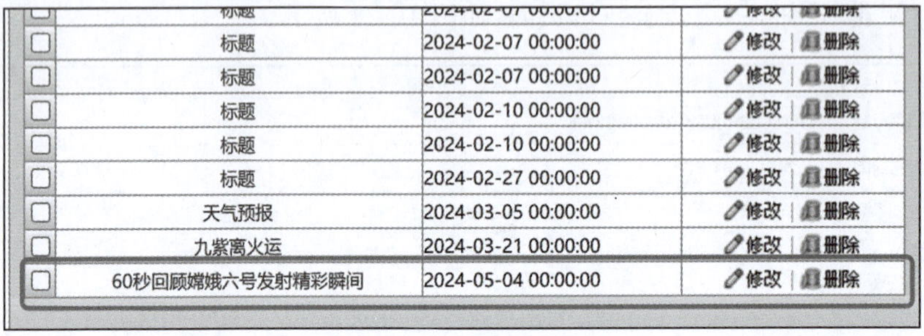

	标题	日期	操作
☐	标题	2024-02-07 00:00:00	修改 | 删除
☐	标题	2024-02-07 00:00:00	修改 | 删除
☐	标题	2024-02-07 00:00:00	修改 | 删除
☐	标题	2024-02-10 00:00:00	修改 | 删除
☐	标题	2024-02-10 00:00:00	修改 | 删除
☐	标题	2024-02-27 00:00:00	修改 | 删除
☐	天气预报	2024-03-05 00:00:00	修改 | 删除
☐	九紫离火运	2024-03-21 00:00:00	修改 | 删除
☐	60秒回顾嫦娥六号发射精彩瞬间	2024-05-04 00:00:00	修改 | 删除

图 10.25　新增加的新闻

最后，将发布页面的“关闭”按钮修改为“返回”，并添加 onClick 事件使其能返回上一页，代码如下。

```
<input name="Submit22" type="button" class="btn" value="返 回" onClick=
"javascript:history.back();">
```

4. 新闻的查看和修改

新闻查看是单击标题时显示该新闻的信息。之前开发的新闻详细的 Servlet 是将内容显示在 Servlet 中。本例需将内容转发至 JSP 页面。在 servlet 包中找到 NewServlet，将其中的 processRequest 方法修改如下。

```
int newsid=Integer.parseInt(request.getParameter("newsid"));
//接收请求中的数据，并转换成 int 型
String type=request.getParameter("type");       //获取类型，判断是修改还是明细
String url="";                                  //需要转发的 JSP
if(type.equals("detail"))
    url="/ch10/news.jsp";                       //若是明细，跳转至 news.jsp
else if (type.equals("edit"))
    url="/ch10/edit.jsp";                       //若是修改，跳转至 edit.jsp
tnewsDAO newsdao=new tnewsDAO();                //实例化 DAO 类
tnews news=newsdao.getOneNew(newsid);           //调用 getOneNew 方法
```

```
request.setAttribute("news",news);          //将读取到的新闻存储至请求中
RequestDispatcher rd=request.getRequestDispatcher(url);        //生成转发对象
rd.forward(request,response);               //执行转发
```

与原先相比，该 Servlet 加入了类型判断，这是因为新闻修改需要先读取新闻明细，因此可和新闻查看共用一个 Servlet。本例使用了 type 变量来区分转发地址的不同。完成上述工作后，先实现查看新闻明细的功能。打开新闻列表 newslist.jsp 页面，找到位于 foreach 循环中的读取标题的代码，将其修改如下。

```
<a href="NewServlet?newsid=${news.getNewsid()}&type='detail'">${news.
getNewstitle()}</a>
```

接着，将 news.html 重命名为 news.jsp，并在文件头加入如下代码。

```
<%@taglib uri="http://java.sun.com/jsp/jstl/core" prefix="c" %>
<%@page contentType="text/html;charset=UTF-8" language="java"%>
```

在<body>代码的下方，获取从 NewServlet 转发过来的 news 变量，代码如下。

```
<c:set var="news" value="${requestScope.news}"/>
```

最后，在 HTML 对应标题、时间和内容的单元格内，读取 news 的信息，代码如下。

```
<tr>
  <td width="12%" height="30" align="right" bgcolor="#E8EFF7">新闻标题:</td>
  <td width="88%" bgcolor="#FFFFFF">${news.getNewstitle()}</td>
</tr>
<tr>
  <td height="30" align="right" bgcolor="#E8EFF7">发布时间:</td>
  <td bgcolor="#FFFFFF">${news.getNewsdate()}</td>
</tr>
<tr>
  <td height="150" align="right" bgcolor="#E8EFF7">新闻内容:</td>
  <td bgcolor="#FFFFFF">${news.getNewscontent()}</td>
</tr>
```

同时，再给“返回”加上返回功能的 JavaScript 代码，如下。

```
<a href="javascript:history.back();">返回</a>
```

至此，查看新闻明细的功能基本完成。但此时直接运行该页面，依然会出现图片和样式无法显示的问题。因此，还需将其所有图片路径“../images/XXX”改为“images/XXX”。同样地，CSS 的引用路径也需要修改为“inc/XXX”。修改完成后，进入新闻列表页面，单击标题则成功显示该新闻，具体如图 10.26 所示。

而修改的实现，则首先为“修改”按钮添加 NewServlet 的链接，同样在 foreach 循环中，找到修改图片 modify.gif 所在代码，对其加上链接，代码如下。

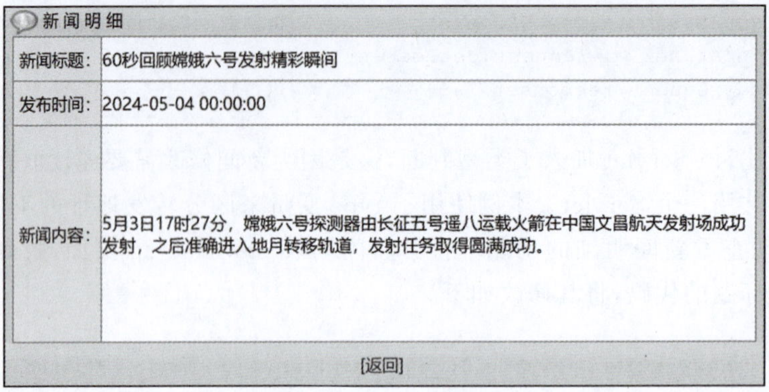

新闻明细

新闻标题:	60秒回顾嫦娥六号发射精彩瞬间
发布时间:	2024-05-04 00:00:00
新闻内容:	5月3日17时27分，嫦娥六号探测器由长征五号遥八运载火箭在中国文昌航天发射场成功发射，之后准确进入地月转移轨道，发射任务取得圆满成功。

[返回]

图 10.26　查看新闻明细页面

```
<a href="NewServlet?newsid=${news.getNewsid()}&type=edit"><img src="
images/modify.gif" width="50" height="16" border="0" alt=""/></a>
```

接着，按同样的方法，将 edit.html 转换为 edit.jsp，再将转发过来的新闻明细，赋值给对应的表单输入框。此处同样需要在该 JSP 的文件顶部加入 page 和 taglib 指令，并使用 c:set 标签获取从 servlet 转发过来的值，这两步操作与 news.jsp 中的相同，不再赘述。不同之处在于，新闻明细的具体内容，是设置给表单输入控件的 value 属性中，具体代码如下。

```
...
<input name="newstitle" type="text" class="inputbox" id="newstitle" size="51"
value="${news.getNewstitle()}"><!---设置标题值-->
...
<input type="date" name="newsdate" id="date" value="${news.getNewsdate()}">
<!---设置日期值-->
...
<textarea name="newscontent" cols="50" rows="10" class="inputbox" id=
"newscontent">${news.getNewscontent()}</textarea><!---设置内容-->
...
<input type="hidden" name="newsid" value="${news.getNewsid()}"><!---设置新
闻唯一编号-->
```

需要注意的是，修改新闻需要使用到 newsid 来实现对记录的定位，但是 newsid 的值不需要给用户看到，因此在上述代码中，使用了表单的隐藏域来存储 newsid 的值。上述控件均需要放置在<form>标签范围内。接着同样将其中的图片路径改为“images/xxx”，CSS 路径改为“inc/XXX”，“返回”按钮加上返回功能。除此之外，还需要将 form 的 action 属性改为 UpdateServlet，代码如下。

```
<form name="form1" method="post" action="UpdateServlet">
```

接着，打开 servlet 包中的 UpdateServlet，将其 processRequest 方法修改如下。

```
int nid=Integer.parseInt(request.getParameter("newsid"));   //获取新闻 id
String ntitle = request.getParameter("newstitle");          //获取新闻标题
```

```
String ndate = request.getParameter("newsdate");          //获取新闻日期
String ncontent = request.getParameter("newscontent"); //获取新闻内容
tnewsDAO newsdao=new tnewsDAO();                       //实例化 tnewsDAO 类
//调用更新方法修改指定数据
newsdao.Edit(nid,ntitle,ndate,ncontent);               //执行更新操作
response.sendRedirect("newslist");                     //跳转至获取所有新闻的 Servlet
```

完成上述代码后，重新部署项目，单击新闻列表的“修改”按钮，大部分数据可以成功显示，但是日期字段却不能正常显示。这是因为，数据库中 newsdate 的值是包含时分秒的，而页面中使用的控件是日期型，其 type="date"，因此不能正常显示。解决这个问题很简单，把日期输入框的 type 改为“datetime-local”，改完后即可正常显示，如图 10.27 所示。

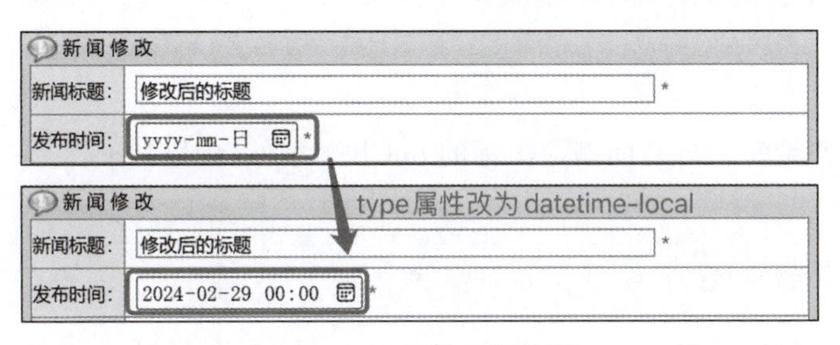

图 10.27　更改日期类型

完成上述修改后，按图 10.28 输入新闻标题、时间和内容。

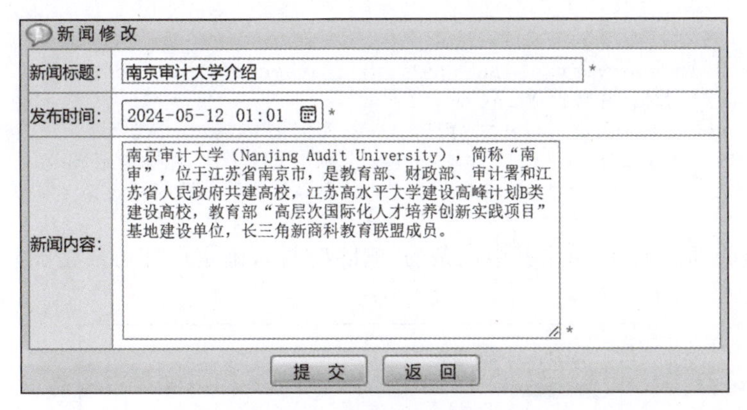

图 10.28　需要修改的内容

单击“提交”按钮后，会返回列表页面，如图 10.29 所示。

新闻列表

新建 删除

	新闻标题	发布日期	管理
☐	更新后的标题	2024-02-23 00:00:00	修改 删除
☐	南京审计大学介绍	2024-05-12 01:01:00	修改 删除
☐	标题	2024-02-07 00:00:00	修改 删除
☐	标题	2024-02-07 00:00:00	修改 删除
☐	标题	2024-02-07 00:00:00	修改 删除
☐	标题	2024-02-07 00:00:00	修改 删除
☐	标题	2024-02-07 00:00:00	修改 删除

图 10.29　更新后的新闻列表页面

可见，新闻已被成功修改。

5. 新闻的删除

新闻删除的实现相对简单，其原理和单击新闻标题查看明细类似，传送一个 newsid 至删除 Servlet 即可。但数据删除后就不能恢复了，所以一般单击“删除”，要弹出一个确认删除的对话框。因此，此处需要编写一个 JS 方法来实现。打开 newslist.jsp，在其<script>标签内，加一个确认删除方法，代码如下。

```
function DelNew(newsid){
  if(confirm("确认删除吗?")){//确认对话框
    location.href="DeleteServlet?newsid="+newsid+"";
    //单击"确定"按钮后，跳转至删除 Servlet
  }
}
```

将该方法赋值给每一行新闻删除图标的 onClick 事件，代码如下。

```
<img src="images/delete.gif" style="cursor: hand;" width="50" onclick=
"DelNew('${news.getNewsid()}');"height="16" alt=""/>
```

上述代码中还使用了 CSS 的 cursor 属性，值为 hand，即鼠标移动到该图标上，会显示手型，提示用户可以单击。完成该操作后，找到 servlet 包中的 DeleteServlet，将其 processRequest 方法修改如下。

```
int newsid=Integer.parseInt(request.getParameter("newsid"));
//接收请求中的数据，并转换成 int 型
tnewsDAO newsdao=new tnewsDAO();          //实例化 tnewsDAO 类
newsdao.Del(newsid);                      //调用删除方法，删除指定 newsid 的新闻
response.sendRedirect("newslist");        //删除后跳转至新闻列表 Servlet
```

完成后重新部署项目，单击其中一条的“删除”图标，确定后即可成功删除该条新闻，如图 10.30 所示。

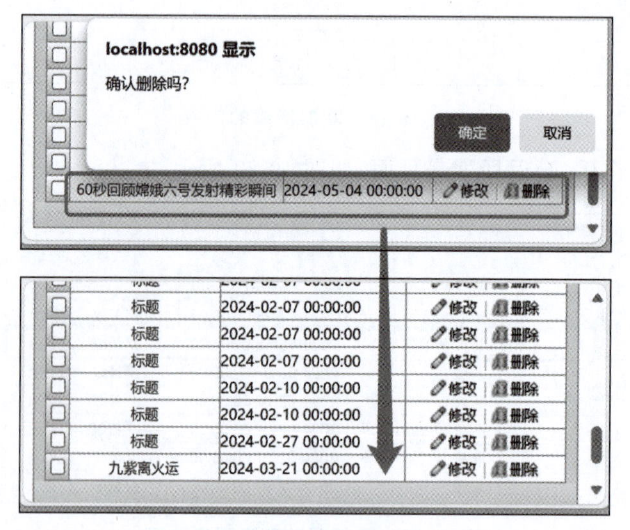

图 10.30 删除新闻

10.7.2 新闻列表的分页显示

新闻列表的分页，是指将新闻分段显示在页面中，以避免因为新闻数量过多，而导致页面过长，是信息系统数据显示的标配。分页的基本原理在于 SQL 语句的编写，即使用 SQL 语句实现部分查询。本书数据库为 MySQL，其实现部分查询的语句如下。

```
select * from 表名 limit start,pagesize
```

该 SQL 语句使用了 limit 关键词，来控制记录的输出数量，其中，start 即要获取的记录范围的开始记录号，pagesize 则是要显示的数据条数。记录号可以理解为记录集中的每条数据的顺序号。假设有 100 条记录，每条记录有从 0 开始的自然数顺序号，如果 start 为 0，pagesize 为 10，则返回从 0 开始的 10 条记录。从这个原理可知，在确定了每页要显示的数据量之后，分页的工作即根据页码来计算不同页面的 start 的值。假设每页要显示的数据量为 pagesize 条，记录一共有 totalitem 条，当前页码为 pageno，那么总页数 totalpage＝(totalitem－1)/pagesize＋1。而每一页的 start＝pagesize×(pageno－1)。假设 pagesize＝10，totalitem＝100，那么 totalpage＝9，而第一页 SQL 语句的 start 为 0，第二页则为 10，第三页为 20，以此类推。搞清楚分页原理后，从程序上则需创建一个负责分页的 Java 类 pagelist，用于实现分页数据的查询及分页链接的生成。该类属于实用类，因此置于 util 包下。该类内容也较长，因此分段讲解，该类的基本定义及属性如下。

```
public abstract class pagelist {
    //分别表示一页显示的数据量、当前页码、总页数、记录总数、SQL 语句中分页的开始位置
    private int pagesize,pageno,totalpage,totalitem,start;
    private String sql;                    //控制分页的 SQL 语句
    protected List result;                 //一页的数据列表
    public ResultSet rs;                   //一页的数据记录集
    private DBConnect dbc;                 //数据库连接类
    public pagelist() {                    //空的构造方法
    }
    //将一页的记录集存储到 List 中，由于不同表的分页对象不同，
    //因此使用抽象方法，具体由继承该分页类的实体类实现这个方法
    protected abstract List setResult();
    //获取一页数据 List
    public List getResult() {
        return result;
    }
...
}
```

其中，该类的属性是分页必须要具备的基本数据。需要说明的是，该类为抽象类，其中有一个抽象方法 setResult()，该方法是将已经分页后的其中某一页数据存储至 List 对象中。由于不同的数据库表，其结构和对应的 JavaBean 都不同，为提高代码的可重用性，将该方法定义成抽象方法。其具体实现则将要分页的 JavaBean 继承 pagelist 抽象类来实现。此外还有一个 getResult 方法，该方法返回包含一页数据的 List 对象，因此必须要在执行过 setResult 方法后才可以执行。接下来是该分页类的构造方法，如下。

```
public pagelist(String sql, int pagesize, int pageno) {
//构造方法,接收 SQL 语句、一页大小和当前页码
    this.sql = sql;          //将从 Servlet 中传递过来的 sql 语句赋值给本类的 sql 语句
    this.pagesize = pagesize;                  //将分页大小赋值给本类的分页大小变量
    start = pagesize * (pageno - 1);
    //计算分页位置,如 pagesize 为 10,一共有 30 条记录,当前页码为 2 的话,from 则为 20
    this.pageno = (pageno <= 0 ? 1 : pageno);
    //如页码未提供则设置为 1,否则采用参数作为当前页码
    try {
        dbc = new DBConnect(sql);
        //执行 sql 语句,此时为完整记录的 sql 语句,需要用来计算分页
        rs = dbc.executeQuery();                  //查询得到记录集
        if (rs.next()) {                          //判断是否为空
            rs.last();                            //定义为到最后一条
            totalitem = rs.getRow();              //获取最后一条的行号,即记录集的大小
            totalpage = (totalitem - 1) / pagesize + 1;   //计算总页数
        }
        sql = sql + " limit " + start + "," + pagesize;     //编写分页的 sql 语句
        dbc = new DBConnect(sql);                 //执行分页查询
        rs = dbc.executeQuery();                  //得到一页的记录集
        setResult();                              //将查询得到的记录存储至 List 中
    } catch (Exception ex) {
        System.out.println(ex.getMessage());
    } finally {
        try {
            rs.close();
            rs = null;
        } catch (Exception e) {
            System.out.println(e.getMessage());
        }
        try {
            dbc.close();
            dbc = null;
        } catch (Exception e) {
            System.out.println(e.getMessage());
        }
    }
}
```

该方法接收 SQL 语句、分页大小,以及当前页码。值得说明的是,此处的 SQL 语句,是对所有数据库表记录的查询。因为在分页之前,需要先获取所有数据,以此计算得到对应的数据总量及总页数。计算到这些信息后,再根据提交的页码,使用 limit 关键字重写 SQL 语句,以查询指定页码的数据。需要注意的是,在查询分页数据时,得到的是数据库的记录集。此处,还需要结合业务,将记录集中的数据,存储至对应的 JavaBean 中,再存储至 List 对象中。这一工作由 setResult()方法来完成。该方法需由继承 pagelist 类的 JavaBean 来实现,为保证 pagelist 讲解的连续性,此处先不谈。该方法完成的是分页数据的提取,及分页基本属性的计算。分页还对应着上一页、下一页这样的链接,以支持对不同页的跳转,该方法定义如下。

```
public String getnumpagelist(String To) {
//计算得到分页链接,参数为获取数据的 Servlet
    String finallinks = "";                    //最终的分页链接
    pageno = pageno <= 0 ? 1 : pageno;  //如果页码未提供或者为 0,则当前页码设置为 1
    if (totalpage <= 1) {        //当总页数小于或等于 1 时,不需要分页,直接显示总记录数
        finallinks = "共" + totalitem + "条记录</span>";
    } else {                                   //当总页数大于 1 时
        String prelink = "";                   //第一页和上一页的链接
        String lastlink = "";                  //下一页和最后一页的链接
        String midlink = "";                   //页码数字形式的链接
        if (pageno == 1) {                     //若是第一页,不需要设置第一页和上一页的链接
            lastlink = "   " + "<a href=" + To + "?pageno=" + (pageno + 1) + ">下
            一页</a>";
            lastlink = lastlink + "   <a href=" + To + "?pageno=" + totalpage + "
            >最后一页</a>";
        } else if (pageno == totalpage) {
        //如果是最后一页,则不需要设置下一页和最后一页的链接
            prelink = "<a href=" + To + "?pageno=1>第一页</a>";
            prelink = prelink + "   " + "<a href=" + To + "?pageno=" + (pageno -
            1) + ">上一页</a>";
        } else {//若既不是第一页也不是最后一页,则都需要设置
            prelink = "<a href=" + To + "?pageno=1>第一页</a>";
            prelink = prelink + "   " + "<a href=" + To + "?pageno=" + (pageno -
            1) + ">上一页</a>";
            lastlink = "   " + "<a href=" + To + "?pageno=" + (pageno + 1) + ">下
            一页</a>";
            lastlink = lastlink + "   <a href=" + To + "?pageno=" + totalpage + "
            >最后一页</a>";
        }
        //设置上一页和下一页中间的数字页码的链接
        for (int i = 1; i <= totalpage; i++) {
            if (i != pageno) {                 //不是当前页码,则设置链接
                String link = To + "?pageno=" + i;
                midlink = midlink + "   " + "<a href=" + link + ">" + i + "</a>";
            } else {                           //否则只显示页码,不设链接
                midlink = midlink + "   " + i;
            }
        }
      //将上一页、中间数字页码和下一页三个链接合并到一起,再加一个总记录数。其中三个变
        量根据页码,有可能会出现空的值,通过这种方式来控制上一页、数字和下一页等信息的
        显示或不显示
        finallinks = prelink + midlink + lastlink + "共" + totalitem + "条记录";
    }
    return finallinks;                         //返回最终的分页链接
}
```

该方法只接收一个参数,即调用需要分页的 Servlet。本例中该方法生成的分页链接为“第一页 上一页 1 2 3 4 5… 下一页 最后一页 共××条记录”。其中,在第一页不显示“第一页 上一页”,在最后一页不显示“下一页 最后一页”。同时,页码对应的数字则不加链接。

该方法完成后，分页类 pagelist 就编写完成。从代码可知，该分页类并没有涉及具体的数据库表，如新闻表。如前所述，这需要由新闻表对应的 tnewsDAO JavaBean 继承 pagelist 类，并实现其中的 setResult 抽象方法来达到。以本书新闻列表的分页为例，在 src 的 bean 包中打开 tnewsDAO 类，先导入 util.pagelist，然后将 tnewsDAO 继承 pagelist 类，代码如下。

```
import util.pagelist;
public class tnewsDAO extends pagelist{
...
```

继承该类后，由于没有实现抽象方法 setResult，因此会提示错误，此时在 tnewsDAO 中加入 setResult 的实现方法即可，代码如下。

```
@Override
public List setResult() {
    try {
        if (super.rs.next()) {                    //判断分页记录集是否为空
            super.rs.beforeFirst();               //将索引定位到第一条记录之前
            result = new ArrayList();             //生成数组列表对象
            while (super.rs.next()) {             //循环读取记录
                tnews news = new tnews();         //生成空的 news JavaBean
                news.setNewsid(super.rs.getInt("newsid"));
                //获取 newsid 字段值并赋值
                news.setNewstitle(super.rs.getString("newstitle"));
                //获取 newstitle 字段值并赋值
                news.setNewsdate(super.rs.getString("newsdate"));
                //获取 newsdate 字段值并赋值
                news.setNewscontent(super.rs.getString("newscontent"));
                //获取 newscontent 字段值并赋值
                result.add(news);        //将经过赋值的 news JavaBean 加入数组列表中
            }
        }
    } catch (Exception e) {
        System.out.println(e.getMessage());
    }
    return result;                               //返回已经有分页数据的数字列表
}
```

该方法的业务逻辑与获取所有新闻的逻辑相同，只是并没有通过查询数据库获得记录集，其记录集是直接使用了 super.rs 来获取的。而 super.rs 即父类 pagelist 中，已经通过构造方法查询得到一页数据的记录集。完成该类后，对 NewsListServlet 的 processRequest 方法进行如下修改。

```
String sql = "select * from tnews";                          //获取所有新闻数据的 SQL
int pageno = 1;                                              //页码默认为 1
if (request.getParameter("pageno") != null) {                //获取提交过来的页码
    pageno = Integer.parseInt(request.getParameter("pageno"));
}
```

```
if (pageno == 0) {   //如果为 0,即未提交页码,则将其设置为 1
   pageno = 1;
}
tnewsDAO newsdao = new tnewsDAO(sql, 10, pageno); //实例化,即执行分页
List newslist = newsdao.getResult();               //获取分过页后的数组对象
//调用读取所有新闻方法
if(newslist!=null) {                                //判断是否为空
  request.setAttribute("nlist",newslist);           //将获取的所有新闻存入请求中
  String pagenum=newsdao.getnumpagelist("newslist");    //生成分页链接
  request.setAttribute("pagenum", pagenum);         //将分页连接存入请求中
  RequestDispatcher rd=request.getRequestDispatcher("/ch10/newslist.jsp");
  //设置要转发的目标程序
  rd.forward(request,response);                     //执行转发
}
```

和原先的 Servlet 相比,最大的区别在于 tnewsDAO 的实例化使用了新的构造方法,需要传入 SQL 语句、分页大小及页码。实例化完成即完成了分页。再通过继承自 pagelist 类的 getResult 方法即可获取一页的数据,然后调用 getnumpagelist 方法来生成分页的链接,再将分页链接、页码和数据一起存入请求中并转发至 newslist.jsp 页面。最后对 ch10 下的 newslist.jsp 页面进行修改,由于 Servlet 中存入请求的变量依然为 nlist,因此在 JSP 中读取数据的代码无须做任何改变。只是数据从之前的所有新闻数据,变成了一页数据。在这个基础上,在该新闻列表的底部外边框,通过 EL 读取 pagenum 分页变量即可,代码如下。

```
<td height="20" colspan="3" align="center" background="images/tab.jpg">
${requestScope.pagenum}</td>
```

完成之后,重新部署项目,访问 newslist,可看到如图 10.31 所示的分页效果。

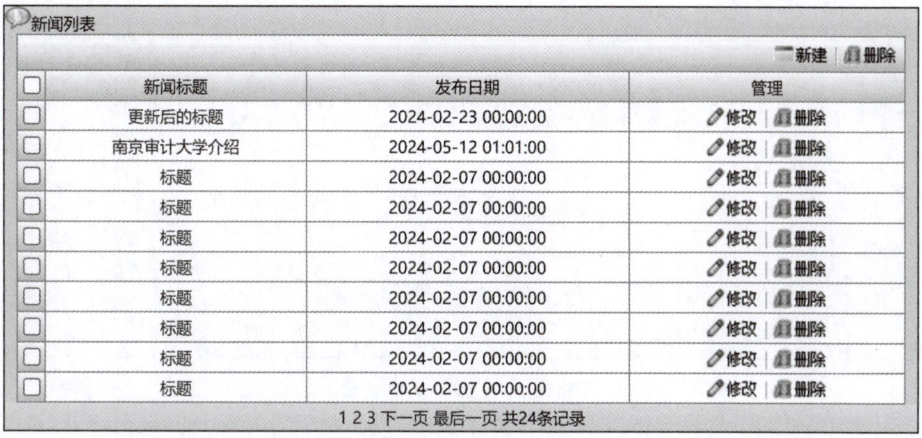

新闻列表

新建 | 删除

☐	新闻标题	发布日期	管理
☐	更新后的标题	2024-02-23 00:00:00	修改 | 删除
☐	南京审计大学介绍	2024-05-12 01:01:00	修改 | 删除
☐	标题	2024-02-07 00:00:00	修改 | 删除
☐	标题	2024-02-07 00:00:00	修改 | 删除
☐	标题	2024-02-07 00:00:00	修改 | 删除
☐	标题	2024-02-07 00:00:00	修改 | 删除
☐	标题	2024-02-07 00:00:00	修改 | 删除
☐	标题	2024-02-07 00:00:00	修改 | 删除
☐	标题	2024-02-07 00:00:00	修改 | 删除
☐	标题	2024-02-07 00:00:00	修改 | 删除

1 2 3 下一页 最后一页 共24条记录

图 10.31　新闻的分页显示

10.7.3　新闻发布系统弹窗功能的开发

新闻系统的弹窗功能,主要涉及查看明细,发布和修改。这些功能在实现上与基础版类似。区别在于在实现所需要的功能后如何关闭弹窗。在新闻列表页中,要关闭弹窗比较简

单，调用 disdivbox 的 JS 方法即可，具体原理和定义请参考 5.5 节。但如果要在处于弹窗中的页面内关闭弹窗，由于弹窗内的页面与弹窗并不是在同一个页面中，因此无法调用 disdivbox 方法。由于弹窗的主体是一个 iframe，位于该 iframe 内的页面就可以在 JS 方法中使用 parent 关键词来获得包含该 iframe 的页面对象，在本例中即新闻列表页面。如此即可调用新闻列表中的 disdivbox 方法来关闭弹窗。搞清楚这一原理后，本例开发的难点就解决了。由于前述基础版的功能已经比较齐全，因此本例将在基础版上进行修改，来实现弹窗版本的开发。当然，在开发之前，建议将基础版的代码备份一下。

1. 弹窗查看明细

弹窗查看明细即单击新闻标题，弹出一个浮动层来显示新闻内容。这一功能不涉及在页面中提交数据，因此实现起来改动最小。先打开 newslist.jsp，找到标题所在单元格，将其中标题的链接做如下修改。

```
<a href="javascript: showfuncbox('新闻明细', 600, 350, 'NewServlet?newsid=${news.getNewsid()}&type=detail');">${news.getNewstitle()}</a>
```

即调用弹窗的 JS 方法，同时传入需要访问的 Servlet。执行成功后，Servlet 会转发至详细页面，完成上述代码后，单击标题，则如图 10.32 所示。

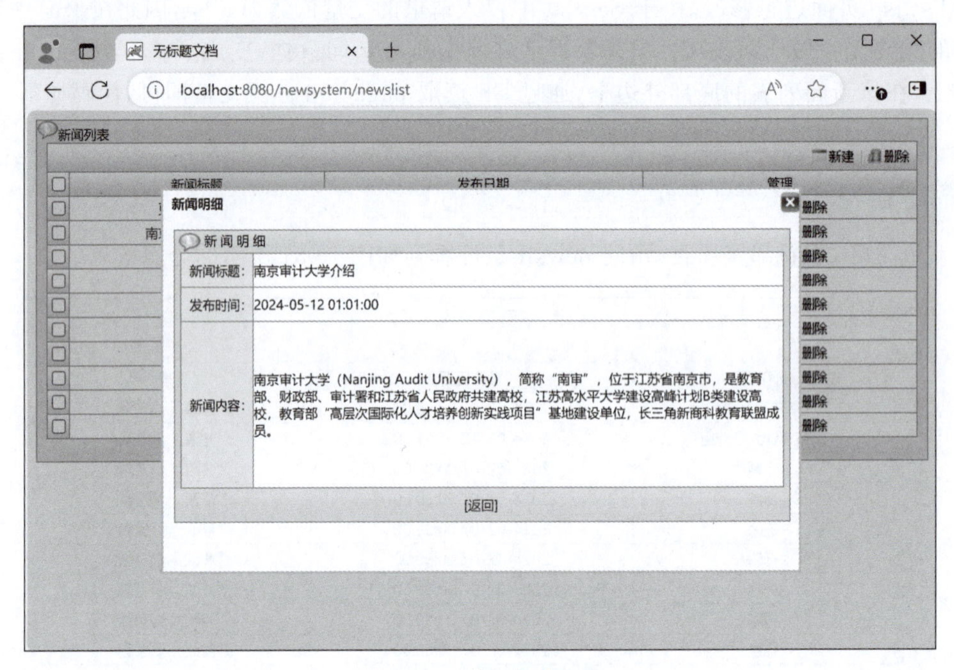

图 10.32　弹窗查看明细

可以看到页面中的链接还是“返回”，需要将其改成“关闭”，代码修改如下。

```
<a href="javascript:parent.disdivbox();">关闭</a>
```

此处即通过 parent 获得新闻列表页面的对象，再调用其中的 disdivbox 来关闭弹窗。需说明的是，该方法只在动态环境中有效。在静态页面中会提示没有权限。修改后就能实现弹窗的单击关闭。

2. 弹窗发布新闻

弹窗发布是指单击“新建”图标，弹出一个发布新闻的窗体，在其中输入信息单击“发布”按钮后，自动关闭弹窗并刷新列表页。由于录入的新闻是提交至 Servlet 中，因此关闭弹窗也需要在 Servlet 中完成。因此，此处主要是对 AddServlet 进行修改。首先，打开 newslist.jsp，对“新建”图标的跳转进行修改，代码如下。

```
<img src="images/add.gif" width="50" height="16" alt="" onClick="showfuncbox
('发布新闻',600,350,'ch10/add.html');" style="cursor:pointer"/>
```

接着，打开 add.html，将其中的“返回”按钮中的文字改成“关闭”，并添加关闭弹窗的 JS 代码，如下。

```
<input name="Submit22" type="button" class="btn" value="关闭" onClick=
"javascript:parent.disdivbox();">
```

最后，打开 AddSevlet，将其中的 processRequest 修改如下。

```
String ntitle = request.getParameter("newstitle");        //获取新闻标题
String ndate = request.getParameter("newsdate");          //获取新闻日期
String ncontent = request.getParameter("newscontent");    //获取新闻内容
tnewsDAO newsdao = new tnewsDAO();                        //实例化 DAO 类
newsdao.Add(ntitle, ndate, ncontent);                     //调用 Add 方法
PrintWriter out=response.getWriter();                     //在 Servlet 中输出 JS
out.write("<script>");
out.write("parent.disdivbox();");                         //关闭弹窗
out.write("parent.location.href='newslist'");             //刷新新闻列表
out.write("</script>");
```

其中，在 Servlet 中使用 PrintWriter 来实现 JS 代码的输出，是关闭弹窗并刷新新闻列表的关键。完成上述代码后，即可以弹窗方式发布新闻，如图 10.33 所示。

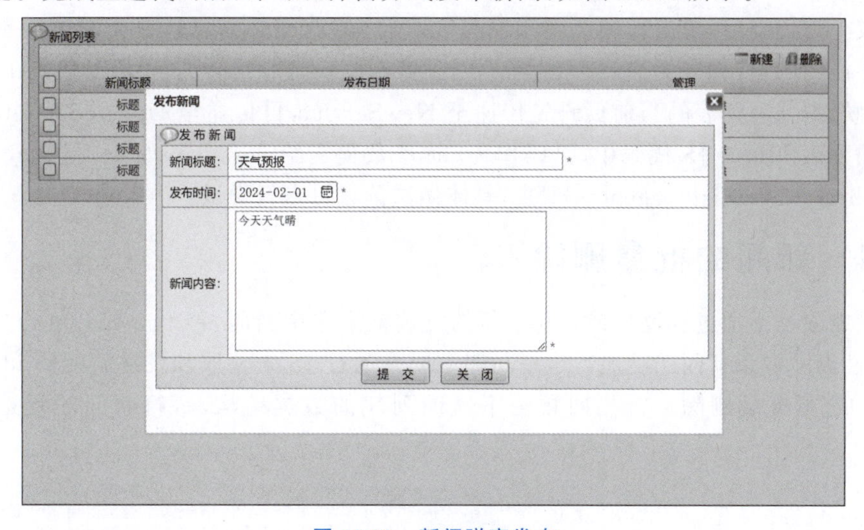

图 10.33 新闻弹窗发布

单击“提交”按钮后可以成功发布新闻。但需要注意的是，本例中发布的新闻是添加在新闻列表的最后一页，需要翻至最后一页才能找到。

3. 弹窗修改新闻

弹窗修改新闻是指单击每一行中的“修改”图标，弹出修改小窗体，在其中进行修改并提交新闻。其实现过程与发布类似。先打开 newslist.jsp，将其中修改图片的链接做如下修改。

```
<a href="Javascript:showfuncbox('修改新闻', 600, 350, 'NewServlet?newsid=${news.getNewsid()}&type=edit');"><img src="images/modify.gif"width="50" height="16" border="0" alt=""/></a>
```

同样，将其中的“返回”按钮的文本改成“关闭”，修改 JS 方法如下。

```
<input name="Submit22" type="button" class="btn" value="关闭"onClick="javascript:parent.disdivbox();">
```

接着打开 UpdateServlet，修改重点依然是使用 PrintWriter 输出 JS 代码来关闭弹窗刷新列表页，如下。

```
int nid=Integer.parseInt(request.getParameter("newsid"));    //获取新闻 id
String ntitle = request.getParameter("newstitle");           //获取新闻标题
String ndate = request.getParameter("newsdate");             //获取新闻日期
String ncontent = request.getParameter("newscontent");       //获取新闻内容
tnewsDAO newsdao=new tnewsDAO();                           //实例化 tnewsDAO 类
//调用更新方法修改指定数据
newsdao.Edit(nid,ntitle,ndate,ncontent);                   //执行更新操作
PrintWriter out=response.getWriter();                      //在 Servlet 中输出 JS
out.write("<script>");
out.write("parent.disdivbox();");                          //关闭弹窗
out.write("parent.location.href='newslist'");              //刷新新闻列表
out.write("</script>");
```

完成上述代码后，单击标题会弹出窗口，在其中修改完后信息后提交即可实现新闻修改。需要说明的是，如果提交修改后，需返回到被修改新闻所在的页码，那么就需在单击“修改”的时候，把新闻列表的当前页码先传递至 NewServlet，再传递至 UpdateServlet，最后在刷新新闻列表页面的 JS 代码中，页码作为 url 参数提交给 newslist，如 out.write("parent.location.href='newslist?pageno=2'");，具体做法读者可自行尝试。

10.7.4 新闻的批量删除

批量删除是指通过标题栏或者每一行的复选框来选中新闻，再单击右上角的“删除”图标，一次性删除多条新闻的功能。这一功能主要是通过 JS 来获取和发送新闻的 id，然后在 Servlet 中进行批量删除。首先回顾一下新闻列表的数据结构，每行新闻的复选框代码如下。

```
<input type="checkbox" name="newsid" id="c${news.getNewsid()}" value="${news.getNewsid()}">
```

可看到每个复选框的 name 是相同的，这就可以在 JS 中使用 document.getElementsByName("newsid")来获取每个复选项的对象集合，name 属性为“newsid”的所有复选框的对象，然后再通过循环依次获取每个对象的 value 值。而 value 值则是数据库表 tnews 中的唯一标识，这是删除新闻的关键信息。为了将这些新闻标识全部发送至 Servlet 中，本例使用“-”间隔符，将所有标识连接成一个字符串，然后再发送，这一过程需要定义 JS 方法来实现。在 newslist.jsp 的 JS 函数定义区，定义如下方法。

```
function DelMultiNews(){
  if(confirm("确认删除吗?")) {
    var newslist=document.getElementsByName("newsid");
    //获取所有行前的复选框对象
    var idlist="";                               //定义变量存储 newsid
    for(var i=0;i<newslist.length;i++){          //循环读取所有复选框对象
        news=newslist.item(i);                   //依次获取集合中的某一个复选框对象
        if(news.checked)                         //判断状态是否选中
            idlist=idlist+"-"+news.value;
            //选中则获取其 value 值,即真正的 newsid,并添加至 idlist 中
    }
    location.href="DeleteMultiNews?idlist="+idlist+"";
    //将 idlist 发送至 DeleteMultiNews Servlet
  }
}
```

其中，在对复选框进行遍历时，需使用复选框的 checked 方法，判断是否选中，选中才要获取其 value 值。完成该代码后，将该方法赋值给右上角的“删除”图标，代码如下。

```
< img src =" images/delete. gif" width =" 50" height =" 16" alt ="" onclick =
"DelMultiNews()" style="cursor:hand;"/>
```

接着，在 src 的 Servlet 中新建一个 DeleteMultiNews 的 Servlet，对其 processRequest 方法编写如下。

```
String idlist=request.getParameter("idlist");
//获取提交过来的 newsid 列表,其中每个 id 之间以"-"分隔
String[] newsidlist=idlist.split("-");
//使用 split 方法,将其进行分隔,并存入 String 数组中
tnewsDAO newsdao=new tnewsDAO();                          //生成数据库操作类
for (int i = 0; i < newsidlist.length; i++) {             //循环读取 newsidlist 中的值
    if(!newsidlist[i].equals("")) {                       //判断其中值是否为空
        int newsid = Integer.parseInt(newsidlist[i]);     //非空则转换成 int 型
        newsdao.Del(newsid);                              //删除该新闻
    }
}
response.sendRedirect("newslist");                        //刷新新闻列表
```

需要注意的是，由于在 JS 中使用了 idlist＝idlist＋"-"＋news.value 方法进行 newsid 的连接，所以 idlist 的第一个值是一个空值，因此需要将该值排除掉后再做转换然后删除。

完成后，重新部署项目，选中若干条新闻，再单击右上角的“删除”，即可批量删除，如图 10.34 所示。

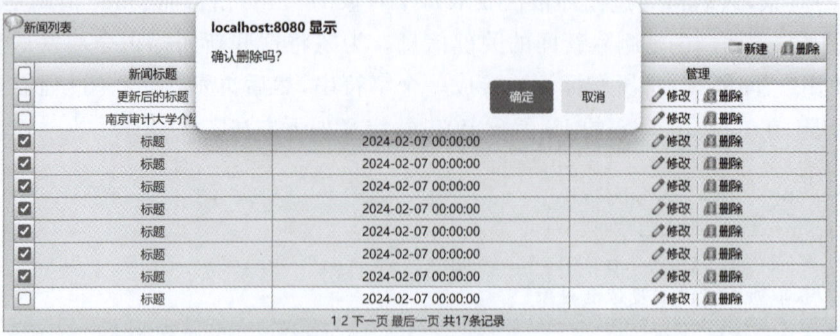

新闻列表

localhost:8080 显示

确认删除吗?

确定 取消

新建 | 删除

□	新闻标题		管理
□	更新后的标题		修改 | 删除
□	南京审计大学介绍		修改 | 删除
☑	标题	2024-02-07 00:00:00	修改 | 删除
☑	标题	2024-02-07 00:00:00	修改 | 删除
☑	标题	2024-02-07 00:00:00	修改 | 删除
☑	标题	2024-02-07 00:00:00	修改 | 删除
☑	标题	2024-02-07 00:00:00	修改 | 删除
☑	标题	2024-02-07 00:00:00	修改 | 删除
☑	标题	2024-02-07 00:00:00	修改 | 删除
□	标题	2024-02-07 00:00:00	修改 | 删除

1 2 下一页 最后一页 共17条记录

图 10.34　选中要删除的新闻

单击“确定”按钮后，结果如图 10.35 所示。

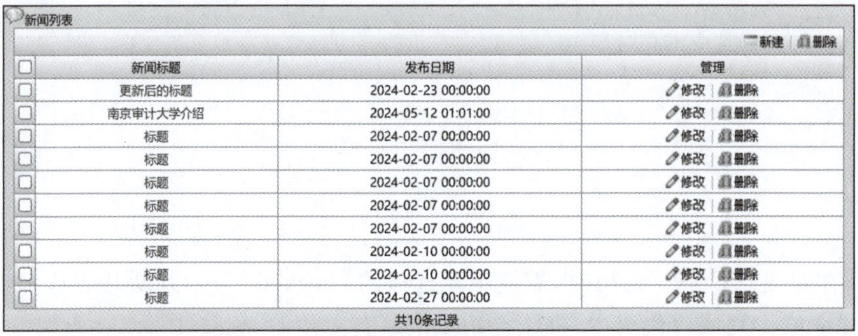

新闻列表

新建 | 删除

□	新闻标题	发布日期	管理
□	更新后的标题	2024-02-23 00:00:00	修改 | 删除
□	南京审计大学介绍	2024-05-12 01:01:00	修改 | 删除
□	标题	2024-02-07 00:00:00	修改 | 删除
□	标题	2024-02-07 00:00:00	修改 | 删除
□	标题	2024-02-07 00:00:00	修改 | 删除
□	标题	2024-02-07 00:00:00	修改 | 删除
□	标题	2024-02-07 00:00:00	修改 | 删除
□	标题	2024-02-10 00:00:00	修改 | 删除
□	标题	2024-02-10 00:00:00	修改 | 删除
□	标题	2024-02-27 00:00:00	修改 | 删除

共10条记录

图 10.35　删除后的新闻列表

从总记录数可知，选中的新闻已经被全部删除。最后由于删除操作也是在登录后才能执行的，因此需将该 Servlet 加入登录过滤器 LoginFilter 中，以控制其操作权限。打开 src 中 filter 包下的 LoginFilter，在其@WebFilter 中，加入 DelMultiNews，代码如下。

```
@ WebFilter (urlPatterns = { "/AddServlet","/DeleteServlet","/UpdateServlet","/
DelMultiNews"})
```

小结

本章分别讲述了如何在 JSP 中通过代码脚本和 JSTL 标签，接收从 Servlet 传输过来的数据，并将其显示在页面中。这两种方式各有优缺点，代码脚本相对灵活，而 JSTL 则更为简洁。具体使用视个人习惯而定。本章内容是数据的展示，也是直接面向用户的关键部分。因此该部分内容不仅要解决数据的成功显示，同时其界面的美观，也是需要重点考虑的，这直接决定了用户体验的优劣。而界面的外观，则取决于静态页面的设计，因此在设计静态页面时，就需要结合数据的特点进行制作，这样才能使页面能够满足用户的基本需求，甚至提升用户体验。

练习与思考

(1) JSP是什么技术的简称？它主要用于什么场景？
(2) 在JSP中，如何定义一个Java变量并在HTML中显示其值？
(3) 在JSP中，如何使用循环结构展示一个Java集合中的数据？
(4) JSP中的EL表达式是什么？它有什么作用？
(5) 如何将从Servlet中请求转发过来的数据在JSP中显示？

第11章 Java Web系统调试与部署

本章学习目标

- 掌握使用 IntelliJ IDEA 进行 Java Web 系统的调试方法。
- 掌握使用 IntelliJ IDEA 进行 Java Web 系统的部署方法。

本章主要讲述了通过 IntelliJ IDEA 进行 Java Web 系统的调试和部署方法，其中包含对 Java Web 系统默认首页的设置方法。

11.1 Java Web 系统调试

Java Web 系统的调试，一般是指系统运行结果不符合预期时，在源码中查找和修复错误的过程。与普通的程序调试不同，Web 系统由于涉及多个组件，因此其调试过程相对来说要复杂一些。幸运的是，IDEA 也同样提供了调试的功能。IDEA 菜单栏中 Tomcat 右侧有一个小虫子图标，如图 11.1 所示。

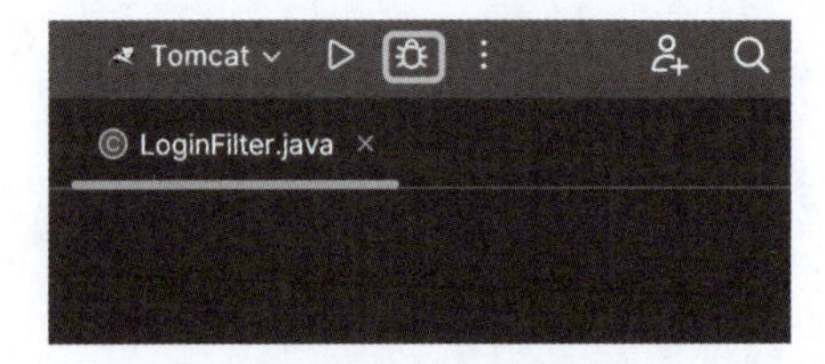

图 11.1 “调试”按钮

单击该按钮，IDEA 将启动 Tomcat 进入调试模式。在调试模式下，如果要检查某一段程序是否有错误，可以在需要的地方加上断点。以删除全部新闻的 Servlet 为例，给其中的 processRequest 方法加一个断点，操作方法非常简单，将鼠标移到程序的行号上，该行号会变成一个小红点，单击该红点，就为这段程序添加了断点，如图 11.2 所示。

```
27 @    protected void processRequest(HttpServletRequest request, HttpServletResponse response)
28              throws ServletException, IOException {
29          //获取提交过来的newsid列表，其中每个id之间以"-"分隔
30          String idlist=request.getParameter( s: "idlist");
31          //使用split方法，将其进行分隔，并存入String数组中
32          String[] newsidlist=idlist.split( regex: "-");
33          tnewsDAO newsdao=new tnewsDAO();//生成数据库操作类
34          for (int i = 0; i < newsidlist.length; i++) {//循环读取newsidlist中的值
35              if(!newsidlist[i].equals("")) {//判断其中值是否为空
36                  int newsid = Integer.parseInt(newsidlist[i]);//非空则转换成int型
37                  newsdao.Del(newsid);//删除该新闻
38              }
39          }
40          response.sendRedirect( s: "newslist");//刷新新闻列表
41      }
```

图 11.2　添加的断点

加入该断点后，在新闻列表页，选择多条数据，并单击右上角的“删除”，当程序运行到该点的时候，IDEA 会将程序挂起在这一行，并显示此时各变量的值，如图 11.3 所示。

```
tnewsDAO.java   NewsListServlet.java   newslist.jsp   DeleteMultiNews.java
27 @    protected void processRequest(HttpServletRequest request, HttpServletRespons
28              throws ServletException, IOException {
29          //获取提交过来的newsid列表，其中每个id之间以"-"分隔
30          String idlist=request.getParameter( s: "idlist");   request: RequestFacade@5045    idli
31          //使用split方法，将其进行分隔，并存入String数组中
32          String[] newsidlist=idlist.split( regex: "-");   idlist: "-46-49-50"
33          tnewsDAO newsdao=new tnewsDAO();//生成数据库操作类
34          for (int i = 0; i < newsidlist.length; i++) {//循环读取newsidlist中的值
35              if(!newsidlist[i].equals("")) {//判断其中值是否为空
36                  int newsid = Integer.parseInt(newsidlist[i]);//非空则转换成int型
37                  newsdao.Del(newsid);//删除该新闻
38              }
39          }
40          response.sendRedirect( s: "newslist");//刷新新闻列表

线程和变量   服务器   Tomcat Localhost 日志   Tomcat Catalina 日志
"http-nio-...main": 正在运行      对表达式求值(Enter)或添加监视(Ctrl+Shift+Enter)
processRequest:32, DeleteMultiNews        > this = {DeleteMultiNews@5048}
doGet:24, DeleteMultiNews (servlet)       > request = {RequestFacade@5045}
service:529, HttpServlet (javax.servlet.  > response = {ResponseFacade@5046}
service:623, HttpServlet (javax.servlet   > idlist = "-46-49-50"
internalDoFilter:209, ApplicationFilterC
```

图 11.3　程序调试的挂起

可以看到，该程序断点在 32 行，这一行之前的变量值可在右下方看到其值。如此时变量 idlist 的值为“-46-49-50”，如果想让程序继续执行，则可以按 F8 键或者单击变量区右上方的“步过”按钮，如图 11.4 所示。

图 11.4　“步过”按钮

单击该按钮程序会执行 32 行并进入 33 行，此时就可以看到 32 行中 newsidlist 的值，如图 11.5 所示。

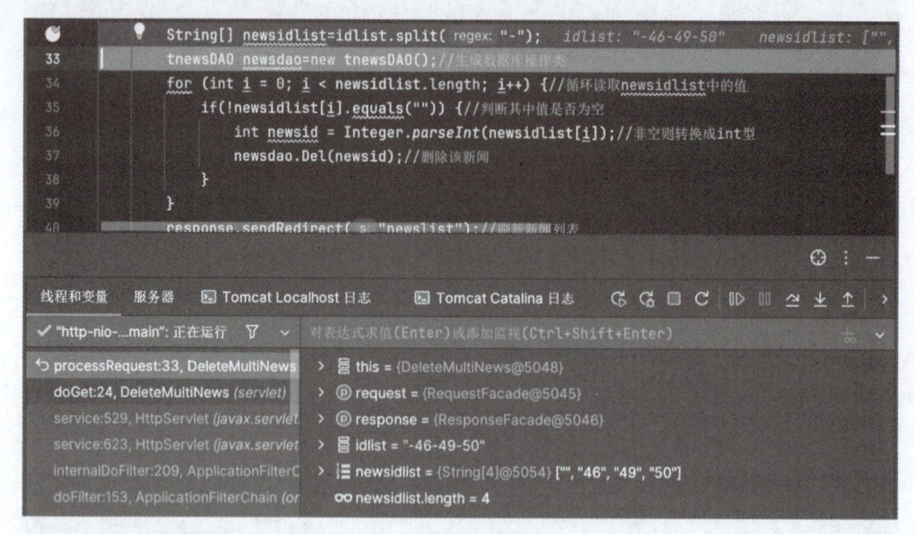

图 11.5　调试的步过

图 11.6　调试的步入

采取这种方式，可以一步一步查看程序执行的情况。在本例中，当程序执行到 37 行时对应的是 newsdao 类中的 Del 方法，如想进入 Del 方法中进行调试，那么再单击调试工具栏的“步入”按钮，如图 11.6 所示。

IDEA 将界面跳转至 tnewsDAO 的 Del 方法中，如图 11.7 所示。

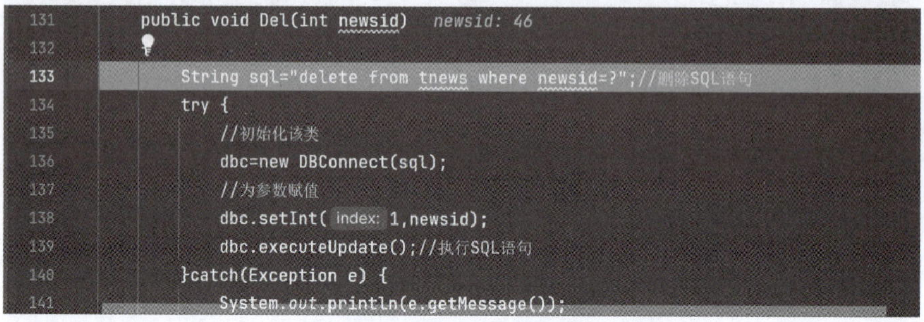

```
131    public void Del(int newsid)    newsid: 46
132
133        String sql="delete from tnews where newsid=?";//删除SQL语句
134        try {
135            //初始化该类
136            dbc=new DBConnect(sql);
137            //为参数赋值
138            dbc.setInt( index: 1,newsid);
139            dbc.executeUpdate();//执行SQL语句
140        }catch(Exception e) {
141            System.out.println(e.getMessage());
```

图 11.7　步入的方法

在 tnewsDAO 方法中，依然可以通过“步过”逐行查看程序运行的状况，直至被步入的方法执行完成后，会自动跳出该方法，返回之前的步入点。如果在步入方法还未执行完，就已经发现了问题，不再需要继续，则可以单击“步出”，来返回步入点，如图 11.8 所示。

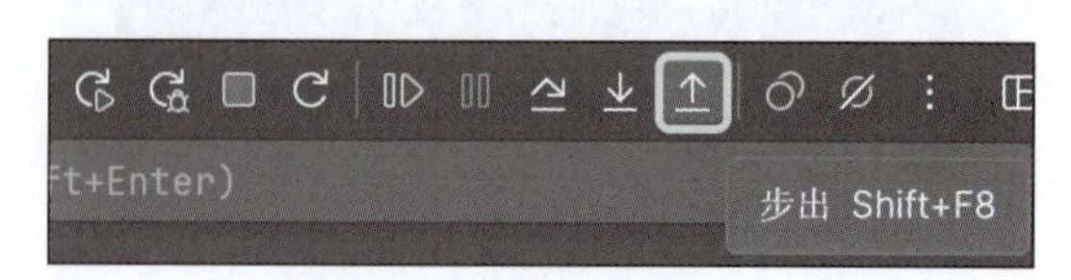

图 11.8　“步出”按钮

如果已经达到了调试目的,不再需要调试当前程序,则可以单击"恢复程序"按钮,此时程序将忽略断点,按正常的顺序执行,如图 11.9 所示。

若要退出调试模式,则单击"停止"按钮即可,如图 11.10 所示。

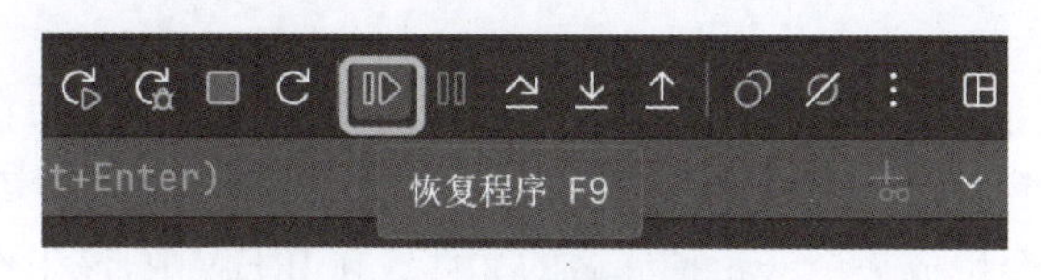

图 11.9 "恢复程序"按钮

图 11.10 停止调试

以上是使用 IDEA 针对一个断点进行调试的主要步骤,IDEA 也支持多个断点的调试,其使用步骤和单个断点的类似,也都是执行到某一步骤后,程序挂起,查看变量值,再根据值来修改代码,排除错误。

11.2 Java Web 系统部署

Java Web 系统部署是指将在 IDEA 中开发好的 Web 项目,发布至 Tomcat 服务器中,脱离 IDEA 开发工具运行。作为一个信息系统,在发布之前,一般需要设置系统的首页,即输入域名后,默认显示的页面。系统首页主要在 web.xml 中进行设置。在 IDEA 中打开 newsystem 项目的 web 目录,找到其中的 WEB-INF 目录,双击打开其中的 web.xml 文件。在其中的<web-app></web-app>之间加入如下代码。

```
<welcome-file-list>
    <welcome-file>ch10/userlogin.html</welcome-file>
</welcome-file-list>
```

加入该代码部署项目后,在浏览器中输入"http://localhost:8080/newsystem",浏览器会自动跳转至登录页面,如图 11.11 所示。

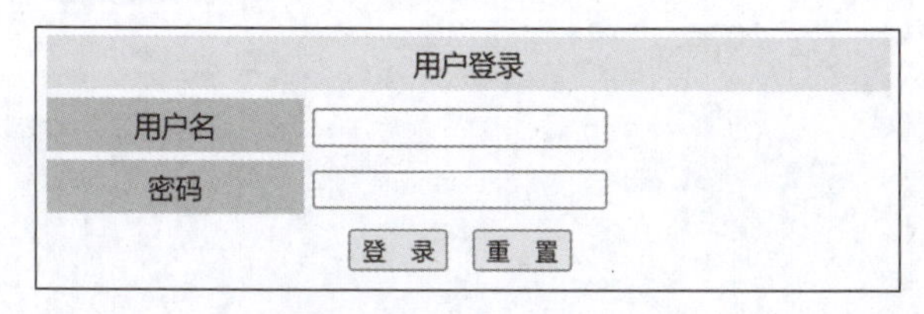

图 11.11 系统首页

可以看到网址中并未指定任何页面,而浏览器成功显示了登录页面。但需要说明的是,设置首页后,网址显示的是系统的根目录,因此在这个路径下,单击"登录"按钮会因层级关系变更而找不到目标程序。因为 userlogin.html 表单的 action 属性是"../UserLogin"。在当前网址下提交表单,其 action 的值就变成了 http://localhost:8080/UserLogin。而 UserLogin 的 URL 则是 http://localhost:8080/newsystem/UserLogin。为了避免该问题,可将首页置于项目根目录中以统一层次关系。此外,系统首页还能设置多个,代码如下。

```
<welcome-file-list>
    <welcome-file>ch10/userlogin.html</welcome-file>
    <welcome-file>newslist</welcome-file>
</welcome-file-list>
```

配置多个首页后，系统将按顺序加载指定的页面。如果第一个存在就显示第一个。在第一个首页不存在的情况下，则加载第二个，以此类推。完成这一设置后，就可以正式开始系统的部署。Java 的 Web 项目经过编译后，会生成一个 war 扩展名的文件。在 IDEA 中，该工作通过构建工件来完成。选择项目，依次单击菜单“构建”→“构建工件”，如图 11.12 所示。

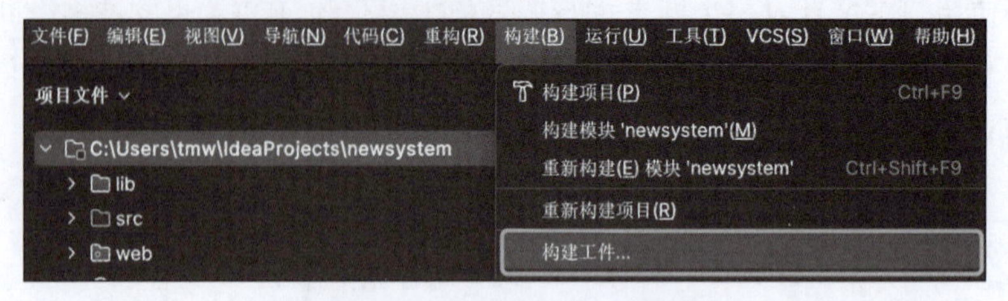

图 11.12 “构建工件”主菜单

选中后，系统会弹出“构建工件”菜单，如图 11.13 所示。

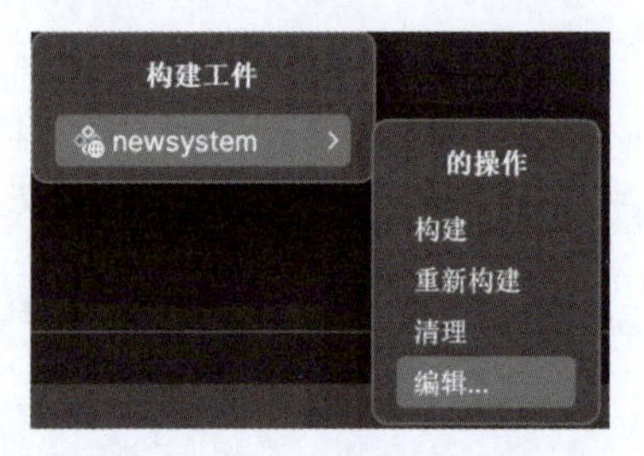

图 11.13 “构建工件”弹出菜单

选择其中的“编辑”菜单项，进入编辑工件界面，如图 11.14 所示。

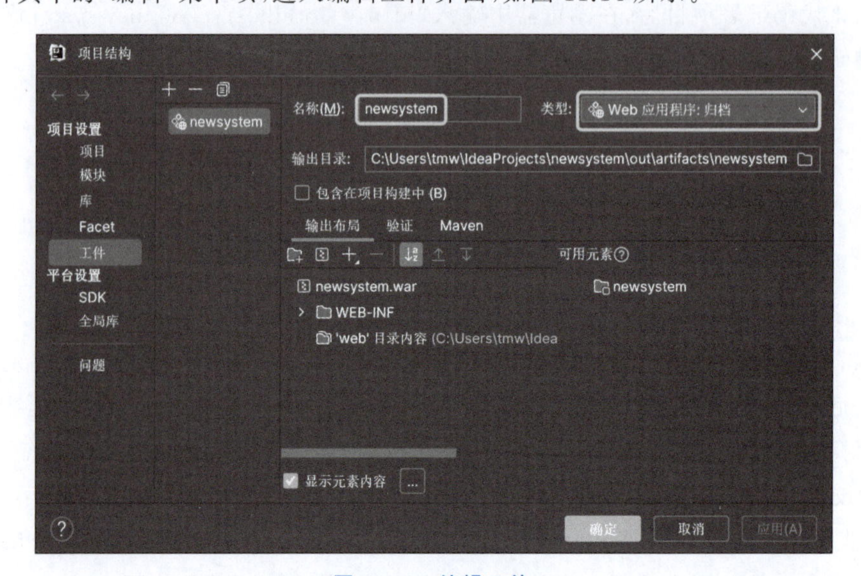

图 11.14 编辑工件

将其名称改为 newsystem，即和项目名称保持一致，类型属性则选择“Web 应用程序：归档”，然后单击“确定”按钮。此处类型的选择比较重要，其可选择类型如图 11.15 所示。

IDEA 中，该选项默认是“Web 应用程序：展开型”，展开即构建完成的 web 项目是一个文件夹，并不是一个 war 包。此处只有选择了归档，才会生成一个 war 包。虽然两者都是一样的，但打成一个 war 包，更利于程序的分发和部署。完成该设置后，再依次单击“构建”→“构建工件”，在弹出菜单中，依次选择 newsystem→“构建”即可。构建完成后，先找到项目所在的系统目录，找到后再按 out→artifacts→newsystem 的路径可找到 newsystem.war 文件，如图 11.16 所示。

Web 应用程序: 归档
JAR
运行时映像(JLink)
Web 应用程序: 展开型
Web 应用程序: 归档
Java EE 应用程序: 展开型
Java EE 应用程序: 归档
EJB 应用程序: 展开型
EJB 应用程序: 归档

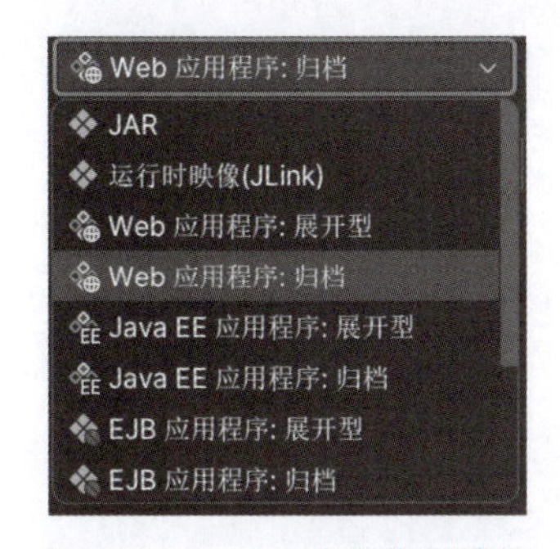

图 11.15　Web 应用类型选择

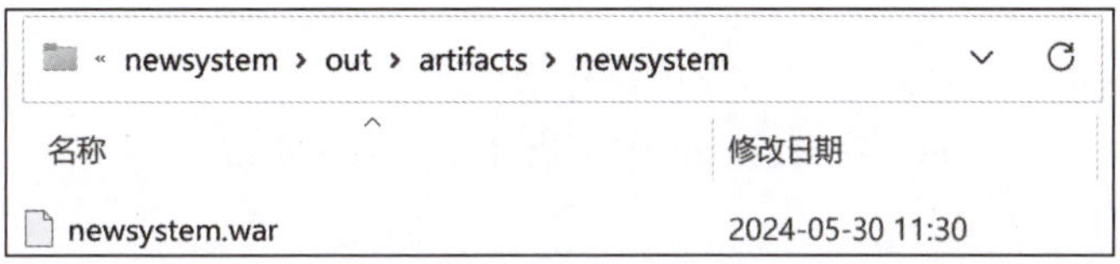
« newsystem › out › artifacts › newsystem
名称
修改日期
newsystem.war
2024-05-30 11:30

图 11.16　生成的 war 包

接下来可以关闭 IDEA，在系统中找到 Tomcat 所在目录，找到其中的 webapps 文件夹，将 newsystem.war 文件复制至该文件夹中，即完成了 newsystem 的项目部署，如图 11.17 所示。

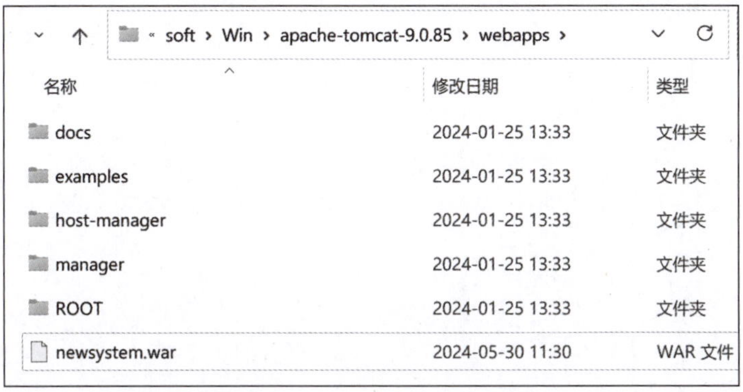
« soft › Win › apache-tomcat-9.0.85 › webapps ›
名称
修改日期
类型
docs
2024-01-25 13:33
文件夹
examples
2024-01-25 13:33
文件夹
host-manager
2024-01-25 13:33
文件夹
manager
2024-01-25 13:33
文件夹
ROOT
2024-01-25 13:33
文件夹
newsystem.war
2024-05-30 11:30
WAR 文件

图 11.17　newsystem.war 的部署

完成后该操作后，在 Tomcat 的根目下，找到 bin 文件夹，在其中找到并双击 startup.bat 文件，系统会弹出命令行窗口启动 Tomcat。如果命令行中显示“毫秒后服务器启动”，则意味着 Tomcat 启动成功。此时，打开浏览器，在其中输入“http://localhost:8080/newsystem”，可成功访问到 newsystem 系统。事实上，该状态已经是系统的发布状态，只要不关闭该命令行窗口，该系统就可以一直运行。如果启动失败，请参考 6.1 节和 6.2 节，检查 JDK 的设置。

小结

本章重点讲述了 Web 系统的调试和部署。其中,系统的调试是贯穿于整个开发过程中的,虽然可以直接使用命令行输出中间变量的值来进行调试,但是这种方式只适合简单的数据场合。通过 IDEA 的调试功能,则可以查看更多的中间结果。而系统部署则讲述了如何将系统脱离 IDEA 运行。这两项均是系统开发的辅助工作,但也是系统开发环节中的重要步骤。

练习与思考

(1) 系统调试的作用是什么?

(2) 如何在 Tomcat 中部署 Java Web 系统?

下 篇

Web 开发高级应用篇

本篇是面向实际开发时，对前两篇内容的补充，主要讲述 Ajax、主流的 Web 开发框架、团队协同开发和 AI 助手应用等提升项目开发实战性的内容，包括第 12～15 章。

第 12 章　Ajax 技术
第 13 章　第三方 Web 开发框架
第 14 章　Java Web 项目的协同开发
第 15 章　AI 代码助手的应用

第12章 Ajax技术

本章学习目标

- 理解 Ajax 异步传输的作用和原理。
- 掌握 Ajax 的实现方法。

本章主要讲述了利用 Ajax 实现页面数据局部刷新的功能。首先讲述了 Ajax 技术的特点和作用。其次讲述了 Ajax 的实现步骤。最后以搜索提示和级联菜单两个综合实例,完整地讲述了 Ajax 技术的实现方法。

12.1 Ajax 技术概述

前述章节所讲述的技术,在加载数据时,都需要通过刷新整个页面,或重新提交请求的方式来实现。即使只是页面中一小部分元素的改变,也需重新刷新整个页面,这很明显会加重服务器的负担。同时,刷新及等待响应的时间,无疑也降低了用户体验。Ajax 技术则可以解决这个问题。

Ajax 是 Asynchronous JavaScript and XML 的首字母缩写,翻译成中文是异步 JavaScript 和 XML。从定义可以看出,这是一套以 JavaScript 为基础的 HTTP 请求与响应技术,而其中的 XML 则是数据传输的格式。与一般的 JavaScript 不同之处在于异步的实现。读者可以理解为 Ajax 虽然也会发送请求,但它不会引发页面跳转,其运行效果如图 12.1 所示。

发起 Ajax 请求不会引起当前页面的跳转,服务器程序处理完该请求后,再响应给当前页面,当前页面获取到响应后,再刷新页面的局部位置。整个过程对于用户来说,几乎是透明的。除了局部数据有更新外,其他部分不会有任何变化。这有点类似于超线程,从原先的主线程上,又衍生出一条线,悄悄地做完一件事情后,再返回本页面。

Ajax 技术最早可追溯至 1998 年前后由微软发布的 Outlook Web Access 应用程序,该

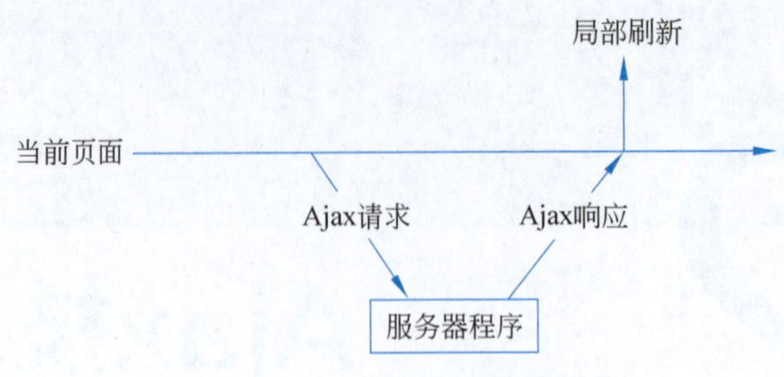

图 12.1 Ajax 运行效果

程序应用了微软研发的实现异步 HTTP 请求的 XMLHttp 对象，可以视为第一个应用了 Ajax 技术的商业应用程序。随后，在 2005 年年初，Google 在搜索引擎、Gmail 等应用中大量使用了异步通信，极大地提高了用户体验，至此 Ajax 技术才真正流行起来。此时，XMLHttp 对象已经发展成为 XMLHttpRequest，并在 2006 年被 W3C 正式纳入 Web 标准。时至今日，Ajax 技术已几乎成为每个 Web 信息系统的标配。

12.2 Ajax 技术的实现步骤

Ajax 是一套以 XMLHttpRequest 对象为主的技术，通过 XMLHttpRequest 的 send 方法向服务器程序发起异步请求。当服务器返回响应后，又通过该对象的 responseText 或者 responseXML 属性来获取响应的数据，再通过 JS 解析获取到的数据，使其更新至页面的位置。上述步骤，除服务器响应外，大部分是在 JavaScript 中完成的。为了方便展示其实现步骤，本章需要制作一个简单的页面。在 newsystem 项目的 web 目录下，创建一个 ch12 目录，在其中新建一个网页，命名为 AjaxText.html，在 body 区域写上“发送请求”和“响应内容：”，如图 12.2 所示。

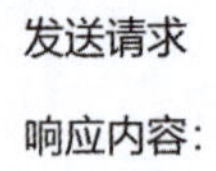

发送请求

响应内容:

图 12.2 Ajax 基本示例页面

为了能够清晰地展示整个实现过程，此处尽可能排除额外的干扰因素，仅关注最基本的 Ajax 请求与响应，所以页面尽可能简单。该页面计划实现单击发送请求链接，页面将以 Ajax 方式发送请求至 Servlet，并将 Servlet 响应的内容，显示在该页面“响应内容”那一行，其主要实现步骤如下。

1. 创建 XMLHttpRequest 对象

XMLHttpRequest 对象的创建非常简单，在 JavaScript 中直接调用 XMLHttpRequest() 方法即可。打开 AjaxTest.html，在 head 区域，加入 JavaScript 代码，如下所示。

```
<script language="javascript">
var ajax;                          //公共变量，用于存储 XMLHttpRequest 对象
function createAjax(){
    ajax=new XMLHttpRequest();     //创建 XMLHttpRequest 对象
}
</script>
```

上述代码将生成的 XMLHttpRequest 对象设置成公共变量,因为在后续的代码中需要用到该变量。

2. 设置请求目标

生成 XMLHttpRequest 对象后,首先需要使用 open 方法来设置请求目标。此处需要使用到其 open 方法。该方法的参数如表 12.1 所示。

表 12.1 open 方法参数

参数名	作　用	取值范围
method	发送请求的方式	Get 或 Post 等
url	请求的目标程序	一般为 Servlet
async	请求是否为异步	默认为 true,代表异步 false,代表同步
user	如果目标程序需要用户认证,则通过该参数提供用户名	自行输入字符串
password	向目标程序提供密码	自行输入字符串

其中,前两个参数必填,第三个参数可以不填,即默认异步方式发送请求。而最后两个参数,则针对需身份认证才能访问的目标程序而设置,是可选项。其关键代码如下。

```
ajax.open("get", url, true);//以 get 方式向 url 异步提交请求
```

3. 设置 HTTP 请求头

上述代码只是设置请求目标和提交方式,并不是真正的发送请求。在发送请求之前,还需要设置 HTTP 请求头,这也是 HTTP 的基本应用规则。设置 HTTP 请求头是告诉服务器,客户端发送过来的是什么类型的内容,以及需要服务器如何进行响应的配置信息。这同样是通过 XMLHttpRequest 对象的 setRequestHeader 方法来实现的。setRequestHeader 方法接收 header 和 value 两个参数,分别对应请求头的名字和请求头的值。事实上,这两个参数对应的即 HTTP 的头信息。HTTP 的头信息较多,此处仅列举两个最常用的。其中一个是 Content-Type,即规定请求的内容类型。Content-Type 的值与请求类型有关。GET 方式的请求,由于一般请求体中不包含数据,因此不需要指定 Content-Type。如果请求方式为 POST,则需要指定其类型,常用类型及应用范围如表 12.2 所示。

表 12.2 Content-Type 常用类型及应用范围

类　型	应用范围
application/x-www-form-urlencoded	HTML 表单默认的编码方式,提交表单数据时使用
multipart/form-data	上传文件时使用
application/json	提交 JSON 数据时使用
application/xml	提交 XML 数据时使用
text/plain	提交纯文本数据时使用

第二个头信息为 If-Modified-Since,该参数主要用于处理浏览器的缓存。由于 Ajax 本

身不刷新页面，因此极有可能出现因浏览器缓存的原因，而导致局部数据不更新的情况。而将 If-Modified-Since 参数值直接设置为 0，就可以绕过浏览器缓存，直接使用实时数据。当然只有在使用 GET 方式发送请求时，才需要设置该参数。本例较为简单，是通过 GET 方式发送请求，所以不需要设置 Content-Type，仅设置 If-Modified-Since 即可，关键代码如下。

```
ajax.setRequestHeader("If-Modified-Since","0");
```

4. 设置响应方法

响应方法是指服务端处理完请求，将响应返回给页面时接收和处理响应的方法。在异步模式下，响应方式须在发送之前指定。这一工作通过 XMLHttpRequset 的 onreadystatechange 属性来实现，关键代码如下。

```
ajax.onreadystatechange=funcname
```

其中，funcname 是事先定好的 JS 函数名，其定义由业务功能逻辑而定。

5. 发送请求

完成上述工作后，通过 XMLHttpRequset 的 send()方法即可正式发送请求。上述功能通常封装在一个方法中，具体如下。

```
function sendRequest(param,type,url,funcname){
    createAjax();                        //创建 XMLHttpRequest 对象
    ajax.open(type, url, true);          //设置请求类型、目标地址和异步模式
    if(type=="post")                     //如果是 post 方式提交,以表单方式封装提交的数据
    ajax.setRequestHeader("Content-Type","application/x-www-form-urlencoded");
    else if (type=="get")                //get 方式不单独提交参数,也无须设置内容类型
        param=null;
    ajax.setRequestHeader("If-Modified-Since","0");  //不使用缓存
    ajax.onreadystatechange=funcname;        //设置处理服务器程序返回的响应方法
    ajax.send(param);                    //发送请求
}
```

其中，param 是需提交的数据，但通常是 POST 方式提交时才需提交该参数。具体用法将在综合实例中再详细讲解。

6. 编写服务器端程序

此处的服务器端程序即处理 Ajax 请求的程序，在本书中即 Servlet。在 IDEA 项目 src 文件夹的 servlet 包中，新建 AjaxResServlet，将其 processRequest 方法编写如下。

```
String username=request.getParameter("username");  //获取从页面提交的数据
PrintWriter out=response.getWriter();              //生成输出对象
out.write("你好"+username+"!这是以 Ajax 从 Servlet 返回的文本");        //输出内容
out.flush();                                       //清空缓存
out.close();                                       //关闭输出对象
```

该程序接收用户提交过来的参数组成一句话，使用 PrintWriter 对象输出。此处的关键就在于 PrintWriter 对象。在异步模式下，浏览器端接收服务器响应的数据，就是通过

PrintWriter 对象的 out 方法来实现。

7. 编写 JS 方法处理服务器响应

在第 4 步的设置中，已指定了处理服务器响应的 JS 方法。在服务器输出内容后，则通过该 JS 方法来获取其输出，然后将其反映至当前页面中。在开始编写 JS 方法之前，为了准确显示数据，需要对 AjaxTest.html 中"响应内容"所在行做简单修改，代码如下。

```
<p>响应内容：<div id="res"></div></p>
```

在响应内容后面加一个<div>，并赋予一个 id，方便响应方法调用该 div，并在其中显示内容。完成该操作后，响应方法的定义如下。

```
function resfun(){
    if (ajax.readyState==4){                    //判断是否已完成响应
        if (ajax.status==200) {                 //判断是否请求成功
          var result=ajax.responseText;   //获取响应内容
          var txt=document.getElementById("res");//获取页面中 id 为 res 的 HTML 对象
          txt.innerText=result;          //将该对象的文本内容设置为获取到的响应内容
    }else{
            alert("您所请求的页面有异常!");
        }
    }
}
```

该方法中使用到了 XMLHttpRequest 的三个属性，以获取接收状态即接收内容。其中，readyState 属性用于标识当前 XMLHttpRequest 对象的状态，其一共有 5 个状态值，具体如表 12.3 所示。

表 12.3　readyState 的请求状态值

状态值	含　义
0	未初始化状态，即 XMLHttpRequest 对象创建成功
1	准备发送状态，即已经调用了 XMLHttpRequest 对象的 open 方法
2	已经发送状态，即已通过 send 方法把请求发送到服务器端，但暂时还没有收到响应
3	正在接收状态，即已接收到 HTTP 响应头部信息，但是消息体部分还没有完全接收到
4	完成响应状态，即已经接收到服务器的响应

很明显，只有当 readyState 为 4 的时候，才能获取响应的内容。而 status 属性则表示响应的 HTTP 状态码。HTTP 状态码有很多种，最常见的是 404，代表的是找不到页面的错误，这可能是每位读者都有可能遇到过的错误。此外还有 500，代表程序运行出错。而本例中的 200，则代表程序正常运行，数据随请求正常返回。满足这两个条件，就意味着 Ajax 请求和响应都正常进行，可以获取服务器程序返回的数据。而获取返回数据，则使用 XMLHttpRequest 对象的 responseText 属性来实现。在正常响应的前提下，该属性获取的就是 Servlet 中，使用 PrintWrite 对象的 write 方法输出的内容。这一过程在 Ajax 的机制下，对用户乃至开发者也是透明的。只要请求和响应不出错，数据就能正常获取。获取到数

据后，再使用JS代码，获取页面对象，通过改变个别页面对象的属性和值的方式，来实现局部更新。

8. 调用方法发送 Ajax 请求

上述代码全部完成后，在需要执行 Ajax 的地方，调用定义好的 sendRequest 方法即可。给“发送请求”设置链接，添加发送 Ajax 请求的代码如下。

```
<a href="javascript:sendRequest(null,'get','../AjaxResServlet?username=Java',resfun);">发送请求</a>
```

此处第一个参数是当请求方式为 POST 时才需要提交的。本例数据较为简单，添加在 AjaxResServlet 后面即可，因此使用 GET 方式。由于当前页面是在 ch12 文件夹下，因此需要添加”../”，才能正常访问该 Servlet。而第三个参数，即第(6)步中定义好的JS方法。完成上述定义后，部署项目，访问 ch12 下的 AjaxTest.html 页面，单击其中的“发送请求”链接，即可以看到 Ajax 的运行效果，如图 12.3 所示。

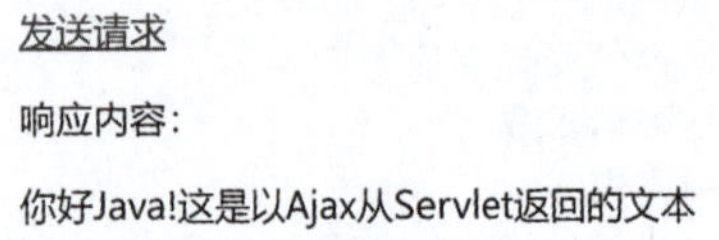

发送请求

响应内容:

你好Java!这是以Ajax从Servlet返回的文本

图 12.3　Ajax 运行效果

如果运行结果出现了乱码，只需将 AjaxResServlet 加到 ConvertChinese 的过滤器中即可，具体操作可参考 9.6 节。通过这个例子可知，实现 Ajax 的关键在于 XMLHttpRequest 对象，通过它特有的方法体系，可以实现类似于多线程的请求提交和响应，待得到响应的数据后，再通过JS对本页面的部分元素的属性或者数据进行修改，从而达到布局刷新的效果。

12.3　综合实例

12.3.1　搜索提示

搜索提示指的是在搜索框中输入个别字词后，会弹出一个层提示与之相关联的检索词，辅助用户进行搜索。该功能最早出现于 Google 的搜索引擎中，被称为 Google Suggest。随后，各搜索引擎均提供了这样的功能。时至今日，几乎所有需要搜索的地方，都会提供这样的功能，可以说是一个成熟系统的标配功能之一。本节将以新闻系统的模糊搜索提示为例，来展示搜索提示实现的全过程。

1. 实现原理

该功能的实现原理如图 12.4 所示。

在搜索框中输入内容时，利用 onKeyUp 事件获取输入的内容。此处 onKeyUp 是指按键并松开时出发的事件，在用户输入某一个词后触发。触发该事件后，使用 Ajax 方式，将输入内容作为关键词，提交至服务器端的搜索 Servlet。在 Servlet 中调用 DAO JavaBean 中的搜索方法，搜索匹配到的新闻，然后再由 Servlet 将获取到的数据，经过封装后，以 Ajax 响应至页面中。在页面中，再通过JS对数据进行解析封装后，显示在搜索提示框中。因此，实现该功能，需要先制作搜索框和提示层，然后再针对性地开发搜索方法和 Servlet，最后再编写 Ajax 的请求和响应。

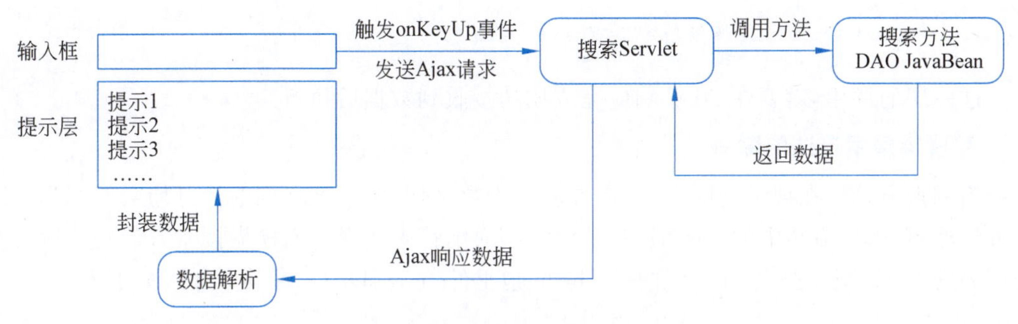

图 12.4 搜索提示实现原理

2. 输入框和提示层的制作

首先，打开 newslist.jsp，在新闻标题栏的上方，加入搜索框，其效果如图 12.5 所示。

新闻列表

请输入关键字: [ ] 确 定　　　新建 | 删除

	新闻标题	发布日期	管理
☐	解谜九百年前的"青绿山水"	2024-02-23 00:00:00	修改 | 删除
☐	南京审计大学介绍	2024-05-12 01:01:00	修改 | 删除
☐	推动中华文明重焕荣光	2024-02-07 00:00:00	修改 | 删除
☐	国家安全机关破获重大间谍案	2024-02-07 00:00:00	修改 | 删除
☐	越来越多的孩子不认识钱了	2024-02-10 00:00:00	修改 | 删除
☐	斯坦福博士报考乡镇公务员	2024-02-10 00:00:00	修改 | 删除
☐	柳叶刀研究发现：走路与寿命之间的关系	2024-02-27 00:00:00	修改 | 删除
☐	五旬阿姨开网约车:一天跑十几小时	2024-02-01 00:00:00	修改 | 删除
☐	奶奶锐评不上朱婷:打1分钟谁能赢	2024-02-01 00:00:00	修改 | 删除

共9条记录

图 12.5 搜索框页面效果

```
<input name="keywords" type="text" class="inputbox" id="keywords" >
<input name="button" type="button" class="btn" id="button" value="确定">
```

此处给文本框赋了一个 id 值"keywords"，记住该 id 值，在后续需要编写 JS 方法时，需要通过该 id 来获取输入的内容。接下来，制作搜索提示层。该层在初始状态不显示，只有输入内容成功返回数据后才显示。根据这一特点，该层制作的关键在于 CSS 的应用和层显示位置的调用。首先制作该层的样式，由于该文件已经引用了 inc 文件夹下的 style.css 文件，因此可以将该样式直接定义至该 CSS 文件中，如下。

```
.tips{
    position: absolute;                    /* 位置设置为绝对值 */
    width: 300px;                          /* 提示层宽度设置 */
    height: auto;                          /* 高度设置为根据内容自动扩展 */
    display: none;                         /* 初始不显示 */
    background-color: aliceblue;           /* 背景色设置为 Alice 蓝,一种淡蓝色 */
}
```

其中，position 属性比较重要。本例要通过 JS 方法来设置其显示位置，而 JS 的常用方法一般是通过元素的绝对值来实现其定位，因此该属性设置为 absolute。接着，在 newslist.jsp 页面的 body 区域，编写一个 div 层，代码如下。

```
<div class="tips" id="tips"></div>
```

这一层的调用,需要在 Ajax 响应完成成功接收到数据后执行。

3. 模糊搜索方法的编写

模糊搜索是指在搜索的时候,只需要输入少数字词,包含该字词的信息均会匹配到。这一方法通过 SQL 语句中的 like 语句,结合"%"通配符来实现。而模糊搜索方法则一般写在新闻表的 DAO 里。打开 src 文件夹下 bean 包里的 tnewsDAO,在其中加入如下方法。

```
public List SearchNews(String keyword){
    List newslist = null;                        //新闻列表变量,用于存放查询到的多条记录
    String sql="select newstitle from tnews where newstitle like concat('%',?,
'%') limit 10";                                  //模糊 SQL 语句
    try{
        dbc=new DBConnect(sql);                  //初始化该类
        dbc.setString(1,keyword);                //设置参数值
        rs=dbc.executeQuery();                   //执行 SQL 语句
        if(rs.next()){                           //判断是否为空
            newslist=new ArrayList();            //用动态数组实现 List 接口
            rs.beforeFirst();                    //将指针返回初始位置
            while(rs.next()){
                tnews news=new tnews();          //实例化新闻类
                news.setNewstitle(rs.getString("newstitle"));
                                                 //获取 newstitle 字段值
                newslist.add(news);              //将新闻类加入新闻列表中
            }
        }
    }catch(Exception e){
        System.out.println(e.getMessage());
    }finally{
        close();
    }
    return newslist;                             //返回新闻列表
}
```

该方法的关键在于模糊查询的实现,一般的模糊查询使用"select newstitle from tnews where newstitle like '%?%'"即可,但是这种写法在使用 preparedStatement 时会报错。解决方法即使用 concate 函数。另外,该 SQL 语句还使用了 limit 关键字,即只显示前 10 条。

4. 搜索 Servlet 的编写

编写完 DAO 中的搜索方法后,需要在 Servlet 中调用它。在 src 文件夹的 servlet 包中新建一个 SearchNewServlet,将其中的 processRequest 方法编写如下。

```
String keywords=request.getParameter("keywords");
//接收搜索框提交过来的查询关键词
tnewsDAO newsdao=new tnewsDAO();                         //实例化 DAO 类
List newslist=newsdao.SearchNews(keywords);              //模糊查询结果
response.setContentType("text/xml;charset=utf-8");       //响应内容设置为 XML
```

```
PrintWriter out=response.getWriter();                 //生成输出对象
if(newslist!=null){                                   //判断是否检索到内容
    StringBuilder titles=new StringBuilder();//生成可修改内容的字符串
    out.print("<root>");                              //输出 XML 的根节点
    for (int i = 0; i <newslist.size(); i++) {  //循环读取搜索到的新闻
        tnews obj=(tnews)newslist.get(i);       //获取列表中的单条新闻
        titles.append("<title>"+obj.getNewstitle()+"</title>");
                                                      //将其标题加入 XML 的 title 节点中
    }
    out.write(titles.toString());                     //将可修改内容字符串转成普通字符串
    out.print("</root>");                             //输出关闭根节点
}else {
    out.write("");                                    //找不到则返回空
}
out.flush();                                          //清空缓存
out.close();                                          //关闭输出对象
```

由于该 Servlet 需要返回若干条新闻标题，因此采用 XML 来存储和返回匹配到的数据。这也是早期 Ajax 使用的数据返回方式，也是 Ajax 中“x”的体现。XML 的结构通常需要有一个 root 节点，然后再包含子节点。此外，本例还使用了 StringBuilder 来存储匹配到的新闻标题。StringBuilder 是一个可变内容的字符串，它的 append 方法能把数据加入对象中，适用于字符串累加场合。本例将标题存储至 XML 的自定义标签<title></title>之间，在输出时再统一转换成字符串。按该程序设计其返回的数据格式如下。

```
<root>
<title>标题 1</title>
<title>标题 2</title>
<title>标题 3</title>
<title>...</title>
</root>
```

为了防止乱码问题，同样需要将该 servlet 加入 ConvertChinese 过滤器中，代码如下。

```
@ WebFilter (urlPatterns = { "/UserLogin","/AddServlet","/DeleteServlet","/
UpdateServlet","/AjaxResServlet","/SearchNewsServlet"})
```

5. Ajax 请求的发送

完成搜索 Servlet 后，打开 newslist.jsp，编写输入框的 onKeyUp 事件对应的 JS 方法，来发送 Ajax 请求，方法编写如下。

```
function suggest(){
    var keywords=document.getElementById("keywords");      //获取搜索框对象
    var param="keywords="+encodeURIComponent(keywords.value);
    //将数据以表单 post 方式进行封装
    var url="SearchNewsServlet";                    //指定 Ajax 需要提交的 Servlet
    sendRequest(param,"post",url,showtips);         //发送 Ajax 请求
}
```

其中,param 使用 encodeURIComponent 进行封装,使用这种方法,该请求将以 POST 方式向 Servlet 发送。sendRequest 的定义则参考 12.2 节。定义该方法后,将其赋值给搜索框的 onKeyUp 事件,代码如下。

```
<input name="keywords" type="text" class="inputbox" id="keywords" onKeyUp=
"suggest();">
```

6. 搜索提示框的展示

搜索提示框的展示则在响应方法 showtips 中实现,代码如下。

```
function showtips(){
    if (ajax.readyState==4) {                                   //判断是否已完成响应
        if (ajax.status==200) {                                 //判断是否请求成功
            var xml=ajax.responseText;                          //获取返回的数据
            if(xml!="") {                                       //判断是否为空
              var parser = new DOMParser();                     //解析 XML 字符串的对象
              var xmlDoc = parser.parseFromString(xml, 'text/xml');
                                                                //将内容转换成 XML
              var titles = xmlDoc.getElementsByTagName('title');
                                                                //获取所有 title 的对象
              var tips = document.getElementById("tips");       //获取提示框对象
              tips.innerHTML="";                                //清空提示框内容
              var title="";                                     //存储标题
              for (var i = 0; i <titles.length; i++) {
              //依次循环读取获取到的 title 对象列表
                  //并给每个标题配置一个 setText 方法
                  title=title+"<div onclick=setText(this);>"+titles.item(i).
                  textContent+"</div>";
              }
              tips.innerHTML=title;                             //将获取的标题加入提示框中
              var pos = keywords.getBoundingClientRect();//获取搜索的坐标对象
              var x = pos.left;                                 //获取搜索框的 X 坐标
              var y = pos.top;                                  //获取搜索框的 Y 坐标
              tips.style.left = x + "px";                       //设置提示框的 X 坐标
              tips.style.top = y + 22 + "px";                   //设置提示框的 Y 坐标
              tips.style.display = "block";                     //显示提示框
            }
        }else{
            alert("您所请求的页面有异常!");
        }
    }
}
```

该方法有三个关键点。第一点是获取返回的数据,虽然从 Servlet 返回的数据已经是 XML 结构,但由于浏览器标准的问题,如果使用 responseXML,则会发生获取不到数据的情况,因此依然使用 responseText。只是获取到之后,再使用 JS 自带的 DOMParser 对象,将其转换成真正的 XML 数据结构。然后再使用 getElementsByTagName 方法，来获取 title 节点的所有值。第二点是每个标题都存入了一个 div 中，并且给配了一个 setText 方法。该方法的作用是，单击提示框中的标题，将其标题加入搜索框中，并将提示框关闭，完成提示，该方法的定义如下。

```
function setText(obj){
    var keyword=document.getElementById("keywords");        //获取搜索框
keyword.value=obj.innerText;                               //将选中的标题值赋值给搜索框
var tips=document.getElementById("tips");                  //获取提示框对象
tips.style.display="none";                                 //关闭提示框
}
```

第三点则是搜索框坐标对象的获取，即 getBoundingClientRect 方法。获取该对象后，就可以获取搜索框的 x 和 y 坐标。在 JS 中，分别通过对象的 left 属性和 top 属性来代表这两个坐标。但需要说明的是，将这两个值赋值给其他对象的坐标时，需要手动添加单位“px”，否则坐标赋值会失败。在本例中，y 坐标还做了 22 个像素的向下偏移，而 x 坐标则不变，这样就可以使提示框出现在搜索框的正下方。

完成上述操作后，重新部署项目，运行结果如图 12.6 所示。

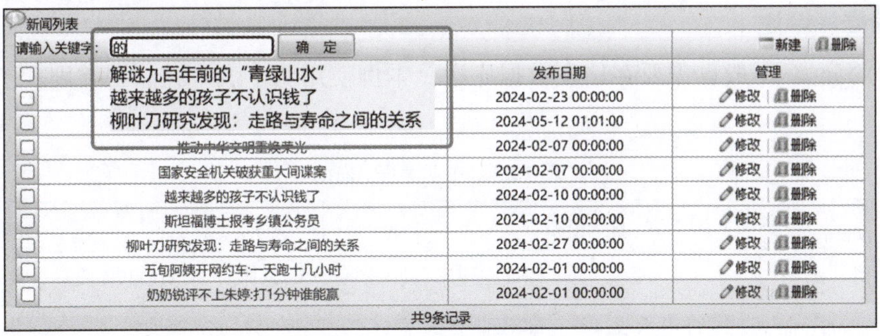

图 12.6　搜索提示的出现

在搜索框中输入“的”字后，所有包含该字的新闻标题就出现在了提示框中。单击其中某个标题，系统会将标题自动写入搜索框并关闭提示框。

12.3.2　级联菜单

级联菜单一般是指选中某一个菜单项后，会自动出现所属该菜单项的多个下一级菜单项。该功能也是信息系统的常见功能之一。在录入表单时，如果采取传统的刷新页面方式去加载级联菜单，会使原先填写的数据全部清空，这显然是非常不好的体验。而使用 Ajax 方式来加载级联菜单，就可以避免这个问题。本节以新闻发布时，选择新闻类别为例，来展示使用 Ajax 开发级联菜单的全过程。

1. 基本原理

级联菜单实现的基本原理，如图 12.7 所示。

整个过程与搜索提示的示例类似，区别在于级联菜单需要先加载主菜单的各菜单项，然后选择主菜单的项目时，触发 onChange 事件来发送和处理请求。由于本例是针对的下拉

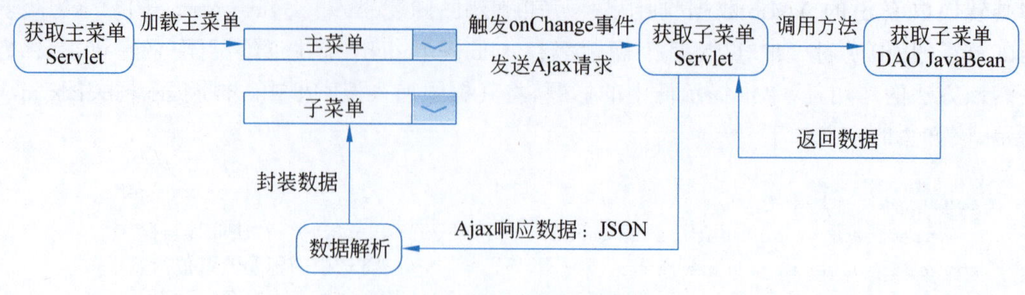

图 12.7　级联菜单实现原理

选择框，因此封装数据的过程自然也有区别。同时，本例还计划使用 JSON 来传输响应数据。虽然 Ajax 中的 x 是指的 XML，这是 Ajax 早期使用的格式。随着 JavaScript 技术的日益流行，JSON 格式取代了 XML，成为 Ajax 数据传输事实上的标准。JSON 是 JavaScript Object Notation 的首字母缩写，其数据格式类似 Python 中的字典，由诸多键值对组成，如 s={"name"："张三","age":20}。而 JS 解析这类数据非常简单，直接使用 s.name 就可以获取 name 的具体值。很明显，这比 XML 解析要简单得多，也因此被广泛应用于诸多编程环境中。因此，本例使用 JSON 进行开发，不仅是对主流数据传输格式的介绍，也是对 Ajax 数据传输格式的补充。

2. 数据库设计

新闻的分类，一般也需要存储在数据库中。本例使用两个表来存储主类别和子类别，分别如下。

表 12.4　主类别表 tcate

字段名	字段数据类型	字 段 属 性	备　　注
cateid	int 整型	PK(主键)，NN(非空)，UQ(唯一)，AI(自增长)	唯一标识
catename	varchar(45) 字符串长度 45	NN(非空)	主类别名称

表 12.5　子类别表 tsubcate

字段名	字段数据类型	字 段 属 性	备　　注
subcateid	int 整型	PK(主键)，NN(非空)，UQ(唯一)，AI(自增长)	唯一标识
subcatename	varchar(45)字符串长度 45	NN(非空)	主类别名称
parentcateid	int 整型	外键	主类别表的主键

其中，子类别表用了一个 parentcateid 字段，其作为外键，存储的是主类别表的主键，表明该类别是主类别中某一类别的子类别。设计完这两个表后，可参考图 12.8 和图 12.9，自行在其中录入样例数据。

3. 级联菜单制作

新闻分类一般在发布新闻时添加，因此，需要在发布页面中添加两个类别的下拉框，如图 12.10 所示。

cateid	catename
1	新闻
2	体育
3	娱乐
4	财经
5	科技

图 12.8　主类别样例

subcateid	subcatename	parentcateid
1	军事	1
2	国内	1
3	航空	1
4	国际	1
5	政务	1
6	公益	1
7	媒体	1
8	红彩	2
9	NBA	2
10	中超	2
11	篮球	2
12	足球	2
13	CBA	2
14	明星	2
15	电影	3
16	电视剧	3
17	综艺	3
18	音乐	3
19	股票	4
20	商业	4
21	基金	4
22	智库	4
23	智能	5
24	手机	5
25	互联网	5
26	5G	5
27	通信	5
28	数码	5

图 12.9　子类别样例

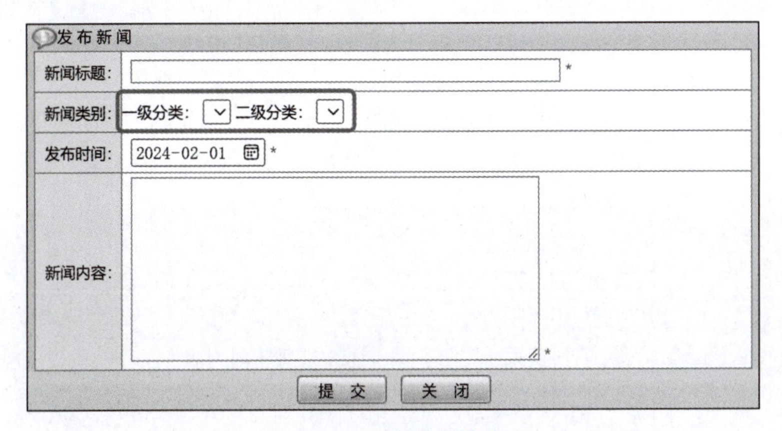

图 12.10　发布界面的修改

其中,一级分类和二级分类的下拉框的代码如下。

```
一级分类:
<select name="cate" id="cate">
</select>
二级分类:
<select name="subcate" id="subcate">
</select>
```

其中,一级分类中的数据需要预先加载进去,因此该发布界面需要修改成 JSP 动态页面,同时要把 JSTL 标签加入文件头中,代码如下。

```
<%@ tagliburi="http://java.sun.com/jsp/jstl/core" prefix="c" %>
<%@pagecontentType="text/html;charset=UTF-8" language="java"%>
```

4. 新闻类别获取方法编写

新闻类别获取,主要分为主类别的获取,及根据主类别的 id 获取其子类别两个方法。当然,为了规范地存储数据,还需要分别编写主分类和子分类的两个数据封装 JavaBean。该工作可以直接使用 IDEA 自动生成,具体请参考 8.2 节。在项目 src 文件夹的 bean 包下,分别创建为 tcate 和 tsubcate。完成该类创建后,在同一个包中先创建 cateDAO 类,在其中加入查询所有分类的方法,具体代码如下。

```
public List getCateList(){
    String sql="select * from tcate";      //查询所有分类的 SQL 语句
    List catelist=null;                    //存储分类的列表
    try {
        dbc=new DBConnect(sql);            //建立连接
        rs=dbc.executeQuery();             //执行查询
        if(rs.next()){                     //判断是否为空
            catelist=new ArrayList();     //不空,则构建一个空的新闻分类列表
            rs.beforeFirst();              //游标定位至初始位置
            while(rs.next()){              //循环读取记录
                tcate cate=new tcate();    //生成主分类封装类
                cate.setCateid(rs.getInt("cateid")); //获取 cateid 值字段值并赋值
                cate.setCatename(rs.getString("catename"));
                                           //获取 catename 字段值并赋值
                catelist.add(cate);        //将带有数据的封装类加入分类列表中
            }
        }
    }catch(Exception e){
        System.out.println(e.getMessage());
    }finally {
        close();                           //关闭连接
    }
    return catelist;                       //返回新闻列表
}
```

其中,import 语句,dbc、rs 公共变量和 close()方法的定义,请参考 8.3.1 节和 8.3.2 节。完成该类后,再按照类似方法创建 subcateDAO 类,并编写其中的根据主类别 id 获取子分类的方法,代码如下。

```
public List getSubCate(int parentid){
    String sql="select * from tsubcate where parentcateid=?";   //查询 SQL 语句
    List subcatelist=null;                          //存储子类别的列表变量
    try {
        dbc=new DBConnect(sql);                     //建立数据库连接
        dbc.setInt(1,parentid);                     //赋值父类 id
        rs=dbc.executeQuery();                      //执行查询
        if(rs.next()){                              //判断是否为空
            subcatelist=new ArrayList();            //用动态数组实现 List 接口
            rs.beforeFirst();                       //将指针返回初始位置
            while(rs.next()){                       //循环读取记录
                tsubcate subcate=new tsubcate(); //实例化子分类 bean
                subcate.setSubcateid(rs.getInt("subcateid"));
                                                    //获取 subcateid 字段值并赋值
                subcate.setSubcatename(rs.getString("subcatename"));
                                                    //获取 subcatename 字段值并赋值
                subcate.setParentcateid(rs.getInt("parentcateid"));
                                                    //获取 parentcateid 字段值并赋值
                subcatelist.add(subcate);           //将分类 bean 加入分类列表中
            }
```

```
        }
    }catch(Exception e){
        System.out.println(e.getMessage());
    }finally {
        close();
    }
    return subcatelist;          //返回子分类列表
}
```

完成这些类的编写后，就可以在 Servlet 中调用这些类以获取所需要的数据。

5. 级联菜单获取 Servlet 编写

首先需要编写获取所有主分类的 Servlet，在 src 的 servlet 包中新建 CateListServlet，将其中的 processRequest 方法修改如下。

```
cateDAO catedao=new cateDAO();                          //实例化主分类 DAO
List catelist=catedao.getCateList();                    //获取所有主分类
request.setAttribute("catelist",catelist);              //存入请求中
RequestDispatcher rd=request.getRequestDispatcher("/ch10/add.jsp");
//设置转发目标页面
rd.forward(request,response);                           //转发
```

接着，打开 add.jsp，将其中的“一级分类”下拉框代码修改如下。

```
<select name="cate" id="cate">
    <c:forEach var="cate" items="${requestScope.catelist}">
        <option value="${cate.getCateid()}">${cate.getCatename() }</option>
    </c:forEach>
</select>
```

需要注意的是，add.jsp 是从 Servlet 转发过来的，其 URL 是在项目的根目录下，因此 add.jsp 页面的路径都要相对项目根目录去修改，否则图片和样式会无法正常显示。具体将页面中所有“../xxx”之类的路径，替换成“xxx”即可。然后，在 servlet 包中再新建获取子分类的 SubcateListServlet，该 servlet 主要接收从 add.jsp 提交过来的主分类 id，通过 id 来获取对应的子分类列表。新建后将其中的 processRequest 方法编写如下。

```
int parentid=Integer.parseInt(request.getParameter("parentid"));//获取主分类 id
subcateDAO subcatedao=new subcateDAO();                     //实例化子分类 DAO
List subcatelist=subcatedao.getSubCate(parentid);           //获取主分类下属的子分类
response.setContentType("text/json;charset=utf-8"); //响应内容设置 JSON
PrintWriter out = response.getWriter();                     //新建输出对象
if(subcatelist!=null) {                                     //不为空
    Gson g = new Gson();                                    //生成 Gson 对象
    String jcatelist = g.toJson(subcatelist);           //将子分类列表转换成 JSON 格式
    out.write(jcatelist);                                   //输出 JSON 数据
}else {
    out.write("");                                          //空则输出为空
}
```

```
    out.flush();          //清空缓存
    out.close();          //关闭输出对象
```

值得一提的是，此处使用了 Google 的 JSON 开发包 Gson，它可以非常方便地将类或者列表转换成 JSON 格式的数据。Gson 的 jar 包可以从该地址免费下载获得：https://github.com/google/gson。本例使用的文件为 gson-2.11.0.jar，将该文件复制至项目根目录的 lib 文件夹下即可。在编写上述代码之前，需要将 Gson 导入当前的 Servlet 中，代码如下。

```
import com.google.gson.Gson;
```

应用 Gson，可以将标准的 Java 封装类转换成 JSON 数据。如上述代码，subcatelist 是一个存储了多个 subcate 对象的列表，而其中每个对象都有具体的属性和值。使用 Gson 的 toJson 方法后，subcatelist 的值就转变成了如下内容。

```
[{"subcateid":19,"subcatename":"股票","parentcateid":4},
{"subcateid":20,"subcatename":"商业","parentcateid":4},
{"subcateid":21,"subcatename":"基金","parentcateid":4}]
```

这是标准的 JSON 数据，应用 JS 可以方便地解析这些数据。最后，同样为了保证中文能正常显示，需要将该 Servlet 加入 ConvertChinese 的过滤器中。

6. Ajax 请求的发送

完成 Servlet 开发后，就可以在页面中发起 Ajax。本例是选择主类别选择框时，触发联动效果，显示所属的子类别。这一动作对应的是 onChange 事件，即选择框值发生变化时触发，其 JS 代码如下。

```
function getsubcate(){
    var cate=document.getElementById("cate");          //获取主类别下拉框
    var id=cate.value;                                 //获取其值，即对应的 id
    var url="SubcateListServlet?parentid="+id;         //设置请求地址
    sendRequest(null,"get",url,loadsubcate);           //发送 Ajax 请求
}
```

再将该方法加入主类别下拉框的 onChange 事件中，代码如下。

```
<select name="cate" id="cate" onchange="getsubcate();">
```

7. 级联菜单的显示

基于上述代码，再编写响应方法，以显示关联的类别，代码如下。

```
function loadsubcate(){
    if (ajax.readyState==4) {                          //判断是否已完成响应
        if (ajax.status==200) {                        //判断是否请求成功
            var jsonlist=ajax.responseText;            //获取返回的数据
            if(jsonlist!="") {                         //判断是否为空
```

```
                jsonlist=JSON.parse(jsonlist);     //转换成 JSON 对象
                var subcatelist=document.getElementById("subcate");
                                                   //获取子类别下拉框对象
                subcatelist.options.length=0;      //先清空
                for (var i = 0; i <jsonlist.length; i++) {
                                                   //依次循环读取获取子类别
                    //根据子类别的 id 和值生成下拉框选项对象,并加入下拉框中
                    subcatelist.options.add(new Option(jsonlist[i].subcatename,
                    jsonlist[i].subcateid));
                }
            }
        }else{
            alert("您所请求的页面有异常!");
        }
    }
}
```

其中,依然使用 responseText 接收传过来的数据,默认情况下这是文本数据。因此使用了 JSON.parse 方法将其转换成 JSON 对象。运行该方法后,jsonlist 就变成了多个 JSON 对象组成的列表,然后通过循环就可以依次取出其中的每一个 JSON 对象,即 jsonlist[i],其中一个 JSON 对象的值如下。

```
{"subcateid":19,"subcatename":"股票","parentcateid":4}
```

得到具体的 JSON 对象后,就可以直接使用"jsonlist[i].属性名"的方式来获取其中某一个属性的值,如 jsonlist[i].subcateid,即获取 subcateid 的值 19。得到具体值之后,将其生成一个 Option 对象,加入子类别的下拉框中即可。最终运行效果如图 12.11 所示。

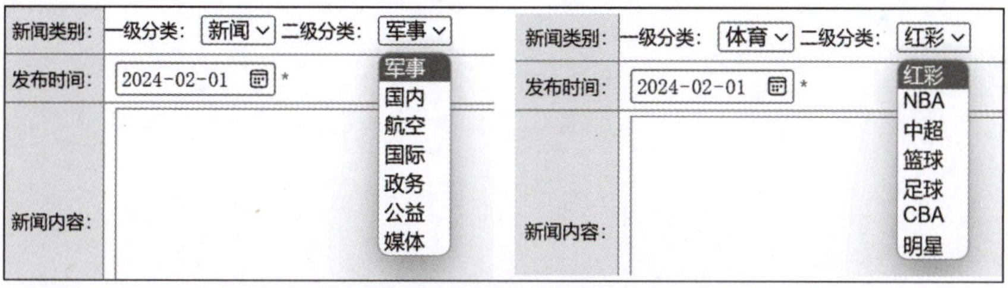

图 12.11 级联菜单运行效果

如图,选择不同的一级分类,其二级分类在不刷新的情况下会自动更新。

小结

本章重点讲述了利用 Ajax 实现页面数据局部刷新的功能,从综合实例可以看出,这一功能可以极大地提高信息系统的用户体验。因此,已被广泛应用于各类 Web 信息系统中。本章讲述的三个例子,分别以纯文本、XML 和 JSON 响应数据为例,展示了 Ajax 的开发过程。虽然例子较为简单,但已经覆盖了主要的数据请求方式、主流的数据响应类型,以及应

用JS进行HTML元素修改的全过程。读者在理解这些知识后,可以根据需要自行尝试各类Ajax的开发,这将使所开发的程序功能看上去更为强大实用。

练习与思考

(1) 什么是Ajax?

(2) Ajax的编写流程是什么?

第13章 第三方Web开发框架

本章学习目标

- 了解 Vue.js、MyBatis 和 Spring Boot 第三方 Web 开发框架的原理、技术及搭建方法。
- 了解 Vue.js、MyBatis 和 Spring Boot 第三方 Web 开发框架的开发流程和方法。
- 理解第三方 Java Web 开发框架与 Java EE 标准技术的区别。

本章主要以 Vue.js、MyBatis 和 Spring Boot 为例，讲述第三方 Web 开发框架的原理和技术特点。但本章并不是详细介绍这三个框架的，旨在让读者了解第三方开发框架与标准 Java EE 技术的区别，而不是第三方开发框架的详细介绍。

13.1 Web 开发框架概述

Web 开发框架是一种用于简化 Web 应用程序开发的工具，它提供了一套预定义的组件和约定，帮助开发者快速构建 Web 应用程序。但 Web 开发框架，并没有脱离 Web 标准技术，只是第三方组织或个人，对标准 Web 技术进行了封装，使其形成了一套功能强大且便于调用的工具。应用这种工具，开发人员可以快速开发 Web 应用，且由于封装，也可以使得开发的代码更加规范。Java Web 开发框架也类似，之前的章节已经展示了 JavaBean、Servlet 和 JSP 的应用规则。从这些规则可以看出，这类组件的定制化程序较高。尤其是 Servlet，它的 URL 映射，可以创建各种命名形式的服务器端程序。JSP 的 JSTL 标签，也使得 JSP 页面中的代码不仅局限于 Java 脚本。也正是因为这些技术特征，使得定制化的 Java Web 框架成为可能。一些第三方组织或者个人，出于提高开发效率，或优化 Web 组件的目的，纷纷自主研发了各种 Java Web 开发框架。从早些年的 Structs、Spring 和 Hibernate，发展到至今 MyBatis 和 Spring Boot，均是对标准 Java Web 技术的封装和定制。

13.2 主流开发框架

截至 2024 年 8 月，目前的开发框架分为前端和后端两类。其中，前端开发框架主要有 AngularJS、ReactJS 和 Vue.js。相对于前两者，Vue.js 是一个更轻量级的框架，也是目前被广泛使用的前端框架。后端开发框架通常是基于 Java EE 标准结构进行设计的，Java EE 结构包括视图层、模型层和控制器层。目前的后端开发框架多是针对这三层进行封装优化，如 Spring MVC 和 Struts 属于控制器的应用框架，MyBatis 和 Hibernate 属于模型层的应用框架。比较特殊的是，由于视图层是直接面向用户，一般要求界面美观，交互友好，因此，视图层一般使用前端框架来构建界面，并与控制器层建立关联，以实现业务开发。由此也形成了目前 Vue＋Spring Boot＋MyBatis 的开发框架的主流组合。

13.2.1 Vue.js 简介

Vue.js，通常简称为 Vue，是一个开源的前端 JavaScript 框架，它可用于构建前端网页用户界面，可以视为 MVC 中视图层的封装实现。Vue 由前谷歌工程师 Evan You 开发，并于 2014 年首次发布。Vue 的设计思想是简单、灵活且易于上手，同时提供丰富的功能来支持复杂的单页应用开发。Vue 采取了 MVVM 的技术架构，如图 13.1 所示。

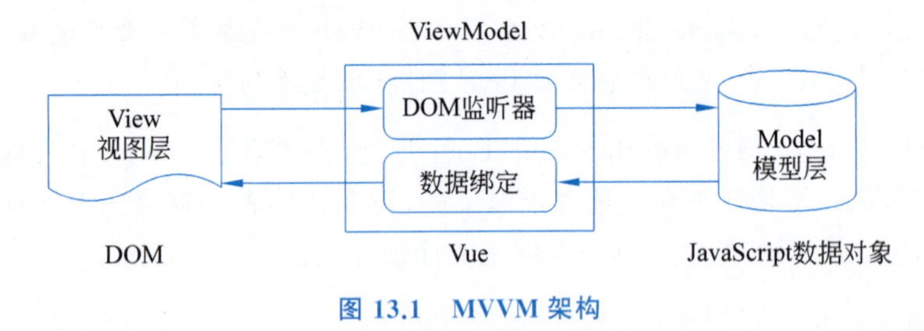

图 13.1 MVVM 架构

整个架构共分成 Model、View 和 ViewModel 三部分。其中，Model 层代表数据模型、View 代表 UI 组件、ViewModel 则是同步 View 和 Model 的对象。在 MVVM 架构下，View 和 Model 之间通过 ViewModel 中的 DOM 监听器，来监听数据的变化，并通过数据实时反映到 View 上。因此，Model 中数据的变化，会立即体现在 View 中。Vue 就是实现这一架构的技术框架。在 Vue 架构下，这种数据的绑定和实时的更新，对于开发者来说是透明的，开发者只需要按 Vue 的语法规则去编写程序，即可实现这一功能特点。以下代码为 Vue 的 JS 模型层程序示例。

```
new Vue({                         //实例化 vue 对象
    el:"#vuesample",              //对应于 HTML 中 id 属性为 vue-app 的根元素
      data:{                      //数据模型定义
        name:"***",
        Url:"https://www.nau.edu.cn"
    },
    methods:{                     //数据操作方法
```

```
        welcome: function(){
            alert(" welcome to learn with me!");
        },
        good: function(time){
            alert("Good " + time + " " + this.name + "!" )
        }
    }
});
```

假设上述 JS 代码定义在 app.js 文件中，那么在视图层的 HTML 中调用方法如下。

```
<!DOCTYPE html>
<html>
    <head>
        <meta charset="utf-8" />
        <title>Vuesample</title>
        <script src="https://cdn.jsdelivr.net/npm/vue/dist/vue.js"></script>
        <!--cdn 方式引入 vue.js-->
    </head>
    <body>
        <div id=" vuesample ">
            <h2>{{name}}</h2><!--调用模型层中的 name 属性-->
        </div>
        <script type="text/javascript" src="app.js" ></script>
        <!--引入 app.js-->
    </body>
</html>
```

其中，app.js 注意必须写在 body 标签的最后，因为它先加载整个 HTML DOM，才能执行 Vue 实例。在这一架构下，模型层中的 name 属性就绑定到了视图层中。在这一架构下，Vue 还支持 UI 组件的定制，由此产生了一批美观且实用的 UI 组件。常见的有 Element UI、Ant Design of Vue 和 Vue Material 等，应用这些组件库，就可以开发出功能强大且美观的前端页面。

13.2.2 MyBatis 简介

MyBatis 起源于 Apache 的开源项目 iBatis，是对 MVC 中模型层的封装实现。2010 年，该项目由 Apache 软件基金会迁移到 Google Code，并命名为 MyBatis。MyBatis 是一个基于 Java 的持久层框架，它使用 XML 或 Java 注解进行配置和数据映射，将接口和 POJO (Plain Old Java Objects)Java 对象映射成数据库中的记录，通过配置极少量代码的方式，来完成对数据库表记录的映射以及操作。其中，POJO 是指主要用于存储和传输数据，不包含任何业务逻辑的 Java 对象。MyBatis 的应用流程如图 13.2 所示。

mybatis-config.xml 为 MyBatis 的全局配置文件，配置了 MyBatis 的运行环境、数据库

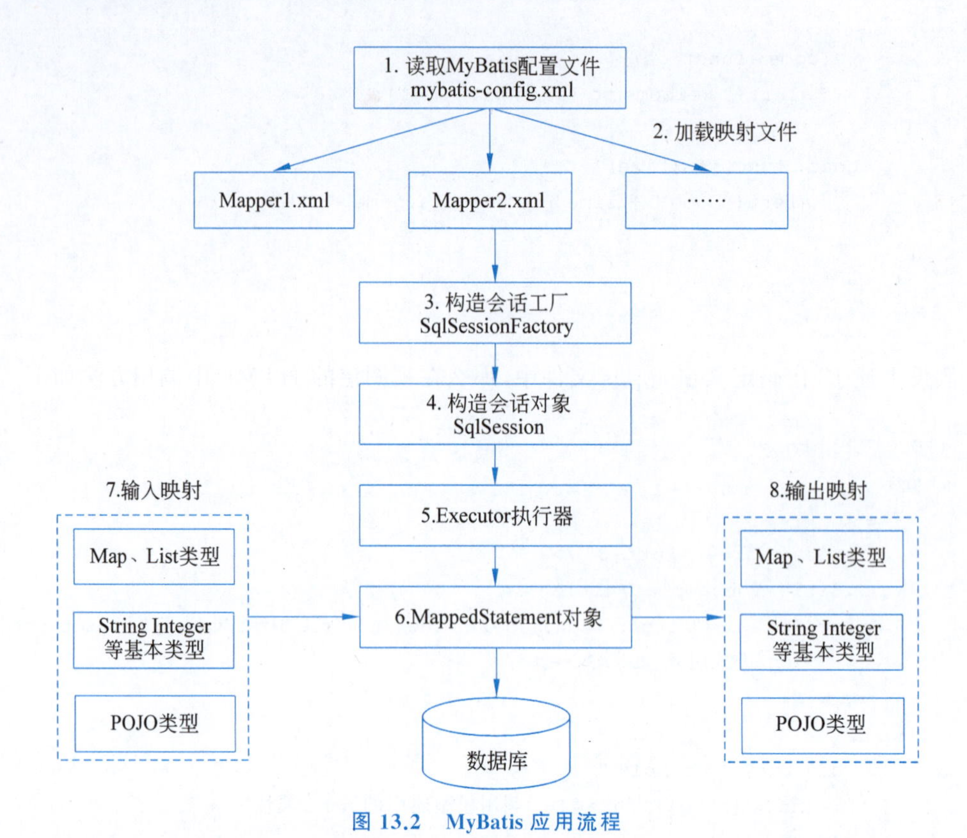

图 13.2 MyBatis 应用流程

连接信息以及数据库操作类映射器的位置信息,以本书新闻系统为例,代码如下。

```
<configuration>
    <environments default="development">
        <environment id="development">
            <transactionManager type="JDBC"/>
            <dataSource type="POOLED">
                <property name="driver" value="com.mysql.cj.jdbc.Driver"/>
                <property name="url" value="jdbc:mysql://localhost:3306/
                newsystem"/>
                <property name="username" value="root"/>
                <property name="password" value="123456"/>
            </dataSource>
        </environment>
    </environments>
    <mappers>
        <mapper resource="bean/mapper/NewsMapper.xml"/>
    </mappers>
</configuration>
```

其中,NewsMapper 为操作 news 表的映射类,定义在项目的 bean.mapper 包下,其内容即以 XML 方式配置了对数据库表的 CRUD 操作,以新闻表为例,其查询方法的代码如下。

```
<!DOCTYPE mapper PUBLIC "-//mybatis.org//DTD Mapper 3.0//EN"
"http://mybatis.org/dtd/mybatis-3-mapper.dtd">
<mapper namespace="bean.mapper.NewsMapper">
    <select id="getOneNew" resultType="bean.tnews">
        select * fromtnewswhere newsid = #{id}
    </select>
    <select id="AddNews">
        insert into tnews(newstitle,newsdate,newscontent) values(#{newstitle},
        #{newsdate},#{newscontent})
    </select>
    <select id="DelNew">
        deletefromtnewswhere newsid = #{id}
    </select>
</mapper>
```

其中,bean.mapper.NewsMapper 是预先定好的接口,代码如下。

```
package bean.mapper;
public interface NewsMapper {
    public tnews getOneNews(int newsid);
    public void AddNews(tnews news);
    public void DelNews(int newsid);
}
```

bean.tnews 则可采用传统的数据库映射类。完成这些操作后,可以通过会话工厂类执行数据库操作,以删除为例,关键代码如下。

```
SqlSessionFactory sqlSessionFactory = new SqlSessionFactoryBuilder().build
(inputStream);
try (SqlSession session = sqlSessionFactory.openSession()) {
    NewsMapper mapper = session.getMapper(NewsMapper.class);
    mapper.DelNew(1);
}
```

这一实现过程和前述章节完全不同,但实现的功能却是相同的。这是因为框架对原有的 Java EE 技术进行了封装,构建了一种新的方式。但底层的实现依然不变,只是高层的开发,是以框架的方式进行。

13.2.3　Spring Boot 简介

Spring Boot 是由 Pivotal 团队,为了简化 Spring 应用的搭建及开发过程而开发的 Java 后端框架。Spring 本身是一个非常优秀的轻量级框架,它极大地简化了 Java 企业级应用的开发,但在使用 Spring 进行项目开发时,需要进行大量的配置,同时它的依赖管理也比较严格。一旦选错版本,就会导致项目部署失败。而 Spring Boot 就是为了简化 Spring 中大量配置和依赖的导入。因此,Spring Boot 严格来说,并不是一种框架,而是提供了一种快速使用 Spring 框架的方式。基于 Spring 框架,Spring Boot 是对 MVC 中控制器层的封装实现,它主要由 Controller、Service 和 Repository 三部分组成,其应用架构如图 13.3 所示。

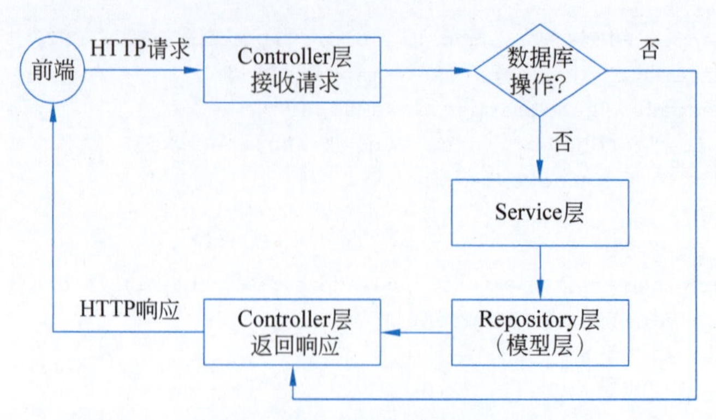

图 13.3　Spring Boot 应用架构

在 Spring Boot 中，用户发起的 HTTP 请求由 Controller 层接收，如果请求中包含数据库操作，则转发至 Service 层，再由 Service 层调用 Repository 层中的 DAO 操作类，对数据库进行操作，操作完成后同样由 Controller 层将结果返回给前端。如果不涉及数据库操作，则处理完请求后再由 Controller 层返回至前端。从这一过程也可以看出，Spring Boot 实际上是对 MVC 中控制器层 Servlet 的细分。

Spring Boot 的安装主要工作也是进行环境的配置。本书所使用的相关软件版本为 Spring Boot 2.7.18、Spring Framework 5.3.31、JDK 8 和 Maven 3.9.8。需要说明的是，Spring Boot 从 3 开始就只支持 JDK17 了，所以版本千万不能搞错。

首先，从 Apache Maven 官方网站下载 Maven 3.9.8，地址为 https://maven.apache.org/download.cgi，打开该网站后，下载 apache-maven-3.9.8-bin.zip，如图 13.4 所示。

	Link	Checksums
Binary tar.gz archive	apache-maven-3.9.8-bin.tar.gz	apache-maven-3.9.8-bin.tar.gz.sha512
Binary zip archive	apache-maven-3.9.8-bin.zip	apache-maven-3.9.8-bin.zip.sha512
Source tar.gz archive	apache-maven-3.9.8-src.tar.gz	apache-maven-3.9.8-src.tar.gz.sha512
Source zip archive	apache-maven-3.9.8-src.zip	apache-maven-3.9.8-src.zip.sha512

图 13.4　Maven 下载链接

下载后解压至本地，本例目录为 C:\apache-maven-3.9.8，接下来进行 Maven 环境变量的配置。打开新建 maven 环境变量对话框，如图 13.5 所示，具体请参考 6.1.2 节。

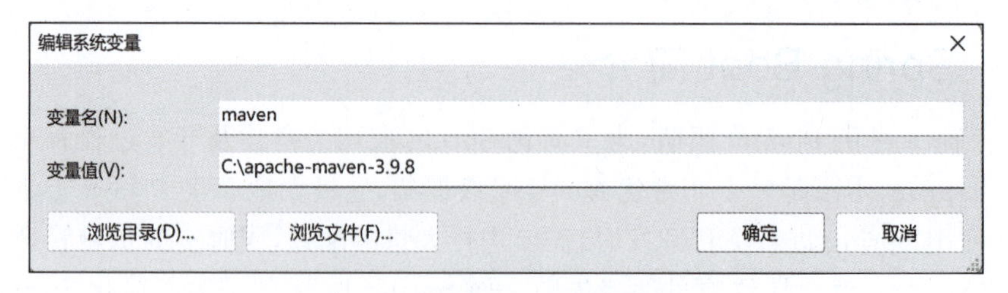

图 13.5　新建 maven 环境变量

然后在系统变量里找到并双击 Path 变量，在弹出对话框里，将 maven 下的 bin 文件夹录入系统中，如图 13.6 所示。

图 13.6 编辑 Path 变量

接着进行 maven 依赖库地址的配置，主要是配置本地库和镜像库的路径，在 maven 根目录下找到 conf 文件夹，打开其中的 settings.xml 文件，将如下代码写入文件的<settings></settings>标签内。

```
<localRepository>c:/maven/repository</localRepository>
    <mirrors>
        <mirror>
            <id>nexus-aliyun</id>
            <mirrorOf>central</mirrorOf>
            <name>Nexus aliyun</name>
            <url>http://maven.aliyun.com/nexus/content/groups/public</url>
        </mirror>
    </mirrors>
```

其中，<localRepository>标签用于设置本地仓库的路径，而<mirrors>则用于远程配置镜像仓库的路径。

完成 maven 的配置后，就可以在 IDEA 中创建 Spring Boot 应用了。不过在创建应用之前，还需要在 IDEA 中配置 Maven。虽然这个操作完全可以在项目创建完成后进行，但这样做只会对当前项目生效，下一次创建新项目时仍需重新配置 Maven。为了避免重复配置，读者可以通过修改 IDEA 默认设置来解决这个问题。单击 IDEA 的“文件”→“设置”菜单，进入设置界面，在左侧菜单中选择“构建、执行、部署”→“构建工具”→Maven，依次将 Maven 主路径、用户设置文件和本地仓库按如图 13.7 所示进行设置，与 settings.xml 中的配置保持一致。

完成配置后创建 Maven 工程，依次单击菜单“文件”→“新建”→“项目”，在弹出的“新建

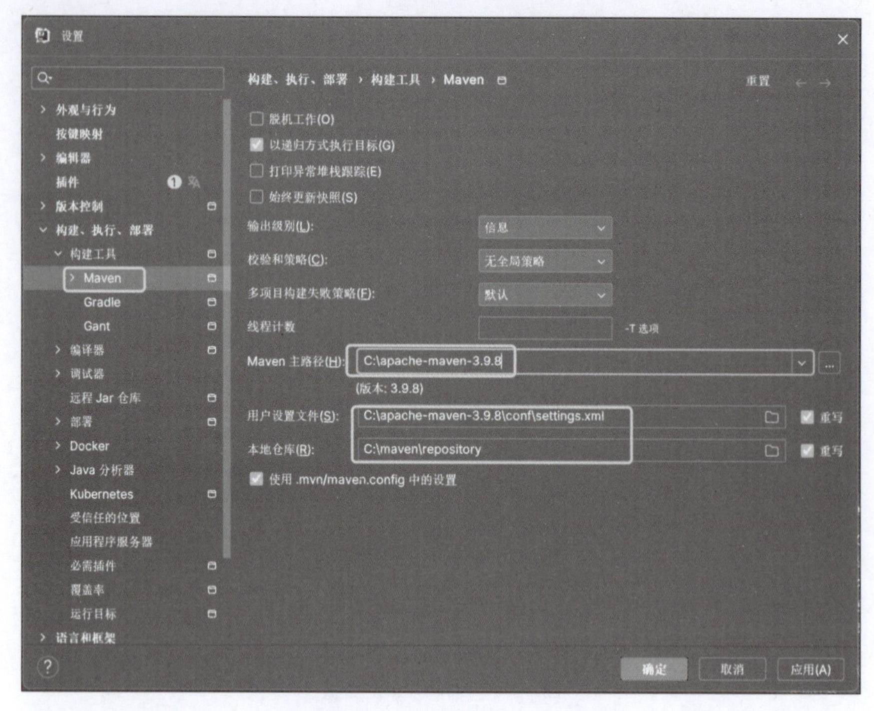

图 13.7　IDEA 的 Maven 配置

项目”对话框中，输入项目名称，“构建系统”选择 Maven，单击“创建”按钮，如图 13.8 所示。

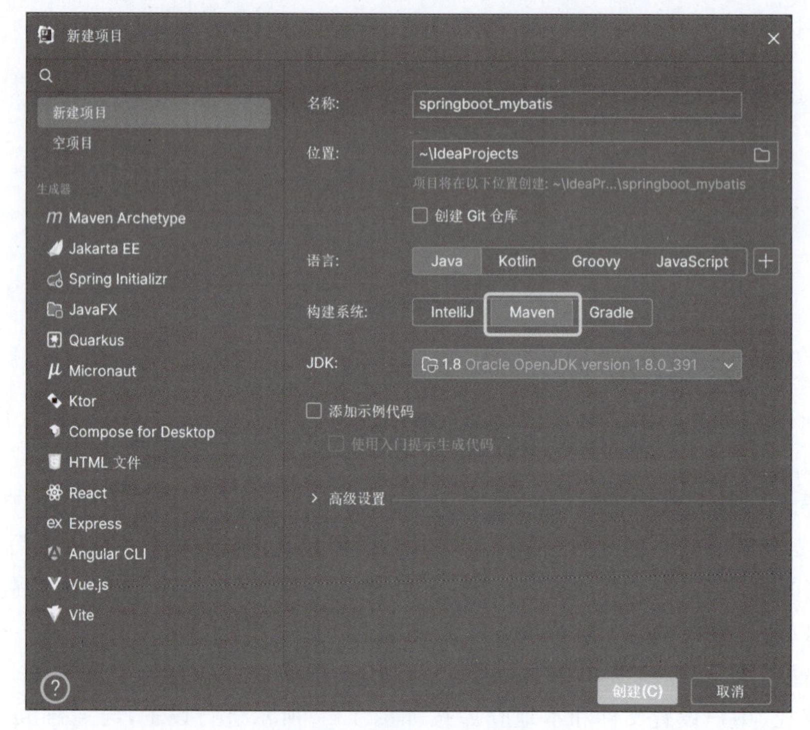

图 13.8　创建 Maven 项目

项目创建完成后，结构如图 13.9 所示。

src 目录下的 main 包用于存放源代码，resources 目录用于存放配置文件等资，pom.xml 文件包含项目的基本信息，用于描述项目的构建方式及声明项目依赖等。打开 pom.xml 文件，在其中添加项目 spring-boot-starter 和 spring-boot-starter-web 依赖，这一步骤可以使用 maven-search 插件来实现。依次单击菜单“文件”→“设置”，在左侧菜单单击“插件”，在搜索栏中输入“maven-search”，找到后单击安装该插件，如图 13.10 所示。

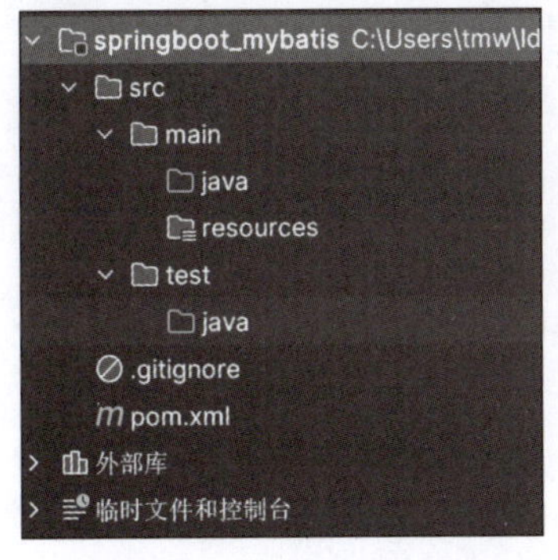

图 13.9 Maven 项目结构

图 13.10 maven-search 插件

安装完成后重启 IDEA。在 IDEA 顶部导航栏的“工具”选项中，选择 Maven Search，弹出依赖搜索框，在其中可以搜索相关的依赖包。以 spring-boot-starter-web 为例，在插件页面的搜索栏中输入关键词，单击下拉按钮，选择所需的版本，然后单击 copy of Maven 进行复制。此时，所需的依赖信息已被复制至系统内存中，如图 13.11 所示。

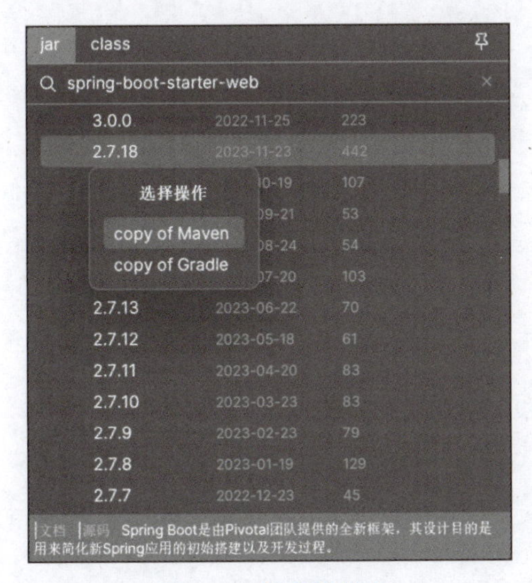

图 13.11 搜索依赖包

此时，如果粘贴复制的信息，可以看到如下代码。

```
<dependency>
    <groupId>org.springframework.boot</groupId>
    <artifactId>spring-boot-starter-web</artifactId>
    <version>2.7.18</version>
</dependency>
```

接着，打开 pom.xml 文件，将复制的依赖信息粘贴到<dependencies>标签内。需要注意的是，新建的项目可能没有<dependencies>标签，需要手动添加。将如下代码添加至 pom.xml 的<project>标签内。

```
<dependencies>
    <dependency>
        <groupId>org.springframework.boot</groupId>
        <artifactId>spring-boot-starter</artifactId>
        <version>2.7.18</version>
    </dependency>
    <dependency>
        <groupId>org.springframework.boot</groupId>
        <artifactId>spring-boot-starter-web</artifactId>
        <version>2.7.18</version>
    </dependency>
</dependencies>
```

其中，spring-boot-starter 的信息，也按这一方法获取并复制至 pom.xml 中。此时完成的只是依赖信息的配置，而真正的依赖包尚未导入项目中。接着，单击侧边栏的 maven 按钮，单击“重新加载所有 Maven 项目”，IDEA 会按照配置信息，自动下载依赖包，如图 13.12 所示。

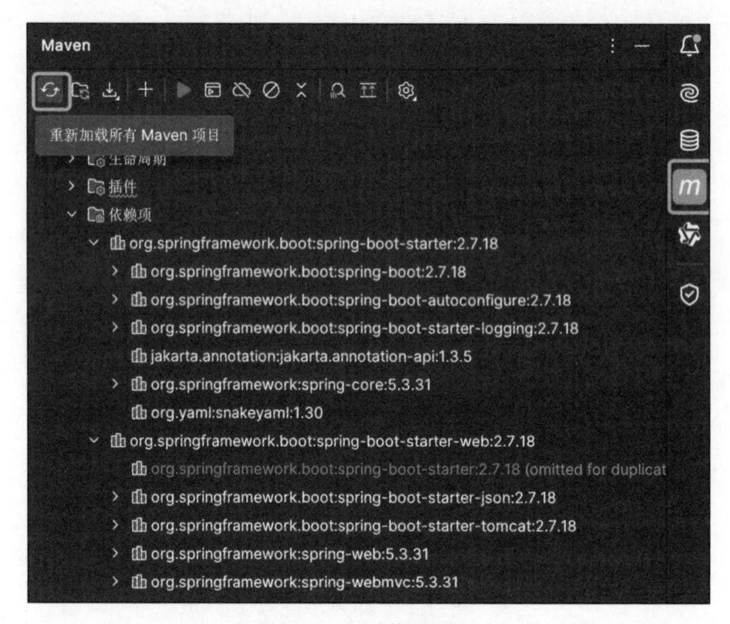

图 13.12　下载依赖包

加载成功后，会多一个依赖项，即配置信息对应的 jar 包，展开这两个依赖包，可以看到下面一共有 11 个 jar 包。这种根据配置信息自动下载依赖包的方式，正是 Spring Boot 的作用所在。完成这些工作后，就可以编写一个 HelloWorld 示例了。首先，创建一个启动类，由于启动类不能直接放在 src/main/java 包下，因此在 java 包中再建一个 newsystem 的包，在该包中新建 Main.java 作为程序启动类，代码如下。

```
package newsystem;
import org.springframework.boot.SpringApplication;
import org.springframework.boot.autoconfigure.SpringBootApplication;
//定义 Spring Boot 应用程序的主入口类
@SpringBootApplication      //此注解表明这是一个 Spring Boot 应用
public class Main {
    public static void main(String[] args) {
        SpringApplication.run(Main.class, args);
                            //启动 Spring Boot 应用,自动配置并初始化所有组件
    }
}
```

上述代码使用了@SpringBootApplication 注解,表明这是一个 Spring Boot 应用。值得说明的是,Spring Boot 内置了 Tomcat。如果配置都没问题,那么运行该程序,则会自动启动 Tomcat,并加载该 Spring Boot 应用。如果在控制台出现如图 13.13 所示信息,则代表启动成功。

```
控制台  Actuator
INFO 11220 --- [           main] newsystem.Main                           : No active profile set, falling back to 1 default profile:
INFO 11220 --- [           main] o.s.b.w.embedded.tomcat.TomcatWebServer  : Tomcat initialized with port(s): 8080 (http)
INFO 11220 --- [           main] o.apache.catalina.core.StandardService   : Starting service [Tomcat]
INFO 11220 --- [           main] org.apache.catalina.core.StandardEngine  : Starting Servlet engine: [Apache Tomcat/9.0.83]
INFO 11220 --- [           main] o.a.c.c.C.[Tomcat].[localhost].[/]       : Initializing Spring embedded WebApplicationContext
INFO 11220 --- [           main] w.s.c.ServletWebServerApplicationContext : Root WebApplicationContext: initialization completed in 13
INFO 11220 --- [           main] o.s.b.a.w.s.WelcomePageHandlerMapping    : Adding welcome page: class path resource [static/index.htm
INFO 11220 --- [           main] o.s.b.w.embedded.tomcat.TomcatWebServer  : Tomcat started on port(s): 8080 (http) with context path '
INFO 11220 --- [           main] newsystem.Main                           : Started Main in 2.404 seconds (JVM running for 3.337)
INFO 11220 --- [nio-8080-exec-1] o.a.c.c.C.[Tomcat].[localhost].[/]       : Initializing Spring DispatcherServlet 'dispatcherServlet'
INFO 11220 --- [nio-8080-exec-1] o.s.web.servlet.DispatcherServlet        : Initializing Servlet 'dispatcherServlet'
INFO 11220 --- [nio-8080-exec-1] o.s.web.servlet.DispatcherServlet        : Completed initialization in 8 ms
```

图 13.13 Spring Boot 启动成功

出现该信息,表示 Spring Boot 配置成功。接下来,通过一个简单的通过 Spring Boot 的 Controller 打印输出“hello world”的例子,来展示 Spring Boot 相较于传统 Java Web 开发的优势。首先,在 newsystem 包中分别创建 controller 和 service 包,即对应于图 13.3 中 Controller 层和 Service 层。在 service 包中,新建一个名为 NewsService 的接口,代码如下。

```
package newsystem.service;
public interface NewsService {
    String getNews();
}
```

在该 service 包中,再建一个 impl 包,新建一个 NewsServiceImpl 的 Java 类,用于实现 NewsService 接口,代码如下。

```
package newsystem.service.impl;
import newsystem.service.NewsService;
import org.springframework.stereotype.Service;
@Service//标注这是 Spring 的 Service 程序
public class NewsServiceImpl implements NewsService {
    //实现 NewsService 接口中的 getNews 方法
```

```
    @Override
    public String getNews() {   //该方法用于获取新闻数据
        return "hello world";   //返回一个固定的字符串"hello world"作为新闻数据
    }
}
```

该例只是使用一个返回普通文本的方法来展示整个流程。事实上，此处一般是调用模型层的方法来实现对数据库的操作。这一方法的调用是在 Controller 中完成的。在 newsystem 包中，新建一个 controller 包，在其中新建一个名为 ExampleController，用于访问 NewsService 中的 getNews 方法，代码如下。

```
package newsystem.controller;
import org.springframework.web.bind.annotation.GetMapping;
import org.springframework.web.bind.annotation.RequestMapping;
import org.springframework.web.bind.annotation.RestController;
import org.springframework.beans.factory.annotation.Autowired;
import newsystem.service.NewsService;
@RestController
@RequestMapping("/news")
//使用 @RequestMapping 注解指定该 Controller 的访问地址为 "/news"public class
ExampleController {
    NewsService newsService;
    //定义一个 NewsService 类型的成员变量，用于处理业务逻辑
    @Autowired
    public ExampleController(NewsService newsService) {
        this.newsService = newsService;
        //将通过依赖注入获取到的 NewsService 实例赋值给成员变量
    }
    //该方法用于响应客户端发送的 GET 请求，并返回新闻数据
    @GetMapping("/getNews")
    //使用@GetMapping 注解指定方法访问方式为 GET，地址为"/getNews"
    public String getNews() {
        return newsService.getNews();
        //调用 NewsService 中的 getNews 方法获取数据
    }
}
```

完成这些工作后，项目的结构如图 13.14 所示。

此时，运行 Main 程序，在地址栏中输入“http://localhost:8080/news/getNews”，就会调用执行 NewsServiceImpl 中的 getNews 方法，如图 13.15 所示。

上述代码中，在 NewsService 的设计中，采用了面向接口编程的方法，这让系统变得更具扩展性和灵活性。如果将来有新需求，只需添加新的实现类并注入合适的位置，就能避免修改现有代码。通过在实现类上使用@Service 注解，Spring 会自动将 NewsServiceImpl 识别为业务逻辑组件，并将其实例注册到 Spring 容器中。这样，开发人员不需要手动管理对象的创建和销毁，所有对象的生命周期都由 Spring 容器管理。而在 ExampleController 中，使用@RestController 注解将控制器类注册到 Spring 的 IoC（控制反转）容器中，这样就能处

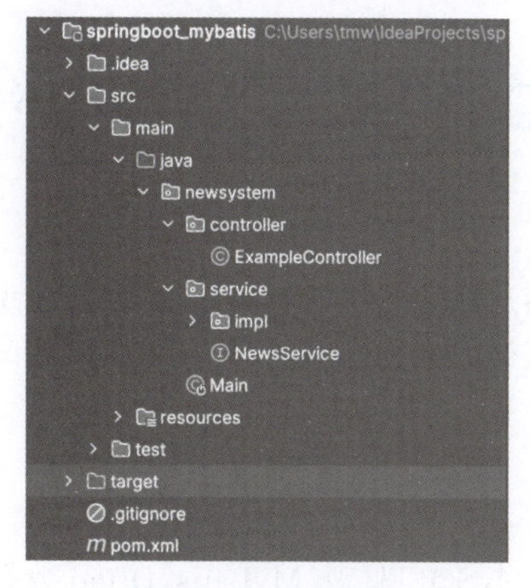

图 13.14 项目结构

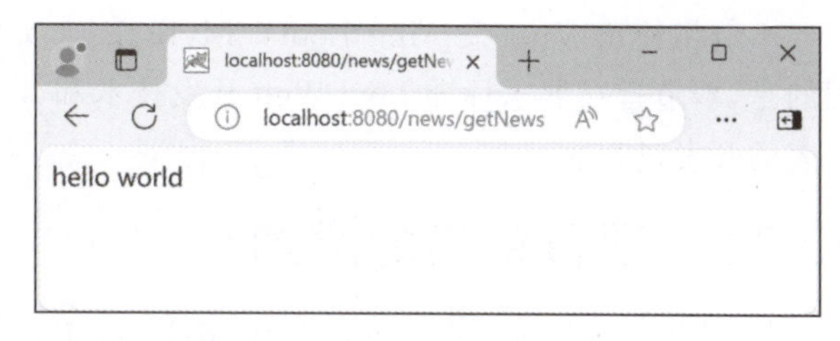

图 13.15 Spring Boot 程序的访问

理 HTTP 请求了。而通过@RequestMapping 注解,又可以为控制器设置自定义的 URL 访问路径。在 NewsService 的实现中,通过@Autowired 注解实现构造器注入,把 NewsService 的依赖注入控制器中。这种方式减少了代码的耦合,使得类之间的依赖关系更清晰,同时也让单元测试和维护变得更方便。构造器注入确保了对象创建时所有依赖都已初始化,从而增强了类的稳定性。对于处理请求的方法 getNews(),使用@GetMapping 注解可以直接定义处理 GET 请求的路径和方法。这比传统 Servlet 中使用 HttpServletRequest 和 HttpServletResponse 处理请求的方式更简洁,自动将请求映射到对应的方法,使代码更清晰易懂。

13.2.4 Vue+ Spring Boot+ MyBatis 的整合

从 Spring Boot 的应用过程可知,该框架在 Controller 和 Service 层上显然还有较大的扩展性。在 Service 中调用 MyBatis 中封装的各类数据操作方法,再通过 Controller 转发至 Vue 的组件中,即可将这三个框架整合起来,以达到重组 MVC 架构,提高开发效率的目的,其应用架构如图 13.16 所示。

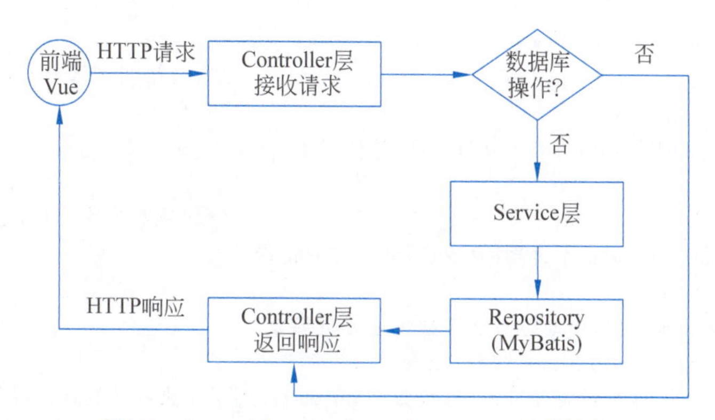

图 13.16 Vue+Spring Boot+MyBatis 组合框架

在 Spring Boot 总体框架下,使用 Vue 作为前端,再使用 MyBatis 作为数据库操作的模型层,就将这三个框架组合了起来。

13.3 基于 Vue+Spring Boot+MyBatis 框架的新闻系统

本节将使用 Vue+Spring Boot+MyBatis 来实现前述章节开发的新闻系统，但需要说明的是，本节旨在展示标准 Java Web 开发技术和开发框架的区别。因此，只展示获取新闻列表的开发过程。

13.3.1 项目依赖的添加

在 13.2.3 节中创建的 springboot_mybatis 中，添加 MySQL 驱动、MyBatis、Druid 数据库连接池以及 MyBatis 分页插件。按 13.2.3 节中所示方法，使用 Maven 在 pom.xml 中添加依赖，所对应版本可为 mysql-connector-java 8.0.31、mybatis-spring-boot-starter 2.3.0 和 druid-spring-boot-starter 1.2.9。其中，MyBatis 添加这些依赖后，项目将能够支持数据库操作、分页查询和高效的数据管理。接着，在 resources 文件夹下创建项目配置文件 application.yml，内容如下。

```
server:
port: 8080#应用服务 Web 访问端口
#配置数据库
spring:
  datasource:
    url: jdbc:mysql://localhost:3306/newsystem        #数据库连接地址
    username: root                                      #数据库用户名
    password: 123456                                    #数据库密码
    driver-class-name: com.mysql.cj.jdbc.Driver        #数据库驱动
    type: com.alibaba.druid.pool.DruidDataSource       #使用 Druid 连接池

#MyBatis 配置
mybatis:
  mapper-locations: classpath*:mappers/*.xml          #指明 mapper.xml 文件所在位置
  type-aliases-package: newsystem.bean                #指明实体类所在位置

#配置 MyBatis 的 PageHelper 分页插件
pagehelper:
  helper-dialect: mysql                              #设置数据库分页，这里指定为 MySQL
  #启用合理化分页，防止不合理的分页参数导致的错误
  reasonable: true
  #支持在 Mapper 接口中通过方法参数传递分页参数
  support-methods-arguments: true
  #额外参数配置，这里设置 count 参数为 countSql，用于先执行计数查询得到总记录数
  params: count=countSql
```

这些配置包括项目的 Web 访问端口设置、数据库连接信息及 MyBatis 的相关配置。配置数据库连接时，指定使用 Druid 作为连接池并设置 MySQL 驱动。MyBatis 配置部分指

明了 Mapper 文件和实体类的位置，这些将帮助项目在启动时正确加载和连接数据库，并按照指定的路径找到相关的 XML 文件和 Java 实体类。

13.3.2 Spring Boot+ MyBatis 的后端实现

以获取新闻列表为例，在传统的 Java Web 开发中，通常使用 Servlet 来接收和处理请求。Servlet 负责解析请求并调用相应的 DAO(数据访问对象)层的方法来查询数据，然后将结果返回客户端。由于所有的数据处理逻辑都集中在 Servlet 中，这种方法可能会导致代码变得复杂，维护和扩展时也会遇到困难。而在 Spring Boot 中，处理类似的功能会采用更为清晰和分层的架构。首先，控制器(Controller)层接收用户请求，并调用 Service 层的方法处理业务逻辑。在 Service 层中，业务逻辑处理完毕后，Service 方法会进一步调用 Repository 层的方法与数据库交互，完成数据的查询或修改。这种分层架构大大降低了各层之间的耦合性，使代码更加模块化和易于维护。同时，分层设计增强了应用程序的健壮性，使每个层次的职责更加明确，从而提高了代码的可读性和可扩展性。

首先，在 bean 包中编写 tnews 封装类，代码可以直接使用之前编写的版本。接下来，在 newsystem 中新建一个名为 mapper 的包，并新建 NewsMapper 接口，代码如下。

```
package newsystem.mapper;
import newsystem.bean.tnews;
import org.apache.ibatis.annotations.Mapper;
import java.util.List;
@Mapper
public interface NewsMapper {
    tnews getOneNews(int id);      //根据 ID 获取单条新闻
    List<tnews> getAllNews();      //获取所有新闻
}
```

然后，在 newsystem 的 resources 目录下新建一个 mappers 文件夹，在其中新建 NewsMapper.xml 文件，代码如下。

```
<?xml version="1.0" encoding="UTF-8"?>
<!DOCTYPE mapperPUBLIC "-//mybatis.org//DTD Mapper 3.0//EN"
"http://mybatis.org/dtd/mybatis-3-mapper.dtd">
<mapper namespace="newsystem.mapper.NewsMapper">
    <select id="getAllNews" resultType="newsystem.bean.tnews"><!-- 获取所有
    新闻 -->
        SELECT * FROM tnews
    </select>
</mapper>
```

这一步是进行数据库操作的关键。接着，打开在 13.2.3 节中创建的 service 包中的 NewsService，将代码修改如下。

```
package newsystem.service;
import newsystem.bean.tnews;
```

```
import newsystem.mapper.NewsMapper;
import org.springframework.beans.factory.annotation.Autowired;
import org.springframework.stereotype.Service;
import java.util.List;

@Service
public class NewsService {
    @Autowired
    private NewsMapper newsMapper;          //自动注入 NewsMapper
    public List<tnews> newsList() {
        return newsMapper.getAllNews();     //调用 Mapper 方法获取所有新闻
    }
}
```

即修改为获取所有新闻的方法。最后,在 controller 包中创建 NewsController 控制类,用于处理前端请求,代码如下。

```
package newsystem.controller;
import newsystem.bean.tnews;
import newsystem.common.Result;
import newsystem.service.NewsService;
import org.springframework.beans.factory.annotation.Autowired;
import org.springframework.web.bind.annotation.CrossOrigin;
import org.springframework.web.bind.annotation.GetMapping;
import org.springframework.web.bind.annotation.RequestMapping;
import org.springframework.web.bind.annotation.RestController;
import java.util.List;

@CrossOrigin                                //允许跨域请求
@RestController                             //标记为 RESTful 风格的控制器
@RequestMapping("/news")                    //请求路径前缀
public class NewsController {
    @Autowired                              //自动注入 NewsService Bean
    private NewsService newsService;        //服务层接口,用于处理新闻相关的业务逻辑
    /**
     * 获取所有新闻列表
     * @return 包含新闻列表的 Result 对象
     */
@GetMapping("/list")                        //处理 GET 请求,路径为 /news/list
    public Result list() {
        List<tnews> newsList = newsService.newsList();
                                            //调用服务层方法获取新闻列表
        return Result.success(newsList);    //返回包含新闻列表的成功响应
    }
}
```

其中,Result 类用于统一前后端数据的响应格式,定义在 newsystem 的 common 包下,代码如下。

```
package newsystem.common;
/**
 * 用于返回数据
 * @param <T>
 */
public class Result<T> {
    private int code;
    private String msg;
    private T data;
    public Result(int code, String msg, T data) {
        this.code = code;
        this.msg = msg;
        this.data = data;
    }
    public int getCode() {
        return code;
    }
    public void setCode(int code) {
        this.code = code;
    }
    public String getMsg() {
        return msg;
    }
    public void setMsg(String msg) {
        this.msg = msg;
    }
    public T getData() {
        return data;
    }
    public void setData(T data) {
        this.data = data;
    }

    public static <T> Result<T> success(T data) {
        return new Result<T>(0, "success", data);
    }

    public static <T> Result<T> success(String msg) {
        return new Result<T>(0, msg, null);
    }

    public static <T> Result<T> error(String msg) {
        return new Result<T>(-1, msg, null);
    }
}
```

以上即利用Spring Boot获取新闻列表后端功能的实现过程。在这个过程中,展示了如何通过定义实体类、编写控制器、服务类和数据访问接口来实现数据的获取。类似地,对新闻的增、删、改操作也可以采用类似的方法进行实现。具体来说,创建相应的请求处理方法、服务层逻辑以及数据库操作接口,可以有效地实现对新闻数据的全面管理。通过这种分层架构,代码结构更加清晰,各功能模块之间的耦合度降低,从而提高了系统的可维护性和扩展性。

13.3.3 Vue 的前端实现

完成后端开发后,前端则负责将数据显示给用户。本节即使用 Vue 及其 Element-Plus 组件库、Vue Router 和 Axios,来展示如何与后端进行数据交互,效果如图 13.17 所示。

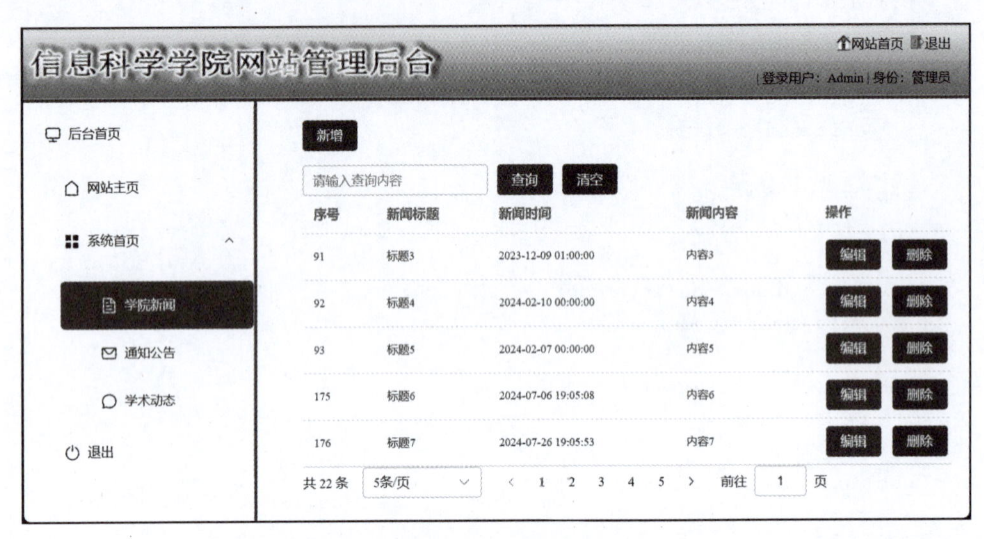

图 13.17 新闻页面

Vue 的一大优势是拥有丰富的组件库,可以构建美观且实用的 UI 页面组件。本例选择第三方组件库 Element-Plus 来构建页面。该组件库提供了各种各样的组件。例如,在图 13.17展示的新闻页面中,左侧的导航栏是通过 Element-Plus 的 Menu 菜单组件实现的。示例代码如下。

```
<template>
  <el-row class="tac">
    <!-- 单个菜单列 -->
    <el-col :span="12">
      <h5 class="mb-2">自定义颜色</h5>
      <!-- 自定义颜色的菜单 -->
      <el-menu
        active-text-color="#ffd04b"          <!-- 激活文本颜色 -->
        background-color="#545c64"           <!-- 背景颜色 -->
        class="el-menu-vertical-demo"        <!-- 自定义类名 -->
        default-active="1"                   <!-- 默认激活的菜单项 -->
        text-color="#fff"                    <!-- 文本颜色 -->
      >
        <!-- 单个菜单项 -->
        <el-menu-item index="1">
          <el-icon><icon-menu /></el-icon><!-- 图标 -->
          <span>网站首页</span>
```

```
          </el-menu-item>
          <!-- 子菜单 -->
          <el-sub-menu index="2">
            <template #title>
              <el-icon><location /></el-icon><!-- 图标 -->
              <span>系统首页</span>
            </template>
            <!-- 菜单项组 -->
            <el-menu-item-group>
              <el-menu-item index="2-1">学院新闻</el-menu-item>
              <el-menu-item index="2-2">通知公告</el-menu-item>
              <el-menu-item index="2-3">学术动态</el-menu-item>
            </el-menu-item-group>
          </el-sub-menu>
          <!-- 单个菜单项 -->
          <el-menu-item index="3">
            <el-icon><icon-menu /></el-icon><!-- 图标 -->
            <span>退出</span>
          </el-menu-item>
        </el-menu>
      </el-col>
    </el-row>
</template>
```

这些代码本身在 HTML 中是不存在的，这是 Element-Plus 组件库中自定义标签的组件。这些组件利用了路由技术，可以构建数据局部加载的特殊功能。例如，当用户单击右侧导航栏中的“学院新闻”按钮时，应用可以动态展示新闻列表，而不需要重新加载整个页面。这种功能即使用路由技术来实现，具体步骤如下。

1. 配置 App.vue

在 App.vue 文件中，使用 <router-view>作为路由的占位符。这是 Vue Router 展示匹配的组件的地方。代码如下。

```
<template>
  <div id="app">
    <router-view></router-view><!-- 路由占位符 -->
  </div>
</template>
<script>
export default {
  name: 'App'
}
</script>
<style></style>
```

2. 配置 Layout.vue

在 Layout.vue 文件中，创建了整体布局结构，包括页头、侧边栏和主内容区。侧边栏使用 Element Plus 的 el-menu 组件实现，并设置 :router="true" 属性以启用路由功能。以下是代码示例。

```
<template>
  <div class="layout">
    <!-- 整体容器 -->
    <el-container>
      <!-- 页头 -->
      <el-header>Header</el-header>
      <!-- 主内容区 -->
      <el-container>
        <!-- 侧边栏 -->
        <el-aside width="200px">
          <el-menu
            :router="true"          <!-- 启用路由功能 -->
            default-active=""       <!-- 默认激活的菜单项 -->
            class="el-menu-vertical-demo"
          >
            <el-sub-menu index="">
              <template #title>
                <el-icon><location /></el-icon>
                <span>系统首页</span>
              </template>
              <el-menu-item-group>
                <el-menu-item index="/news">学院新闻</el-menu-item>
                <el-menu-item index="/info">通知公告</el-menu-item>
              </el-menu-item-group>
            </el-sub-menu>
          </el-menu>
        </el-aside>
        <!-- 主区域 -->
        <el-main>
          <!-- 路由匹配占位符 -->
          <router-view></router-view>
        </el-main>
      </el-container>
    </el-container>
  </div>
</template>

<script>
export default {
  name: 'Layout'
}
</script>
<style scoped></style>
```

给 el-menu 标签添加:router="true"属性,就使得菜单项能够根据 index 属性的值进行路由跳转。

3. 配置 Vue Router

在 router 目录下的 index.js 文件中,需要定义路由配置。应确保定义的路径与 el-menu 中的 index 属性匹配。以下是部分代码示例。

```
import { createRouter, createWebHashHistory } from 'vue-router';
import Layout from '@/views/Layout.vue';
import News from '@/views/News.vue';

const routes = [
  {
    path: '/',
    name: 'Layout',
    component: Layout,
    children: [
      {
        path: 'news',
        name: 'News',
        component: News
      }
    ]
  }
];

const router = createRouter({
  history: createWebHashHistory(),
  routes
});

export default router;
```

4. 发送 Axios 请求

对于新闻页面，数据的获取和修改通常通过发送 Axios 请求来实现，这与传统的 JSP 页面处理方式有显著区别。在 Vue 应用中，前端通过异步请求从服务器获取数据并进行操作，而在 JSP 页面中，数据处理主要在服务器端完成。这种异步请求的方式使得 Vue 应用能够实现动态更新，提供更流畅的用户体验。以下是示例代码。其中 request.js 为工具类，用于封装 Axios 实例并配置请求和响应拦截器。

```
<template>
  <el-table :data="tableData" style="width: 100%">
    <!-- 序号列 -->
    <el-table-column prop="newsid" label="序号" width="280px" />
    <!-- 新闻标题列 -->
    <el-table-column prop="newstitle" label="新闻标题" width="280px" />
    <!-- 新闻时间列 -->
    <el-table-column prop="newsdate" label="新闻时间"/>
    <!-- 新闻内容列 -->
    <el-table-column prop="newscontent" label="新闻内容"/>
  </el-table>
</template>
<script>
    import request from '@/utils/request';
    export default {
      data() {
```

```
          return{
            //表格数据,用于展示
            tableData:[]
          }
        },
        //Vue生命周期函数
        created(){
         this.load()
        },
        methods: {
          load(){
            this.getAllNews()
          },
          //获取所有新闻
          getAllNews(){
            request.get("news/list").then(res=>{
              if (res.code === 0) {
                this.tableData = res.data
              }
            })
          }
        }
      }
</script>
<style></style>
```

其中,request.get("news/list")即访问了NewsController,以获取所有新闻数据。获取到数据后就赋值给了tableData变量,再通过组件将数据展示给用户。

小结

本章以Vue、MyBatis和Spring Boot为例,介绍了Java Web第三方开发框架和Java Web标准技术在进行系统开发时的区别。从应用过程可知,开发框架本身并没有脱离Java Web的标准技术范畴,它们是对标准技术的封装,以使得开发过程更为快速和规范。其中任何一项开发框架,都可以写一本完整的教材来介绍其应用方法。由于本书的重点是介绍Java Web的标准技术,再加上篇幅有限,因此并未对这三个框架展开详细的介绍。本章的例子也并不完整,只是为了描述与Java Web标准技术的区别,同时也起到一个抛砖引玉的作用。对开发框架感兴趣的读者,可以自行找资料学习这三个框架。开发框架虽然能提高开发效率,规范开发行为,但不同框架的写法并不相同,没有通用性。且随着技术的发展,现在流行的框架,可能会逐渐被淘汰,变成另一种框架。比如20年前流行的Structs和Hibernate,现在已经基本见不到身影。但这些框架均是基于Java Web的标准技术,掌握了标准技术,不管学习哪种框架,都能游刃有余。因此,作为初学者,还是应该先掌握标准的Java Web技术,然后再进阶学习主流的开发框架,这样在学习上才能事半功倍。

练习与思考

（1）什么是开发框架？它有什么特点和优势？

（2）Vue 的核心思想是什么？

（3）MyBatis 的工作流程是什么？

（4）SpringBoot 的优势有哪些？

（5）Java Web 开发框架与 Java Web 标准技术的区别有哪些？

第14章 Java Web项目的协同开发

本章学习目标

- 理解协同开发的基本原理和流程。
- 学会安装和配置 Git 在 IDEA 中的使用。
- 掌握利用 Git 进行协同开发的技巧和实践。

本章探讨使用 Git 实现 Java Web 项目的协同开发方法。首先介绍了协同开发的基本原理和流程，接着深入讨论了 Git 作为一种流行的版本控制工具在协同开发中的应用，提供了 Git 的安装步骤及在 IDEA 中的配置指南。最后，通过新闻系统开发的实例，详细演示了如何在 IDEA 中利用 Git 进行协同开发。

14.1 协同开发原理

协同开发是指多个人同时开发一个项目，这是当前项目开发的主要模式。一个中大型的项目，往往由团队的多个成员共同开发完成。多人开发同一个项目，如何确保所有人手里的代码是相同的？传统方法是采取代码手动合并的方式。很显然，这种方式在成员少、分工明确且项目不大的情况下，勉强可以保证代码的一致性。但项目规模一大，这种方式就很难保证准确性。而且在 Web 开发中，不同成员之间分工再明确，依然会有很多公共文件需要多个人同时操作，如 web.xml、过滤器和 Servlet 等。在这种情况下，要通过手动合并代码，必然会耗费很大的人力成本，同时也不能保证团队成员的代码完全一致。为此，自动化的代码协同成为项目开发的必备工序，其原理如图 14.1 所示。

在协同开发模式下，在项目开始之初，通常由项目负责人创建项目，并上传至项目代码库中。其他成员则从代码库中下载项目到各自的计算机中，进行各自负责的开发工作。假设成员 1 完成部分工作后，将代码提交至项目代码库中。此时，成员 2 从代码库中下载更新

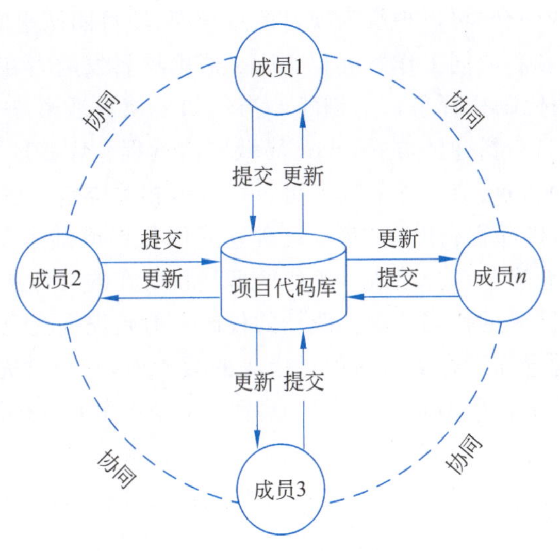

图 14.1　协同开发原理

代码，那么成员 1 和成员 2 的代码版本就是一致的。很显然，这种提交和更新，自然也存在代码一致性比较、版本更新和修改追踪等复杂问题。为了解决这一问题，版本控制系统应运而生。事实上，版本控制系统完成的就是代码的人工检查和合并，只是统一将其封装成工具后，团队成员就可以从这种繁杂的工作中解脱出来。而且由系统来完成这一工作，就可以大大地提高准确性和效率。比较著名的版本控制系统有 Git、SVN、CVS 和 VSS 等。目前大名鼎鼎的代码托管平台 GitHub 就是一种使用 Git 创建的版本控制系统。本章即讲解如何使用 Git 创建项目代码库，以及如何通过项目代码库进行协同开发。

14.2 Git 概述

Git 是一个开源分布式版本控制系统，其主要特点是能使每个开发者在本地都拥有完整且相同的项目副本。Git 主要由远程仓库、本地仓库、工作区和暂存区 4 个部分组成，其协同关系如图 14.2 所示。

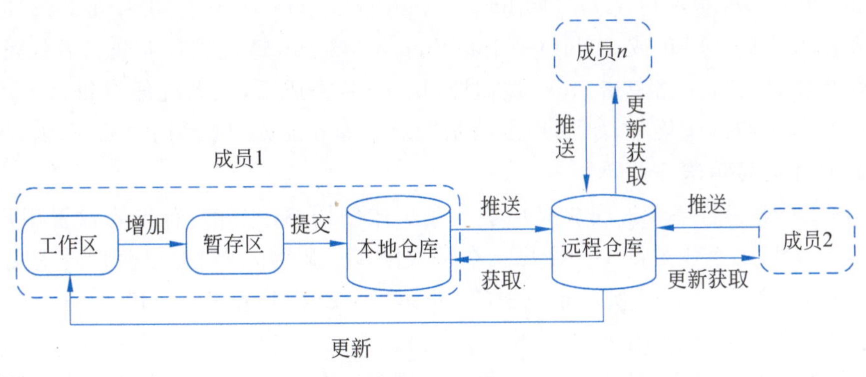

图 14.2　Git 协同关系图

远程仓库是协同的中介，可以理解为项目的总仓库，项目团队里的所有成员通过远程仓库进行代码的汇总、下载和协同工作。远程仓库一般由项目发起者在类似 GitHub 或 Gitee 等符合 Git 操作规范的代码托管平台上创建。当然如果项目涉密，一般不会上传至托管平台，而采取在局域网内自行搭建的方式。Git 局域网内远程仓库一般要建立在 Linux 下，其构建过程不是本书关注重点，有兴趣的读者可自行查询相关资料。搭建好远程仓库后，团队成员通过 Git 程序来连接远程仓库，以获取远程仓库的代码或推送新代码。每个成员端由工作区、暂存区和本地仓库三部分组成。工作区即项目所在的文件夹，暂存区是一个中间区域，用于暂时存储工作区中的代码改动。改动的代码一般是先提交至暂存区，确定无误后再提交至本地仓库。本地仓库即存储本地项目代码的版本库，它包含完整的项目及历史变动数据。提交至远程仓库的代码即来自于本地仓库。远程仓库的代码既可以更新至工作区，也可以复制至本地仓库中。这些操作中，工作区、暂存区和本地仓库，一般都是在 Git 客户端设置完成后，自动创建。而针对不同组件的增加、提交或推送等操作，则是通过 Git 的不同的命令程序来区分的。

除上述概念外，Git 还提供了分支的概念。分支可以视为工作的线路。一个项目默认有一个 master 分支，也可以认为是开发的主线。master 分支一般用于存储项目的最终版。在开发过程中，对于某些还未开发完成或还未通过测试的功能，则可以置于另一个分支上，如 Dev 分支。待开发完成，通过测试后，再并入 master 分支。一个项目在开发过程中，可以根据不同的需要创建多个分支，但最终都会并入 master 分支中。Git 处理管理的方式极其方便，创建新分支几乎可以瞬间完成，并且在不同分支之间的切换操作同样十分便捷。这就是 Git 在近几年异军突起，被广大开发者迅速接受的重要原因。分支的实现同样是通过 Git 的相关命令程序来实现。分支的概念对于初学者来说，可能一时会无法理解，因此本章也就介绍个概念给读者种个草，等以后真正接触到 Git 协同开发时，就会有清晰的认识了。

14.3 Git 的安装及配置

14.3.1 Git 安装

Git 的 Windows 版本可从其官网 https://git-scm.com/download/win 下载，进入下载界面后，单击其中的 32-bit 或 64-bit Git for Windows Setup 链接进行下载。下载完成后，双击运行，按照默认设置一路单击 Next 按钮即可。安装完成后，在系统任意目录上单击鼠标右键，会弹出 Git 的操作菜单，如图 14.3 所示。对于 Windows 11 的用户而言，需要单击“显示更多选项”才会显示这一菜单。

弹出该菜单就意味着 Git 安装成功了。在正式使用 Git 之前，首先要设置用户名和邮件地址，这等于是每个成员的 Git 账户。在每次同步代码时，该信息也会伴随提交，用于区分是哪个成员。单击图 14.3 所示菜单中的 Open Git Base here 打开 Git 的命令行界面，以作者信息为例输入命令，如图 14.4 所示。

该命令使用了“--global” 选项，之后无论使用 Git 在该系统上做任何事情，都会自动附带账户信息。

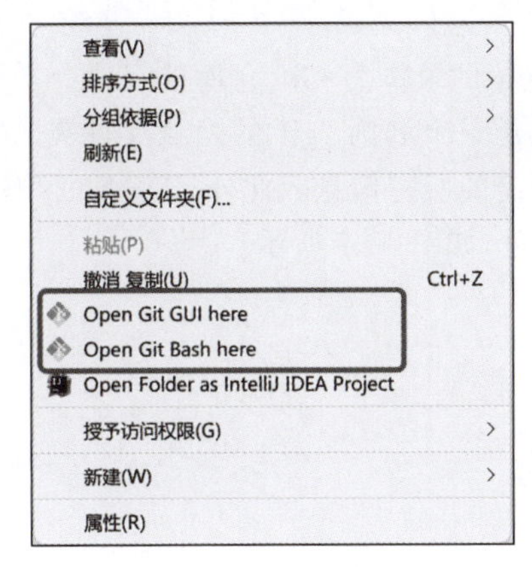

图 14.3　获取 Git 操作选项

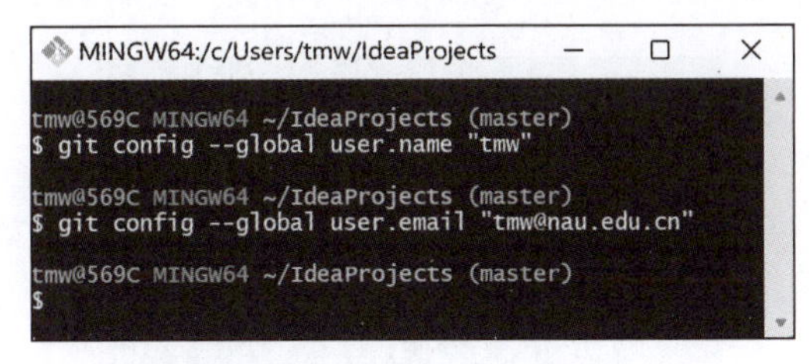

图 14.4　Git 账户信息设置

14.3.2　IntelliJ IDEA 中配置 Git

在 Windows 中安装完 Git 客户端后，可以将其集成至 IntelliJ IDEA 中，以可视化的方式来进行 Git 的诸多操作。首先，依次单击 IDEA 的“文件”→“设置”菜单，打开“设置”对话框。依次单击左侧的“版本控制”→Git 选项，进入 Git 设置界面，如图 14.5 所示。

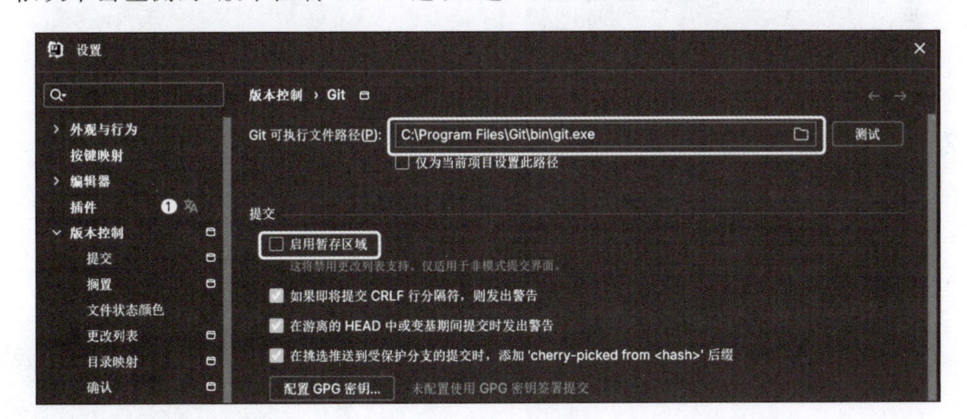

图 14.5　Git 设置

单击“Git 可执行文件路径”右侧的小文件夹图标，打开路径选择对话框，选择 Git 可执行文件的路径。该程序位于 Git 安装路径根目录下的 bin 文件夹中。其他选项可以保持默认，其中暂存区默认是未启用的。这也就意味着，所有的更改将直接提交至本地仓库。完成后，单击“确定”按钮即可。

14.4　Git 协同开发

1. 新建本地仓库

完成了 Git 的配置后，就可以在 IDEA 中利用 Git 进行协同开发了。首先，需要创建本地仓库，打开 IDEA，确保 newsystem 在项目区域，依次单击 IDEA 的 VCS→“创建 Git 仓库”菜单，进入“创建 Git 仓库”对话框，如图 14.6 所示。

在弹出的“创建 Git 仓库”对话框中，选择 newsystem 目录作为 Git 仓库的目录。单击“确定”按钮，IDEA 会自动在 newsystem 的根目录下创建一个名为 .git 的隐藏文件夹。该文件夹事实上就是本地仓库，用于存储 Git 版本控制所需的所有信息。此外，IDEA 的 VCS 菜单被 Git 菜单取代了，同时所有项目文件都变成了红色，如图 14.7 所示。

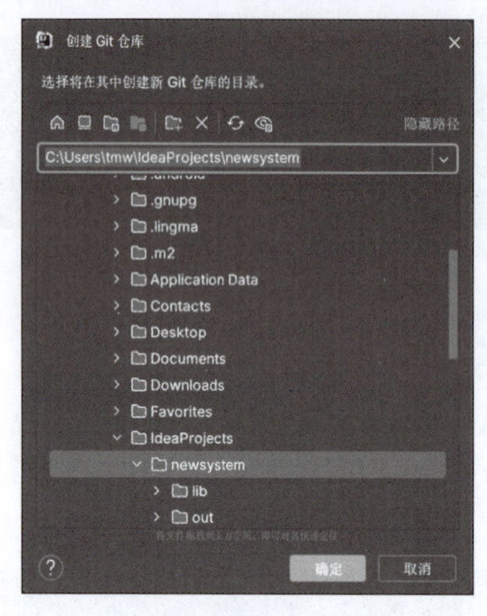

图 14.6　创建 Git 仓库

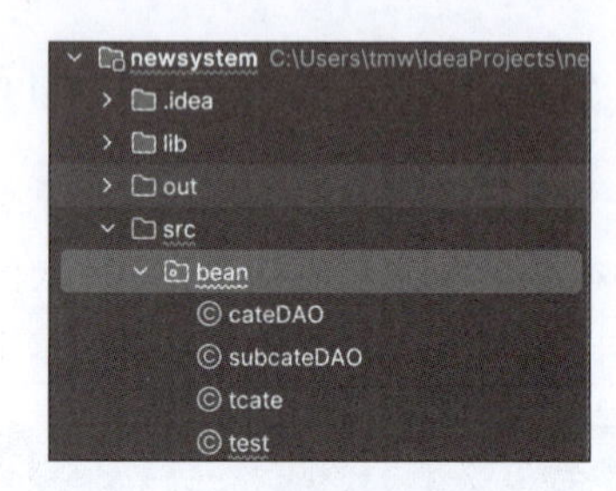

图 14.7　仓库初建时的项目

2. 提交代码至本地仓库

源码文件出现红色是因为虽然本地已创建了 Git 仓库，但还未提交。此时，可依次单击 IDEA 标题栏上方的 master→“提交”菜单，进行文 8 件的提交，如图 14.8 所示。

单击“提交”后，界面切换至待提交文件界面，如图 14.9 所示。

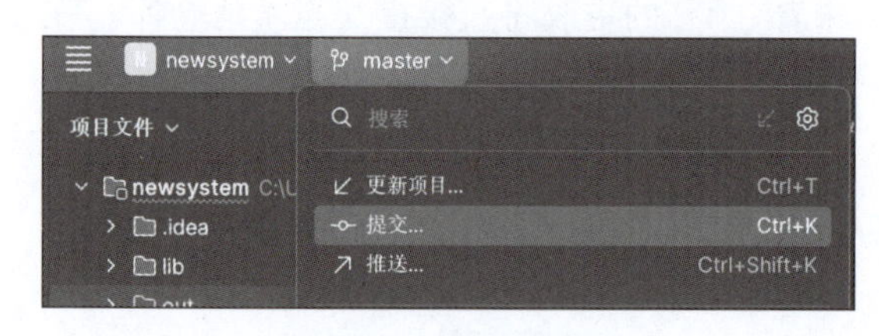

图 14.8　“提交”菜单

图 14.9　文件待提交界面

该界面列出了已修改但还未提交的文件，同时在消息区可以编写一些提交的事项，填写完成后，单击“提交”按钮进行代码提交。此时，代码会提交至本地仓库，提交成功后，切换至 newsystem 项目视图，可以看到代码恢复成正常的颜色。刚才这一操作是针对整个项目。

如果对项目单个文件做了修改，其颜色会变成蓝色，其实可以右击这个文件，依次单击 Git→"提交文件"菜单，单独提交该文件。删除文件则略有不同，删除文件后，在项目中不可见，此时可以按上述方法，右击被删除文件所在文件夹进行提交。

3. 推送项目至远程仓库

前述步骤均在本地完成，实现的是对本机文件的管理。要进行协同开发，则必须提交至远程仓库。本实例选择使用 Gitee 作为远程仓库。这也是目前国内使用较多的 Git 代码托管仓库。首先，访问 Gitee 的官网 https://gitee.com 并进行注册登录。登录后进入欢迎界面，单击右侧的"创建我的仓库"按钮，创建远程仓库，如图 14.10 所示。

输入仓库信息，类型选择"私有"，然后单击"创建"按钮，将跳转至如图 14.11 所示仓库界面。

图 14.10 创建远程仓库页面

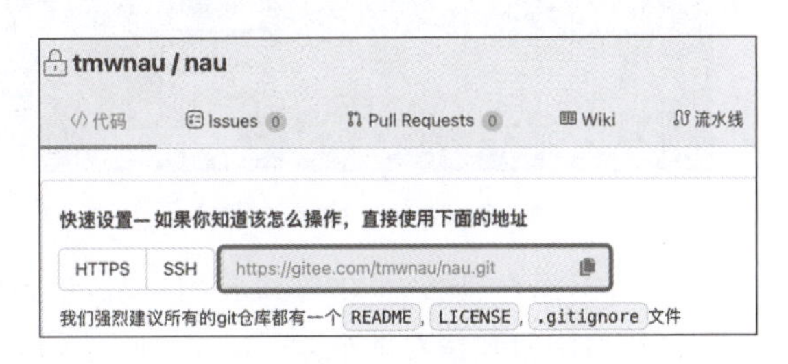

图 14.11 仓库界面

这意味着远程仓库已创建成功。此处要留意一下图中圈起来的网址，那可以认为是远程仓库的地址。此时，回到 IDEA 中，依次单击 IDEA 标题栏的 master→"推送"菜单，进入推送界面，单击其中的"定义远程"链接，在弹出对话框的 URL 中输入远程仓库的 URL，如图 14.12 所示。

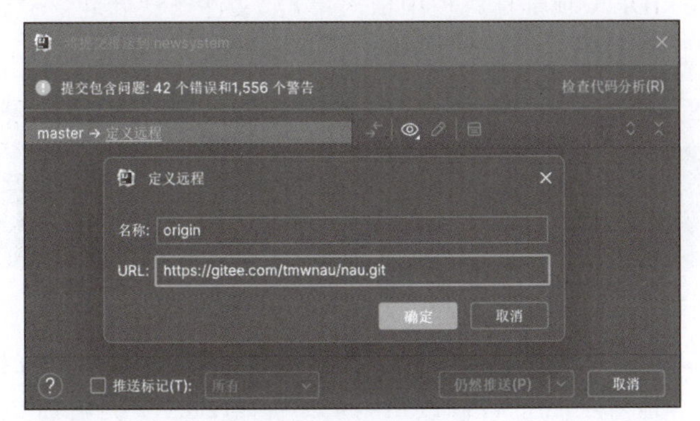

图 14.12 推送界面

单击“确定”按钮后，会要求输入远程仓库的用户名和密码，验证通过后，显示待推送代码，如图 14.13 所示。

选择 master 分支，单击“仍然推送”按钮，即将源码推送至 Gitee 的远程仓库中。此处，如果定义了其他分支，则也会显示。此处按钮“仍然推送”正常应为“推送”，因为案例代码还有部分错误，所以显示了“仍然推送”。从此也能看出代码分支存在的必要性。master 应当只推最终版本，其余的可以再划分 Dev、Test、DeBug 等分支，以示区别。此时，再打开并刷新 Gitee 的仓库页面，就能看到提交的源码文件了。

4. 分配团队成员账号

要实现多人协同开发，还需要把其他成员添加进来。单击仓库顶部导航栏中的“管理”→“仓库成员管理”→“开发者”→“添加仓库成员”→“邀请用户”，进入添加成员界面，其中有“链接邀请”→“直接添加”和“通过仓库邀请成员”三种方式。需要注意的是，不论哪种方式，都只能是 Gitee 的用户。本节选择“直接添加”，如图 14.14 所示。

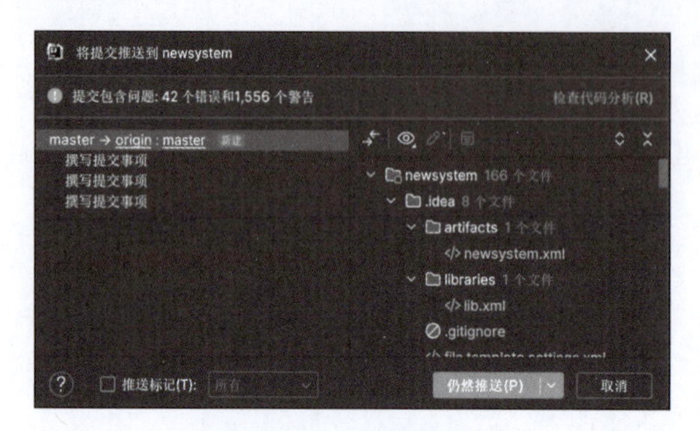

图 14.13　待推送代码

图 14.14　添加开发者界面

在“Gitee 用户”输入框中输入要用户名，单击“添加”按钮，网站会检查是否存在该用户名，然后弹出添加确认对话框，单击“添加”按钮，显示用户信息，确认后单击“关闭”按钮即可。由于涉及个人隐私，就不在此截图了。

5. 成员同步项目代码

添加成功后，该用户就成为团队成员。他们可以查看仓库中的代码、提交新的更改、参与讨论或审查代码。以下是团队成员在其计算机上，使用 IDEA 进行项目同步的方法。

打开 IDEA。在 IDEA 顶部标题栏中依次单击“文件”→“新建”→“来自版本控制的项目”菜单，进入远程仓库 URL 填写界面，如图 14.15 所示。

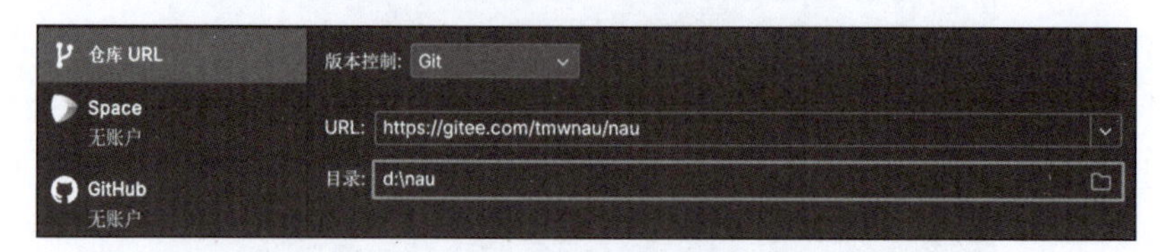

图 14.15　克隆远程项目

输入远程仓库 URL，单击该界面下的“克隆”按钮，成员就能将远程代码下载到项目代码。当仓库成员在本地对项目进行修改后，例如为 cateDAO 类增加文档注释，可以看到 cateDAO 文件在文件浏览器中显示为蓝色，同时修改的代码部分左侧会有绿色的标识，如

图 14.16 所示。

图 14.16　修改代码

完成修改后，同样需先提交到本地仓库，再通过 master 的推送菜单推送至远程仓库，具体可参考前述步骤。此时来到 Gitee 仓库在代码界面可以看到提交提醒。单击提醒，即可查看提交的信息，如图 14.17 所示。

此时项目创始人，单击其 IDEA 中 master 下的“更新项目”菜单，会弹出更新项目提示，如图 14.18 所示。

图 14.17　查看远程仓库

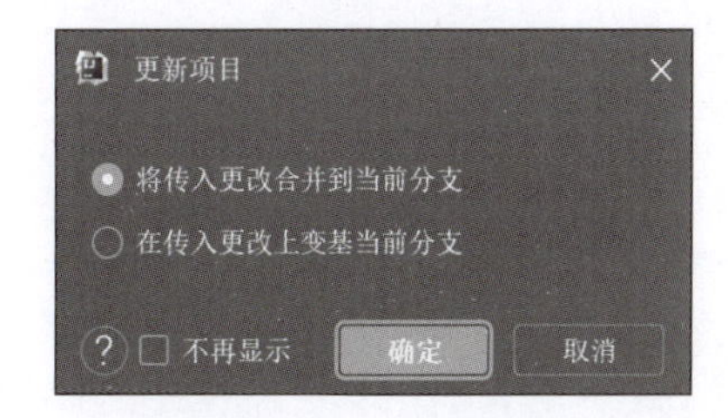

图 14.18　更新项目提示

其中，第一个选项表示只下载远程的更新，第二个选项表示先把本身的更新上传，合并后再下载远程更新。此处选第一个即可，单击“确定”按钮后再次查看 cateDAO 类，将能够看到仓库成员所做的修改内容已经成功同步到了本地项目中，如图 14.19 所示。

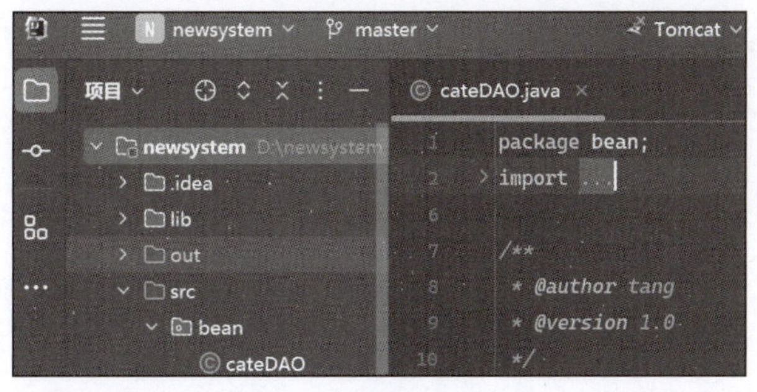

图 14.19　查看 cateDAO

以上虽然只是涉及少数几个协同操作,但总体协同方法已经走通。

小结

本章详细探讨了 Java Web 项目的协同开发方法。首先介绍了协同开发的基本原理和流程,包括团队协作中的角色分工与沟通机制。接着以目前主流的版本控制系统 Git 为例,讲解了协同开发环境的搭建步骤,并以新闻系统协同开发为例,详细演示了如何在 IDEA 中利用 Git 进行系统开发。

练习与思考

(1) 什么是协同开发?

(2) 如何使用 Git 实现协同开发?

第15章 AI代码助手的应用

本章学习目标

- 了解AI代码助手的概念及原理。
- 掌握IDEA中AI代码助手的安装使用。
- 利用AI代码助手完成开发任务。

本章深入探讨了AI代码助手在代码编写中的应用。首先详细介绍了AI代码助手的安装步骤。其次,以代码续写、代码生成、生成单元测试、代码优化和异常排查等,展示了通过AI技术如何提升开发效率和代码质量。最后,通过综合实例展示了AI代码助手在实际项目开发中的应用。通过本章的学习,读者能够全面了解AI代码助手的概念、安装方法以及功能特性。

15.1 AI代码助手概述

AI代码助手是指可以帮助开发者续写代码、检测问题和代码优化的人工智能工具。这类工具,本质上也属于大语言模型,只是其训练语料更侧重于大量的代码数据。通过对优秀代码的训练,使其掌握了常规代码的编写、测试、优化和问题识别等功能。这种工具的应用,可以帮助开发人员完成机械性的重复编码,提升开发效率。此外,AI代码助手还能检测问题,提供代码优化建议,从而在潜移默化中影响开发人员,使他们养成良好的编码习惯,提升编码能力,进而提高代码质量和可维护性。在不久的将来,AI代码助手必将替换搜索引擎,成为软件开发过程中不可或缺的重要工具。因此,学习如何使用AI代码助手进行辅助编程,正成为开发人员的重要技能之一。

15.2 通义灵码 AI 代码助手的安装

AI 代码助手种类繁多,但功能大同小异。读者可以根据自身喜好选择适合自己的产品。本节主要介绍由阿里巴巴团队开发的通义灵码,它是当前下载量和好评率都位于前列的 AI 代码助手。通义灵码已经封装成 IDEA 的插件,其安装较为简单。首先,依次单击 IDEA 标题栏的“文件”→“设置”菜单,单击设置界面的“插件”,在右侧插件界面的搜索框中输入“通义灵码”,在搜索结果里会显示“TONGYI Lingma”,单击“安装”按钮即可,如图 15.1 所示。

图 15.1 安装通义灵码

安装成功后,在 IDEA 右侧的导航栏中可以找到通义灵码图标,如图 15.2 所示。

单击该图标,在弹出的窗口中单击“登录”按钮。接下来会跳转到阿里云的登录页面,请在该页面完成注册并登录。登录成功后,界面如图 15.3 所示。

图 15.2 通义灵码图标

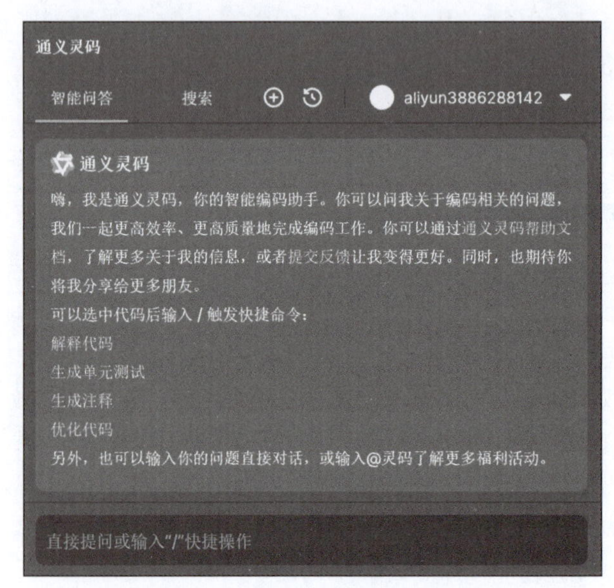

图 15.3 登录并使用通义灵码

15.3 通义灵码常用功能

15.3.1 代码续写

代码续写是在输入部分代码后，代码助手能结合上下文生成建议代码。在 IDEA 中新建一个 Java 类，取名为 test，在其 main 函数中输入"int[] arr="，安装了通义灵码后就会给出代码提示，如图 15.4 所示。

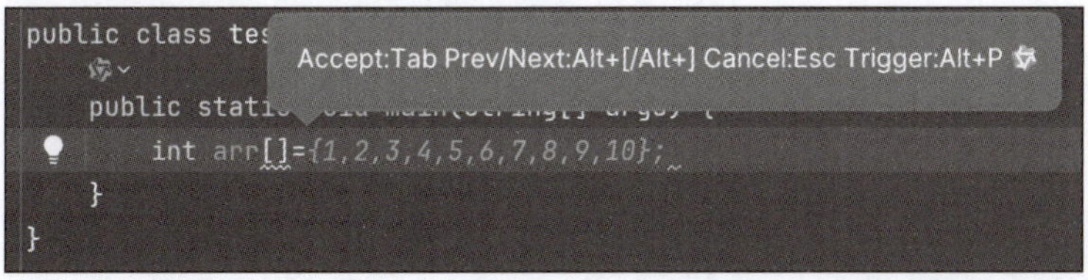

```
public class tes   Accept:Tab Prev/Next:Alt+[/Alt+] Cancel:Esc Trigger:Alt+P
    public static void main(String[] args) {
        int arr[]={1,2,3,4,5,6,7,8,9,10};
    }
}
```

图 15.4　代码续写示例

图中等号后面的灰色数组是通义灵码续写的，当然这只是建议，它也给出了提示，如果接受该建议，按 Tab 键即可。此时，如果按 Enter 键，会出现如图 15.5 所示的续写提示。

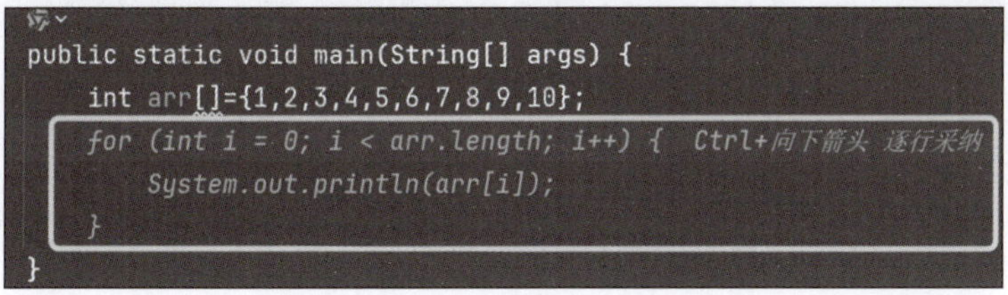

```
public static void main(String[] args) {
    int arr[]={1,2,3,4,5,6,7,8,9,10};
    for (int i = 0; i < arr.length; i++) {   Ctrl+向下箭头 逐行采纳
        System.out.println(arr[i]);
    }
}
```

图 15.5　代码续写示例 2

此处，可以按 Tab 键全部采纳，或者按 Ctrl+向下箭头组合键逐行采纳。上述过程，在安装好通义灵码后，都是自动完成的，不需要做任何其他设置。

15.3.2 代码生成

代码生成是指程序员提供功能，让通义灵码生成完整的代码。和续写不同，它是根据文字直接生成代码。通义灵码提供了以下两种实现方式。

1. 根据注释生成代码

在上例数组的下一行写上注释"//冒泡排序"，按 Enter 键，通义灵码将给出相应代码，如图 15.6 所示。

框起来的部分即生成的代码，可根据需要通过 Tab 键全部采纳，或按 Ctrl+向下箭头组合键逐行采纳。很显然，这对初学者非常友好，不需要去记繁杂的算法，就可以准确地实现算法。

2. 向通义灵码提问生成代码

这种方式类似大语言模型的问答，在图 15.3 所示通义灵码插件底部的文本框中，以提

```
public static void main(String[] args) {
    int arr[]={1,2,3,4,5,6,7,8,9,10};
    //冒泡排序
    for(int i=0;i<arr.length-1;i++){          Ctrl+向下箭头 逐行采纳
        for(int j=0;j<arr.length-1-i;j++){
            if(arr[j]>arr[j+1]){
                int temp=arr[j];
                arr[j]=arr[j+1];
                arr[j+1]=temp;
            }
        }
    }
```

图 15.6 注释生成代码

问的方式输出要生成的代码，如输入“使用 Java 语言计算 1-10000 之间的水仙花数”，如图 15.7 所示。

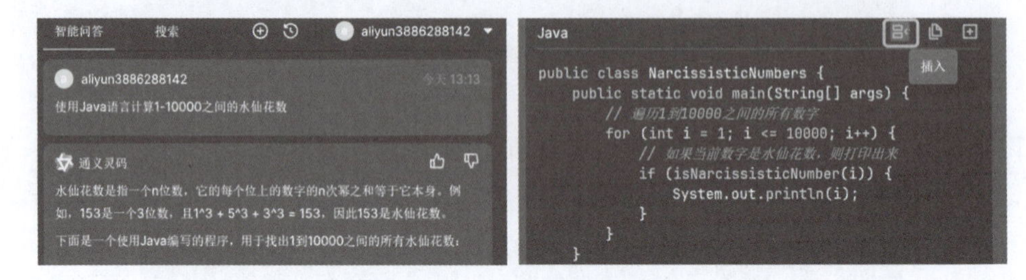

图 15.7 问答方式生成代码

通义灵码生成了完整的代码，还添加了注释，由于篇幅有限，并没全部展示。这些代码还能通过“插入”按钮插入源码中。这不仅能帮助程序排忧解惑，还减少了程序员的工作量。

15.3.3 解释代码

解释代码是对现有代码的逻辑进行解读。打开 util 包中的 StrFun 类，在每个方法的上方有一个通义灵码的图标，单击该图标会弹出一个功能菜单，如图 15.8 所示。

选择其中的“解释代码”，则在“通义灵码”面板区会给出这段代码的解释，如图 15.9 所示。

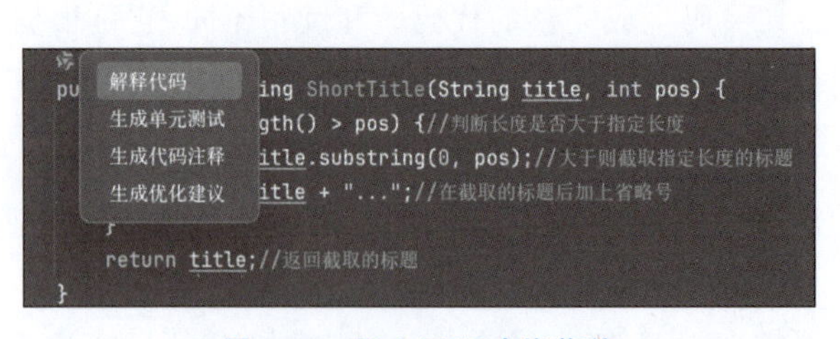

图 15.8 通义灵码功能菜单

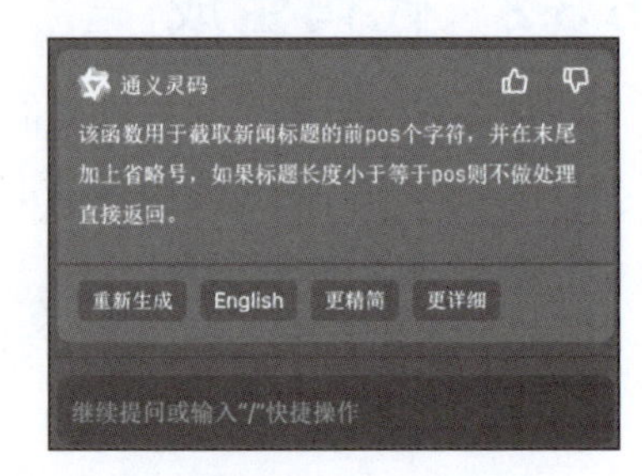

图 15.9 生成的代码解释

很显然，这一功能对初学者非常友好，有助于他们加强对代码的理解。

15.3.4 代码优化

代码优化是对现有代码在逻辑或者可靠性上的改进建议。单击上述 ShortTitle 方法前的“通义灵码”按钮，单击其中的生成优化建议，同样在“通义灵码”面板区会给出这段代码的优化建议，如图 15.10 所示。

通义灵码
代码看起来简洁且功能明确，但在某些方面可以进行优化。以下是针对代码的审查和建议：
1. 异常处理：substring() 方法在超出字符串范围时会抛出 StringIndexOutOfBoundsException。为了提高代码的健壮性，我们可以添加异常处理来确保不会出现这种情况。
2. 避免不必要的计算：在当前实现中，title.length() 被计算了两次。虽然在大多数情况下这不会有显著的性能影响，但在大型应用中，减少重复计算可以提高效率。
3. 代码可读性：可以考虑为方法添加 Javadoc 注释，以提高代码的可读性和维护性。
根据上述建议，修改后的代码如下：
Java
/**
* 返回一个缩短后的新闻标题，保留指定长度，
* @param title 原始新闻标题
* @param pos 需要保留的字符数
* @return 截断后的标题
* @throws IllegalArgumentException
*/
public static String shortTitle(Str
// 检查pos是否合法
if (pos <= 0) {
throw new IllegalArgumentEx
}
// 只计算一次title的长度
int titleLength = title.length(
// 避免抛出异常，确保在有效范围内截取
int truncationPoint = Math.min(
// 截取标题并添加省略号
if (titleLength > pos) {

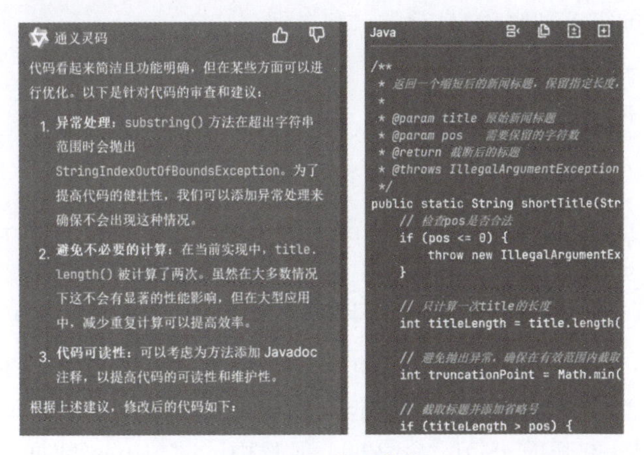

图 15.10　代码优化

可以看到，通义灵码生成了非常专业的解释及优化方案，这显然有助于提升程序的质量。该菜单里的其余两个功能使用方法类似，可自行测试。

15.3.5　异常排查

异常排查是指程序运行时会遇到各种类型的异常，通义灵码会根据异常定位到相关代码，并给出相应的解决方法。以数组下标越界异常为例，如图 15.11 所示。

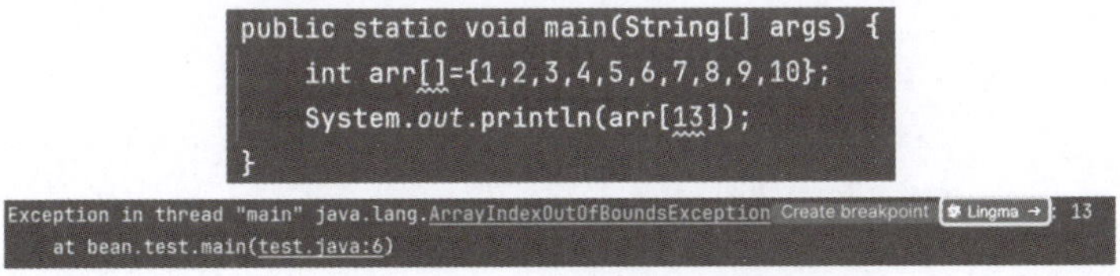

public static void main(String[] args) {
int arr[]={1,2,3,4,5,6,7,8,9,10};
System.out.println(arr[13]);
}
Exception in thread "main" java.lang.ArrayIndexOutOfBoundsException Create breakpoint Lingma : 13
at bean.test.main(test.java:6)

图 15.11　数组越界异常

运行上述代码会抛出运行时异常。同时，在异常信息后出现了 Lingma 的链接，单击该链接，就会自动切换至“通义灵码”面板，并给出修改意见，如图 15.12 所示。

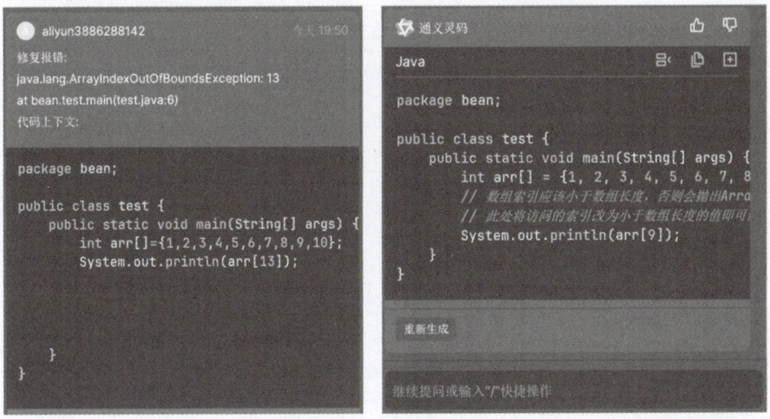

aliyun3886288142
今天 19:50
修复报错:
java.lang.ArrayIndexOutOfBoundsException: 13
at bean.test.main(test.java:6)
代码上下文:
package bean;
public class test {
public static void main(String[] args) {
int arr[]={1,2,3,4,5,6,7,8,9,10};
System.out.println(arr[13]);
}
}
通义灵码
Java
package bean;
public class test {
public static void main(String[] args) {
int arr[] = {1, 2, 3, 4, 5, 6, 7, 8
// 数组索引应该小于数组长度，否则会抛出Arra
// 此处将访问的索引改为小于数组长度的值即可
System.out.println(arr[9]);
}
}
重新生成
继续提问或输入"/"快捷操作

图 15.12　异常排查

上述功能只是通义灵码的一小部分，除此之外，还有代码重构、性能分析、自定义代码模板等。这些功能可以帮助开发者更加高效地编写和维护代码，提升开发效率和代码质量。读者可以根据自己的需求和兴趣，自行尝试和探索。

15.4 综合实例

本节将以新闻系统为例来展示如何应用 AI 代码助手，来提高实战开发的效率。

15.4.1 封装类 JavaBean 的生成

编写封装类时，传统做法是手动定义每个成员变量，再使用 IDE 生成相应的 Getter 和 Setter 方法。虽然这个方式已比较简单。但借助通义灵码可以更加简单。以创建 tnews 封装类 JavaBean 为例。打开 MySQL Workbench，选中 newsystem 数据库，在 SQLFile 窗口中，输入"SHOW CREATE TABLE tnews"，可获取到 tnews 表的详细创建语句，如图 15.13 所示。

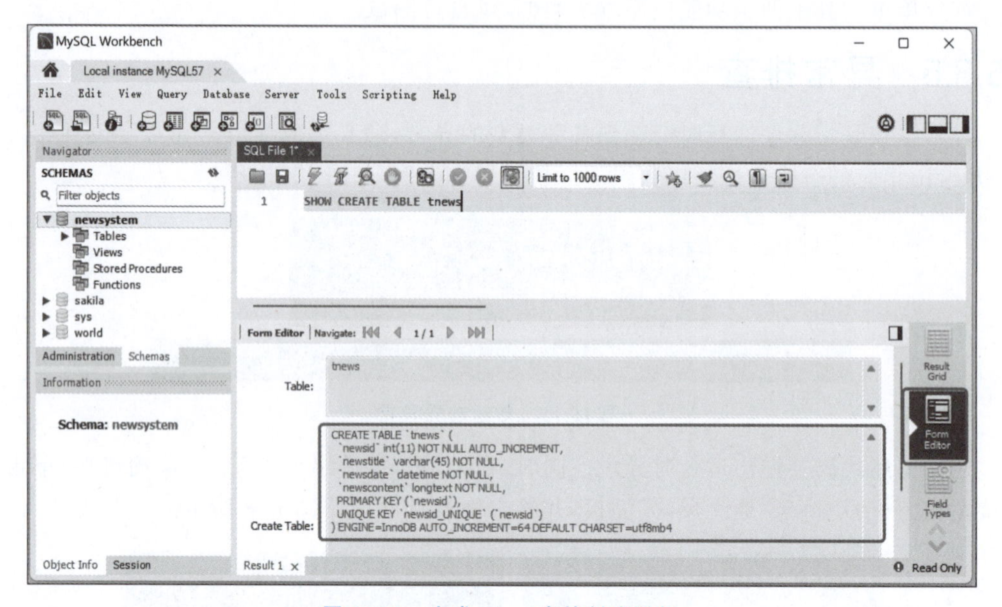

图 15.13 生成 tnews 表的创建语句

复制 SQL 语句，并向通义灵码提问，提问内容如下。

```
请按照我提供的 SQL 语句，生成相应的数据库表封装类，只需要 get 和 set 方法，SQL 语句如下：
CREATE TABLE tnews (\n newsid int(11) NOT NULL AUTO_INCREMENT, newstitle varchar
(45) NOT NULL, newsdate datetime NOT NULL, newscontent longtext NOT NULL, \n
PRIMARY KEY (newsid), UNIQUE KEY newsid_UNIQUE (newsid)) ENGINE=InnoDB AUTO_
INCREMENT=64 DEFAULT CHARSET=utf8mb4
```

输入后按 Enter 键，结果如图 15.14 所示。

因篇幅有限未截取所有代码，但从生成的代码工整、符合要求可见，该方法能显著减少

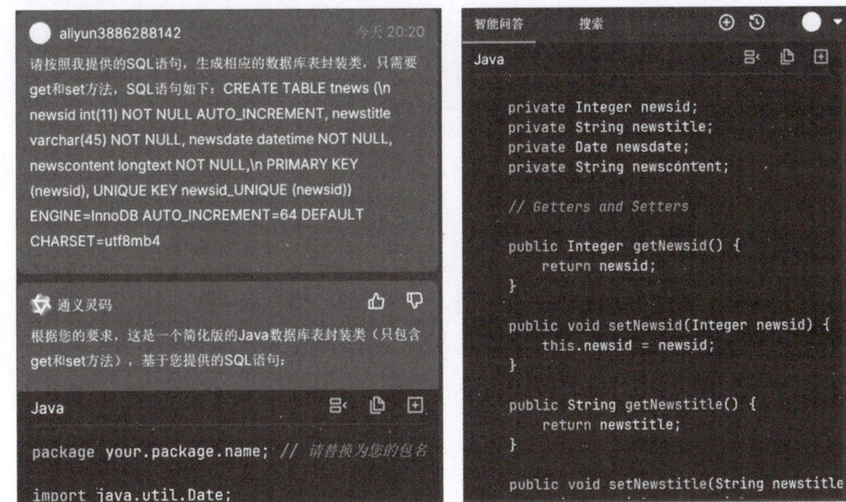

图 15.14　生成的封装类

手动编写代码的时间，还能确保生成的封装类与数据库表结构保持一致，从而减少因手动编码引入的潜在错误。

15.4.2　DAO 类辅助编写

在编写 DAO 类时，通常需要设置参数赋值或将获取的参数赋值给对象。利用 AI 代码助手的代码续写功能可以显著提升开发效率和代码质量。以 tnewsDAO 类中的 Add 方法为例，在设置插入语句的参数时，可以通过直接按 Enter 键获取代码建议，如图 15.15 所示。

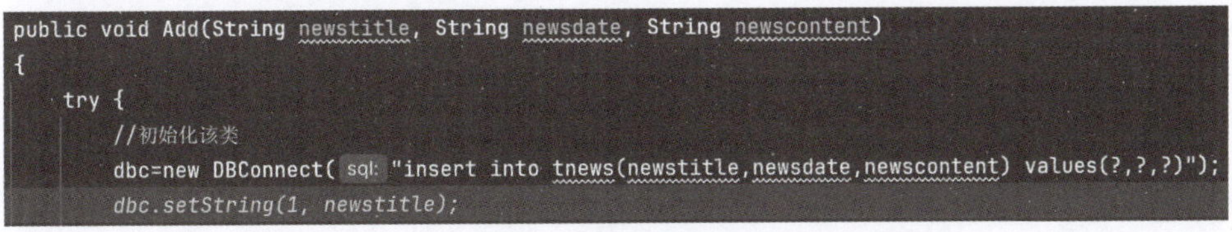

```
public void Add(String newstitle, String newsdate, String newscontent)
{
    try {
        //初始化该类
        dbc=new DBConnect( sql: "insert into tnews(newstitle,newsdate,newscontent) values(?,?,?)");
        dbc.setString(1, newstitle);
```

图 15.15　参数辅助赋值

其中，new DBConnect 下一行的灰色代码，即代码续写生成的。此时可以按 Tab 键采纳，按 Enter 键后可以再生成下一个问号参数的赋值代码。通过这种方式，可以高效地完成 DAO 类的开发。

小结

本章以通义灵码为例，从代码续写、代码生成、代码优化等方面，讲述了如何使用 AI 代码助手来辅助编写程序。从过程可知，AI 代码助手确实能起到提高开发效率、提升代码质量的作用。而且这仅仅是应用的少数场景，如果读者能够熟练应用 AI 代码助手，那么它一定能够极大地提高开发的效率。但这并不意味着读者可以完全借助该工具进行程序的编写，因为如果不理解它给出的代码，那么实际写出的程序大概率也不能符合开发的目的。

练习与思考

（1）什么是 AI 代码助手？

（2）AI 代码助手一般能实现哪些功能？

第16章 总结

至此，本书要讲述的内容就全部完成了。从内容可知，本书主要讲述的是以HTML、CSS、JavaScript、JavaBean、Servlet和JSP为主的最为基础的Java Web开发技术，并没有将过多的笔墨用于描述目前大行其道的各类前端和后端框架中。因为这些框架，同样也是使用上述6大技术开发而来，只是对它们进行了封装，使其看上去高大上。当然不可否认，使用框架后，确实可以做出既美观又功能强大的Web应用出来，因为它们就是为了简化Web开发而产生的。也正是因为封装，使得这些框架使用的语言并不具备通用性，虽然它们看上去好像也依然是JavaScript、Java等语言，但使用的方法又是原生语言中没有的。并且不同的框架，写法还不一样。而且框架本身还具有一定的时效性，从早期的Ext、Structs等，发展到现在的Vue、SpringBoot、MyBatis等，各有特色，五花八门。如果读者一开始就学习这些框架，因为缺乏HTML、CSS、JavaScript、JavaBean、Servlet和JSP的基础，会发现举步维艰，或者不知如何变通。更关键的是，换一个框架，又得从头学起。但一旦把基础吃透后，学习这些框架就事半功倍了。尤其是Servlet和JSTL等技术，更是众多框架得以出现的基础。明白了Servlet的URL映射，也就明白了为什么框架中会出现各种奇怪的URL。搞懂了JSTL和EL表达式的原理，也就明白了为什么JSP页面中可以不出现任何Java代码，也能读取到数据库中的数据，而反过来则不同。作者曾经和很多相关专业的硕士、博士交流过，他们都告诉我说，他们接触到一些学生，虽然他们会做Web开发，但是讲不清楚其中的原理。我们在交流中就发现，问题的症结就在于他们跳过了学习Web基础的这一重要环节。因此，这也是作者撰写本书的重要原因。那么光学习本书的知识够不够用？能不能满足用人单位的需求？答案显然也是肯定的。笔者团队使用这套技术方案，已经从事了10余年的教学，凡是愿意对这些技术进行钻研，且学得还不错的学生，最终都找到了心仪的工作。这些同学目前已活跃在阿里巴巴、腾讯和沃尔沃等知名公司的重要工作岗位上。当然，也并不是说各类开发框架就不需要学习了，而是学习和掌握了本书的知识后，再去学习各类开发框架，就会游刃有余。除了基础的Web知识外，本书还对Ajax和主流开发框架进行了讲解，这部分内容是对基础知识的扩展，使读者接触到与传统Web编程不同的方法。而协同开发和AI代码助手则使读者明白一些团队管理，以及提高开发效率的方法。同时它们也是目前Java Web项目开发中会使用到的辅助手段。

本书所有的实例均由编者团队开发，且均通过测试，在学习知识点的同时，只要读者能够对照知识点，根据综合实例的开发步骤，熟练编程复现各综合实例，那么就一定能够掌握Java Web应用开发的精髓。在此基础上，再尝试独立开发业务系统，通过反复练习，成为一名合格的Java Web应用开发者。

参考文献

[1] 孙梦椰. Web开发技术在软件工程中的应用[J]. 中国信息界,2023(06):134-135.

[2] 张毅宇,徐梦雨,马建勇. 软件工程中Web开发技术的应用研究[J]. 中国高新科技,2023(20):120-122.

[3] Tempini N. Till data do us part: Understanding data-based value creation in data-intensive infrastructures[J]. Information and Orgnazation,2017,27(04):191-210.

[4] 肖建芳. Web前端网页渲染优化研究[J]. 现代计算机,2020(20):92-95.

[5] Golubtsov P V. The concept of information in big data processing[J]. Automatic Documentation and Mathematical Linguistics,2018,52(01):38-43.

[6] 程细柱,戴经国. Java Web程序设计基础(微课视频版)[M]. 北京:清华大学出版社,2024.

[7] 唐明伟,蒋瑞娟,贺小容,等. 新时代情报实践的应用领域与范围思考[J]. 科技情报研究,2021,3(04):69-79.

[8] 周建锋,贺树猛,孙道贺,等. Java Web项目实训教程[M]. 2版. 北京:清华大学出版社,2024.

[9] 唐明伟,庄玉良. 大数据驱动的突发事件情报感知及快速响应研究[M]. 北京:经济科学出版社,2024.

[10] 夏魁良,王丽红,张亮. Adobe Dreamweaver CC网页设计制作案例实战[M]. 北京:清华大学出版社,2022.

[11] 黄悦深. 基于HTML5的移动Web App开发[J]. 图书馆杂志,2014,33(07):72-77.

[12] 崔仲远等. JavaScript前端开发与实例教程(微课视频版)[M]. 北京:清华大学出版社,2022.

[13] 王俊,周凌云,覃俊. Web前端开发基础[M]. 北京:清华大学出版社,2024.

[14] 耿祥义,张跃平. JSP实用教程[M]. 4版. 北京:清华大学出版社,2020.

[15] 黄文毅,罗军. IntelliJ IDEA从入门到实践[M]. 北京:清华大学出版社,2023.

[16] 乔国辉. IntelliJ IDEA软件开发与应用[M]. 北京:清华大学出版社,2021.

[17] 王春明,史胜辉. JSP Web技术及应用教程(微课视频版)[M]. 3版. 北京:清华大学出版社,2023.

[18] 刘华贞. JSP+Servlet+Tomcat应用开发从零开始学[M]. 3版. 北京:清华大学出版社,2023.

[19] 王震江,马宏. XML基础与Ajax实践教程[M]. 2版. 北京:清华大学出版社,2016.

[20] 肖海鹏,耿卫江,王荣芝,等. Spring Framework 6开发实战(Spring+Spring Web MVC+MyBatis)[M]. 北京:清华大学出版社,2023.

[21] 陈恒,关菁华,张立杰,等. Spring Boot + Vue. js全栈开发从入门到实战(IntelliJ IDEA版·微课视频版)[M]. 北京:清华大学出版社,2024.

[22] 李永亮,王梦盛,陶国荣. Vue. js超详细入门与项目实战(微课视频版)[M]. 北京:清华大学出版社,2024.

[23] 李冬海,靳宗信,姜维,等. 轻量级Java EE Web框架技术:Spring MVC+Spring+MyBatis+Spring Boot[M]. 北京:清华大学出版社,2023.

[24] 王宁,李骞,田岳,等. Vue 3基础入门(项目案例·微课视频·题库版)[M]. 北京:清华大学出版社,2024.

[25] 丁明浩,刘仲会. Spring Boot企业级开发入门与实战(IntelliJ IDEA·微课视频版)[M]. 北京:清华大学出版社,2023.

[26] 庄庆乐，任小龙，陈世云. Vue. js 光速入门及企业项目开发实战[M]. 北京：清华大学出版社，2024.

[27] 孙宏明. 完全学会 Git・GitHub・Git Server 的 24 堂课[M]. 北京：清华大学出版社，2016.

[28] 范磊，黄志坚，杨永强，等. 奇点到来：AIGC 引爆增长新范式[M]. 北京：清华大学出版社，2024.

[29] 姚期智. 人工智能[M]. 北京：清华大学出版社，2024.

[30] 唐明伟，苏新宁，肖连杰. 面向大数据的情报分析框架[J]. 情报学报，2018，37(05)：467-476.